VISUELLES WISSEN
CHEMIE

DK London
Lektorat
Mani Ramaswamy, Francesco Piscitelli, Bharti Bedi,
Lisa Gillespie, Andrew Macintyre, Jonathan Metcalf

Gestaltung und Bildredaktion
Michelle Staples, Jessica Tapolcai, Mary Sandberg, Heena Sharma, Sifat Fatima,
Lauren Quinn, Aditya Katyal, Samantha Richiardi, Owen Peyton Jones, Karen Self

Herstellung
Andy Hilliard, Meskerem Berhane

Illustrationen
Gus Scott, Adam Brackenbury

Umschlaggestaltung
Akiko Kato, Sophia MTT

Text und Fachberatung
Nigel Saunders, Kat Day, Iain Brand, Anna Claybourne,
Ian Stanbridge, Emily Wren, John Firth

Für die deutsche Ausgabe:
Redaktionsleitung Dr. Kerstin Schlieker
Herstellungskoordination Claudia Rode
Herstellung Evely Xie

Titel der englischen Originalausgabe:
Supersimple Chemistry

Übersetzung Dr. Roswitha Harrer
Lektorat Dr. André Otto

ISBN 978-3-8310-4289-0
5902-315038-21788-08

Druck und Bindung Leo Paper Products, China

FSC
www.fsc.org
MIX
Papier | Fördert gute Waldnutzung
FSC® C018179

www.dk-verlag.de

DK

VISUELLES WISSEN CHEMIE

DER ANSCHAULICHE EINSTIEG IN ALLE THEMENBEREICHE

Inhalt

Naturwissenschaftliche Denk- und Arbeitsweise

Grundlagen

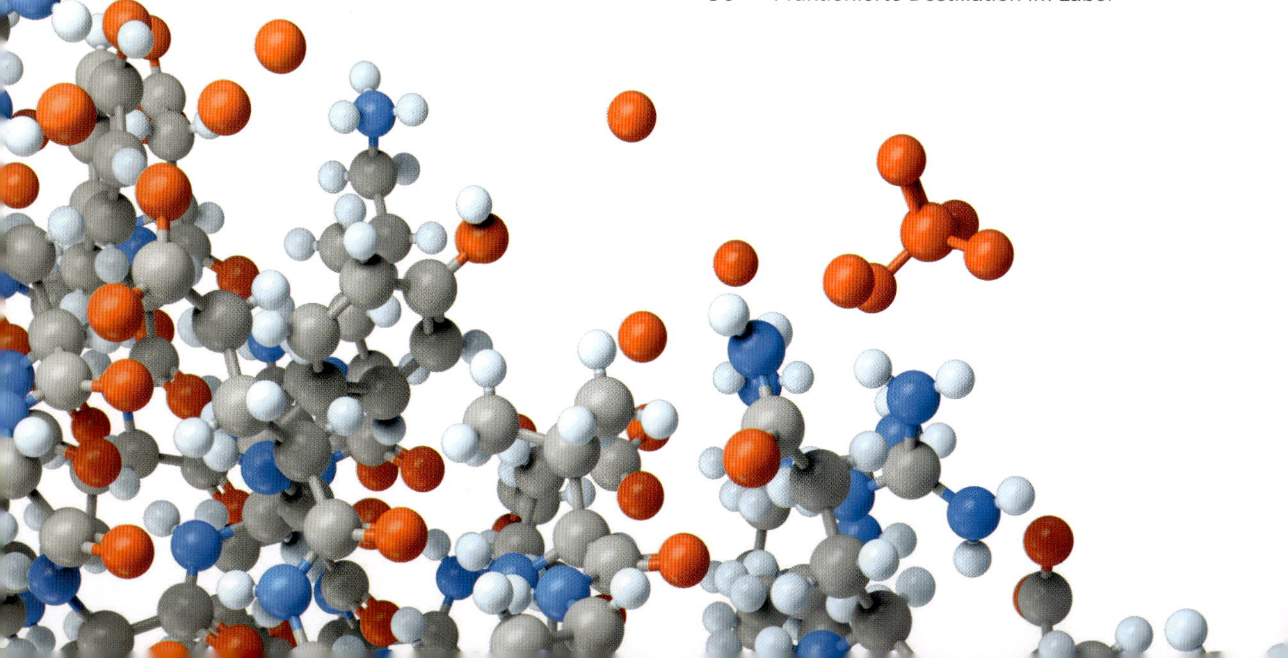

Elemente

Struktur und Bindung

Aggregatzustände

Nanowissenschaften und intelligente Materialien

Quantitative Chemie

Chemie der Säuren

Metalle und ihre Reaktionen

Energetische Veränderungen

Geschwindigkeit und Gleichgewicht

Organische Chemie

Chemische Analytik

Chemie der Erde

Gebrauch von Ressourcen

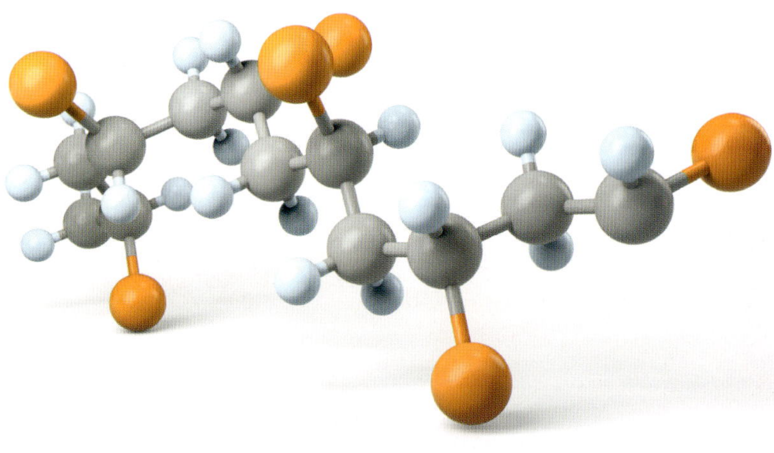

Naturwissen-schaftliche Denk- und Arbeitsweise

Vorgehensweise

Wissenschaftler möchten anhand von Fakten erklären, wie und warum Dinge passieren – ob und wie zum Beispiel zwei Elemente miteinander reagieren oder Atome eine Bindung eingehen. Dafür gehen sie logisch und schrittweise vor. Diese naturwissenschaftliche Denk- und Arbeitsweise wird in allen Naturwissenschaften angewendet, in der Chemie, der Physik und der Biologie.

Auf einen Blick

- ✓ **Wissenschaftler haben eine überprüfbare Idee, eine Hypothese.**
- ✓ **Wissenschaftler sagen voraus, was bei einem Experiment passiert.**
- ✓ **Bestätigt das Experiment die Hypothese, gilt sie als wahrer Sachverhalt.**
- ✓ **Wissenschaftler veröffentlichen ihre Entdeckungen, doch die Medien können dazu in anderer Form auch eigene Theorien verbreiten.**

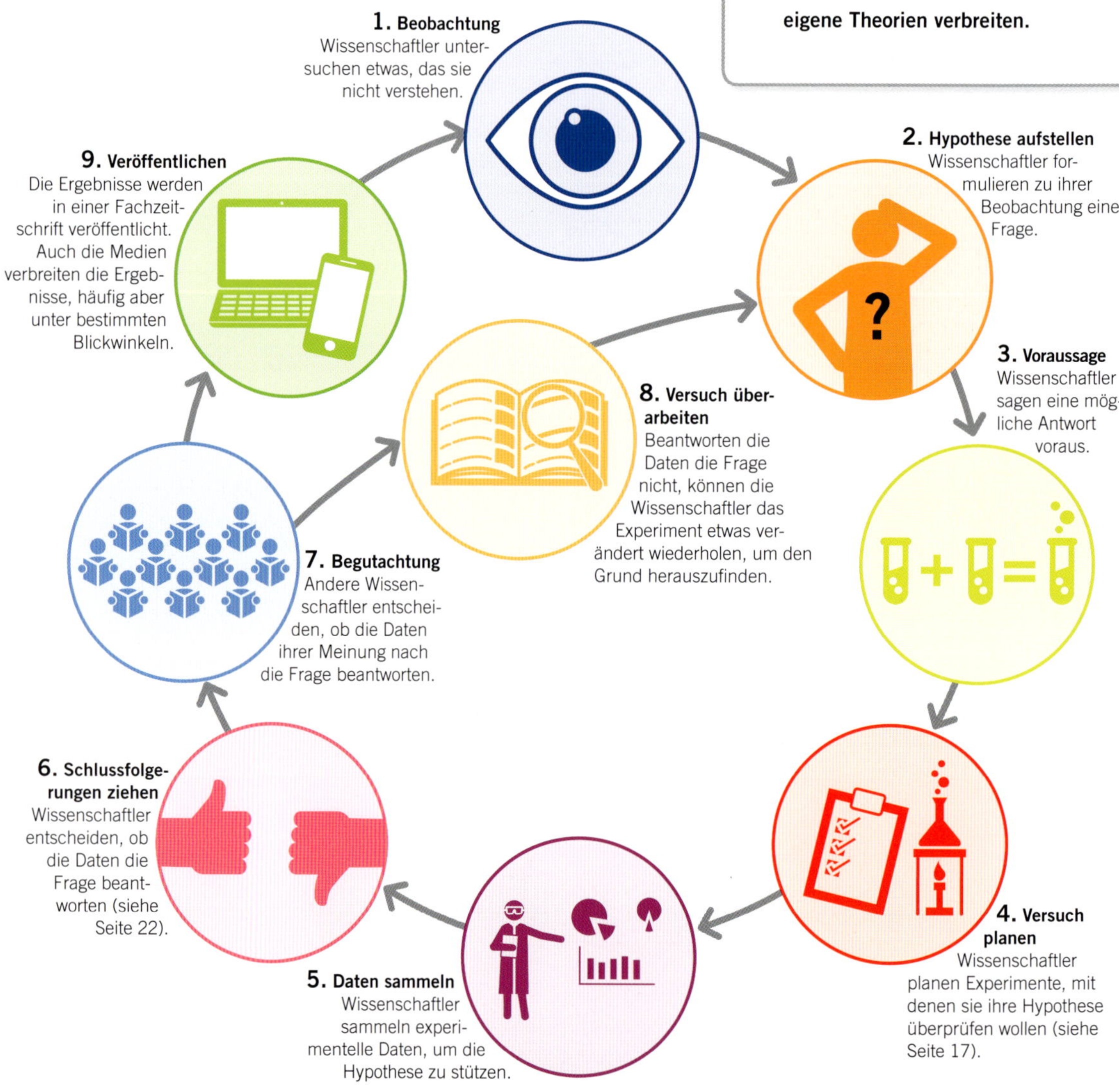

Probleme

Die Wissenschaft kann unser Leben verbessern, von neuen Formen der Energiegewinnung bis zum medizinischen Fortschritt. Daneben können aber auch unvorhergesehene neue Probleme auftreten. Diese Probleme müssen wir erkennen, um die gesamten Auswirkungen einer wissenschaftlichen Entdeckung zu erfassen.

Auf einen Blick

- ✓ **Wissenschaftliche Entdeckungen können unerwartet Probleme aufwerfen.**
- ✓ **Diese Probleme müssen von den betroffenen Menschen verstanden werden.**
- ✓ **Die Wissenschaft kann moralische Fragen aufwerfen, auf die sie keine Antwort geben kann.**

Bau von Staudämmen
Staudämme sollen neben anderen Vorteilen einen einfachen Zugang zu Wasser verschaffen. Sie werfen aber auch unerwartet neue Probleme auf.

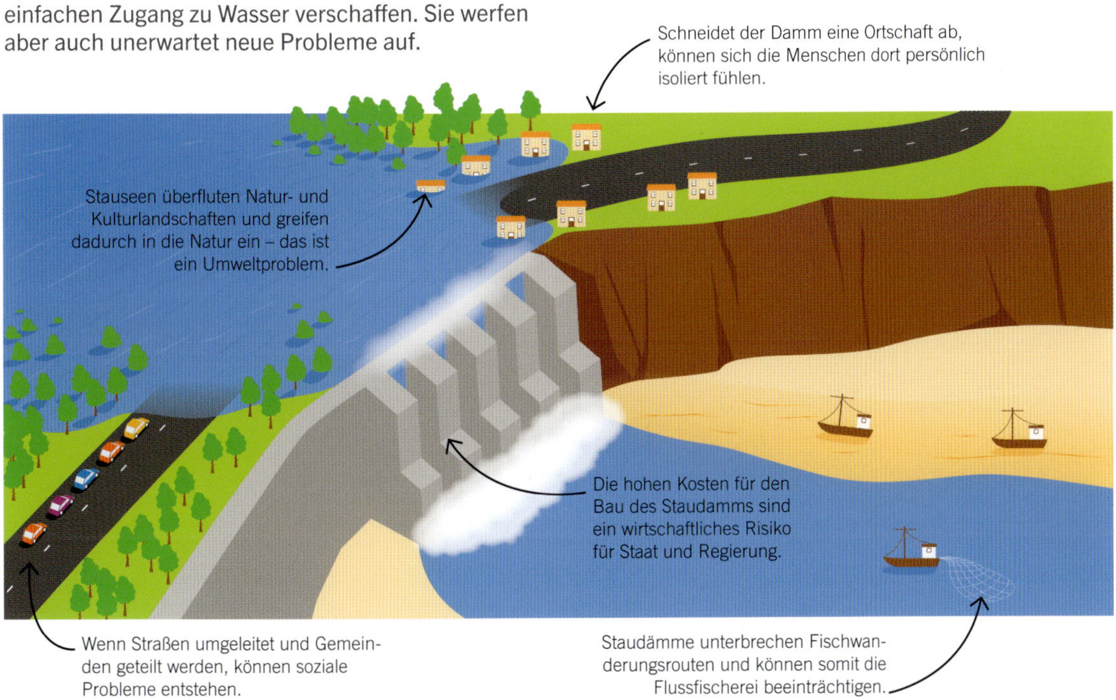

Ethische Probleme in der Wissenschaft

Die Wissenschaft versucht, Antworten zu geben, aber es gibt Fragen, die von der Wissenschaft nicht beantwortet werden können. Einige wissenschaftliche Entwicklungen werfen ethische Fragen auf – ob etwas richtig oder falsch ist. Zum Beispiel können genetische Eingriffe Krankheiten heilen, aber nach Ansicht vieler ist ein derartiger Eingriff in das Leben nicht zulässig.

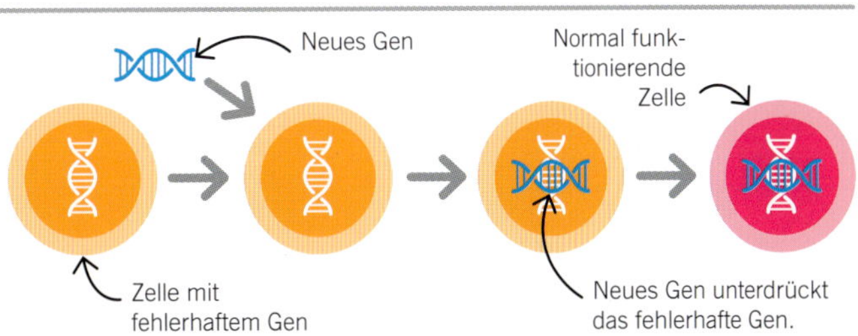

Risiko

Wissenschaftliche Entdeckungen können Gefahren hervorrufen oder Schaden anrichten – das wissenschaftliche Risiko. Als Maß für das wissenschaftliche Risiko einer Entdeckung gilt die Wahrscheinlichkeit und die Schwere von negativen Auswirkungen. Bei Giftstoffen ist das Risiko klar, aber Produkte mit neuen Inhaltsstoffen lassen sich oft nur schwer auf ihr Risiko einschätzen.

Auf einen Blick

- **Gefahrstoffe können Menschen und der Umwelt Schaden zufügen.**
- **Wie hoch die Wahrscheinlichkeit für einen solchen Schaden ist, wird als Risiko bezeichnet.**
- **Wie riskant eine wissenschaftliche Entdeckung für Mensch und Umwelt ist, wird jeweils einzeln beurteilt.**

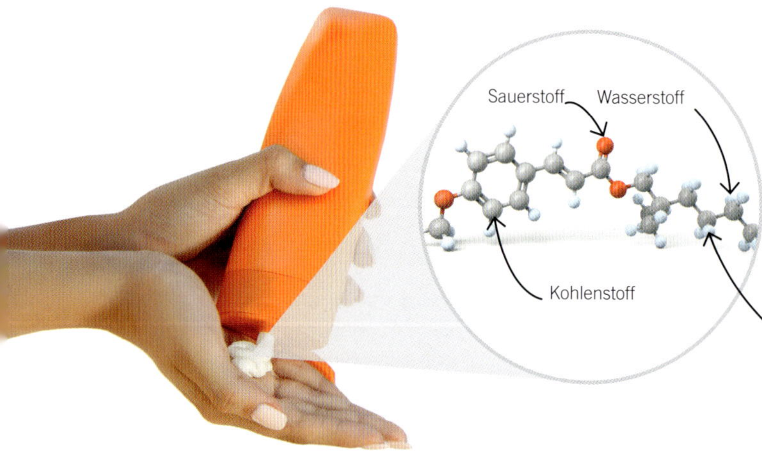

Inhaltsstoffe in Sonnencremes
Einige Sonnencremes enthalten in ihrer Formulierung (siehe Seite 39) den künstlichen Wirkstoff Octinoxat. Er blockiert die schädliche Strahlung der Sonne, ist aber auch selbst ein Schadstoff.

Octinoxat als Risikosubstanz
Der Inhaltsstoff Octinoxat von Sonnencremes birgt große Risiken für Mensch und Umwelt. Wie neue Studien zeigten, beeinträchtigt Octinoxat die Hormonproduktion der Schilddrüse und bleicht Korallen aus, wenn es von der Haut ins Meer gelangt. Das schädigt die Umwelt.

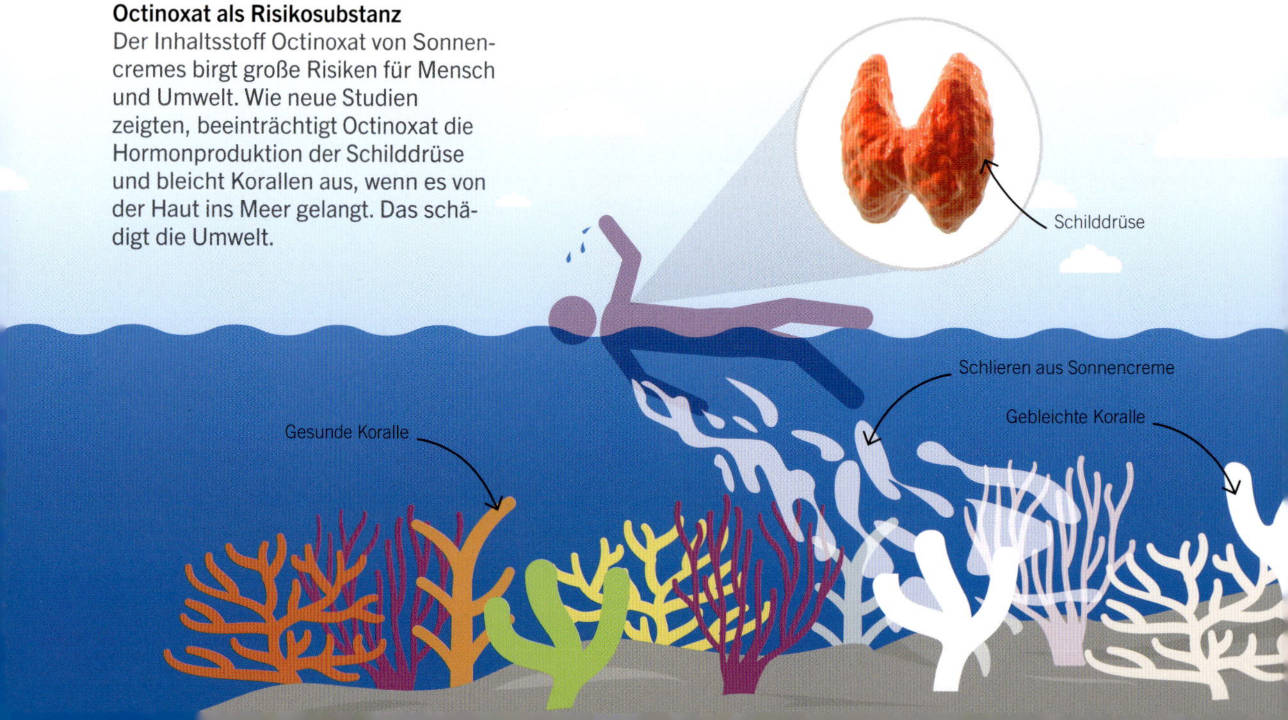

Gültigkeit

Wissenschaftler sind misstrauisch, wenn ein Experiment bei der Wiederholung ein anderes Ergebnis bringt oder wenn andere Wissenschaftler es gar nicht durchführen können. Ist ein Experiment wiederholbar und reproduzierbar und beantworten die Ergebnisse die Hypothese, gilt es als gültig.

Auf einen Blick

- ✓ Ein Experiment ist wiederholbar, wenn die gleiche Person es mit den gleichen Hilfsmitteln wiederholen kann und dabei zu den gleichen Ergebnissen kommt.
- ✓ Ein Experiment ist reproduzierbar, wenn andere Menschen es mit den gleichen Geräten durchführen können und dabei zu den gleichen Ergebnissen kommen.
- ✓ Wenn ein Experiment wiederholbar und reproduzierbar ist und die Ergebnisse die Hypothese beantworten, gilt es als validiert und gültig.

	Erster Versuch	Zweiter Versuch
Wiederholbar Wenn die gleiche Person das Experiment mit den gleichen Hilfsmitteln erneut durchführt und dabei ähnliche Ergebnisse beobachtet, ist es wiederholbar.		
Reproduzierbar Wenn eine andere Person das Experiment mit anderen Hilfsmitteln durchführt und zu ähnlichen Ergebnissen kommt, ist es reproduzierbar.	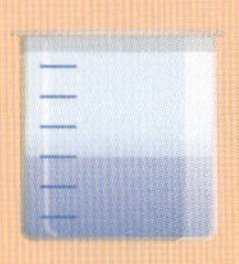 30 ml	 30 ml
Gleiches Ergebnis? Wenn das Experiment wiederholt und reproduziert ist und gleiche Ergebnisse liefert, wird es als gültig anerkannt.	**12/13/14**	**12/13/14**

Präzision

Mit den verwendeten Hilfsmitteln müssen Mengen präzise messbar sein. Pipetten haben deutliche Messabstände von 1 ml (bei Messzylindern sind es 5 ml) und gewährleisten dadurch, dass stets die gleiche Menge abgemessen wird. Dadurch kann eine Wiederholung des Versuchs das gleiche Ergebnis bringen.

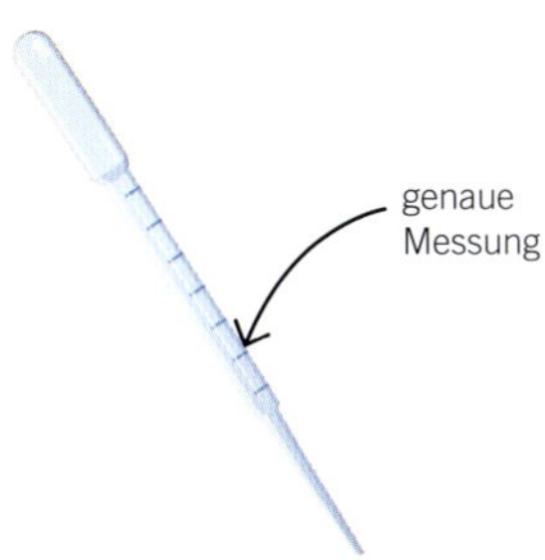

genau

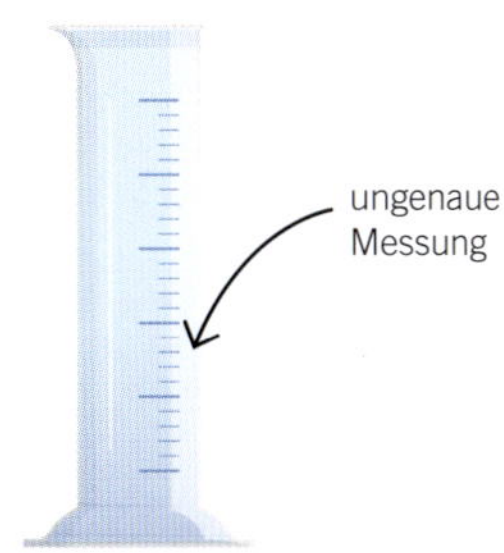

ungenau

Versuchsvariablen

Wenn Wissenschaftler mit einem Experiment eine Hypothese überprüfen, beobachten sie, was mit einer Messgröße geschieht, während sie eine andere verändern. Um die gegenseitigen Einflüsse zu verstehen, lassen sie einige Größen konstant, andere verändern sie. Die Messgrößen werden Variablen genannt. Für jeden Versuch müssen sie bestimmt werden.

Auf einen Blick

- **Variablen sind Messgrößen, von denen das Ergebnis des Experiments abhängt.**
- **Die unabhängige Variable wird vom Experimentator während des Versuchs verändert.**
- **Die abhängige Variable wird gemessen, während die unabhängige Variable verändert wird.**
- **Kontrollvariablen sind Größen, die während des Versuchs möglichst gleich bleiben.**

Beispiele für Variablen
Bei diesem einfachen Experiment reagieren Salzsäure und Eisensulfid zu Schwefelwasserstoff. Es gibt eine unabhängige, eine abhängige und eine Kontrollvariable.

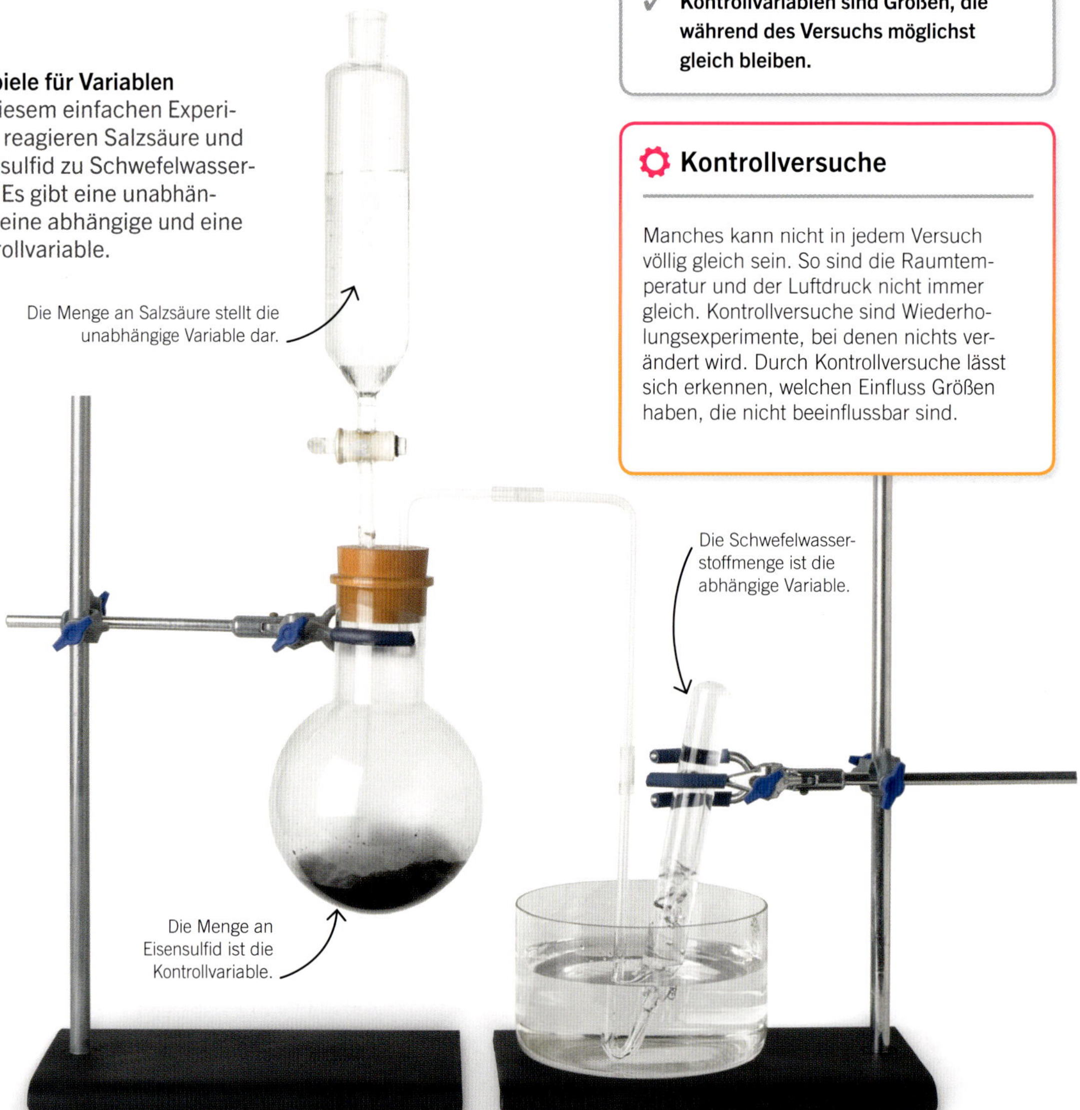

Kontrollversuche

Manches kann nicht in jedem Versuch völlig gleich sein. So sind die Raumtemperatur und der Luftdruck nicht immer gleich. Kontrollversuche sind Wiederholungsexperimente, bei denen nichts verändert wird. Durch Kontrollversuche lässt sich erkennen, welchen Einfluss Größen haben, die nicht beeinflussbar sind.

Sicherheit

Um Unfälle zu vermeiden, ist sicheres Arbeiten unabdingbar. Säuren oder heiße Substanzen können Verätzungen oder Verbrennungen verursachen. Mit der hier gezeigten Schutzausrüstung lässt sich sicherer experimentieren.

Auf einen Blick

- ✓ **Experimente können gefährlich sein.**
- ✓ **Die Ausrüstung und die Arbeitsweise sollten so geplant werden, dass die Versuche so sicher wie möglich durchgeführt werden.**

Augenschutz
Eine Schutzbrille schützt bei chemischen Reaktionen die Augen vor Spritzern und kleinen Teilchen.

Handschutz
Handschuhe schützen die Haut vor ätzenden Substanzen.

Sicheres Erhitzen
In Wasserbädern werden Substanzen durch Eintauchen in heißes Wasser erwärmt. Das ist sicherer und sparsamer als über der offenen Flamme eines Bunsenbrenners.

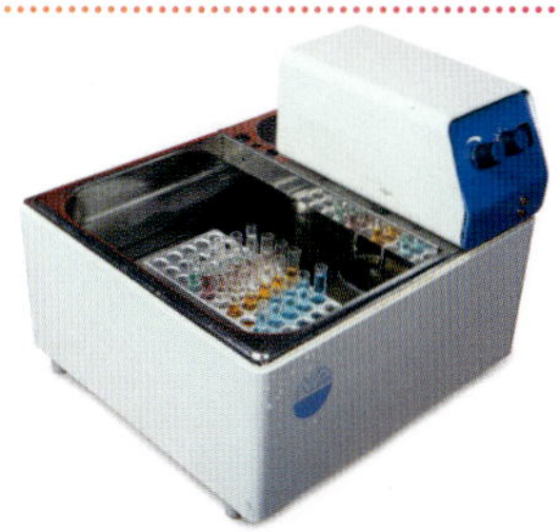

Brandschutz
Hitzebeständige Unterlagen verhindern die Entstehung von Bränden im Labor.

Körperschutz
Ein Schutzkittel schützt den Körper vor schädlichen Substanzen.

Gefährliche Chemikalien

Einige chemische Stoffe sind gefährlich. Warnhinweise auf den Flaschen zeigen an, um welche Gefahr es sich handelt.

Entzündlich

Ätzend

Giftig

Hilfsmittel

Die richtigen Hilfsmittel sind notwendig, um bei chemischen Experimenten zuverlässige Ergebnisse zu erhalten.

Auf einen Blick

- ✓ **Es ist wichtig, jedes Hilfsmittel in seiner Funktion zu verstehen.**
- ✓ **Es ist wichtig, jedes Hilfsmittel zeichnerisch vereinfacht darstellen zu können.**

Versuchsausstattung
Bechergläser, Reagenzgläser, Siebnetz, Dreifußstativ, hitzebeständige Unterlagen und Bunsenbrenner sind gängige Hilfsmittel für chemische Versuche.

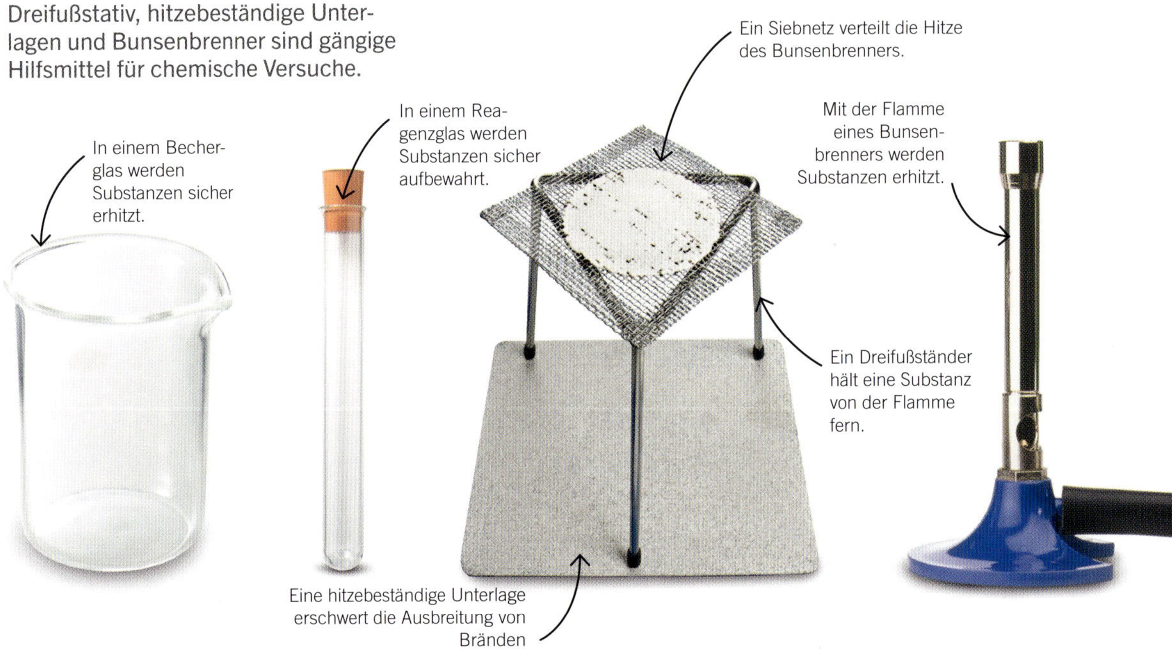

Hilfsmittel zeichnerisch darstellen

In Prüfungen wird manchmal verlangt, einen Versuch zu zeichnen. Hier sind einfache Zeichensymbole für die Hilfsmittel dargestellt.

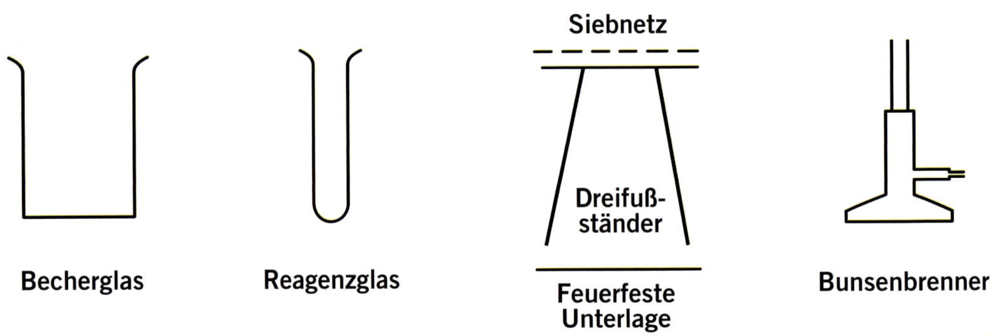

Versuchsplanung

Jede Phase eines Experiments muss sorgfältig geplant werden. Das kann die Durchführung eines Schulversuchs sein, oder der Versuchsablauf wird in einem Test abgefragt. Jedes chemische Experiment ist anders, besteht aber immer aus sechs gemeinsamen Phasen. Eine wichtige Aufgabe in den Phasen ist oft die Auswahl der Variablen.

Auf einen Blick

- ✓ **Experimente erfordern Planung und umfassen in der Regel sechs Phasen.**
- ✓ **Die unabhängige und die abhängige Variable und die Kontrollvariablen werden sorgfältig ausgewählt.**

Neutralisierung
Bei diesem Experiment wird Natriumhydroxid mit Salzsäure versetzt. Dabei wird die Temperatur gemessen.

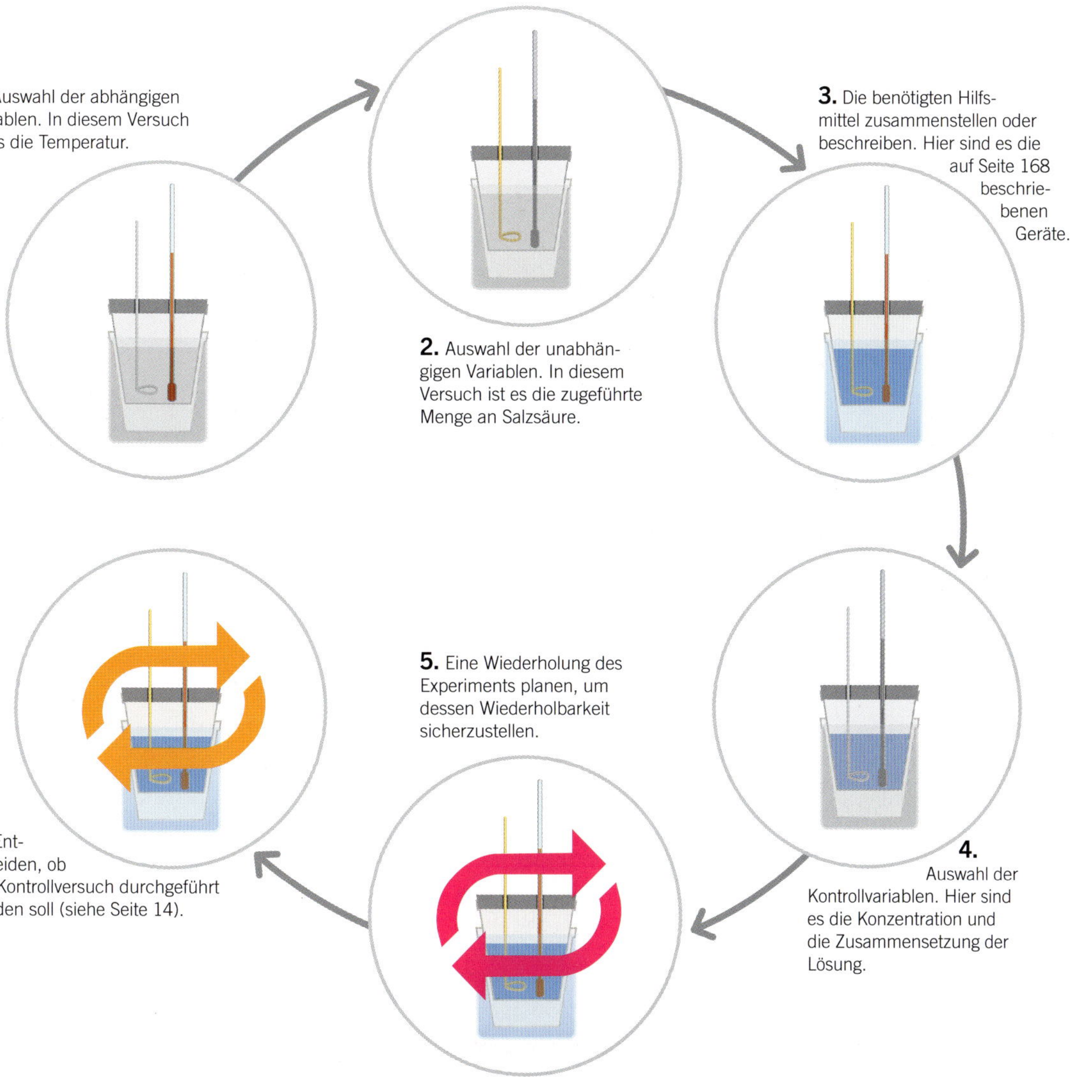

1. Auswahl der abhängigen Variablen. In diesem Versuch ist es die Temperatur.

2. Auswahl der unabhängigen Variablen. In diesem Versuch ist es die zugeführte Menge an Salzsäure.

3. Die benötigten Hilfsmittel zusammenstellen oder beschreiben. Hier sind es die auf Seite 168 beschriebenen Geräte.

4. Auswahl der Kontrollvariablen. Hier sind es die Konzentration und die Zusammensetzung der Lösung.

5. Eine Wiederholung des Experiments planen, um dessen Wiederholbarkeit sicherzustellen.

6. Entscheiden, ob ein Kontrollversuch durchgeführt werden soll (siehe Seite 14).

Daten strukturieren

Die Informationen, die bei einem Experiment gesammelt werden, nennt man Daten. Meist sind es Zahlenwerte aus Messungen, wie z. B. das Volumen einer aufgefangenen Flüssigkeit. Die Daten werden mit den Hilfsmitteln erfasst. Durch Erfassung der Daten in Tabellenform werden sie besser verständlich.

Auf einen Blick

- ✓ **Daten sind Informationen, die während des Versuchs gesammelt werden.**
- ✓ **Daten werden durch Tabellierung übersichtlich und besser lesbar.**
- ✓ **Das Ergebnis errechnet sich aus dem Mittelwert des Datensatzes.**

Ausreißer sind Daten, die sich stark von den übrigen Daten und dem Mittelwert unterscheiden.

Ein Datenbereich, der sich stark vom Rest unterscheidet, ist fehlerhaft.

Datensatz 1	Datensatz 2	Datensatz 3	Datensatz 4
22	20	27	35
21	21	21	34
22	22	22	35
22	**21**	**22**	**35**

Für das Ergebnis wird der Mittelwert aus dem Datensatz berechnet. Ausreißer werden nicht berücksichtigt.

Signifikante Ziffern

Einige Zahlen aus dem Datensatz weisen möglicherweise mehrere Nachkommastellen auf, z. B. 24,823. In einer Prüfung kann verlangt werden, auf die Anzahl signifikanter Ziffern zu runden. In diesem Beispiel wäre die Antwort 25.

Diese Zahl besteht aus fünf signifikanten Ziffern.

24,823
1 2 3 4 5

Diese Zahl besteht aus zwei signifikanten Ziffern.

25
1 2

Mathematik

Manchmal kommt in der Chemie etwas einfache Mathematik vor. Dafür lohnt es sich, seine Kenntnisse von einfachen Rechenoperationen wie Multiplizieren und Dividieren aufzufrischen.

Auf einen Blick

- ✓ **Das Umstellen von Gleichungen sollte bekannt sein.**
- ✓ **Prozentrechnen sollte bekannt sein.**
- ✓ **Verhältnisrechnungen sollten bekannt sein.**

Gleichungen umstellen
Das Ergebnis einer Formel ist der gesuchte Wert. Durch Umstellen der Formel definiert man etwas anderes als unbekannt und berechnet es.

$$\text{Fläche} = \text{Breite} \cdot \text{Höhe}$$

Das Formelergebnis ist die Fläche.

Teilen durch die Höhe ergibt die Breite als neues Formelergebnis.

$$\text{Breite} = \frac{\text{Fläche}}{\text{Höhe}}$$

Neues Formelergebnis ist die Breite.

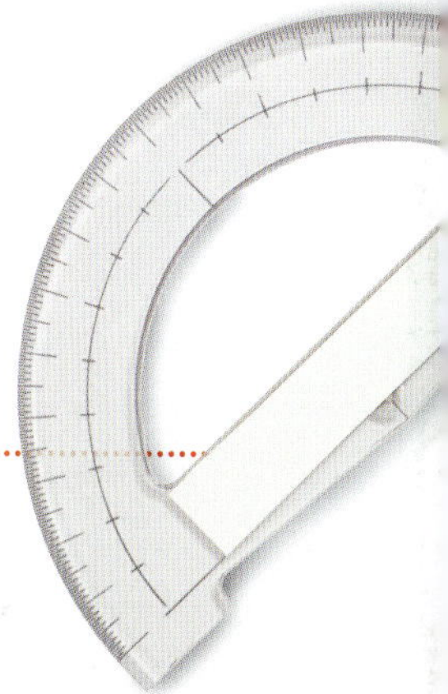

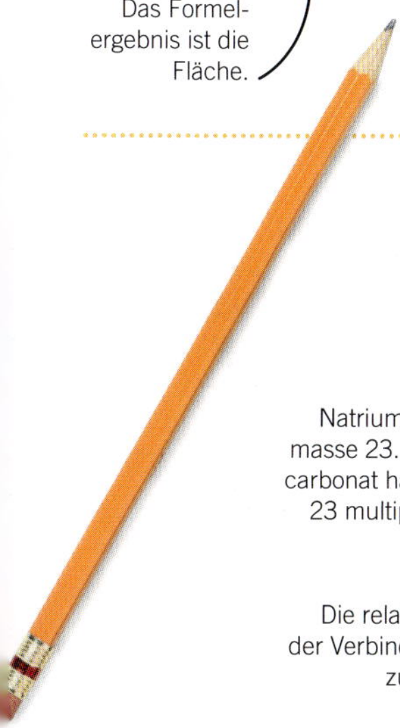

Prozentualen Anteil berechnen
Der prozentuale Anteil drückt aus, wie hoch ein Wert im Verhältnis zum Grundwert ist, der als 100 % festgelegt wird. Zur Berechnung wird dieser Wert durch den Grundwert geteilt und dann mit 100 multipliziert.

$$\frac{46}{106} \cdot 100 = 43\%$$

Natrium hat die relative Atommasse 23. Ein Teilchen Natriumcarbonat hat zwei Natriumatome. 23 multipliziert mit 2 ergibt 46.

Die relative Masse aller Atome der Verbindung Natriumcarbonat zusammen beträgt 106.

Masseprozentsatz von Natrium in Natriumcarbonat.

Verhältnis berechnen
Das Verhältnis ist eine Zahl, die einen Wert relativ zu einem anderen angibt. In diesem Beispiel ist das Verhältnis die Anzahl von Wasserstoffatomen in einem Ammoniakmolekül zur Anzahl in einem Wasserstoffmolekül.

$$NH_3 : H_2 \qquad 3:2$$

Ein Ammoniakmolekül enthält drei Wasserstoffatome.

Ein Molekül Wasserstoff enthält zwei Wasserstoffatome.

Maße und Einheiten

Standardmaße und -einheiten gewährleisten, dass überall gleich gemessen wird und jeder die gesammelten Daten verstehen und vergleichen kann. Eine Einheit entspricht einem Messschritt für eine Messgröße. Hier sind einige Maße und Einheiten aufgeführt.

Auf einen Blick

- ✓ Einheiten helfen bei der Messung verschiedener Größen.
- ✓ Durch die Verwendung gleicher Einheiten können Wissenschaftler Daten miteinander vergleichen.
- ✓ Die Messgeräte messen die Größen in verschiedenen Einheiten.

Masse
Die Masse wird auf einer Waage in Gramm oder Kilogramm bestimmt.

Maß	Einheit	
Masse	Gramm (g)	Kilogramm (kg)

Länge
Längen werden mit einem Maßband oder Lineal in Zentimetern oder Metern gemessen.

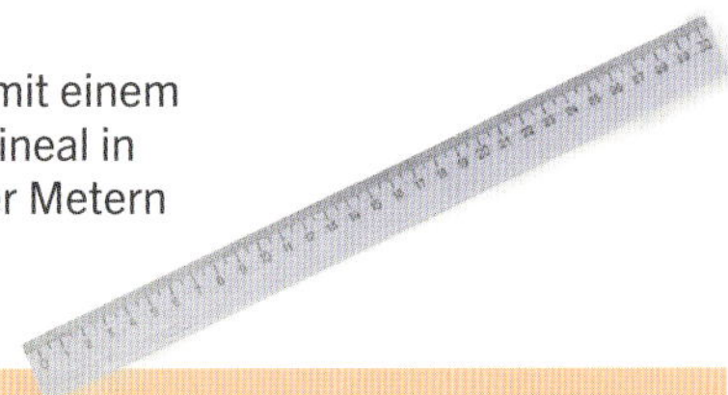

Maß	Einheit	
Länge	Zentimeter (cm)	Meter (m)

Volumen
Mit Messbechern wird das Volumen von Flüssigkeiten in Kubikzentimetern oder Kubikmetern bestimmt.

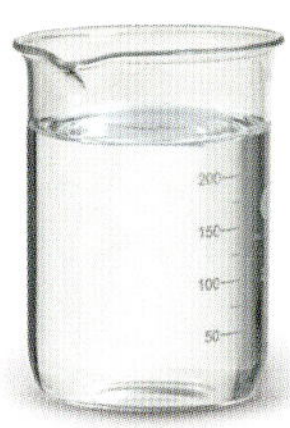

Maß	Einheit	
Volumen	Kubikzentimeter (cm^3)	Kubikmeter (m^3)

Zeit
Stoppuhren oder Timer geben die Zeit in Sekunden, Minuten oder Stunden an.

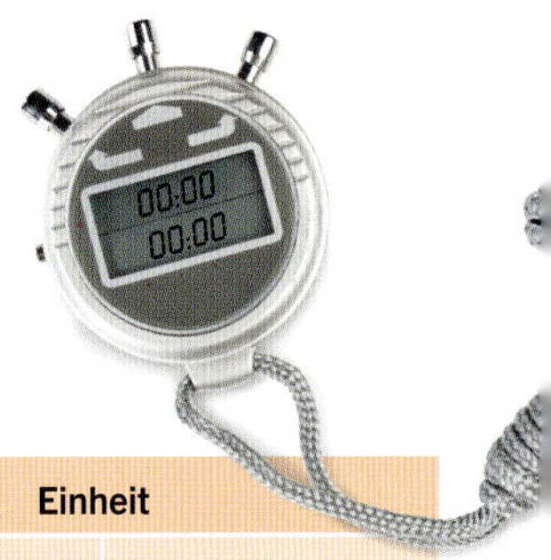

Maß	Einheit	
Zeit	Sekunde (s)	Minute (min)

Mol
Molmengen werden in bestimmten Messbechern bestimmt. Ein Mol erfasst Masse und Volumen einer Substanz (siehe Seite 109).

Maß	Grundeinheit
Stoffmenge	Mol (mol)

Einheiten umrechnen

Die Größenordnungen von Einheiten können durch einen Umrechnungsfaktor ineinander umgerechnet werden.

$\cdot 1000 \rightarrow$

g	**kg**
mm	**m**
m^3	**dm^3**
mol/dm^3	**mol/cm^3**

$\leftarrow :1000$

Diagramme und Grafiken

Häufig sagen die Daten allein noch zu wenig über den Befund aus. Diagramme und Grafiken ermöglichen eine visuelle Darstellung. Je nach Datensorte eignen sich dazu bestimmte Grafiken besser als andere.

Auf einen Blick

- ✓ **Diagramme und Grafiken bieten eine klare, visuelle Art der Datendarstellung**
- ✓ **Säulendiagramme eignen sich für Daten, die Kategorien repräsentieren.**
- ✓ **Kurvendiagramme eignen sich für Daten, die Variablen mit kontinuierlicher Veränderung repräsentieren.**

Säulendiagramm
Säulendiagramme eignen sich für Daten, die Kategorien repräsentieren (Schuhgröße, Augenfarbe, relative Atommassen von Elementen).

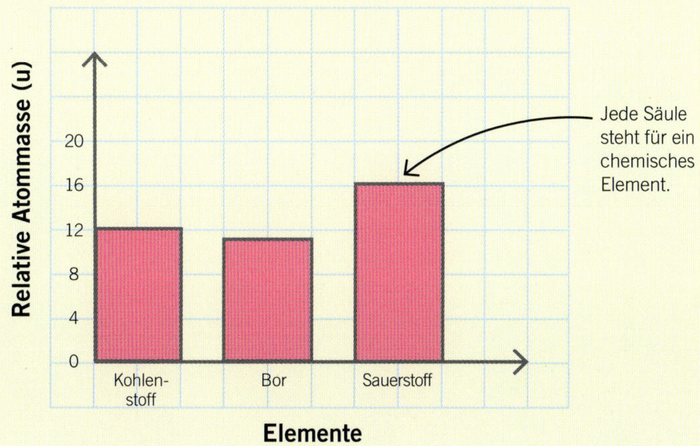

Kurvendiagramme
Kurvendiagramme eignen sich für kontinuierliche Daten (z. B einen zeitlichen Verlauf). Hier sehen wir, wie sich das Volumen einer Flüssigkeit über die Zeit verändert. In diesem Kurvendiagramm ist eine positive Korrelation zu sehen, d. h. ein Anstieg von links nach rechts.

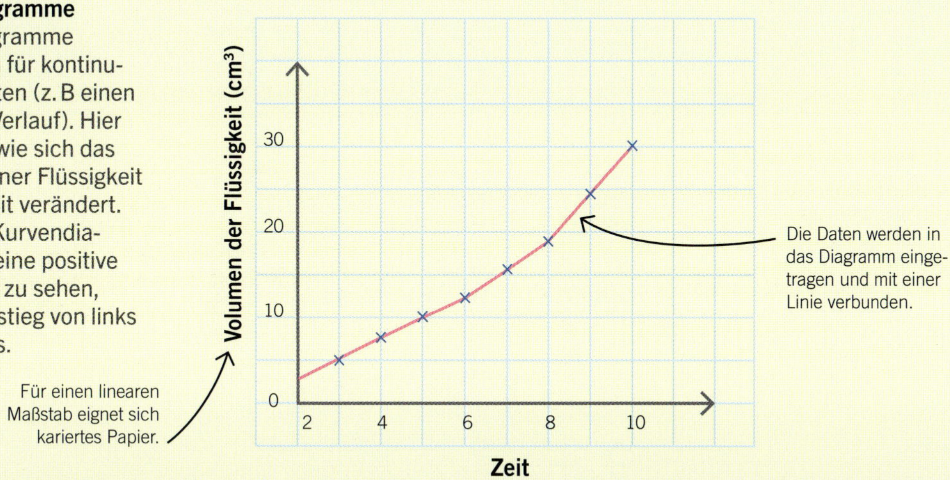

Schlussfolgerungen

Aus den Daten lässt sich oft eine klare Aussage darüber treffen, was bei dem Experiment passiert ist – die Schlussfolgerung. Dazu helfen Muster in den Daten, wie z. B. eine stärkere Verdampfung bei höherer Temperatur. Den Grund für das Muster kennt man aber noch nicht. Dafür muss man eindeutig belegen, dass die Hypothese unterstützt wird.

Hypothese
Für diesen Flammentest lautet die Hypothese: Ein Metall färbt die Flamme des Bunsenbrenners gelb.

Auf einen Blick

- ✓ Es ist wichtig, aus den Daten eindeutige Schlussfolgerungen zu ziehen.
- ✓ Man darf nur das kommentieren, was die Daten zeigen, und nicht, warum sie es zeigen könnten.
- ✓ Ein Muster in den Daten bedeutet noch nicht, dass man die Ursache dafür gefunden hat.

Unterstützung der Hypothese

Die Flamme ist in Gegenwart eines Metalls gelb geworden. Die Schlussfolgerung unterstützt die Hypothese.

Keine Unterstützung der Hypothese

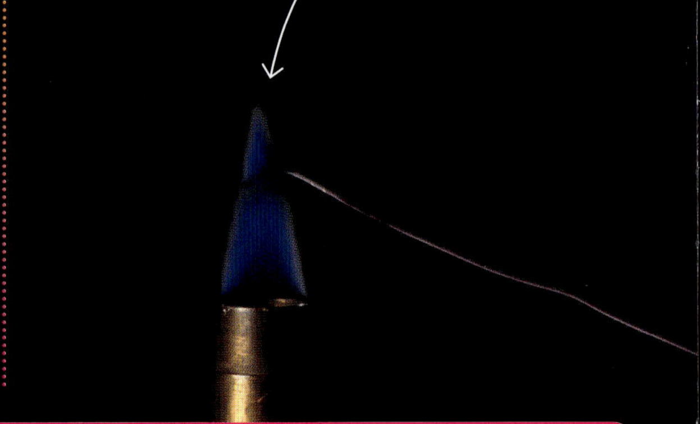

Die Flamme ist nicht gelb geworden. Die Schlussfolgerung unterstützt die Hypothese nicht.

Was eine Schlussfolgerung nicht sagt

Man kann zwar den Schluss ziehen, dass sich die Flamme in Gegenwart eines Metalls gelb färbt, aber warum das so ist, lässt sich nicht erkennen. Dazu müsste man weitere Experimente machen.

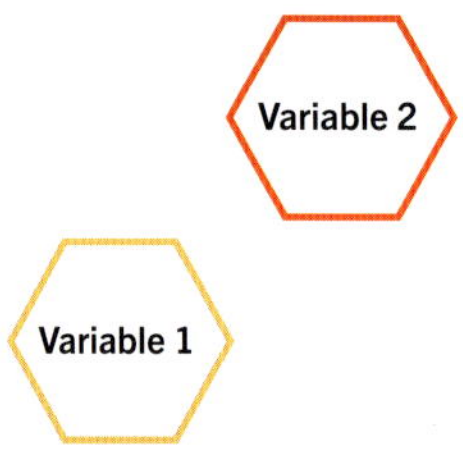

Die Beziehung zwischen zwei Variablen kann zufällig sein – es gibt keinen gegenseitigen Einfluss.

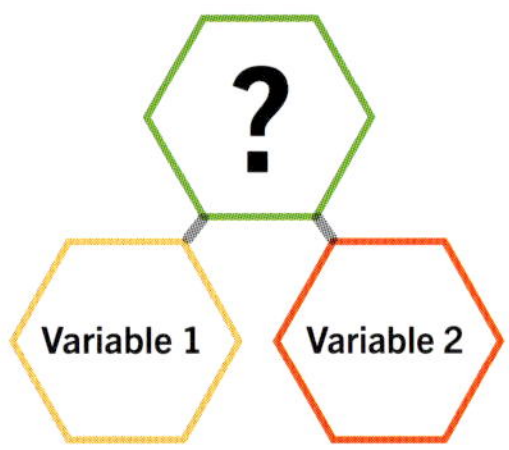

Die Beziehung zwischen zwei Variablen kann durch eine unbekannte dritte Variable beeinflusst sein.

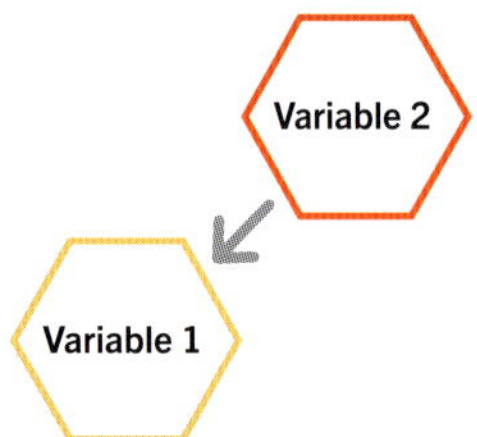

Aus den Daten geht hervor, dass eine Variable die andere direkt beeinflusst.

Fehler und Unsicherheit

Daten haben immer eine gewisse Unsicherheit. Die Unsicherheit gibt an, mit welcher Genauigkeit die Daten gewonnen werden konnten. Zwei Fehlerquellen beeinflussen die Unsicherheit: Messungenauigkeit (quantitativer Fehler) und schlechte Planung (qualitativer Fehler).

Auf einen Blick

- ✓ **Die Unsicherheit ist ein Maß dafür, wie viele Fehler ein Ergebnis enthält.**
- ✓ **Quantitative Fehler (numerische Fehler) und qualitative Fehler (nicht-numerische Fehler) tragen zur Unsicherheit bei.**
- ✓ **Die Unsicherheit in den Ergebnissen kann mit der unten stehenden Formel bestimmt werden.**

Auswahl der Hilfsmittel
Quantitative Fehler lassen sich mit Hilfsmitteln vermeiden, die eine höhere Genauigkeit bei der Messung haben. Diese Messgenauigkeit wird Auflösung genannt. Soll man zum Beispiel Flüssigkeiten von einigen Millilitern Volumen abmessen, hilft eine Pipette mit einer Auflösung von 1-ml-Messschritten.

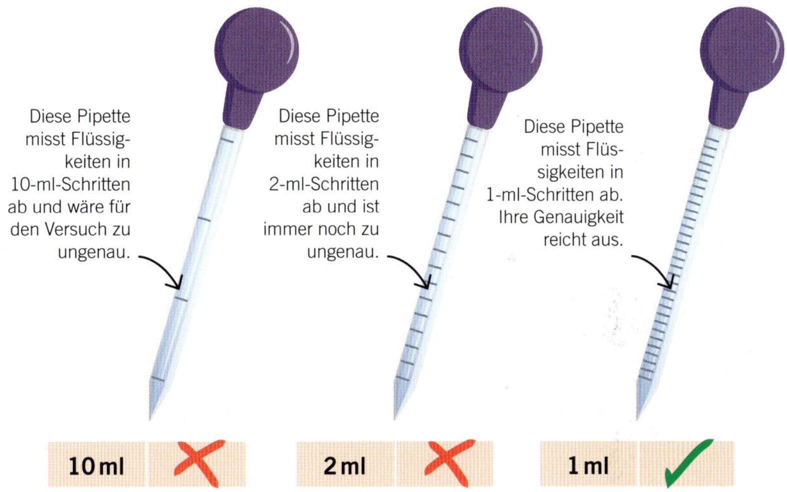

Zufällige Fehler vermeiden
Man kann aus Versehen Flüssigkeiten ungenau abmessen, vor allem bei sehr kleinen Volumina. Das bedeutet, dass bei jeder Messung das Ergebnis etwas anders ausfällt. Dieser Fehler ist unvermeidlich.

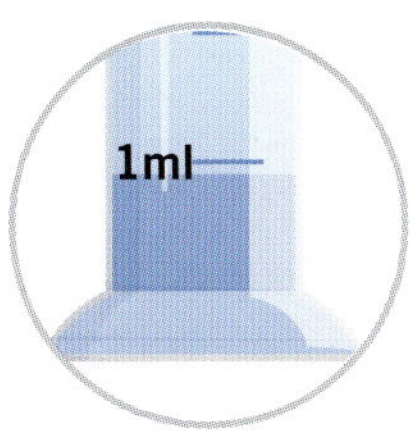

Erster Versuch

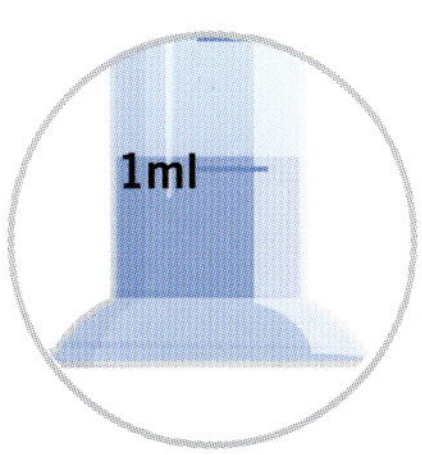

Zweiter Versuch

Formel für die Messunsicherheit

$$\text{Unsicherheit} = \frac{\text{Messbereich}}{2}$$

Unsicherheit berücksichtigen
Wenn man 1 ml Flüssigkeit mit einem Messzylinder abmisst, kann der Bereich der möglichen Werte irgendwo zwischen 1,5 und 0,5 ml liegen. Das wird mit der Formel berücksichtigt.

$$\pm 0{,}5 = \frac{1{,}5 - 0{,}5}{2}$$

Evaluation

Das Nachdenken über einen Versuch hilft, die Gründe für einen möglichen Misserfolg zu finden und Verbesserungsvorschläge zu machen. Die Evaluation erfolgt in sechs Stufen, aus denen jeweils Folgeexperimente hervorgehen können.

Auf einen Blick

- **Eine Evaluation kann erklären, wie man den Versuch verbessern kann.**
- **Nach abgeschlossener Evaluation können Folgeexperimente durchgeführt werden.**

Evaluation
Für die Evaluation des Versuchs geht man diese sechs Punkte nacheinander durch.

Grundlagen

Atome

Alles im Universum ist aus Atomen aufgebaut. Atome bilden die kleinsten Einheiten aller Elemente (siehe Seite 30), aus denen die Materie besteht, wie z. B. Gold, Kohlenstoff und Sauerstoff. Die Atomgrößen unterscheiden sich etwas, betragen aber typischerweise ein Zehnmillionstel Millimeter. Ein Papier ist etwa eine Million Atome dick.

Auf einen Blick

- ✓ **Materie besteht aus Atomen.**
- ✓ **Atome sind unvorstellbar klein.**
- ✓ **Atome setzen sich aus noch kleineren Teilchen zusammen, die Protonen, Neutronen und Elektronen genannt werden.**

Atomaufbau
Alle Atome bestehen aus subatomaren Teilchen, die Protonen, Neutronen und Elektronen genannt werden. Jedes Atom hat einen Kern in der Mitte, um den Elektronen kreisen.

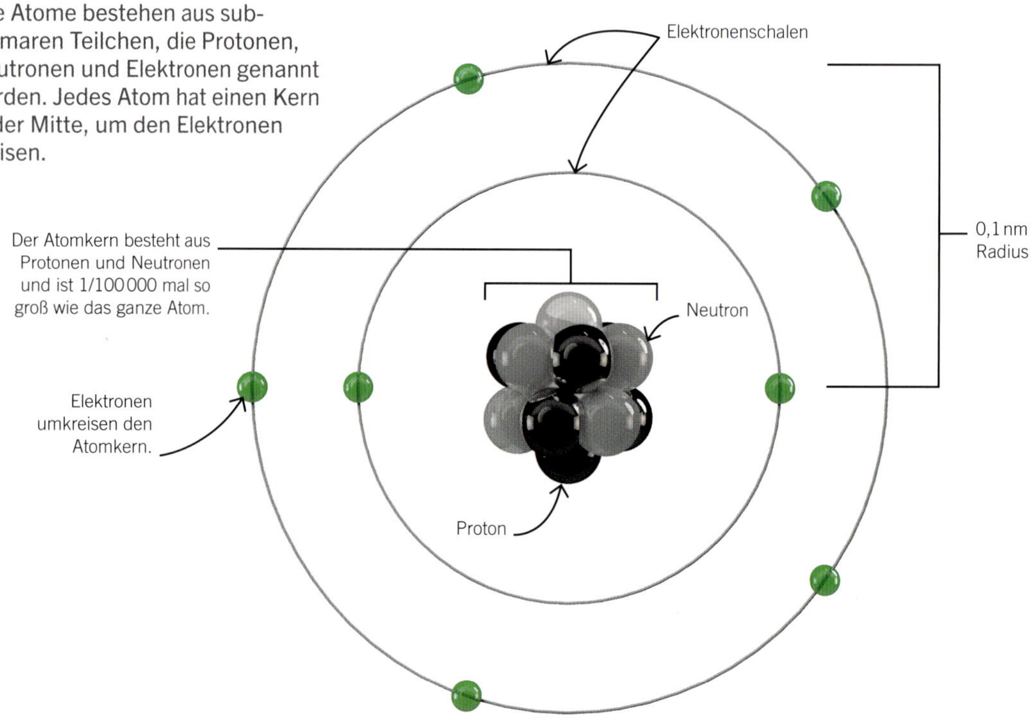

Was ist in einem Atom?

Protonen und Neutronen haben die gleiche Masse, und zusammen bilden sie die Gesamtmasse des Atoms. Elektronen sind viel leichter, kleiner und fast masselos. Protonen haben eine positive, Elektronen eine negative und Neutronen keine elektrische Ladung.

	Ladung	Masse
+ **Proton**	+1	1
Neutron	0	1
− **Elektron**	−1	ca. 0,001

Die Ladungen und Massen sind relativ zueinander angegeben. Sie stellen keine exakte Messung dar.

Geschichtliches

Im 5. Jh. v. Chr. glaubte der griechische Philosoph Demokrit, dass alle Materie aus winzigen Teilchen besteht, die er Atome nannte. Im Jahr 1803 folgerte der britische Chemiker John Dalton aus der Reaktion verschiedener Gase, dass jedes Element aus einer anderen Atomsorte bestehen muss.

Auf einen Blick

- ✓ Der Begriff „Atom" stammt aus der griechischen Antike um ca. 500 v. Chr.
- ✓ Die Vorstellungen über Art und Aufbau von Atomen haben sich im Laufe der Zeit verändert.
- ✓ Wissenschaftler wie John Dalton, J. J. Thomson, Ernest Rutherford, Niels Bohr, James Chadwick und viele andere trugen zum Verständnis über Atome bei.

Wandel der Atommodelle

Wissenschaftler stellten zum Atombau verschiedene Modelle auf, die andere Wissenschaftler später überarbeiteten und verfeinerten.

1. Kugelmodell
Das erste Atommodell wurde 1803 von John Dalton erdacht. Dalton schlug feste Teilchen vor, die sich nicht mehr in kleinere Teilchen zerlegen lassen.

2. Puddingmodell
J. J. Thomson entdeckte 1897 die Elektronen. Sein Modell ist ein Puddingmodell mit negativ geladenen Elektronen in einer positiv geladenen Kernmasse.

Das Goldfolienexperiment

Im Jahr 1909 unternahm der neuseeländische Wissenschaftler Ernest Rutherford ein Experiment, bei dem er winzige positiv geladene Alphateilchen auf eine Goldfolie schoss. Die Ergebnisse zeigten, dass es in der Mitte der Atome einen positiv geladenen Kern geben muss.

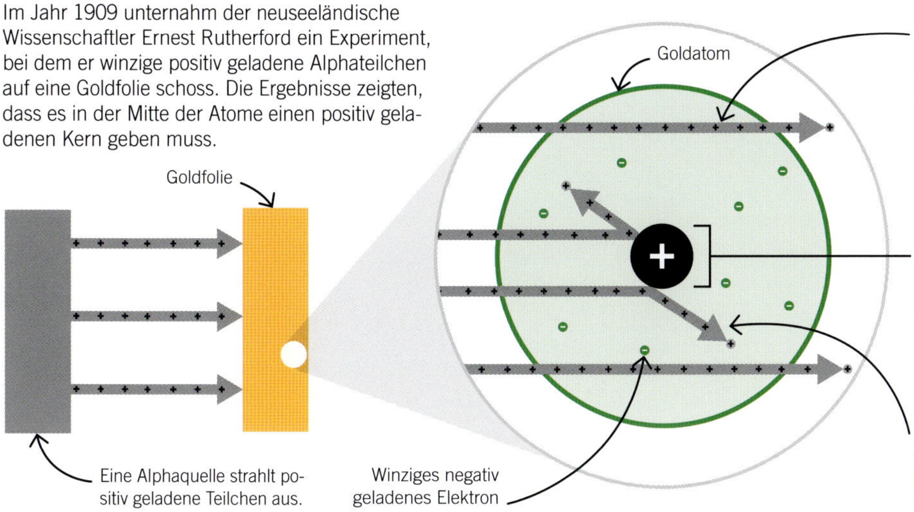

3. Modell mit Atomkern
Ernest Rutherford schlug als Atommodell einen positiven Kern im Zentrum einer Wolke aus verstreuten Elektronen vor. Später entdeckte er das Proton als Träger der positiven Ladung im Kern.

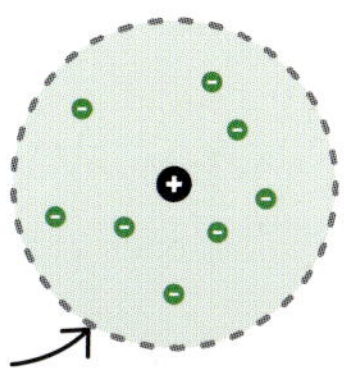

4. Modernes Modell
Niels Bohr fand heraus, dass die Elektronen den Kern auf Bahnen umkreisen. Später entdeckte James Chadwick neutrale (ladungslose) Neutronen im Kern. Daraus ging das heute gültige Atommodell hervor.

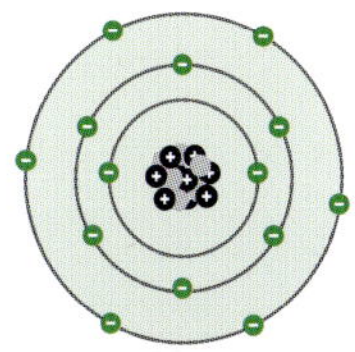

Elektronenschalen

Elektronen sind kleine Teilchen eines Atoms. Sie umkreisen den Atomkern auf Bahnen, die Schalen genannt werden. Kleine Atome mit wenigen Elektronen besitzen nur eine oder zwei Schalen, größere Atome wie Radium müssen ihre vielen Elektronen in mehr Schalen unterbringen. Die Schalen werden als Ringe um den Atomkern dargestellt.

Auf einen Blick

- Elektronen umkreisen den Atomkern in Schalen.
- Jede Schale kann eine festgelegte maximale Anzahl von Elektronen aufnehmen.
- Atome füllen zuerst die inneren, dann die äußeren Schalen auf.

Regeln für die Elektronenschalen
Bei Atomen mit bis zu 20 Elektronen wie den Aluminiumatomen (13) kann jede Schale Elektronen bis zu einer bestimmten Anzahl aufnehmen.

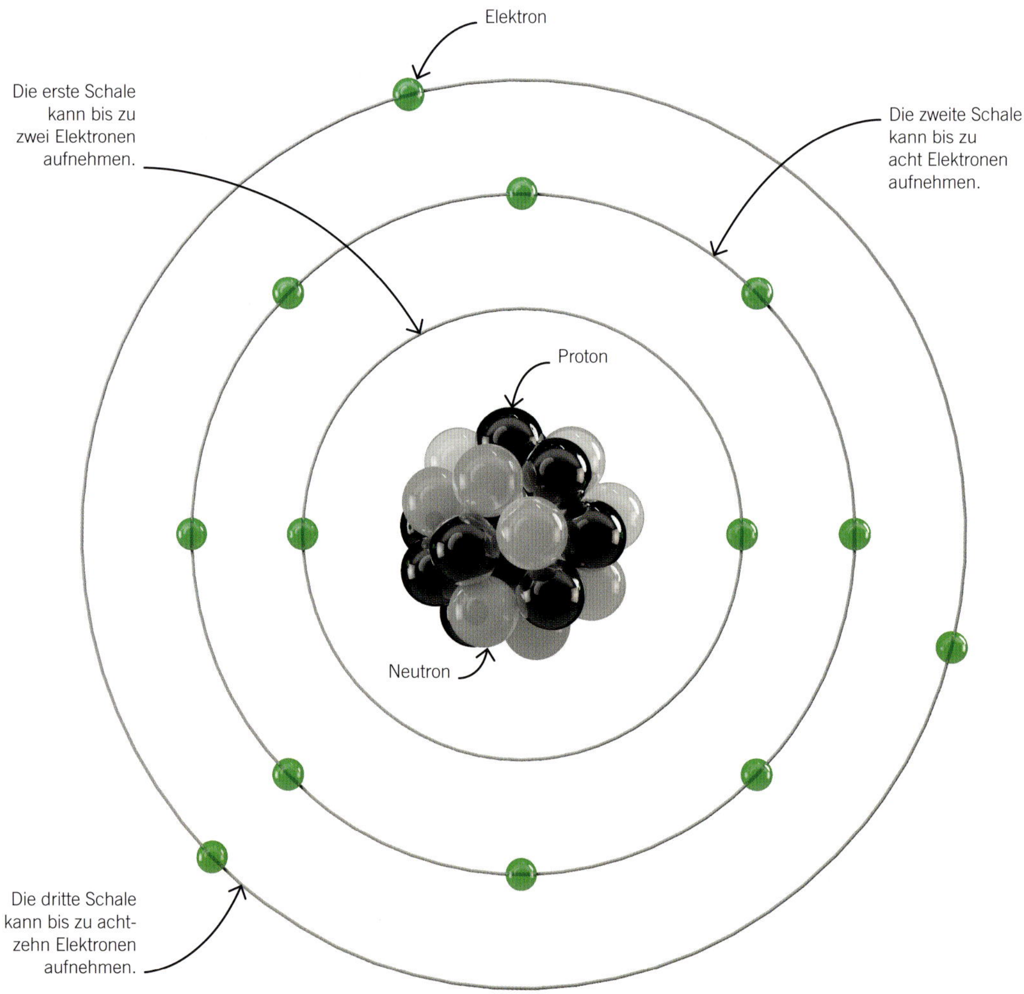

Elektronenstruktur

Die Elektronenstruktur eines Atoms lässt sich mithilfe der Angaben im Periodensystem (siehe Seite 52–53) herausfinden. Wissenschaftler zeichnen die Elektronenstruktur (siehe Seite 28) oder schreiben die Anzahl der Elektronen in jeder Schale auf – zum Beispiel: 2, 8, 3.

Auf einen Blick

- ✓ Die Elektronenstruktur eines Atoms beschreibt die Anzahl der Elektronen in jeder Schale.
- ✓ Die Elektronenstruktur eines Atoms lässt sich anhand der Anzahl der Elektronen und Schalen herausfinden.
- ✓ Für die ersten 20 Elemente gibt es zwei Methoden, um die Elektronenstruktur herauszufinden

Methode eins: mithilfe der Ordnungszahl
Zur Bestimmung der Elektronenstruktur sucht man die Ordnungszahl heraus (die Gesamtanzahl von Protonen bzw. Elektronen im Atom) und verteilt dann die Elektronen nach den Regeln von Seite 28 auf die Schalen.

1. Die Ordnungszahl steht über dem Elementsymbol. Von Aluminium lautet sie 13.

2. Nach den Regeln für Elektronenschalen (Seite 28) sind 13 Elektronen auf drei Schalen zu verteilen.

3. Die Elektronenstruktur von Aluminium lautet: 2, 8, 3.

Methode zwei: mithilfe der Periode und Hauptgruppe
Die Periodenzahl ist gleich der Anzahl der Elektronenschalen eines Atoms. Die Gruppenzahl ist gleich der Anzahl der Elektronen in der äußersten Schale.

1. Aluminium liegt in der 3. Periode. Es hat drei Schalen.

2. Aluminium liegt in der 3. Hauptgruppe. In der äußersten Schale hat es drei Elektronen.

3. Die beiden inneren Schalen von Aluminium sind voll besetzt, weil immer von innen nach außen aufgefüllt wird.

4. Bei zwei Elektronen in der innersten und drei Elektronen in der äußersten Schale bleiben für die mittlere Schale acht Elektronen. Daher lautet die Elektronenstruktur von Aluminium 2, 8, 3.

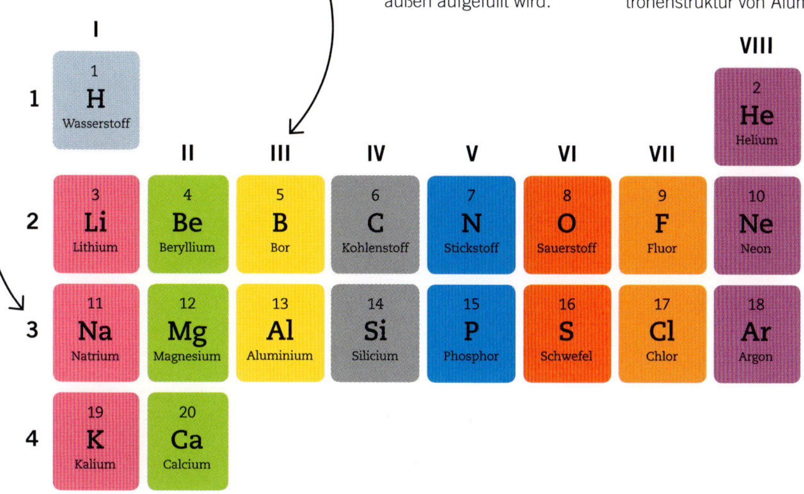

Elemente

Elemente sind Reinstoffe und können nicht mehr in andere Stoffe zerlegt werden. Jedes Element hat ganz bestimmte physikalische und chemische Eigenschaften. Die Anzahl an Protonen in einem Atom ist die Ordnungszahl. Diese bestimmt das Element.

Auf einen Blick

- ✓ **Elemente enthalten eine Atomsorte.**
- ✓ **Die Anzahl an Protonen im Atomkern bestimmt das Element.**
- ✓ **Bislang wurden 118 verschiedene Elemente entdeckt.**

Das Innere von Elementen
Ein reines Element enthält nur eine Atomsorte.

Europium

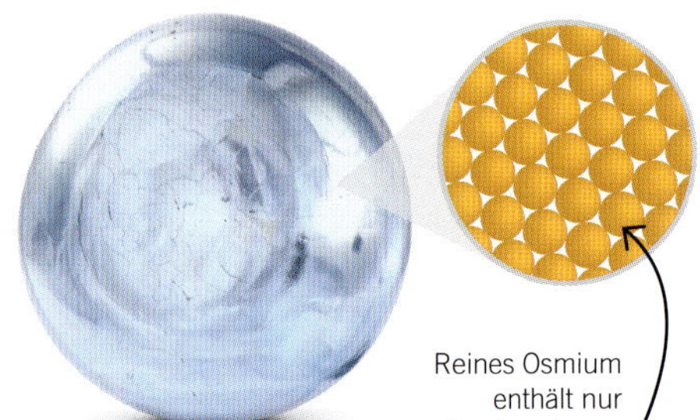

Osmium

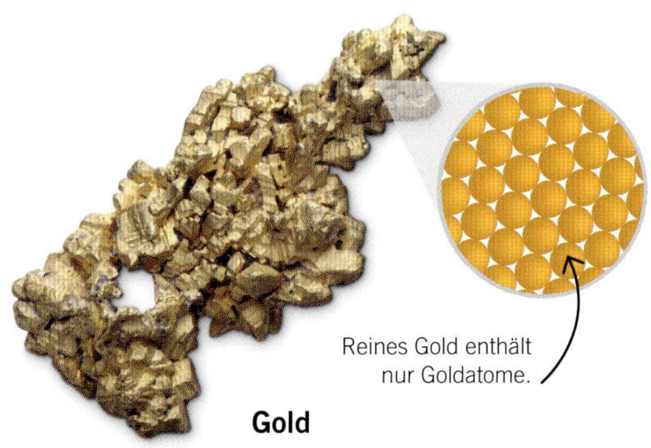

Gold

Das Periodensystem

Wissenschaftler ordnen alle Elemente in einem Diagramm an, das Periodensystem genannt wird. Die Reihenfolge ist die Ordnungszahl, und die Gruppen, die hier farblich unterschieden werden, umfassen die Elemente mit ähnlichen Eigenschaften. Mehr über das Periodensystem steht auf den Seiten 52–53.

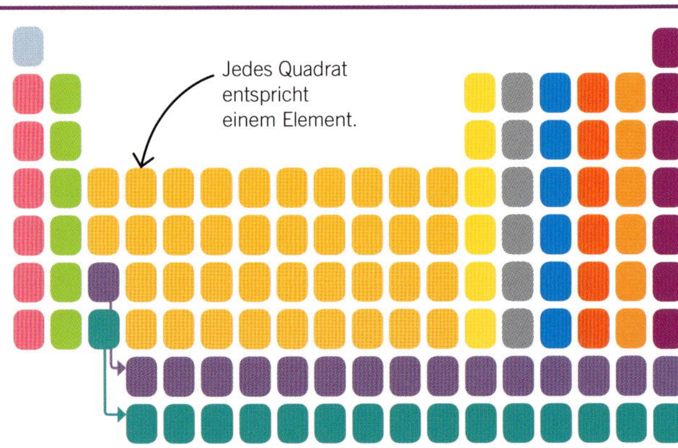

Isotope

Isotope sind Atomsorten eines Elements. Isotope haben immer die gleiche Anzahl Protonen, nicht aber die gleiche Anzahl Neutronen. So bestehen die meisten Magnesiumatome aus 12 Protonen, 12 Neutronen und 12 Elektronen. Einige Magnesiumatome haben jedoch mehr Neutronen. Sie sind ebenfalls Magnesiumatome, bilden jedoch ein anderes Isotop.

Auf einen Blick

- Isotope sind Atomsorten von Elementen.
- Die Anzahl der Neutronen im Atomkern bestimmt das Isotop.
- Ein Element kann mehrere Isotope haben.
- Der Isotopenname ist einfach der Elementname, gefolgt von der Gesamtzahl der Protonen und Neutronen.

Isotope von Magnesium
Magnesium hat drei stabile Isotope, Magnesium-24, Magnesium-25 und Magnesium-26. Den Anteil dieser Isotope auf der Erde nennt man Häufigkeit. Sie wird in Prozent angegeben.

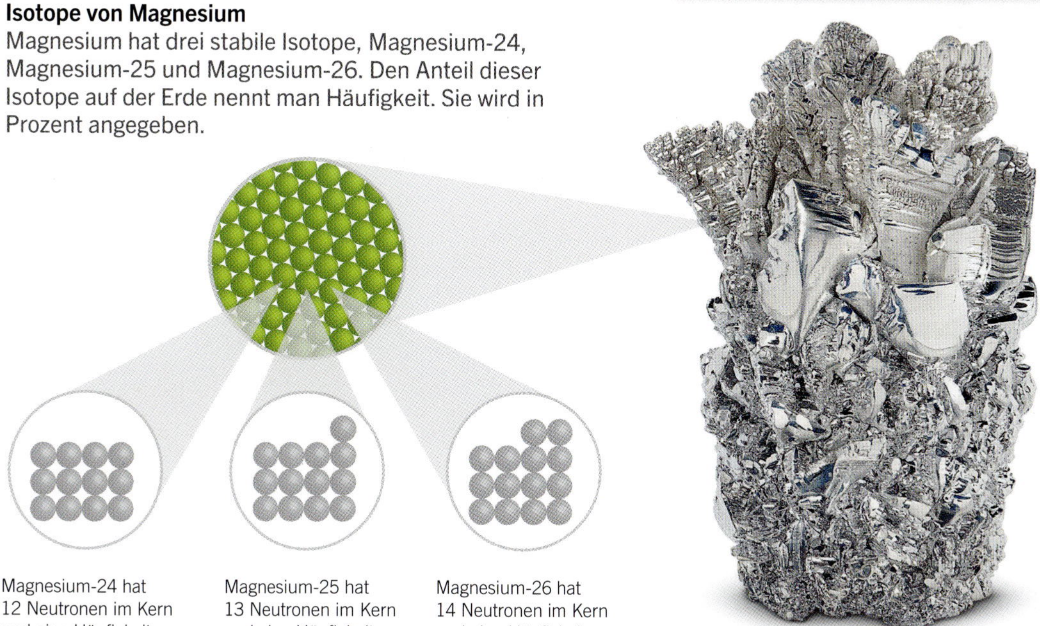

Magnesium-24 hat 12 Neutronen im Kern und eine Häufigkeit von 79 %.

Magnesium-25 hat 13 Neutronen im Kern und eine Häufigkeit von 10 %.

Magnesium-26 hat 14 Neutronen im Kern und eine Häufigkeit von 11 %.

Magnesium

Atommassen

Mit dieser Formel lässt sich die relative Atommasse (A_r) eines Elements berechnen. Kennt man die Isotope des Elements sowie deren Massenzahl (Gesamtzahl der Protonen und Neutronen) und Häufigkeit, erhält man aus der durchschnittlichen Masse aller Isotope seine relative Atommasse.

Formel für die relative Atommasse:

$$A_r = \frac{\underbrace{(\text{Massenzahl} \cdot \text{Häufigkeit})}_{\text{Isotop 1}} + \underbrace{(\text{Massenzahl} \cdot \text{Häufigkeit})}_{\text{Isotop 2}}}{100\,\%}$$

Die Summe aller Häufigkeiten beträgt immer 100 %.

Gemische

Manchmal kann man Elemente zusammenbringen, ohne dass sie zu neuen Produkten reagieren. Ein solcher Stoff, bestehend aus zwei oder mehr Elementen oder Verbindungen, wird Gemisch genannt. So ist zum Beispiel Luft ein Gemisch aus Sauerstoff, Stickstoff und anderen Gasen.

Auf einen Blick

- ✓ Ein Gemisch besteht aus zwei oder mehr verschiedenen Elementen oder Verbindungen.
- ✓ Gemische enthalten Elemente und / oder Verbindungen, die nicht chemisch miteinander verknüpft sind.
- ✓ Die Elemente oder Verbindungen in einem Gemisch behalten ihre ursprünglichen Eigenschaften.
- ✓ Elemente können aus einem Gemisch ohne chemische Reaktion wieder getrennt werden.

Eisen-Schwefel-Gemisch
Beim Vermischen reagieren Schwefelpulver und Eisenspäne nicht miteinander. Mit einem Magneten können sie leicht wieder voneinander getrennt werden.

Eisen **Schwefel** **Eisen-Schwefel-Gemisch**

Atome in Mischungen

Da die verschiedenen Elemente nicht chemisch miteinander verbunden sind, bilden ihre Atome in der Mischung keine regelmäßigen Muster oder Formen aus. Ihre Verteilung in der Mischung ist zufällig.

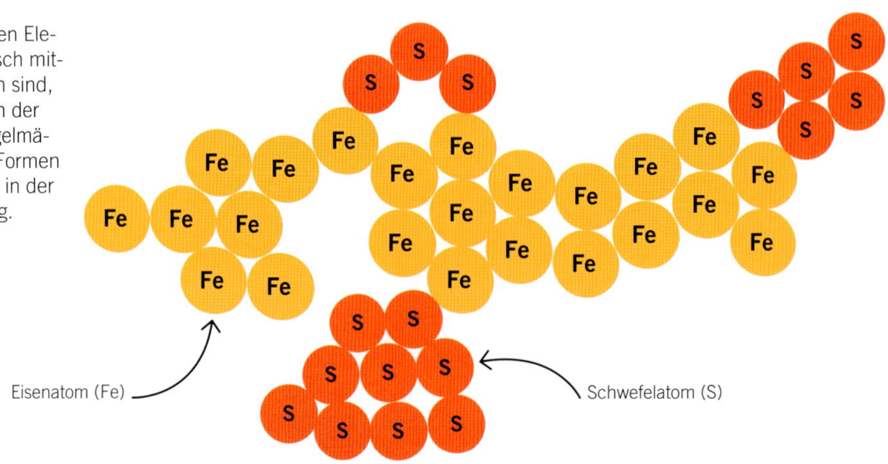

Verbindungen

Verschiedene Elemente können miteinander reagieren und dabei eine neue Struktur ausbilden, die Verbindung genannt wird. Die meisten Stoffe um uns herum sind chemische Verbindungen.

Auf einen Blick

- ✓ **Die meisten Elemente bilden durch eine Reaktion Verbindungen.**
- ✓ **Verbindungen bestehen aus Atomen mehrerer Elemente, die durch chemische Bindung miteinander verknüpft sind.**
- ✓ **Eine Verbindung hat andere Eigenschaften als die Elemente, aus denen sie besteht.**
- ✓ **Elemente in Verbindungen können nur durch chemische Reaktionen wieder voneinander getrennt werden.**

Eisen-Schwefel-Verbindung
Die Elemente Eisen und Schwefel reagieren miteinander zu einer Verbindung. Eisen ist magnetisch, Schwefel gelb. Die Eisen-Schwefel-Verbindung ist weder magnetisch noch gelb.

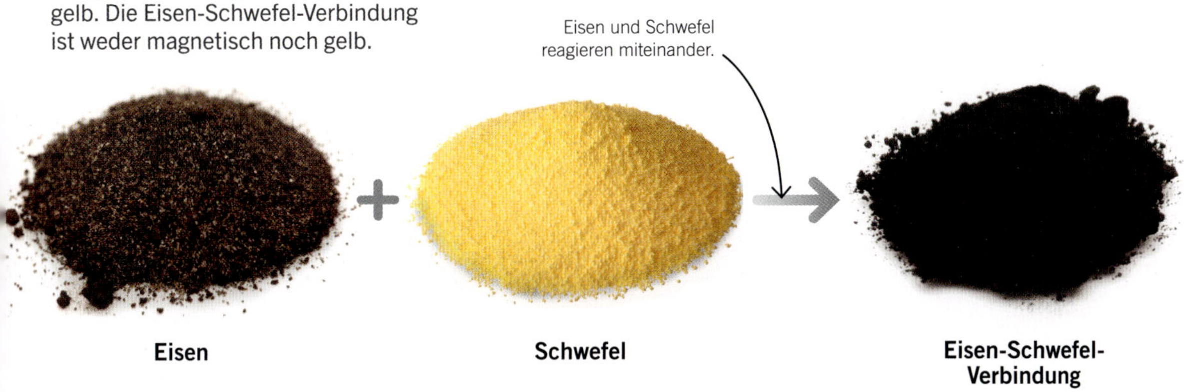

Atome in Verbindungen

Wenn Atome sich chemisch miteinander verbinden, entsteht eine neue Struktur mit neuen physikalischen und chemischen Eigenschaften. In Pyrit zum Beispiel haben sich Eisen- und Schwefelatome zu einer regelmäßigen dreidimensionalen Anordnung verknüpft.

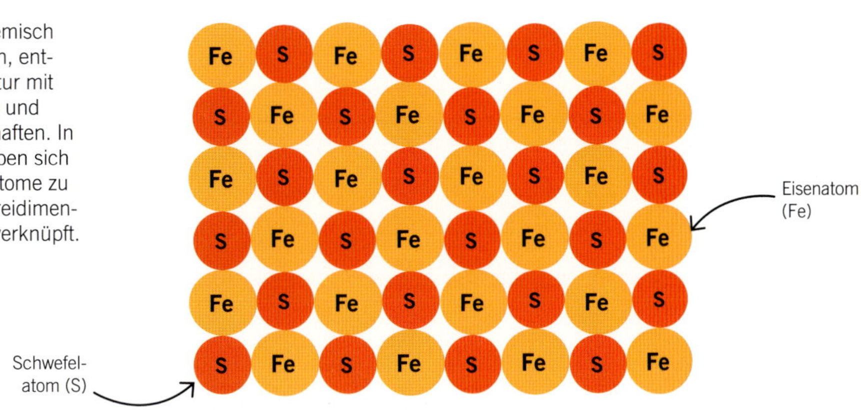

Formeln

Aus welchen Elementen eine Verbindung besteht, lässt sich einfach und schnell durch ihre Formel herausfinden. Formeln können Wörter, Elementsymbole (siehe Seite 53) und manchmal Zahlen enthalten. Es gibt mehrere Arten von Formeln. Siliciumdioxid hat unter anderem diese vier:

Auf einen Blick

- ✓ **Formeln geben an, aus welchen Elementen eine Verbindung besteht.**
- ✓ **Es gibt mehrere Arten von Formeln. Diese vier sind besonders wichtig: Name, Summenformel, Atomdarstellung und Strukturformel.**

Der ausgeschriebene Name
Anstelle des Symbols wird der Name aller Elemente in der Verbindung vollständig ausgeschrieben.

Siliciumdioxid

Summenformel
Für jedes Element wird das Elementsymbol aufgeschrieben. Zwischen den Symbolen ist kein Leerraum.

SiO_2

Si ist das Symbol für Silicium.

O ist das Symbol für Sauerstoff.

Atomdarstellung
Symbol und Umriss für jedes Atom stellen dar, aus was die Verbindung besteht.

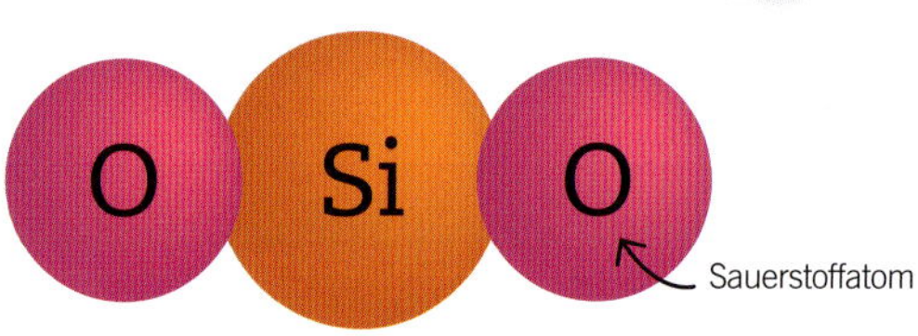

Strukturformel
Ein Bindestrich zwischen den Symbolen beschreibt die Bindung zwischen den Atomen.

O – Si – O

Der Bindestrich stellt die Bindung zwischen dem Silicium- und dem Sauerstoffatom dar.

Gängige Formeln

Mit diesen gängigen chemischen Verbindungen sollte man sich vertraut machen. Neben dem Symbol steht oft eine kleine Zahl. Sie gibt an, wie viele Atome dieses Elements sich in einem Molekül der Verbindung befinden.

Kohlenstoffdioxid	CO_2	Kohlenstoffmonoxid	CO
Ammoniak	NH_3	Salzsäure	HCl
Wasser	H_2O	Calciumchlorid	$CaCl_2$
Methan	CH_4	Schwefelsäure	H_2SO_4

In einem Molekül Calciumchlorid befinden sich zwei Chloratome.

Formeln herleiten

Atome bilden untereinander Bindungen aus und füllen dadurch ihre Elektronenschalen auf. Jedes Atom hat eine Wertigkeit (manchmal auch Valenz genannt), die angibt, wie viele Elektronen es hinzugewinnt, verliert oder gemeinsam benutzt, wenn es sich mit einem oder mehreren anderen Atomen verbindet.

Auf einen Blick

- ✓ **Die Wertigkeit (Valenz) ist eine Zahl, die die Bindung zu anderen Atomen angibt.**
- ✓ **Eine Wertigkeitstabelle ordnet die Wertigkeit von Elementen in Gruppen ein.**
- ✓ **Die Formel der Verbindung lässt sich anhand der Wertigkeit der Elemente mithilfe einer einfachen Methode herleiten.**

Wertigkeiten

Elemente in der gleichen Hauptgruppe im Periodensystem haben die gleiche Wertigkeit. Für Verbindungen wie z. B. Wasser kann die Formel anhand dieser Tabelle mithilfe einer einfachen Methode bestimmt werden.

Hauptgruppe	I	II	III	IV	V	VI	VII	VIII
Wertigkeit	1	2	3	4	–3	–2	–1	0

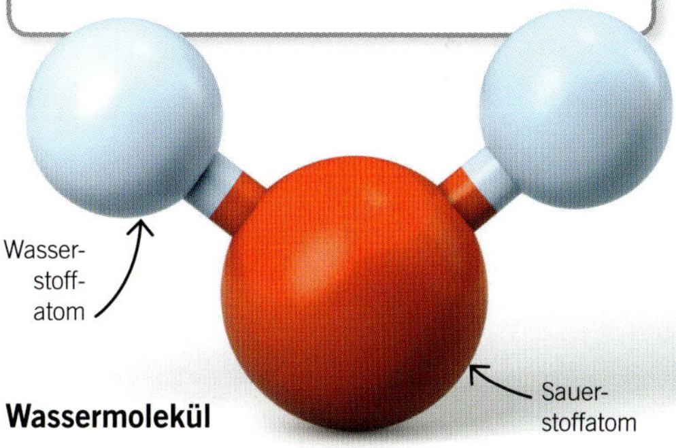

Wassermolekül

Zum Beispiel:

H^+ — Schreibe für Wasserstoff die Wertigkeit klein oben rechts an das Elementsymbol.

O^{2-} — Schreibe für Sauerstoff die Wertigkeit klein oben rechts an das Elementsymbol.

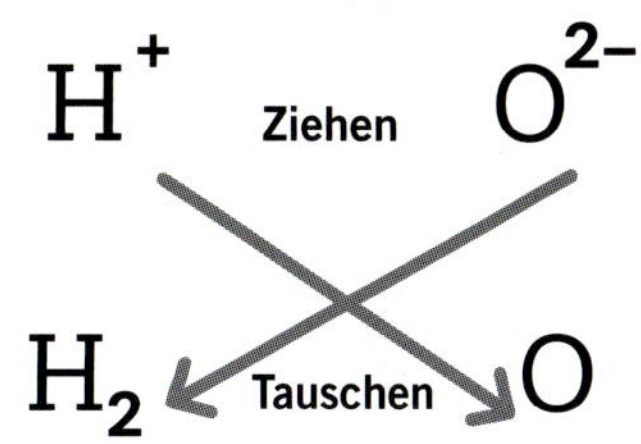

1. Wasserstoff (H) liegt in der I. Hauptgruppe und hat die Wertigkeit 1. Es verliert ein Elektron und wird dadurch einfach positiv geladen. Die „Eins“ wird nicht geschrieben, aber das kleine Plus für die positive Ladung.

2. Sauerstoff (O) liegt in der VI. Hauptgruppe und hat die Wertigkeit –2. Um die äußere Schale zu füllen, nimmt es 2 Elektronen auf und wird dadurch zweifach negativ geladen. Hier werden die Zahl und das Ladungsvorzeichen notiert.

3. Die Wertigkeiten werden von oben nach unten gezogen und dann gegenseitig vertauscht. Das ergibt die Summenformel für die Verbindung aus Wasserstoff und Sauerstoff: H_2O oder Wasser.

Übergangsmetalle

Die Übergangsmetalle (siehe die Seiten 62–63) stehen im mittleren Teil des Periodensystems zwischen der zweiten und dritten Hauptgruppe. Es sind Nebengruppenelemente, die mehrere Wertigkeiten unabhängig von ihrer Position im Periodensystem haben können. Eisen (Fe) kann zum Beispiel zwei- oder dreiwertig sein, was in römischen Ziffern notiert wird: Eisen II und Eisen III.

Eine Lösung aus Eisen(II)-chlorid ist klar.

Eisen II

Eine Lösung aus Eisen(III)-chlorid ist bernsteinfarben.

Eisen III

Gleichungen

Eine Reaktionsgleichung gibt an, wie sich die Stoffe bei einer chemischen Reaktion verändern. Gleichungen enthalten Symbole (siehe Seite 53) und Formeln (siehe Seite 34). Stoffe, die miteinander reagieren, werden Edukte genannt. Ein Pfeil zeigt die chemische Reaktion an. Die neu entstandenen Stoffe werden Produkte genannt.

Auf einen Blick

- ✓ Gleichungen zeigen, wie sich Edukte bei einer chemischen Reaktion in Produkte umwandeln.
- ✓ Gleichungen können Wörter, Symbole oder Formeln enthalten.
- ✓ Der Zustand von Materie wird in einer Gleichung durch ein Symbol angezeigt.

Die Reaktion erzeugt viel Hitze und Licht und wird daher am besten in einem Kolben durchgeführt.

Natriumchlorid
Diese Gleichungen zeigen, wie die Elemente Natrium und Chlor (Edukte) zum Produkt Natriumchlorid reagieren.

Gleichung in Wortform	Natrium + Chlor	⟶	Natriumchlorid
Formelgleichung	$2\,Na + Cl_2$	⟶	$2\,NaCl$
	Edukte	Die Reaktion wird durch einen Pfeil dargestellt.	**Produkt**

Zustandssymbole
Gleichungen enthalten manchmal Buchstaben in Klammern, um den Aggregatzustand der Materie anzuzeigen (siehe Seite 98).

Natrium- und Chloratome verbinden sich zu einer festen Substanz, Natriumchlorid.

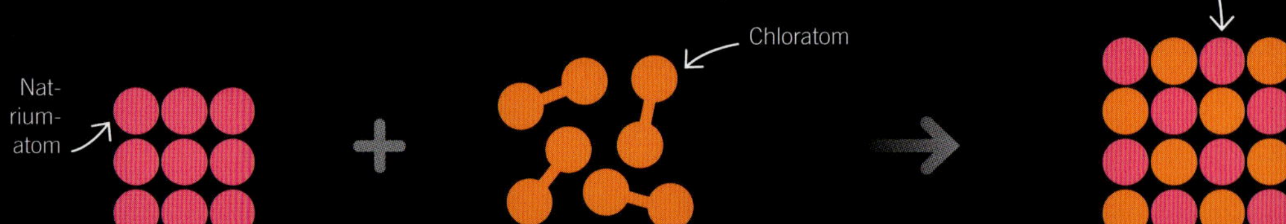

Natrium (f) + Chlor (g) ⟶ Natriumchlorid (f)

Dieses Symbol (g) zeigt an, dass Chlor gasförmig ist.

Dieses Symbol (f) zeigt an, dass Natriumchlorid fest ist.

Ausgleichen

Bei chemischen Reaktionen (siehe Seite 26) ordnen sich Atome verschiedener Elemente (siehe Seite 30) zu Produkten neu an. Deshalb muss auf beiden Seiten der Reaktionsgleichung die gleiche Anzahl von Atomen stehen. Ist das nicht der Fall, gleicht man durch Hinzufügen von Zahlen aus. Dasselbe gilt für Ladungen (siehe Seite 151).

Auf einen Blick

- ✓ **Auf beiden Seiten einer Gleichung muss die gleiche Anzahl von Atomen stehen, da Atome bei einer Reaktion weder verschwinden noch hinzukommen können.**
- ✓ **Gleichungen werden ausgeglichen, indem man so lange Zahlen zu einer Formel hinzufügt, bis die Anzahl von Atomen auf beiden Seiten gleich ist.**

Eine nicht ausgeglichene Gleichung
Diese Gleichung zeigt die Reaktion der Elemente Wasserstoff und Sauerstoff zu Wasser. Links stehen zwei Atome Sauerstoff, rechts aber nur eines. Die Gleichung ist noch nicht ausgeglichen.

Das "H" ist das Symbol für Wasserstoff.

Die kleine "2" zeigt an, dass es zwei Wasserstoffatome sind.

Das "O" ist das Symbol für Sauerstoff.

Das ist die Formel für Wasser.

$$H_2 + O_2 \longrightarrow H_2O$$

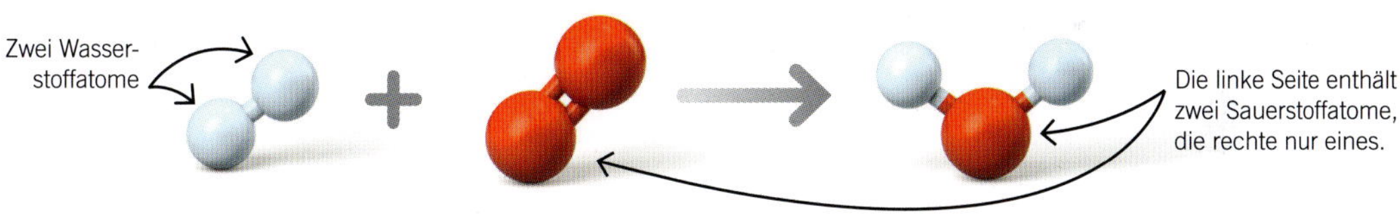

Gleichung ausgleichen
Es werden solange Zahlen hinzugefügt, bis die Gleichung ausgeglichen ist.

1. Auf der linken Seite eine „2“ hinzuschreiben. Dadurch verdoppelt sich die Anzahl der Wasserstoffatome.

2. Auf der rechten Seite eine „2“ hinzuschreiben, um ein Wassermolekül hinzuzufügen. Nachzählen. Jetzt stimmt die Anzahl der Atome auf beiden Seiten überein.

$$2\,H_2 + O_2 \longrightarrow 2\,H_2O$$

Reinsubstanzen

Reinsubstanzen bestehen nur aus einem einzigen Element (siehe Seite 30) oder einer einzigen Verbindung (siehe Seite 33). Wasser besteht nur aus Wassermolekülen, der Verbindung aus Wasserstoff und Sauerstoff. Vollkommen rein sind die wenigsten Stoffe. Meistens enthalten sie Zusätze von anderen Elementen oder Verbindungen.

Auf einen Blick

- ✓ **Eine Reinsubstanz enthält nur eine Art eines Elements oder einer Verbindung.**
- ✓ **Die Reinheit einer Substanz kann anhand des Schmelz- und Siedepunkts überprüft werden.**
- ✓ **Eine Verunreinigung senkt in der Regel den Schmelzpunkt und erhöht den Siedepunkt.**
- ✓ **Je näher der Schmelz- und Siedepunkt an den Werten der Reinsubstanz sind, desto reiner ist die Substanz.**

Reinheits-Check

Reinsubstanzen haben feste Schmelz- und Siedepunkte. So schmilzt Wasser (Eis) bei 0 °C und siedet bei 100 °C. Verunreinigtes Wasser siedet in einem breiten Temperaturbereich.

Diagramm

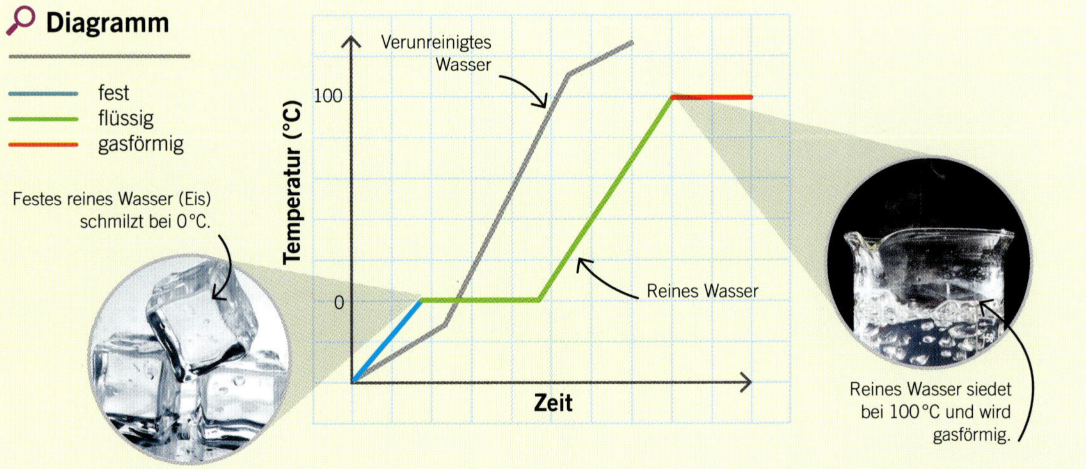

Zweckmäßig verunreinigen

Verunreinigungen können auch einen Zweck erfüllen. So erhöht Salz den Siedepunkt von Wasser, so dass das Essen eher gar wird. Salz auf vereisten Fahrbahnen lässt das Eis schneller schmelzen und macht das Fahren bei Frost sicherer.

Salz und Wasser

Salz und Eis

Formulierungen

Eine Formulierung ist eine Mischung (siehe Seite 32), die für eine bestimmte Anwendung hergestellt wird. Die Inhaltsstoffe bestimmen ihre Eigenschaften. Nagellack, Medikamente, Waschmittel und Farben sind Formulierungen aus dem Alltag.

Auf einen Blick

- ✓ Formulierungen sind Mischungen mit genau definierten Inhaltsstoffen.
- ✓ Formulierungen werden für einen bestimmten Zweck und eine bestimmte Anwendungsart hergestellt.
- ✓ In vielen Industrien entwickeln und testen Chemiker Formulierungen.

Anstrichfarbe
Ein Beispiel für eine Formulierung ist Anstrichfarbe. Sie enthält drei Hauptbestandteilie mit jeweils einer bestimmten Funktion. Die Mengen der Chemikalien und Zusätze müssen genau abgestimmt werden. Etwas zu viel oder zu wenig von einer Komponente, und die Farbe wird zu dick- oder dünnflüssig.

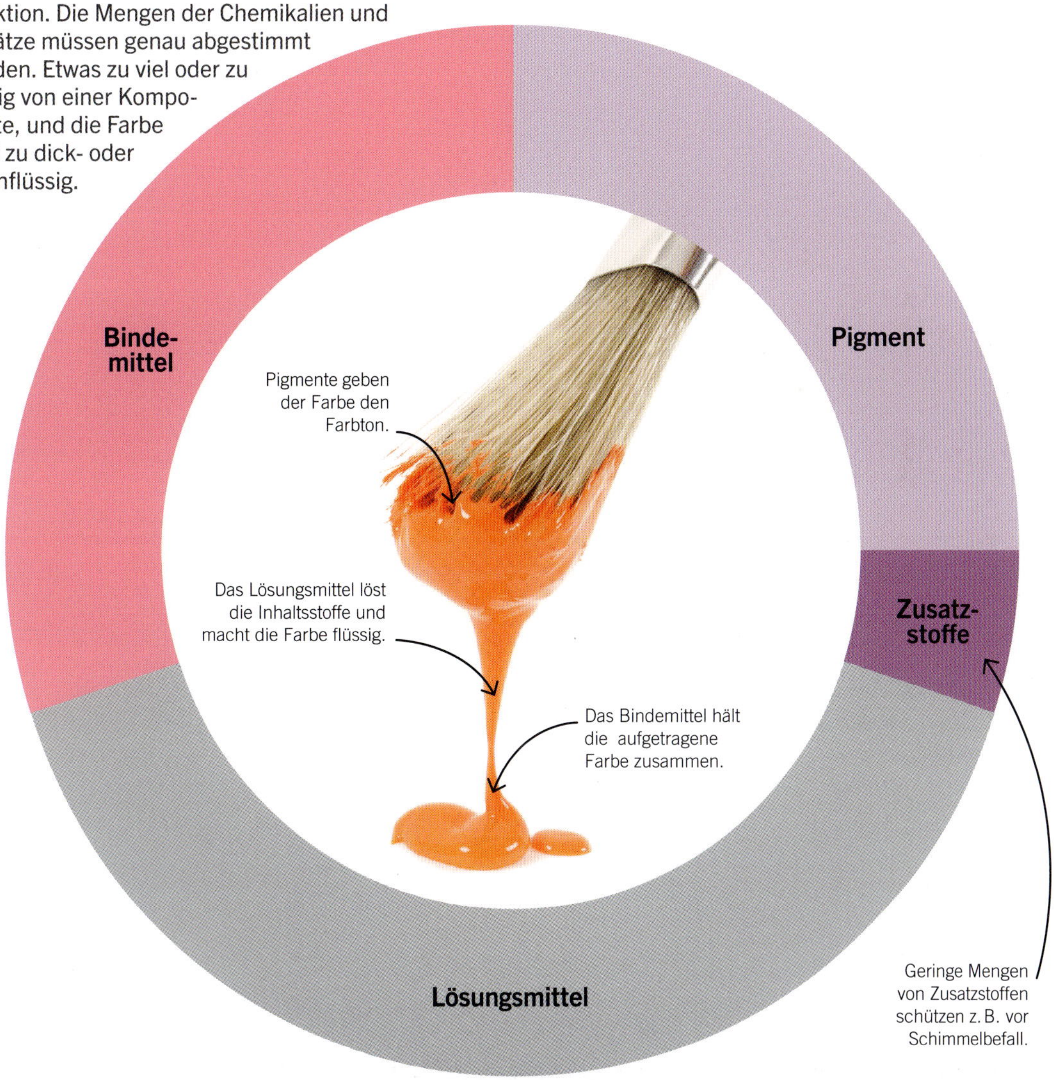

Lösungen

Eine Substanz geht in Lösung, wenn sie in winzige Teilchen zerfällt und sich dabei vollständig mit einer anderen Substanz vermischt. Zucker, Salz und bestimmte Medikamente sind löslich. Substanzen, in denen sich andere Substanzen lösen, wie z. B. Wasser oder Ethanol, sind Lösungsmittel. Lösungsmittel und gelöster Stoff bilden eine Lösung.

Zucker auflösen
Zucker löst sich leicht in Wasser. In gelöster Form ist der Zucker nicht mehr sichtbar.

Auf einen Blick

- ✓ **Eine Substanz ist löslich, wenn sie sich in einer anderen Substanz löst.**
- ✓ **Lösungsmittel sind Flüssigkeiten, in denen sich andere Substanzen lösen.**
- ✓ **Wenn sich eine Substanz in einem Lösungsmittel löst, entsteht eine Lösung.**
- ✓ **Nicht jede Substanz ist löslich.**

Moleküle trennen

Viele Substanzen lösen sich in Wasser. Wassermoleküle werden von vielen Sorten von Molekülen und Atomen angezogen und brechen diese auseinander. Durch Erhitzen und Rühren gehen Substanzen schneller in Lösung.

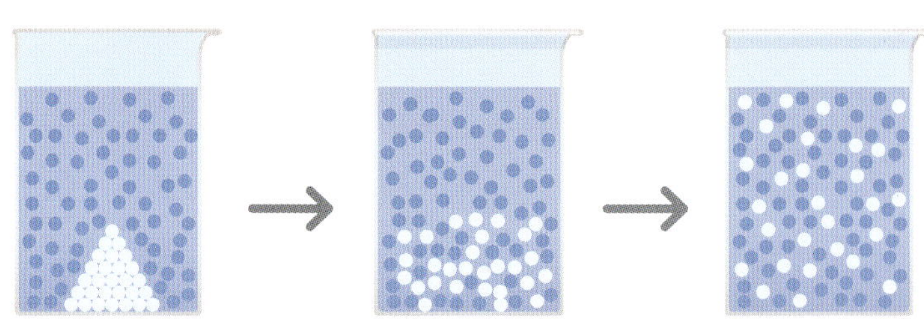

1. Der Feststoff, z. B. ein Salz, wird durch Bindungen zwischen den Atomen oder Molekülen zusammengehalten.

2. Wassermoleküle dringen zwischen die Salzpartikel ein und brechen die Bindungen allmählich auf.

3. Die Substanz ist vollständig gelöst, sie ist nun überall gleichmäßig verteilt.

Reiben und Mahlen

Größere feste Brocken, wie z. B. Gestein oder Kristalle, werden durch Reiben und Mahlen zu Pulver zerkleinert. Ein Stoff ist schneller löslich, wenn er in Pulverform vorliegt. Außerdem werden durch die Vergrößerung der Oberfläche des Stoffes Reaktionen beschleunigt.

Auf einen Blick

- ✓ **Durch Zerreiben und Mahlen lassen sich Feststoffe zerkleinern.**
- ✓ **Zerreiben und Mahlen erhöhen die Löslichkeit von Substanzen.**
- ✓ **Zerreiben und Mahlen beschleunigen Reaktionen.**

Zerkleinern
In einer Reibschale wird Steinsalz mit einem Pistill zerrieben.

Oberfläche vergrößern

Chemische Reaktionen laufen viel schneller ab, wenn die Oberfläche des Edukts größer ist. Im Beispiel hier wird ein 8 cm³ großer Steinsalzwürfel mit einer Oberfläche von 24 cm² in 1 cm³ große Würfel mit einer Gesamtoberfläche von 48 cm² zerkleinert. Damit steht jetzt für eine Reaktion die doppelte Oberfläche zur Verfügung. Die Reaktion wird schneller.

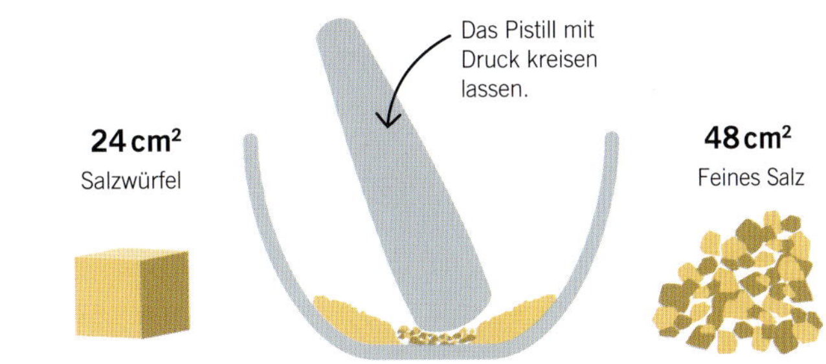

1. Die Oberfläche eines Steinsalzwürfels beträgt etwa 24 cm².

2. Den Würfel in einer Reibschale mit einem Pistill zerkleinern.

3. Die gesamte Oberfläche des Steinsalzes beträgt jetzt 48 cm².

Löslichkeit

Die Löslichkeit ist ein Maß dafür, wie viel sich von einer Substanz in einem Lösungsmittel (siehe Seite 40) löst. Meist nimmt die Löslichkeit mit steigender Temperatur zu. Häufig wird die Löslichkeit in Gramm gelöster Stoff pro 100 Gramm Lösungsmittel (g/100 g) angegeben.

Auf einen Blick

- ✓ Die Löslichkeit gibt an, wie viel sich von einem Stoff in einem Lösungsmittel löst.
- ✓ Bei den meisten Feststoffen nimmt die Löslichkeit mit der Temperatur zu.
- ✓ Um die Löslichkeit zu bestimmen, wird das Lösungsmittel verdampft und die Masse des Rückstands ausgewogen.

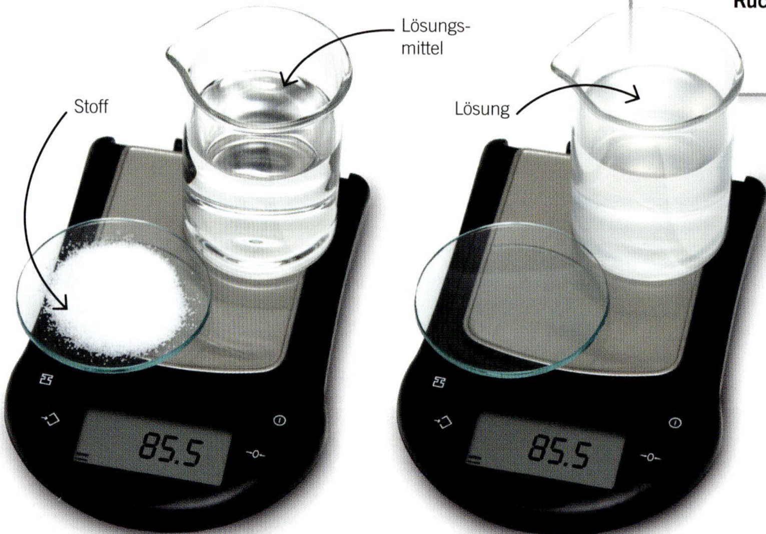

Die Masse bleibt gleich
Die Masse einer Lösung entspricht der Summe der Massen des gelösten Stoffs und des Lösungsmittels.

Verschiedene Temperaturen, verschiedene Löslichkeiten
Je höher die Temperatur, desto mehr von einer Substanz löst sich. Dazu kann man ein einfaches Experiment durchführen: Man misst die Masse eines Salzes, die sich in unterschiedlich warmem Wasser löst. Die Masse Wasser muss gleich bleiben.

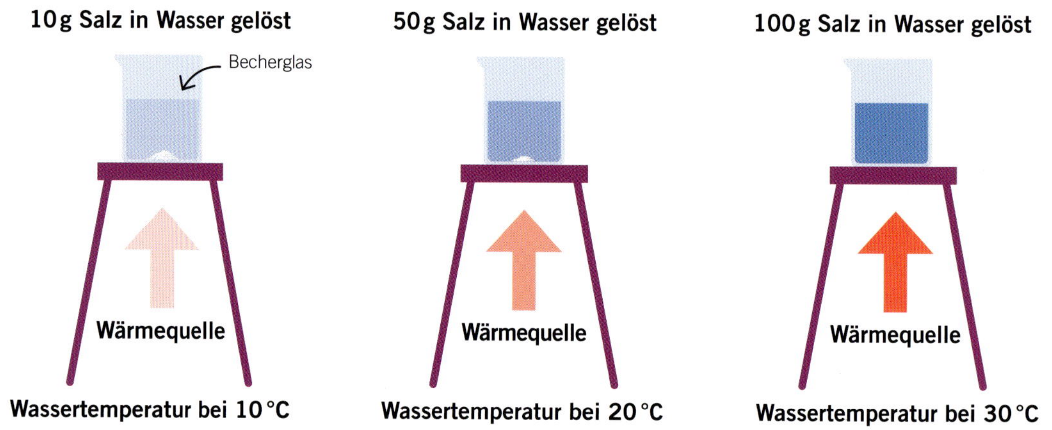

Berechnung der Löslichkeit

Die Löslichkeit einer Substanz kann genau bestimmt werden. Zur Berechnung benötigt man die Masse des Lösungsmittels (z. B. Wasser) und die Masse der Substanz (z. B. Salz), die sich darin gerade noch löst.

Auf einen Blick

- ✓ **Die Löslichkeit wird in Gramm gelöster Stoff pro 100 Gramm Lösungsmittel angegeben, geschrieben als g/100g.**
- ✓ **Zur Berechnung der Löslichkeit benötigt man die Masse des Lösungsmittels und die Masse der gerade noch gelösten Substanz.**

Wie die Löslichkeit berechnet wird
Zuerst die Lösung abwiegen. Dann das Lösungsmittel verdampfen und den festen Rückstand abwiegen. Zur Berechnung der Masse des Lösungsmittels die Masse des Rückstands von der der Lösung abziehen.

Lösung

Rückstand nach Verdampfen des Lösungsmittels

$$\text{Löslichkeit (g pro 100 g Lösungsmittel)} = \frac{\text{Masse des Feststoffs (g)}}{\text{Masse des verdampften Wassers (g)}} \cdot 100$$

Löslichkeitskurven
Die Löslichkeit einer Substanz bei verschiedenen Temperaturen wird in einem Diagramm als Löslichkeitskurve dargestellt. Jede Substanz hat eine bestimmte Löslichkeitskurve.

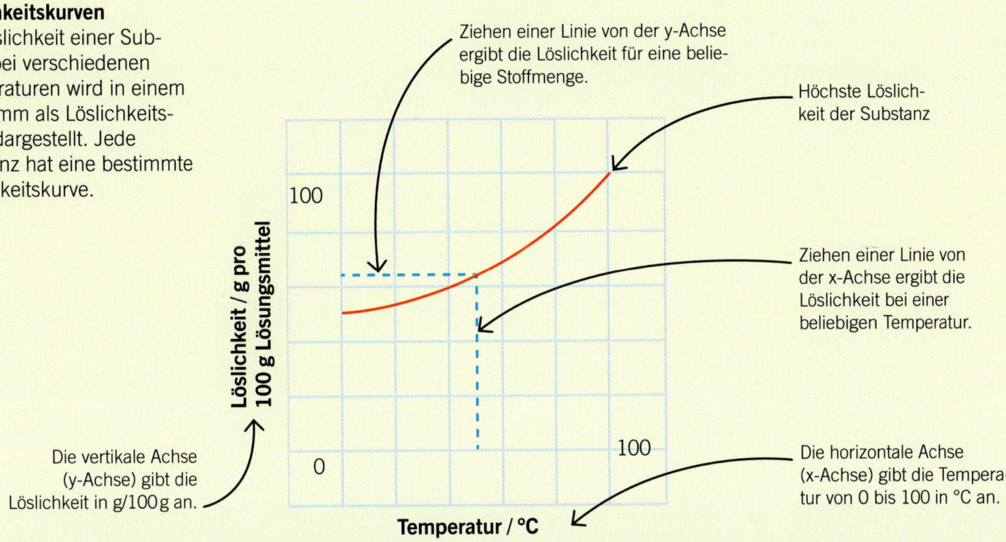

Chromatographie

Die Chromatographie ist ein Verfahren, um ein Gemisch (siehe Seite 32, z. B. Tinte) in seine einzelnen Verbindungen (siehe Seite 33, z. B. Farbstoffe) aufzutrennen. Sie besteht aus zwei Komponenten, den Phasen. Durch die stationäre Phase (das Papier) fließt die mobile Phase (eine Flüssigkeit oder ein Gas). Wegen ihrer unterschiedlichen Beweglichkeiten trennen sich die Verbindungen in der mobilen Phase auf (siehe Seite 42).

Auf einen Blick

- ✓ **Die Chromatographie ist ein Trennverfahren für Substanzen aus Gemischen.**
- ✓ **Die Chromatographie umfasst eine stationäre und eine mobile Phase.**
- ✓ **Einige Verbindungen wandern in der stationären Phase weiter als andere.**
- ✓ **Der R_f-Wert gibt an, wie weit sich die Verbindungen im Vergleich zur mobilen Phase vorwärts bewegen.**

Ein Chromatogramm erstellen

Alles, was gebraucht wird, sind Filterpapier, Bleistift, Filzstifte in verschiedenen Farben, Wasser und ein Behälter. Nach dieser Anleitung wird das Chromatogramm erstellt. Es ist das sichtbare Ergebnis der Chromatographie.

Eine über die Stange gehängte Klammer hält das Papier fest.

1. Ziehe mit einem Bleistift etwas oberhalb der unteren Papierkante einen waagerechten Strich. Verteile darauf die Farbpunkte. Hänge das Papier so auf, dass die untere Kante im Wasser steht.

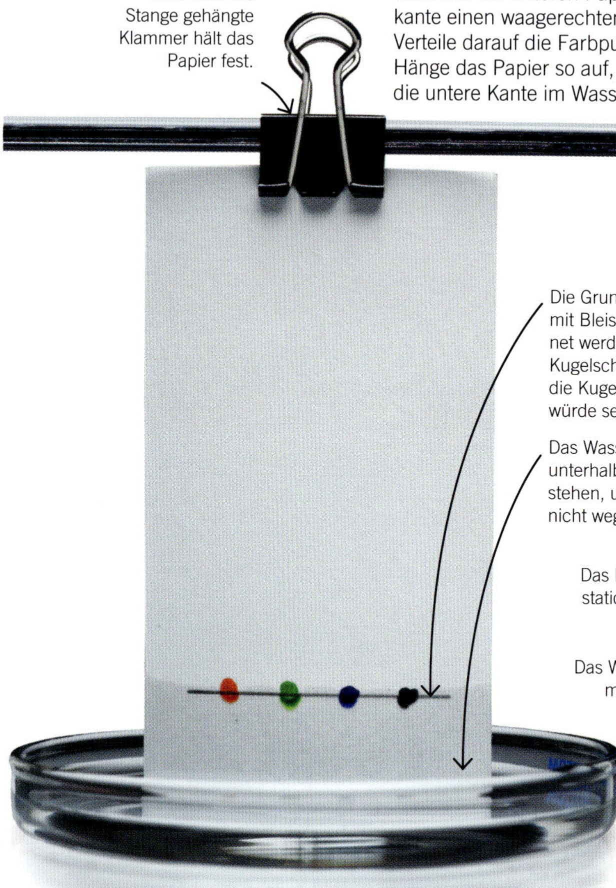

Die Grundlinie muss mit Bleistift gezeichnet werden, nicht mit Kugelschreiber, denn die Kugelschreibertinte würde selbst wandern.

Das Wasser muss unterhalb der Grundlinie stehen, um die Farbe nicht wegzuwaschen.

2. Die mobile Phase (Wasser) wandert die stationäre Phase (Papier) herauf und nimmt dabei die Farbe mit. Je beweglicher die Substanz ist, desto höher wandert sie hinauf.

Das Papier ist die stationäre Phase.

Das Wasser ist die mobile Phase.

R_f-Wert

Der R_f-Wert gibt an, wie weit eine Substanz durch die stationäre Phase (das Papier) im Vergleich zur mobilen Phase (dem Wasser) wandert. Wenn der Versuch mit der gleichen Tinte und dem gleichen Farbstoff wiederholt wird und man den gleichen R_f-Wert erhält, ist die Substanz rein.

$$R_f = \frac{\text{Zurückgelegte Strecke des Farbstoffs (cm)}}{\text{Lösungsmittelfront (cm)}}$$

Beispiel für Violett: $0{,}9 = \frac{4{,}5\,\text{cm}}{5\,\text{cm}}$

3. Die Farben sammeln sich als Flecken in unterschiedlichem Abstand zur Grundlinie. Das entstandene Farbmuster wird als Chromatogramm bezeichnet.

4. Für jeden Farbstoff wird die zurückgelegte Strecke von der Grundlinie aus gemessen. Die weiteste Strecke für die mobile Phase wird als Lösungsmittelfront bezeichnet. Sie wird mit einem Bleistift eingezeichnet.

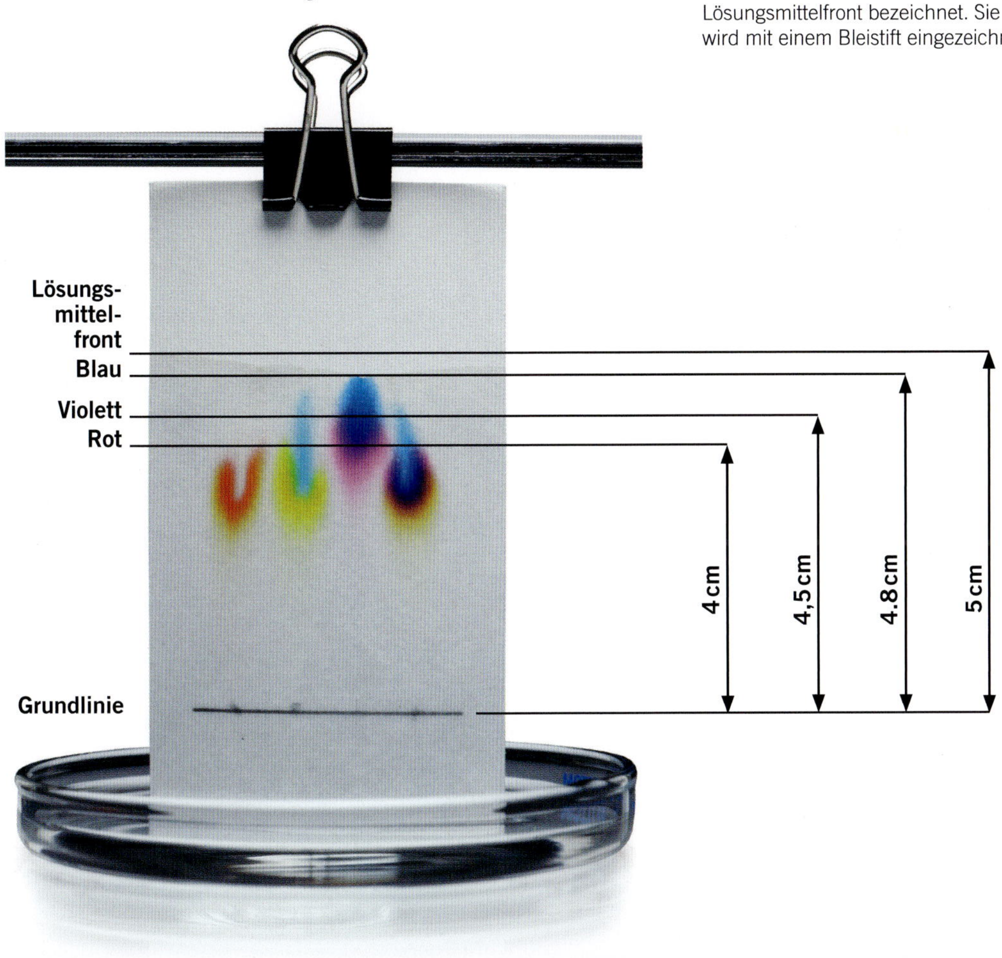

Filtration

Flüssigkeiten werden durch Filtration von unlöslichen Feststoffen befreit, also solchen Stoffen, die sich nicht in einem Lösungsmittel (siehe Seite 40) wie z. B. Wasser lösen. Die Mischung wird auf Filterpapier gegossen. Die winzigen Löcher im Filterpapier lassen die kleinen Wassermoleküle hindurch, während die größeren Feststoffteilchen zurückbleiben.

Auf einen Blick

- **Durch Filtration wird eine Flüssigkeit von einem unlöslichen Feststoff getrennt.**
- **Die Filtration ist eine von mehreren Trennmethoden von Gemischen.**
- **Wenn sich ein Feststoff in einem bestimmten Lösungsmittel nicht löst, gilt er als unlöslich.**

Sand filtern
Sand ist ein Feststoff, der in Wasser unlöslich ist. Durch Filtration wird er abgetrennt.

Gemische auftrennen

Je nach der Eigenschaft der Bestandteile gibt es auch andere Möglichkeiten, Gemische aufzutrennen. Zum Beispiel können mit einem Magneten magnetische Eisenspäne aus einer Eisen-Sand-Mischung entfernt werden.

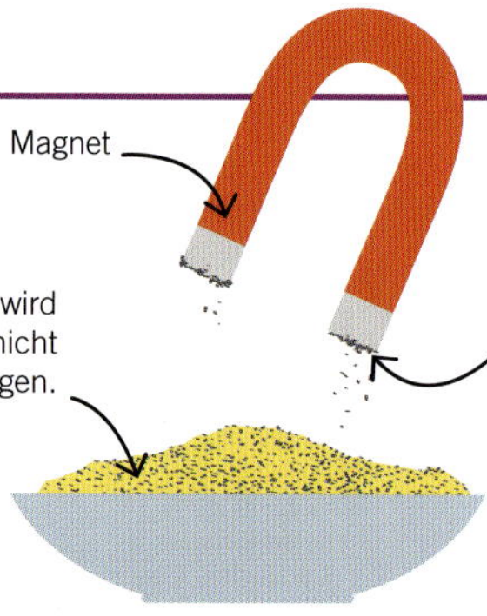

Verdampfung

Eine Flüssigkeit verdampft oder verdunstet und wird gasförmig, wenn die Bindungen zwischen den Molekülen aufbrechen. Wasser verdunstet bei Raumtemperatur – weshalb Wäsche trocknen kann. Wasser verdampft schneller, wenn es erwärmt wird.

Auf einen Blick

- **Verdampfung oder Verdunstung ist die Umwandlung einer Flüssigkeit in ein Gas.**
- **Eine Flüssigkeit siedet, wenn sie beim Erwärmen gasförmig wird.**
- **Die Wärme verleiht den Flüssigkeitsmolekülen mehr Energie, so dass die Bindungen zwischen den Molekülen aufbrechen.**

Siedendes Wasser
Zum Siedepunkt erwärmtes Wasser siedet – die Flüssigkeit verdampft und wird gasförmig.

Gemische auftrennen

Ein Lösungsmittel lässt sich von einem darin gelösten Stoff (siehe Seite 40) durch Verdampfen trennen, da es einen niedrigeren Siedepunkt hat als der gelöste Stoff.

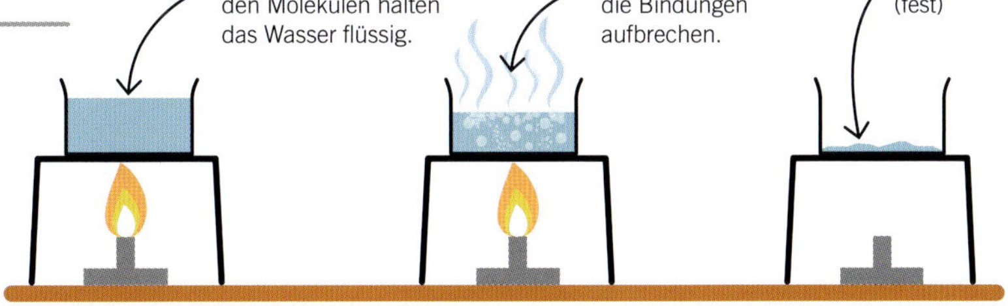

1. Eine Kupfersulfatlösung wird erwärmt.

2. Die Lösung beginnt zu sieden und bildet Wasserdampf.

3. Das Wasser wird gasförmig und Kupfersulfat bleibt zurück.

Kristallisation

Kristalle sind feste Strukturen, in denen die Atome (siehe Seite 26) in einem regelmäßigen dreidimensionalen Gitter angeordnet sind. Eine vorher erwärmte Lösung (siehe Seite 40) kann beim Abkühlen Kristalle bilden – was als Kristallisation bezeichnet wird. Je länger das Abkühlen dauert, desto größer werden in der Regel die Kristalle.

Auf einen Blick

- ✓ **Durch Kristallisation wird ein gelöster Stoff aus einer Lösung abgetrennt.**
- ✓ **Die Kristallisation umfasst das Erwärmen einer löslichen Substanz in einem Lösungsmittel und das langsame Abkühlen unter Kristallbildung.**
- ✓ **Die Größe und die Form der Kristalle hängen davon ab, wie schnell die Substanz abkühlt.**

Kupfersulfatkristalle
Beim langsamen Erwärmen und Abkühlen bilden sich in einer Kupfersulfatlösung marineblaue Kristalle.

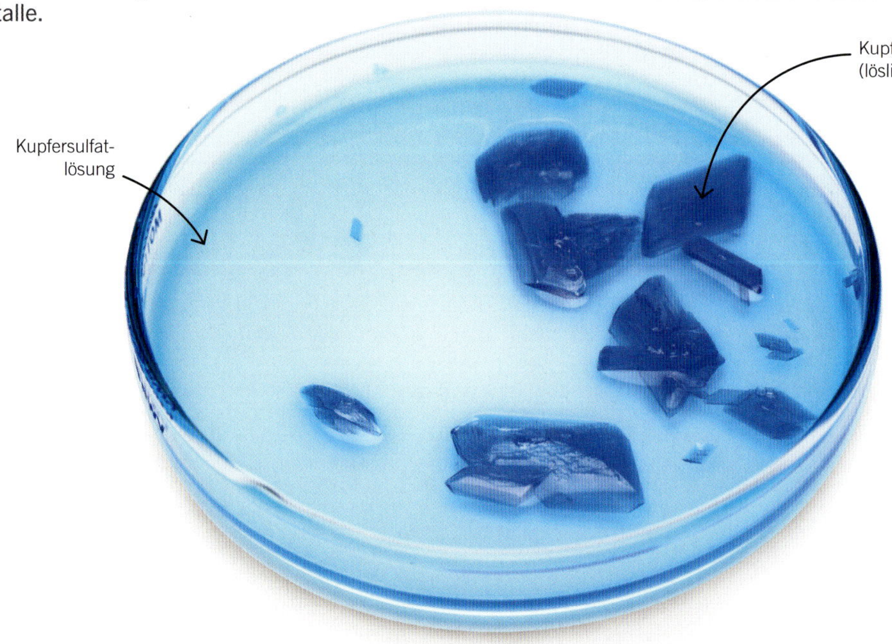

Kristallbildung

Werden Lösungen mit einem gelösten Feststoff abgekühlt, verdampft die Flüssigkeit und die Molekularstruktur des Stoffs bildet sich aus. Bei schneller Abkühlung bilden sich kleinere, bei langsamer Abkühlung größere Kristalle.

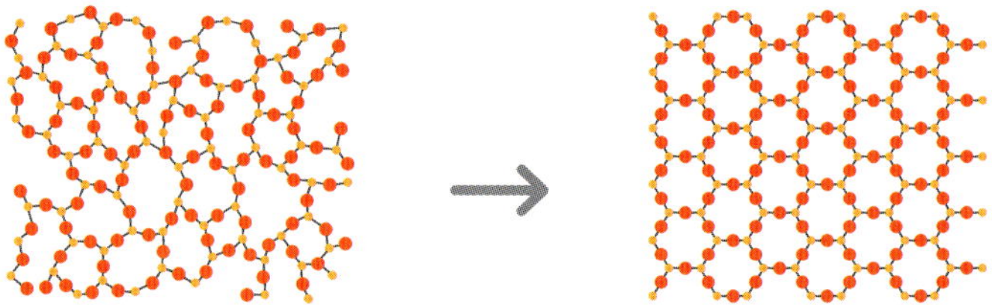

Vor dem Abkühlen verteilen sich die Moleküle der Mischung aus Kupfersulfat und Wasser ungeordnet und gleichmäßig.

Wenn das Wasser durch die Abkühlung verdampft ist, sind die Kupfersulfatmoleküle so konzentriert, dass sie sich als Kristall anordnen.

Destillation

Die Destillation ist ein Verfahren zum Abtrennen einer Flüssigkeit durch Verdampfen und Kondensation. Die Lösung wird erwärmt, und die Flüssigkeit mit dem niedrigeren Siedepunkt verdampft. Der gelöste Stoffe mit höherem Siedepunkt bleibt zurück. Das Gas kondensiert beim Abkühlen wieder zur Flüssigkeit, die aufgefangen wird.

Auf einen Blick

- ✓ **Durch Destillation wird eine Flüssigkeit aus einer Lösung abgetrennt.**
- ✓ **Die Flüssigkeit muss einen niedrigeren Siedepunkt haben als der gelöste Stoff.**
- ✓ **Durch eine einfache Destillation erhält man eine Reinsubstanz.**

Wasser von Farbe trennen
Eine wässrige Farblösung lässt sich durch Destillation auftrennen. Dabei wird die Mischung bis zum Siedepunkt von Wasser erhitzt (100 °C).

Fraktionierte Destillation im Labor

Durch fraktionierte Destillation lassen sich Flüssigkeiten nach ihrem jeweiligen Siedepunkt trennen. Dafür wird im Labor eine Lösung mehrere Male auf verschiedene Temperaturen erhitzt. In einer Destillationskolonne werden die einzelnen Flüssigkeiten aufgetrennt.

Auf einen Blick

- ✓ Bei der fraktionierten Destillation werden Flüssigkeiten getrennt.
- ✓ Das geht, weil die einzelnen Flüssigkeiten unterschiedliche Siedepunkte haben.

Erdöl destillieren
Erdöl wird normalerweise industriell aufgetrennt (siehe Seiten 204–205), dies funktioniert aber auch im Labor. Für jede destillierte Flüssigkeit werden die Schritte 1–6 wiederholt.

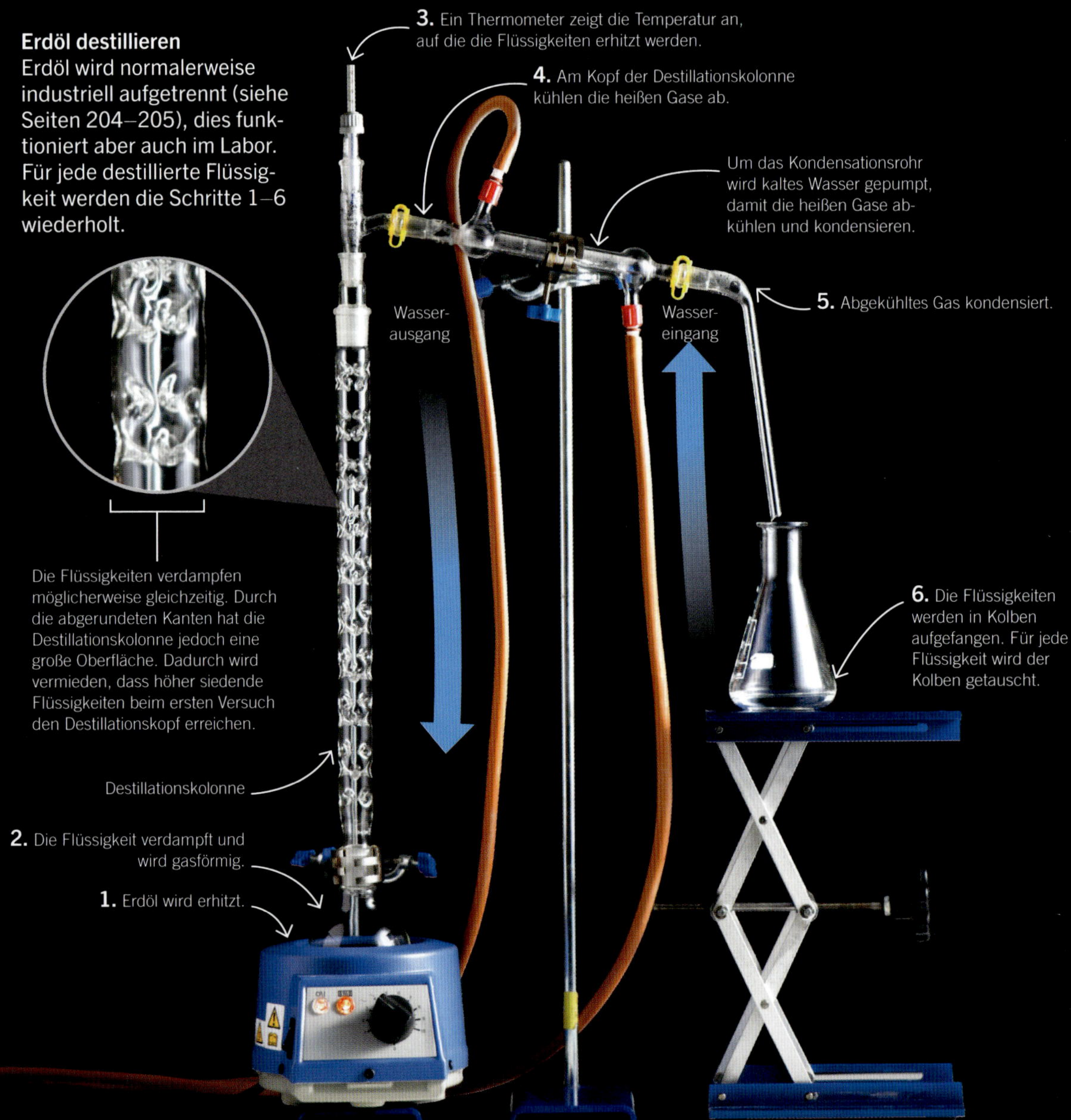

Elemente

Das Periodensystem

Im Periodensytem stehen alle bekannten 118 Elemente. Sie werden nach ihrer Ordnungszahl und nach ähnlichen Eigenschaften einer Elementgruppe angeordnet.

Auf einen Blick

- ✓ **Im Periodensystem stehen alle bekannten Elemente in der Reihenfolge ihrer Ordnungszahl.**
- ✓ **Die Reihen werden Perioden genannt.**
- ✓ **Die Spalten werden Gruppen genannt.**
- ✓ **Innerhalb einer Gruppe lassen sich abwärts oder aufwärts Tendenzen (oder Muster) in den Eigenschaften erkennen.**

Gruppen und Perioden

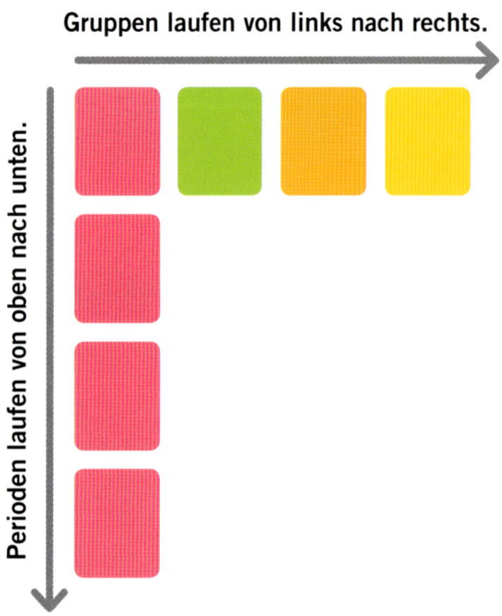

Perioden
Elemente einer Periode (Zeile) haben die gleiche Anzahl von Elektronenschalen (siehe Seite 28) im Atom (siehe Seite 26). So haben die Elemente in der ersten Periode eine Elektronenschale, die in der sechsten Periode sechs.

Gruppen
In den Hauptgruppen (Spalten links und rechts) besetzen immer gleich viele Elektronen die äußerste Elektronenschale. Bei den Elementen der I. Hauptgruppe ist das ein Elektron, bei denen der VII. Hauptgruppe sind es sieben.

Farben im Periodensystem
In diesem Periodensystem sind die Haupt- und Nebengruppen farblich kodiert.

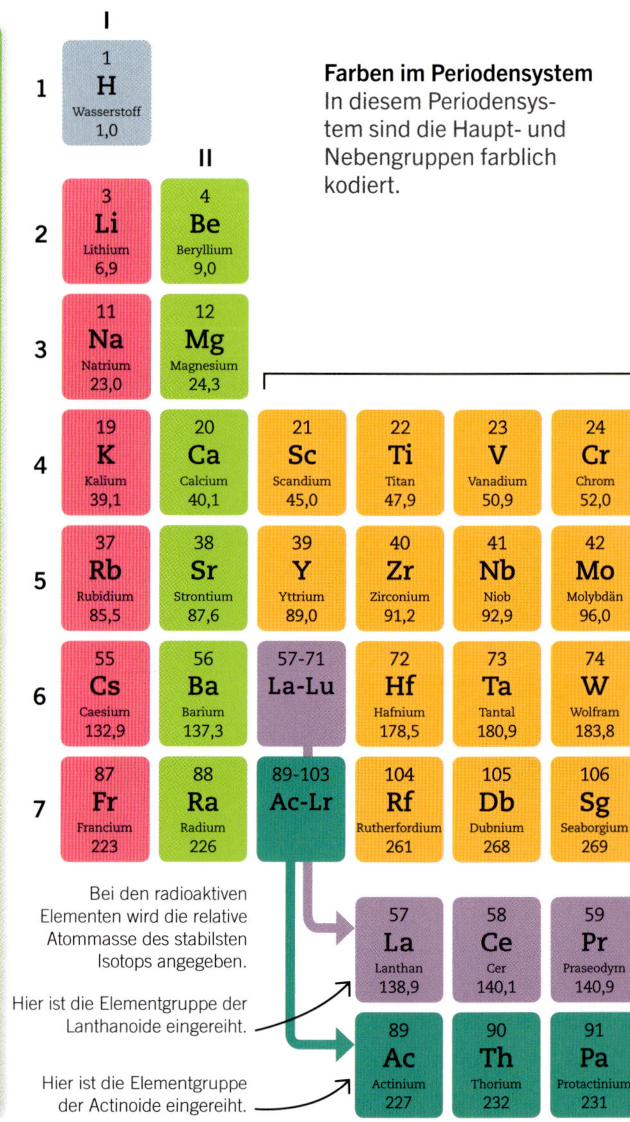

Das Periodensystem lesen

Jedes Element hat sein eigenes Symbol, das aus einem Groß- und häufig einem Kleinbuchstaben besteht. Das Symbol wird in Formeln (siehe Seite 34) und Gleichungen (siehe Seite 36) verwendet und ist in allen Sprachen dasselbe. Die Ordnungszahl entspricht der Anzahl der Protonen der Atome des Elements. Die relative Atommasse ist die mittlere Atommasse von allen natürlichen Isotopen eines Elements (siehe Seite 31).

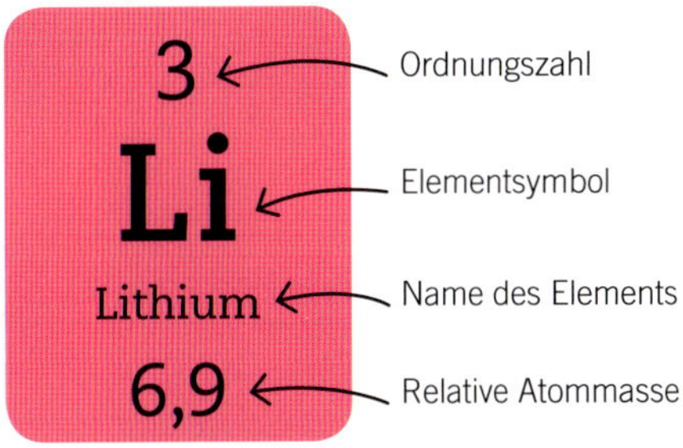

Übergangsmetalle haben ähnliche Eigenschaften und bilden eine eigene Gruppe zwischen der II. und III. Hauptgruppe.

						III	IV	V	VI	VII	VIII
											2 He Helium 4,0
						5 B Bor 10,8	6 C Kohlenstoff 12,0	7 N Stickstoff 14,0	8 O Sauerstoff 16,0	9 F Fluor 19,0	10 Ne Neon 20,2
						13 Al Aluminium 27,0	14 Si Silicium 28,1	15 P Phosphor 31,0	16 S Schwefel 32,1	17 Cl Chlor 35,5	18 Ar Argon 39,9
25 Mn Mangan 54,9	26 Fe Eisen 55,8	27 Co Cobalt 58,9	28 Ni Nickel 58,7	29 Cu Kupfer 63,6	30 Zn Zink 65,4	31 Ga Gallium 69,7	32 Ge Germanium 72,6	33 As Arsen 74,9	34 Se Selen 79,0	35 Br Brom 79,9	36 Kr Krypton 83,8
43 Tc Technetium 99	44 Ru Ruthenium 101,1	45 Rh Rhodium 102,9	46 Pd Palladium 106,4	47 Ag Silber 107,9	48 Cd Cadmium 112,4	49 In Indium 114,8	50 Sn Zinn 118,7	51 Sb Antimon 121,8	52 Te Tellur 127,6	53 I Iod 126,9	54 Xe Xenon 131,3
75 Re Rhenium 186,2	76 Os Osmium 190,2	77 Ir Iridium 192,2	78 Pt Platin 195,1	79 Au Gold 197,0	80 Hg Quecksilber 200,6	81 Tl Thallium 204,4	82 Pb Blei 207,2	83 Bi Bismut 209	84 Po Polonium 210	85 At Astat 210	86 Rn Radon 222
107 Bh Bohrium 278	108 Hs Hassium 277	109 Mt Meitnerium 282	110 Ds Darmstadtium 281	111 Rg Roentgenium 280	112 Cn Copernicium 285	113 Nh Nihonium 284	114 Fl Flerovium 289	115 Mc Moscovium 288	116 Lv Livermorium 293	117 Ts Tenness 294	118 Og Oganesson 294

60 Nd Neodym 144,2	61 Pm Promethium 145	62 Sm Samarium 150,4	63 Eu Europium 152,0	64 Gd Gadolinium 157,3	65 Tb Terbium 158,9	66 Dy Dysprosium 162,5	67 Ho Holmium 164,9	68 Er Erbium 167,3	69 Tm Thulium 168,9	70 Yb Ytterbium 173,0	71 Lu Lutetium 175,0
92 U Uran 238	93 Np Neptunium 237	94 Pu Plutonium 244	95 Am Americium 243	96 Cm Curium 247	97 Bk Berkelium 247	98 Cf Californium 251	99 Es Einsteinium 252	100 Fm Fermium 257	101 Md Mendelevium 258	102 No Nobelium 259	103 Lr Lawrencium 262

Geschichte des Periodensystems

Wissenschaftlern fielen gegen Ende des 19. Jahrhunderts gewisse regelmäßige Eigenschaften bei den Elementen auf, wenn sie nach aufsteigender Atommasse angeordnet wurden. So fand John Newlands ähnliche Eigenschaften bei jedem 8. Element. Diese Methode verbesserte der russische Chemiker Dmitrij Mendelejew.

Auf einen Blick

- ✓ Um 1800 suchten Wissenschaftler nach regelmäßigen Eigenschaften bei den bekannten Elementen.
- ✓ Mendelejew schuf 1869 das erste Periodensystem, das dem heutigen ähnlich ist.
- ✓ Mendelejew ließ darin Positionen frei, die mit erst später entdeckten Elementen besetzt wurden.

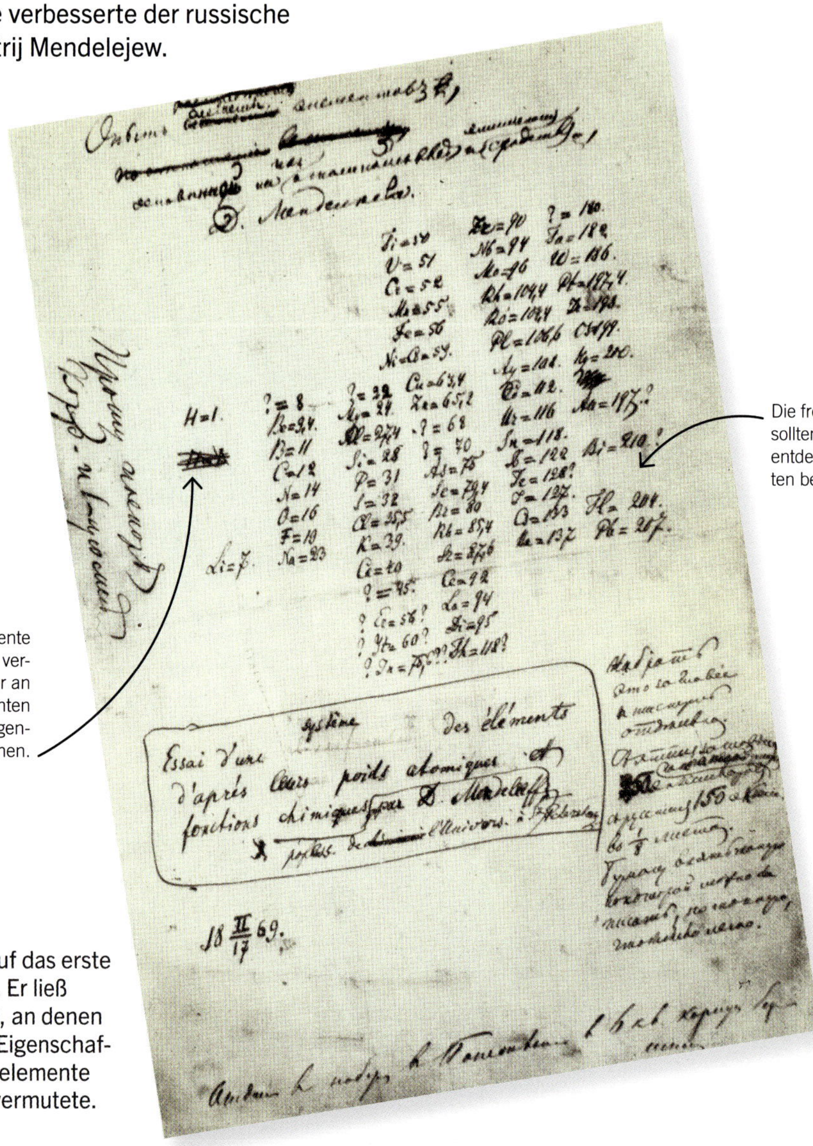

Mendelejews Periodensystem
Mendelejew schuf das erste Periodensystem. Er ließ darin Stellen frei, an denen er aufgrund der Eigenschaften der Nachbarelemente neue Elemente vermutete.

Wasserstoff

Wasserstoff ist das erste Element im Periodensystem und das häufigste Element im Universum. Wasserstoff kommt in der Regel als Gas vor und hat die kleinsten und leichtesten Atome aller Elemente.

Atomare Struktur
Wasserstoff ist in der Regel zweiatomig, wobei jedes Atom ein Proton und ein Elektron enthält. Beide Atome teilen sich ihre Elektronen und verbinden sich zu einem Wasserstoffmolekül.

Auf einen Blick

- ✓ **Wasserstoff ist ein Nichtmetall.**
- ✓ **Wasserstoff ist bei Raumtemperatur ein Gas.**
- ✓ **Wasserstoff ist das leichteste und häufigste Element im Universum.**
- ✓ **Wasserstoff ist hochreaktiv und bildet beim Verbrennen Wasser.**
- ✓ **Wasserstoff ist im Allgemeinen zweiatomig.**

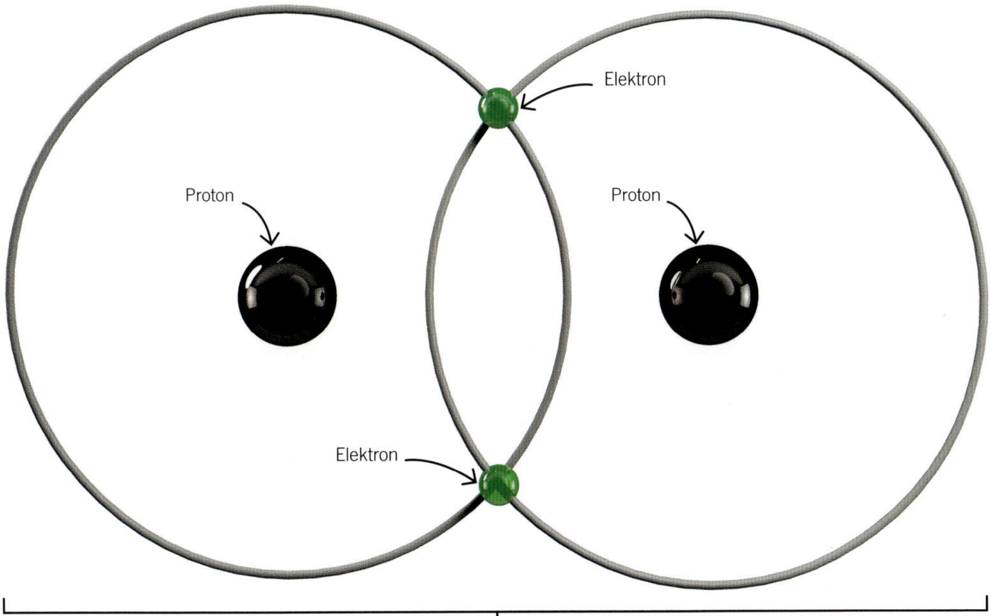

Ein Wasserstoffmolekül

Leichtestes Element

Wasserstoff besteht aus den kleinsten Atomen und Molekülen und ist damit das leichteste chemische Element. Mit Wasserstoff gefüllte Ballons fliegen deshalb in der Luft nach oben.

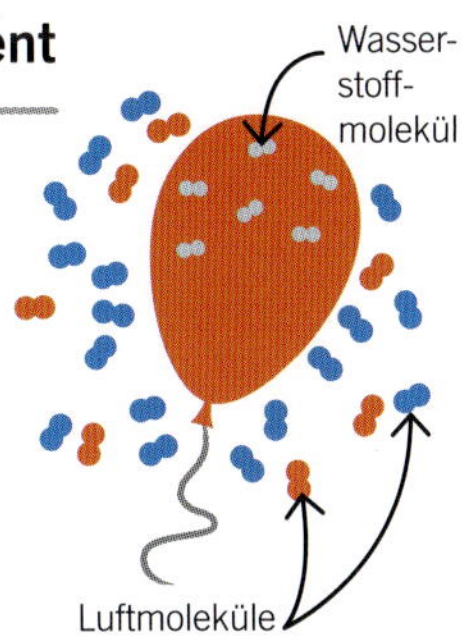

Wassermolekül

Wenn Wasserstoff verbrennt, verbinden sich zwei Atome (H) mit einem Sauerstoffatom (O) der Luft über kovalente Bindungen. Es entsteht ein Molekül Wasser (H_2O).

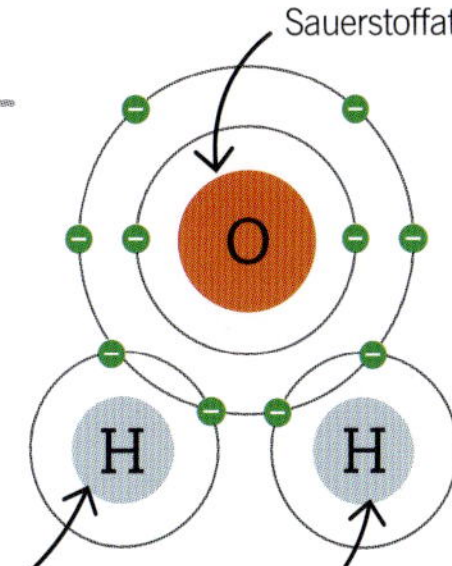

Metalle

Mehr als drei Viertel aller Elemente (siehe Seite 30) sind Metalle. Gemeinsam haben sie viele nützliche Eigenschaften. Die häufigsten Metalle in Legierungen sind Eisen, Aluminium, Kupfer und Zink (siehe Seite 89). Nichtmetalle haben weniger klar definierte Eigenschaften.

Auf einen Blick

- ✓ Die meisten Elemente sind Metalle.
- ✓ Die meisten Metalle sind bei Raumtemperatur fest.
- ✓ Die meisten Metalle sind widerstandsfähig und glänzen.
- ✓ Metalle sind schmied- und ziehbar.
- ✓ Metalle sind gute Stromleiter.
- ✓ Metalle sind gute Wärmeleiter.
- ✓ Die meisten Metalle haben einen hohen Schmelz- und Siedepunkt.
- ✓ Einige Metalle sind magnetisch.

Glänzend und widerstandsfähig
Metalle können ohne zu Brechen oder Reißen hohen Kräften widerstehen. Polieren verleiht ihnen eine glänzende Oberfläche.

Stromleiter
Metalle leiten den Strom, weil sich die Elektronen zwischen den Atomen frei bewegen können. Elektrische Drähte sind daher aus Metall wie z. B. Kupfer.

Wärmeleitung
Metalle sind sind gute Wärmeleiter, weil die Atome in dichter Packung aneinanderliegen. Wärmeenergie versetzt die Atome in Schwingungen und durch Zusammenstoßen verteilt sich die Hitze im Metall.

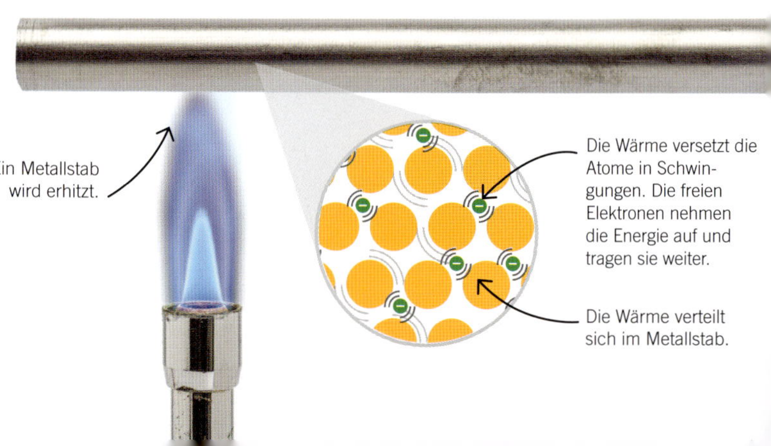

Schmiedbar
Metalle sind schmied- und ziehbar (duktil) – sie lassen sich durch Hämmern verformen bzw. zu Drähten ausziehen.

Goldklumpen

Gold in Barrenform

Magnetisch
Magnete produzieren ein magnetisches Feld, das die Metalle Eisen, Kobalt und Nickel anzieht. Nur diese Metalle können zu Magneten verarbeitet werden. Die meisten Metalle sind nicht magnetisch.

Hoher Schmelzpunkt
Metalle bestehen aus positiven Ionen und negativen Elektronen. Deren gegenseitige Anziehungskraft ist sehr stark und lässt sich nur durch sehr hohe Temperaturen überwinden. Viele Metalle haben deshalb einen hohen Schmelzpunkt.

Nichtmetalle

Nichtmetalle haben eine breite Spanne von Eigenschaften, die häufig denen der Metalle entgegengesetzt sind. Nichtmetalle haben keine glänzenden, sondern matte Oberflächen, sie sind nicht schmied- und ziehbar, sondern spröde und brechen leicht, sie leiten weder Wärme noch elektrischen Strom und haben tiefe Schmelz- und Siedepunkte. Es gibt aber auch Ausnahmen. Die Hauptgruppen und ihre Eigenschaften werden auf den folgenden Seiten beschrieben.

I. Hauptgruppe
Eigenschaften

Die Elemente der I. Hauptgruppe (außer Wasserstoff, siehe Seite 55) werden als Alkalimetalle bezeichnet. Ihre niedrigen Schmelzpunkte machen sie weich und schneidbar. Ihre Dichten sind so gering, dass sie auf dem Wasser schwimmen.

Auf einen Blick

- ✓ **Metalle der I. Hauptgruppe sind sehr reaktiv.**
- ✓ **Metalle der I. Hauptgruppe sind weich und glänzen.**
- ✓ **Metalle der I. Hauptgruppe sind gute Wärme- und Stromleiter.**
- ✓ **Metalle der I. Hauptgruppe haben niedrige Schmelz- und Siedetemperaturen.**
- ✓ **Metalle der I. Hauptgruppe sind leicht.**

Eigenschaften der I. Hauptgruppe
Die Metalle kommen in der Natur nicht rein vor. Sie müssen im Labor in ihre Reinform gebracht und unter Benzin gelagert werden, damit sie nicht mit Luft reagieren.

Lithium **Natrium** **Kalium** **Rubidium** **Caesium**

Reines Lithium wird unter Luft matt.

Reines Natrium ist hellsilberfarben.

Reines Kalium ist hellsilberfarben.

Reines Rubidium ist dunkelsilbern.

Reines Caesium ist silbrig-golden.

I. Hauptgruppe
Chemische Reaktivität

Die Metalle der I. Hauptgruppe sind gefährlich, da sie sofort und sehr heftig mit Wasser und Säuren reagieren. Mit Luft bilden sie Verbindungen, die als Metalloxide bezeichnet werden. Mit Wasser entstehen alkalische Stoffe, die man Metallhydroxide nennt. Daher haben sie ihren Namen „Alkalimetalle“.

Helles Leuchten
Kalium reagiert mit Wasser sehr heftig zu Kaliumhydroxid (ein Metallhydroxid).

Auf einen Blick

- ✓ **Die Elemente der I. Hauptgruppe sind sehr reaktiv.**
- ✓ **Die Elemente der I. Hauptgruppe haben ein Elektron in ihrer Außenschale.**
- ✓ **Die Elemente der I. Hauptgruppe bilden mit Nichtmetallen ionische Verbindungen.**

Tendenzen

Je weiter nach unten man in der I. Hauptgruppe geht, desto reaktiver werden die Elemente. Ganz unten sind die äußeren Elektronen weit vom Atomkern entfernt. Wegen der schwachen elektrostatischen Anziehungskraft (die Anziehung zwischen den negativen Elektronen und dem positiven Kern) können die Elektronen das Atom leichter verlassen – diese Metalle sind reaktiver.

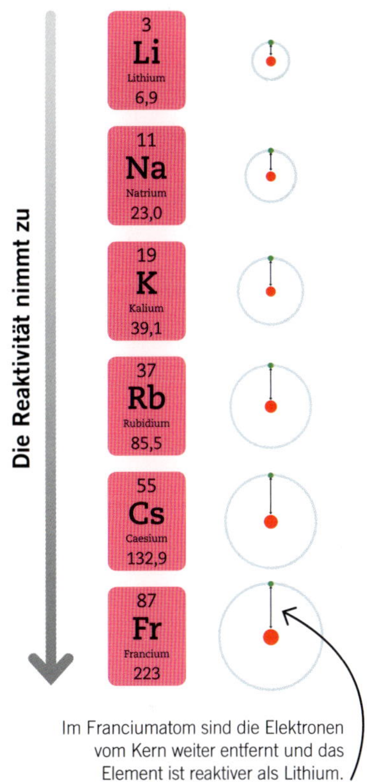

II. Hauptgruppe

Die Elemente der II. Hauptgruppe haben metallische Eigenschaften (siehe Seite 56–57). Sie werden Erdalkalimetalle genannt. Sie sind reaktiv – wenn auch nicht so stark wie die Alkalimetalle.

Eigenschaften der II. Hauptgruppe
Die reinen Elemente der II. Hauptgruppe glänzen und sind bei Raumtemperatur fest.

Auf einen Blick

- ✓ **Die Elemente der II. Hauptgruppe sind Metalle.**
- ✓ **Die Elemente der II. Hauptgruppe haben zwei Elektronen in der Außenschale und sind reaktiv.**
- ✓ **Mit Nichtmetallen bilden sie in der Regel ionische Verbindungen.**

Beryllium

Calcium

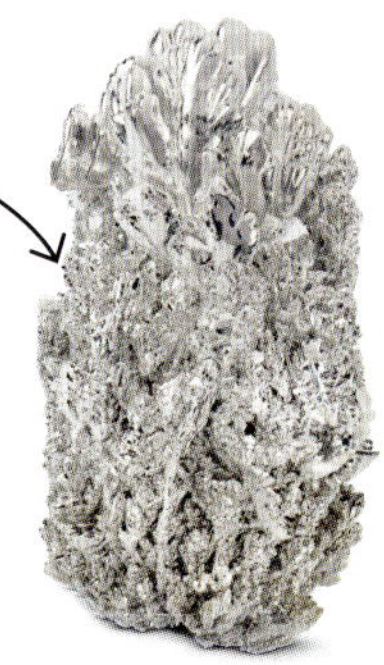

Magnesium

Strontium

Barium

Radioaktiver Zerfall

Das unterste Element der II. Hauptgruppe ist Radium. Sein enorm großer Atomkern zerfällt radioaktiv (bricht auf) und sendet dabei Alphateilchen (zwei Protonen und zwei Neutronen) aus. Dabei verliert es auch ein Elektron als Betateilchen.

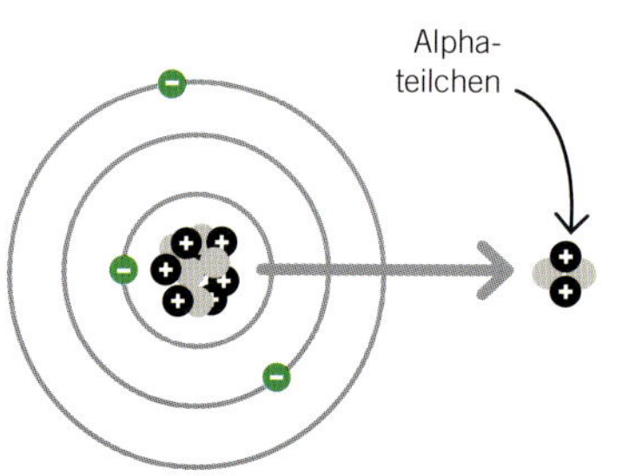

Alphazerfall

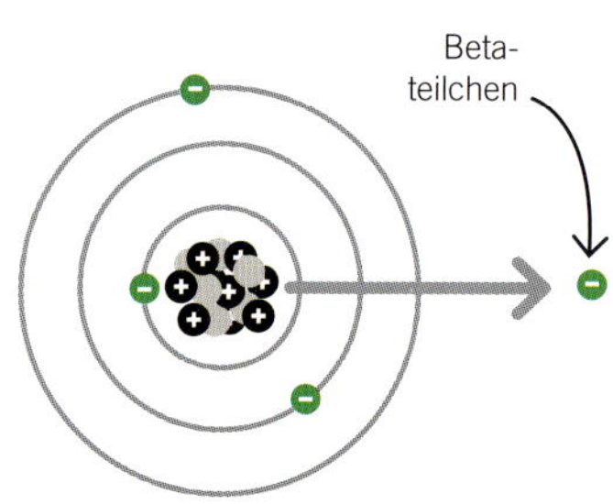

Betazerfall

III. Hauptgruppe

Die meisten Elemente der III. Hauptgruppe sind Metalle. Sie sind weniger reaktiv als die Elemente der ersten beiden Hauptgruppen. Die meisten Elemente der III. Hauptgruppe reagieren mit Sauerstoff und Wasser zu ionischen Metalloxiden bzw. -hydroxiden.

Auf einen Blick

- ✓ Die meisten Elemente der III. Hauptgruppe haben metallische Eigenschaften.
- ✓ Sie sind weniger reaktiv als die Elemente der I. und II. Hauptgruppen.
- ✓ Sie haben drei Elektronen in den Atomen ihrer Außenschale.

Eigenschaften der III. Hauptgruppe
Die meisten Elemente der III. Hauptgruppe sind glänzende Metalle. Nur Bor ist ein mattes Nichtmetall.

Anders als die anderen Elemente der Gruppe ist Bor dunkel.

Bor

Reines Aluminium ist silberfarben.

Aluminium

Gallium schmilzt etwas über der Raumtemperatur.

Gallium

Reines Indium ist so weich, dass man es einritzen kann.

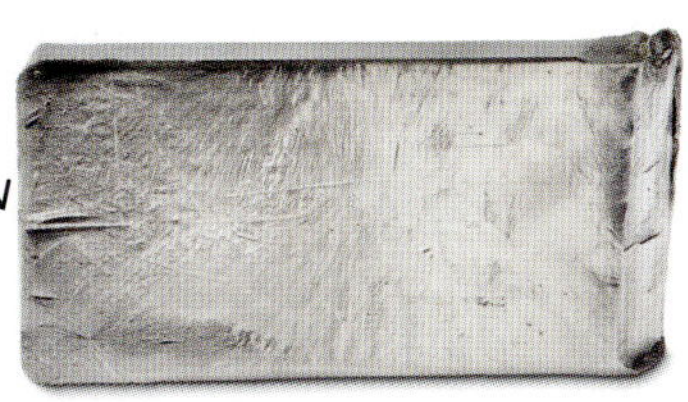

Indium

Reines Thallium reagiert mit Luft und muss in einer Glasampulle aufbewahrt werden.

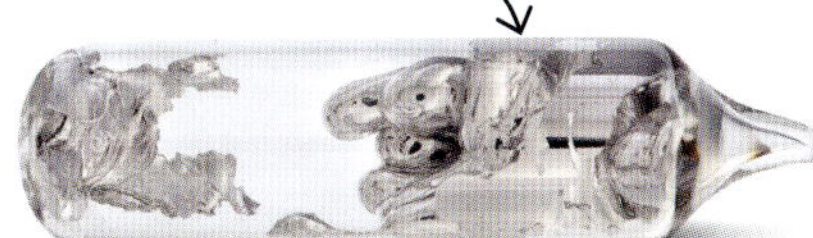

Thallium

Künstliches Element

Ganz unten in der III. Hauptgruppe befindet sich das künstliche Element Nihonium. Es wird beim Zusammenprall von Zink- und Bismutatomen durch Kernfusion (siehe Seite 253) gebildet. Auch durch Zerfall von Moscovium (siehe Seite 68) entsteht Nihonium.

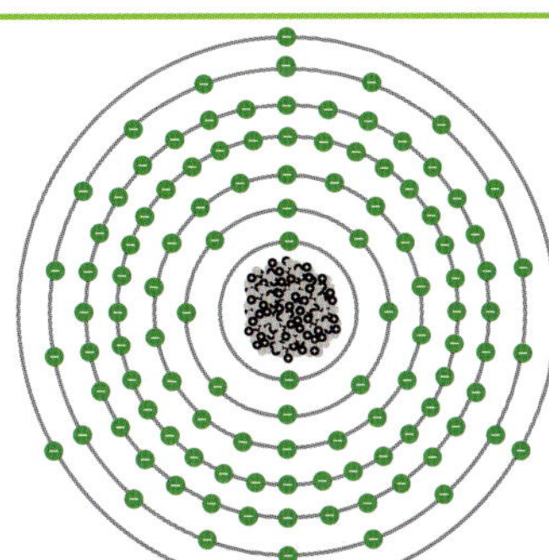

− 113
+ 113
183

Nihoniumatom

Übergangsmetalle

In der Mitte des Periodensystems befindet sich die große Gruppe der Übergangsmetalle. Sie haben typische Metalleigenschaften und bilden viele Ionen (siehe Seite 73). Viele Übergangsmetalle werden in der chemischen Industrie als Katalysatoren (siehe Seite 184) eingesetzt.

Auf einen Blick

- ✓ Die Übergangsmetalle befinden sich in der Mitte des Periodensystems.
- ✓ Sie haben aufgrund ihrer nützlichen Eigenschaften viele Anwendungen.
- ✓ Die meisten Übergangsmetalle bilden verschiedene Ionen.
- ✓ Die Ionen sind häufig farbig.
- ✓ Einige der Metalle sind gute Katalysatoren.

Bunte Lösungen
Übergangsmetalle bilden viele farbige wasserlösliche ionische Verbindungen. Sie werden in hohen Flaschen mit genau markierten Volumina aufbewahrt.

Chrom (Cr^{3+}) ist blassgrün.

Lösungen mit Titan sind meist farblos und sind nur mit manchen Anionen farbig.

Farbigkeit

Übergangsmetallatome bilden verschiedenfarbige Lösungen, je nachdem, wie viele Elektronen sie in einer Reaktion abgegeben haben. Vanadium bildet zum Beispiel drei Lösungsfarben. Durch die Wechselwirkung des Lichts mit den übrigen Elektronen erscheinen die Lösungen in verschiedenen Farben.

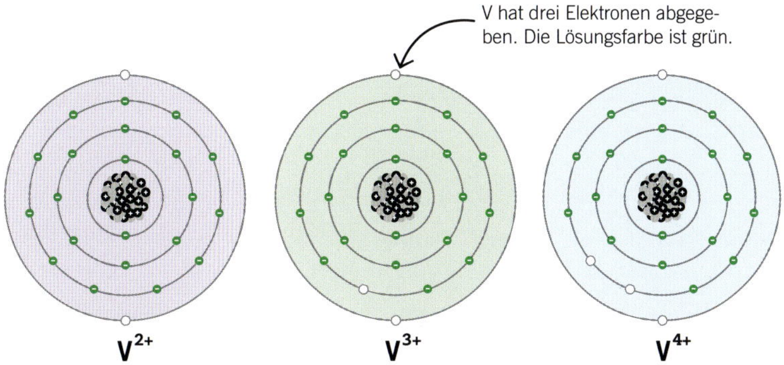

Lanthanoide

Die Gruppe der Lanthanoide belegt im Periodensystem die Ordnungszahlen 57–71. Lanthanoide haben ähnliche Eigenschaften wie die Übergangsmetalle. An der Luft laufen sie leicht an, verlieren ihren Glanz und werden deswegen manchmal unter Argon oder Öl aufbewahrt.

Auf einen Blick

- ✓ Lanthanoide sind Elemente im Periodensystem mit den Ordnungszahlen 57–71.
- ✓ Sie kommen in der Erdkruste recht häufig vor, jedoch immer in Verbindungen mit anderen Elementen.
- ✓ Lanthanoide sind reaktiv und bilden mit Nichtmetallen ionische Verbindungen.
- ✓ Die Atome der Lanthanoide sind sehr groß.

Eigenschaften der Lanthanoide
Lanthanoide findet man in der Erdkruste immer zusammen mit anderen Elementen, von denen sie gereinigt werden müssen.

Lanthan

Cer

Praseodym

Reines Europium bildet goldfarbene Kristalle.

Europium

Neodym

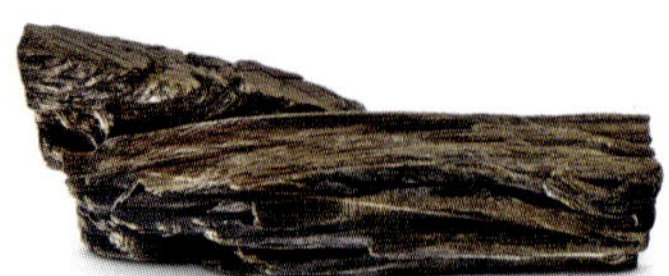
Samarium

Reines Samarium ist silberweiß.

Reines Gadolinium ist hart.

Gadolinium

Terbium

Reines Terbium ist so weich, dass es sich mit einem Messer schneiden lässt.

Thulium

Verwendung

Lanthanoide werden wegen ihrer nützlichen Eigenschaften in der Technik eingesetzt. So verstärkt Lanthan in Leuchtmitteln den Gelbstich. Manche Fernsehbildschirme enthalten etwas Cer, das farbiges Licht aussendet.

Fluoreszenzlampe

Fernseher

Gitarre

In dem Metall stecken Samarium-Cobalt-Legierungen.

Actinoide

Actinoide belegen im Periodensystem die Ordnungszahlen 89–103. Sie ähneln in ihren Eigenschaften den Lanthanoiden, sind jedoch reaktiver. Die Atome der Actinoide sind sehr groß und radioaktiv (siehe Seite 60). Die meisten Actinoide sind künstliche Elemente.

Auf einen Blick

- ✓ Viele Actinoide sind künstlich.
- ✓ Actinoide sind reaktiver als die Lanthanoide und reagieren leicht mit Luft.
- ✓ Actinoide sind sehr groß.
- ✓ Actinoide sind radioaktiv.

Eigenschaften der Actinoide
Im Reinzustand sind Actinoide wegen ihrer Radioaktivität sehr selten. Es gibt sie aber natürlich in Spuren in bestimmten Mineralien.

Autunit (Mineral mit Spuren von Actinium)

Monazit (thoriumhaltiges Mineral)

Torbernit (Mineral mit Spuren von Protactinium)

Das künstliche Actinoid Californium kann zu Pellets gegossen werden

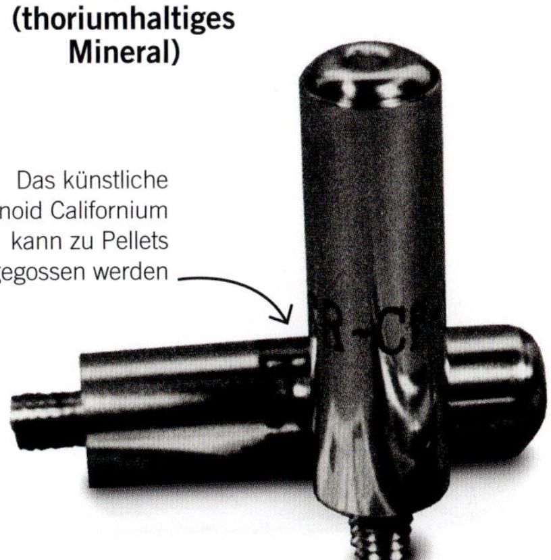

Californium

Reines Uran ist grau und glänzt.

Uran

Kohlenstoff

Kohlenstoff ist ein nichtmetallisches Element. Da er sich mit vielen anderen Elementen zu Millionen von natürlichen und künstlichen Substanzen, zu Kohlenstoffdioxid, Kunststoffen und Brennstoffen verbinden kann, ist er von enormer Bedeutung.

Auf einen Blick

- ✓ **Kohlenstoff ist ein Nichtmetall.**
- ✓ **Kohlenstoff kommt in den Lebewesen vor.**
- ✓ **Kohlenstoff bildet mit anderen Elementen viele unterschiedliche Verbindungen.**

Kohlenstoffatom
Ein Kohlenstoffatom enthält sechs Protonen, sechs Neutronen und sechs Elektronen.

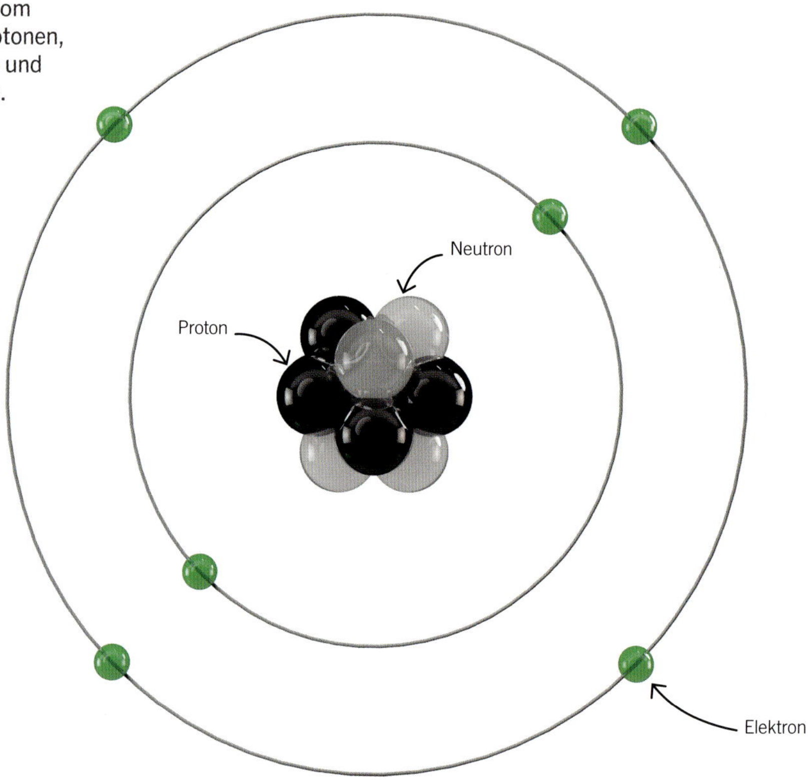

Leben mit Kohlenstoff

Kohlenstoff ist neben Wasserstoff, Sauerstoff und Stickstoff eines der Grundelemente des Lebens. Aus Kohlenstoff bestehen lebenswichtige komplexe Moleküle wie DNA, Proteine, Kohlenhydrate (siehe Seiten 224–226) und Fette.

Tiger

Baum

Pilze

IV. Hauptgruppe

Die Elemente der Gruppe 4 haben recht unterschiedliche Eigenschaften. Kohlenstoff (siehe Seite 66) ist ein Nichtmetall und fest, Silicium und Germanium sind Halbmetalle. Die übrigen Elemente sind Metalle.

Auf einen Blick

- ✓ **Die Elemente der IV. Hauptgruppe sind Nichtmetalle und Metalle.**
- ✓ **Sie enthalten 4 Elektronen in ihrer Außenschale.**
- ✓ **Die Elemente der IV. Hauptgruppe bilden mit Wasserstoff Hydride.**

Eigenschaften der IV. Hauptgruppe
Die Elemente der Gruppe 4 sind bei Raumtemperatur fest und haben eine glänzende Oberfläche.

Kohlenstoff

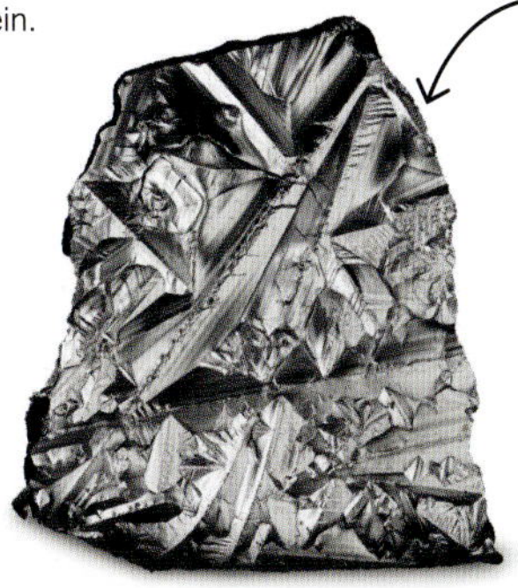

Silicium

Germanium

Zinn

Blei

Stromleiter

Bei der Nennung der Elementenamen meint man die reinen Stoffe. Silicium und Germanium sind Halbleiter. Enthalten sie zusätzlich eine kleine Menge eines anderen Elements wie z. B. Gallium (mit 3 Außenelektronen), leiten sie durch die positive Ladung den elektrischen Strom. Siliciumwafer für Computerchips bestehen aus solchen Legierungen.

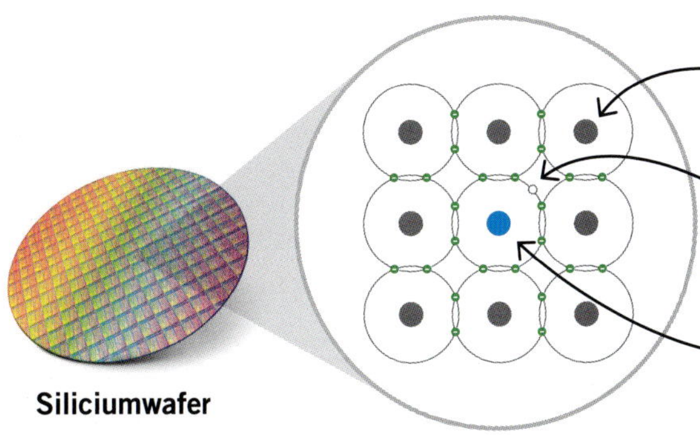

V. Hauptgruppe

Die V. Hauptgruppe wird nach ihrem ersten Element auch Stickstoffgruppe genannt. Das breite Spektrum der Eigenschaften reicht vom eher unreaktiven farblosen Gas Stickstoff bis hin zum festen, glänzenden Metall Bismut.

Eigenschaften der V. Hauptgruppe
Außer Stickstoff sind alle Elemente bei Raumtemperatur fest.

Reiner Stickstoff wird in einer Glaskugel aufbewahrt. Elektrisch aufgeladen wird er violett.

Stickstoff

Reiner Phosphor kann als rotes Pulver vorkommen.

Phosphor

Reines Arsen ist schwarzglänzend.

Arsen

Reines Antimon ist hart, spröde und silberfarben.

Antimon

Reines Bismut bildet mit Sauerstoff farbenprächtige Kristalle.

Bismut

Auf einen Blick

- ✓ **Die Elemente der V. Hauptgruppe haben sehr unterschiedliche Eigenschaften.**
- ✓ **Die Elemente der V. Hauptgruppe sind Nichtmetalle und Metalle.**
- ✓ **Sie haben fünf Elektronen in ihrer Außenschale.**

Tendenzen

Je weiter man in der Gruppe absteigt, umso größer werden die Atome und desto metallischer werden die Elemente. Schmelz- und Siedetemperaturen und auch die Dichte nehmen ebenfalls zu.

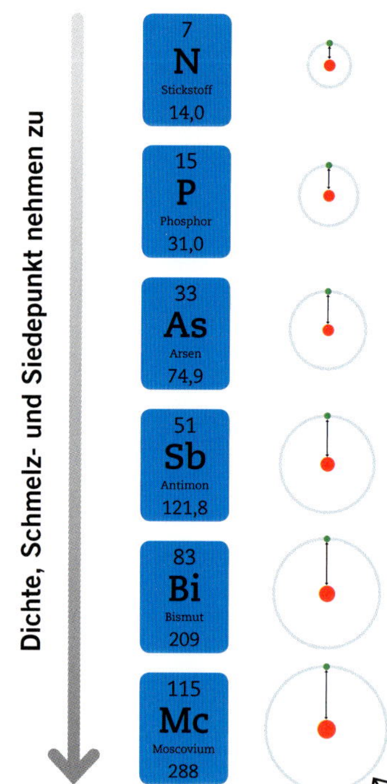

Moscovium hat als letztes Element die größten Atome.

VI. Hauptgruppe

Zu den Elementen der VI. Hauptgruppe – der Sauerstoffgruppe – gehören die Nichtmetalle Sauerstoff und Schwefel, die Halbmetalle (mit sowohl metallischen als auch nichtmetallischen Eigenschaften) Selen und Tellur, das Metall Polonium und das künstliche Livermorium. Sauerstoff und Schwefel bilden mit Metallen ionische Verbindungen.

Auf einen Blick

- ✓ **Die VI. Hauptgruppe enthält Metalle, Halbmetalle und Nichtmetalle.**
- ✓ **Die Elemente der VI. Hauptgruppe sind reaktionsfreudig.**
- ✓ **Sie enthalten sechs Elektronen in ihrer Außenschale.**

Eigenschaften der VI. Hauptgruppe

Außer dem Gas Sauerstoff sind alle Elemente der Gruppe bei Raumtemperatur fest. Polonium und Livermorium kommen nur in Spuren vor und sind hier nicht abgebildet.

Sauerstoff

Schwefel

Selen

Tellur

VII. Hauptgruppe

Die Elemente der VII. Hauptgruppe sind hochreaktive Nichtmetalle. Sie werden auch als Halogene bezeichnet („Salzbildner“: bei Reaktion mit Metallen bilden sie Salze, siehe Seite 141–142). Die Elemente haben viele unterschiedliche Eigenschaften. Einige werden als Desinfektions- und Bleichmittel eingesetzt.

Auf einen Blick

- ✓ **Die Elemente der VII. Hauptgruppe sind Nichtmetalle.**
- ✓ **Sie bilden mit Metallen ionische Verbindungen.**
- ✓ **Die Elemente sind zweiatomig (aus zwei Atomen aufgebaut).**
- ✓ **Sie haben sieben Elektronen in der Außenschale.**

Eigenschaften der VII. Hauptgruppe
Fluor und Chlor sind Gase. Die Elemente werden dunkler, je weiter man in der Gruppe absteigt.

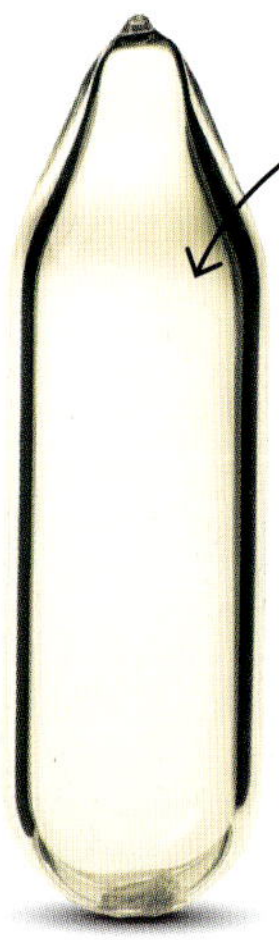

Fluor

Chlor

Brom

Iod

Tendenzen

Die Elemente der VII. Hauptgruppe haben sieben Elektronen in der äußeren Schale. Bei der Reaktion mit anderen Atomen kann diese Schale ein Elektron aufnehmen. Von oben nach unten nimmt die Reaktivität in der Gruppe ab. Der Grund dafür ist die abnehmende elektrostatische Anziehungskraft (siehe Seite 59) der Atomkerne.

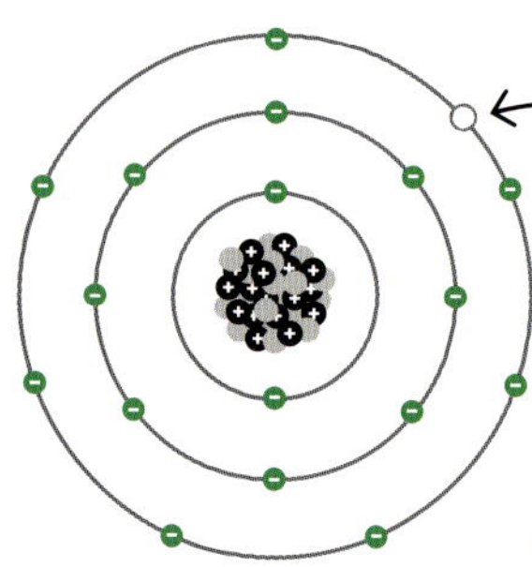

Chloratom

VIII. Hauptgruppe

Die Elemente der VIII. Hauptgruppe – die Edelgase – sind farb- und geruchlose Gase mit sehr niedrigen Siedepunkten. Ihre Außenschale ist voll besetzt und kann weder Elektronen abgeben noch aufnehmen. Die Elemente sind daher reaktionsträge und kommen als einzelne Atome vor.

Auf einen Blick

- ✓ **Die Elemente der VIII. Hauptgruppe sind farblose Gase.**
- ✓ **Die Elemente der VIII. Hauptgruppe haben sehr niedrige Siedepunkte.**
- ✓ **Die Elemente der VIII. Hauptgruppe haben eine voll besetzte äußere Schale.**
- ✓ **Die Elemente sind sehr reaktionsträge.**

Eigenschaften der VIII. Hauptgruppe
Die Elemente der VIII. Hauptgruppe sind bei Raumtemperatur gasförmig. Sehen kann man sie nur unter elektrischer Aufladung in Glaskugeln.

Reines Helium leuchtet unter elektrischer Aufladung violett.

Helium

Reines Neon leuchtet bei elektrischer Aufladung orange.

Neon

Reines Argon leuchtet bei elektrischer Aufladung schwach violett.

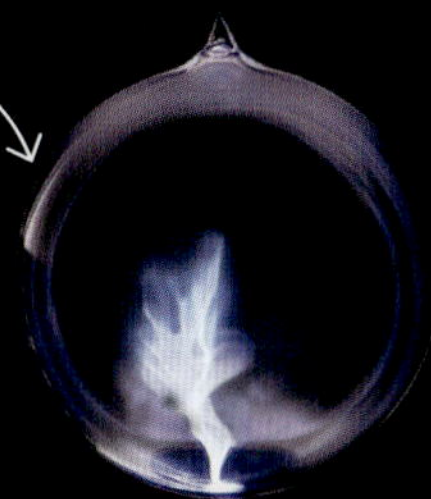

Argon

Reines Krypton leuchtet unter elektrischer Aufladung hellblau.

Krypton

Reines Xenon leuchtet bei elektrischer Aufladung blau.

Xenon

Reines Radon ist ein farbloses Gas.

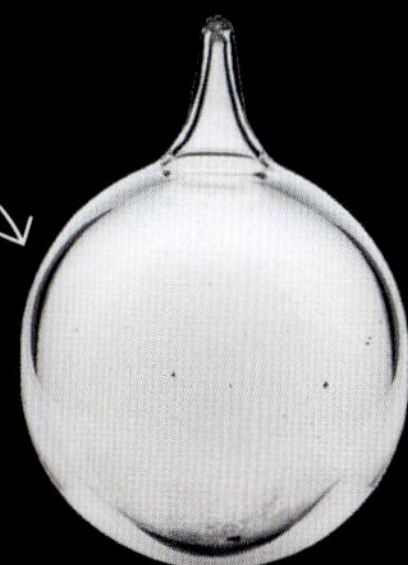

Radon

Reaktionsträge Elemente

Die Elemente der VIII. Hauptgruppe können kein weiteres Elektron aufnehmen und sind daher sehr reaktionsträge. Die Außenschale von Argon enthält acht Elektronen und ist somit voll besetzt.

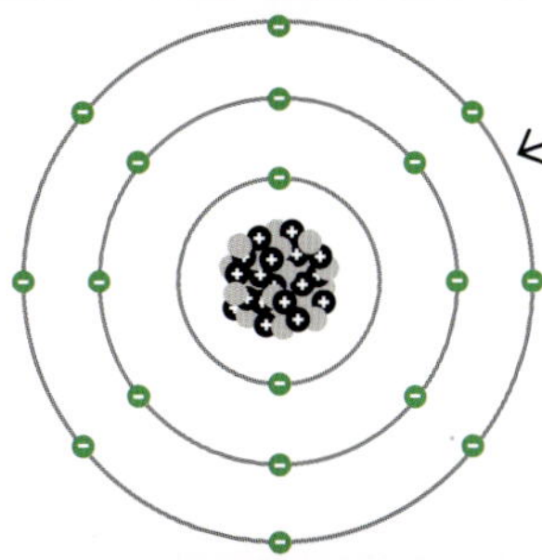

Die Außenschale der Argonatome ist vollständig besetzt. Das Atom kann keine weiteren Elektronen aufnehmen.

Struktur und Bindung

Ionen

Ionen sind Atome oder Atomgruppen, die Elektronen abgegeben oder aufgenommen haben. Da Elektronen negativ geladen sind, ist ein Atom mit zusätzlichen Elektronen (Anion) negativ, ein Atom mit fehlenden Elektronen (Kation) positiv geladen. Die Gesamtladung entspricht der Anzahl der aufgenommenen oder abgegebenen Elektronen.

Auf einen Blick

- ✓ Ionen sind geladene Teilchen aus einem oder aus einer Gruppe von Atomen.
- ✓ Positive Ionen werden Kationen, negative Anionen genannt.
- ✓ Die Anzahl der aufgenommenen oder abgegebenen Elektronen entspricht der Gesamtladung des Ions.

Abgabe
Manche Atome geben Elektronen ab, um eine Außenschale voll zu besetzen.

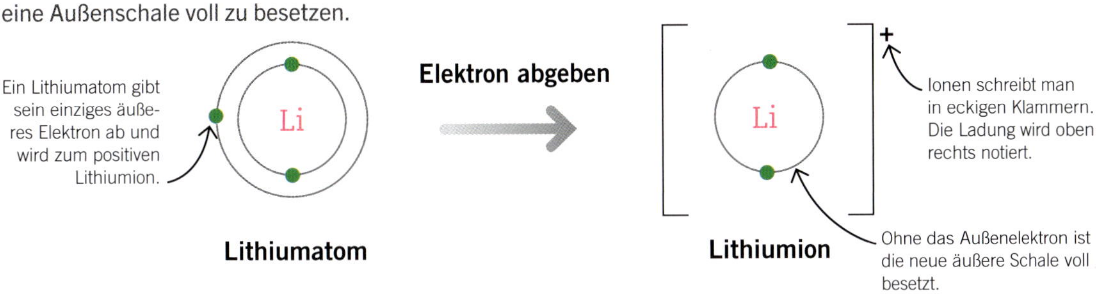

Aufnahme
Manche Atome nehmen Elektronen auf, um ihre Außenschale vollständig zu besetzen.

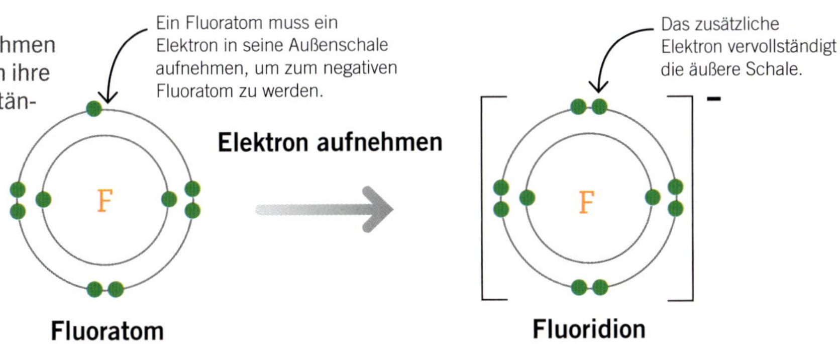

Übertragung von Elektronen

Metallatome können Elektronen nur abgeben. Sie bilden positive Ionen (Kationen). Nichtmetallatome können Elektronen abgeben oder aufnehmen, aber negative Ionen (Anionen) sind häufiger.

Element	Charakter	Atom	Ion	Anzahl abgegebener oder aufgenommener Elektronen
Kalium	Metall	K	K^+ (Kalium)	1 abgegeben
Calcium	Metall	Ca	Ca^{2+} (Calcium)	2 abgegeben
Wasserstoff	Nichtmetall	H	H^- (Hydrid)	1 aufgenommen
Sauerstoff	Nichtmetall	O	O^{2-} (Oxid)	2 aufgenommen

Ionenbindung

Wenn Metalle und Nichtmetalle miteinander reagieren, entstehen Ionenbindungen. Sie bilden sich durch die elektrostatische Anziehungskraft zwischen positiven und negativen Ladungen. Metallatome werden unter Abgabe von Elektronen zu positiven Ionen, Nichtmetalle werden unter Aufnahme der Elektronen zu negativen Ionen. Alle gebildeten Ionen haben eine voll besetzte äußere Elektronenschale.

Entstehung einer Ionenbindung

Einzig die Edelgase (siehe Seite 71) in der VIII. Hauptgruppe des Periodensystems haben eine vollständig besetzte äußere Elektronenschale. Andere Atome müssen dafür Elektronen abgeben oder aufnehmen. Sie werden dadurch zu Ionen.

Auf einen Blick

- ✓ **Ionenbindungen entstehen zwischen Metallen und Nichtmetallen.**
- ✓ **Bei einer Reaktion erreichen Atome eine stabile, vollständig besetzte Außenschale durch Abgabe oder Aufnahme von Elektronen.**
- ✓ **Metalle werden unter Abgabe von Elektronen zu positiven Ionen.**
- ✓ **Nichtmetalle werden unter Aufnahme von Elektronen zu negativen Ionen.**

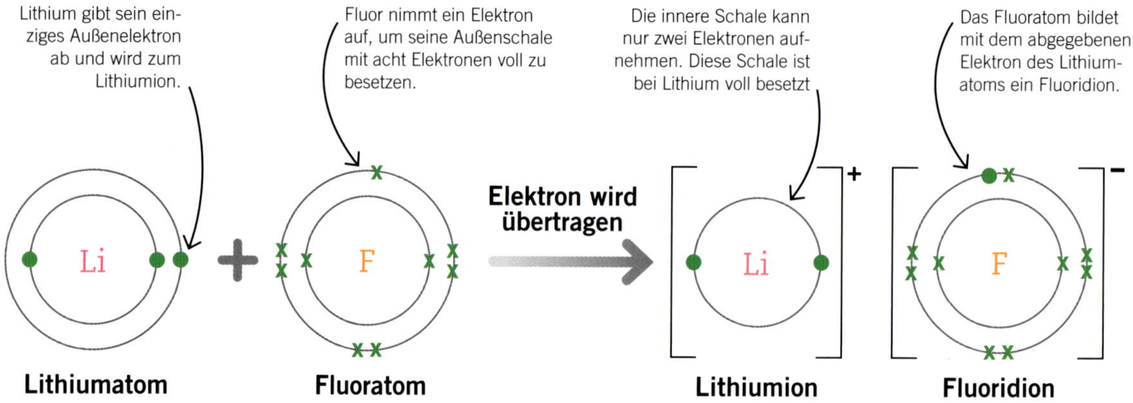

Warum werden Ionen gebildet?

Atome geben Elektronen ab oder nehmen sie auf, um eine abgeschlossene Außenschale zu erreichen. Damit haben sie die gleiche Elektronenkonfiguration wie ein Edelgas.

Element	Charakter	Atom	Elektronenkonfiguration des Atoms	Ion	Elektronenkonfiguration des Ions
Natrium	Metall	Na	2, 8, 1	Na^{+}	2, 8
Magnesium	Metall	Mg	2, 8, 2	Mg^{2+}	2, 8
Sauerstoff	Nichtmetall	O	2, 6	O^{2-}	2, 8
Chlor	Nichtmetall	Cl	2, 8, 7	Cl^{-}	2, 8, 8

Ionen und das Periodensystem

Atome haben immer eine gleiche Anzahl von Protonen und Elektronen. Ihre Gesamtladung ist null. Ein Ion ist ein Atom (oder eine Atomgruppe), das Elektronen aufgenommen oder abgegeben hat. Metalle geben zumeist Elektronen ab und bilden positiv geladene Ionen (Kationen). Nichtmetalle nehmen zumeist Elektronen auf und bilden negativ geladene Ionen (Anionen).

Auf einen Blick

- ✓ **Metalle der ersten bis dritten Hauptgruppe bilden positive Ionen (Kationen).**
- ✓ **Nichtmetalle der fünften bis siebten Hauptgruppe bilden negativ geladene Ionen (Anionen).**
- ✓ **Wasserstoff kann sowohl ein positives als auch ein negatives Ion bilden.**
- ✓ **Elemente aus der gleichen Gruppe bilden Ionen der gleichen Ladung.**

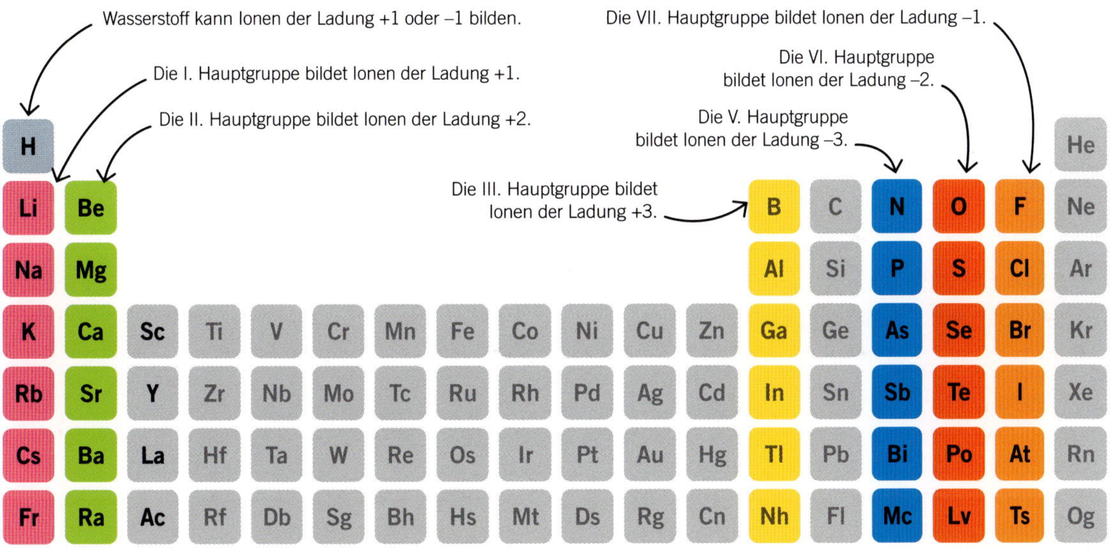

Ladung vorhersagen

Wir können die Ladung eines Ions anhand der Gruppennummer im Periodensystem vorhersagen. Elemente in der gleichen Gruppe (ohne Übergangsmetalle) haben die gleiche Anzahl von Elektronen in der Außenschale und bilden deshalb Ionen mit der gleichen Ladung.

Element	Gruppe	Charakter	Atom	Ion	Bildung des Ions
Natrium	1	Metall	Na	Na^{+}	Gibt ein Elektron ab und wird zum Natriumion
Magnesium	2	Metall	Mg	Mg^{2+}	Gibt zwei Elektronen ab und wird zum Magnesiumion
Sauerstoff	6	Nichtmetall	O	O^{2-}	Nimmt zwei Elektronen auf und wird zum Oxidion
Chlor	7	Nichtmetall	Cl	Cl^{-}	Nimmt ein Elektron auf und wird zum Chloridion

Schreibweise für Elektronen

Bei chemischen Reaktionen werden immer Elektronen bewegt. Deren Start- und Endpunkte lassen sich durch eine Punkt-X-Darstellung kennzeichnen. Dabei werden nur die Elektronen der äußersten Schale eines Atoms dargestellt, denn allein sie sind an den Bindungen beteiligt.

Auf einen Blick

- ✓ **Die Punkt-X-Darstellung verdeutlicht die Anordnung von Elektronen in Atomen, Ionen oder einfachen Molekülen.**
- ✓ **Jedes Elektron wird durch einen Punkt oder ein X dargestellt.**
- ✓ **Die Schreibweise zeigt, von welchem Atom die Elektronen in einer Verbindung ursprünglich kamen.**

Natriumfluorid

Wenn Natrium mit Fluor reagiert, wird ein Elektron vom Natrium- auf das Fluoratom übertragen. Es entstehen ein positives Natriumion (Na^+) und ein negatives Fluoridion (F^-). Zusammen ist das die Verbindung Natriumfluorid (NaF).

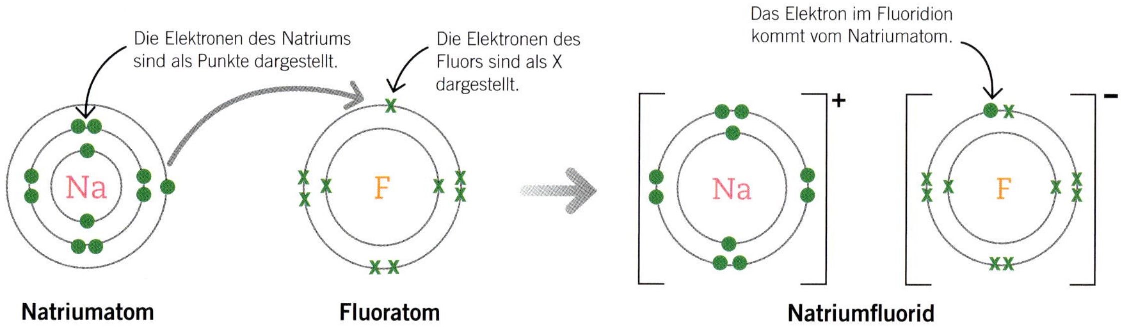

Magnesiumoxid

Magnesium bildet Ionen der Ladung 2+, Sauerstoff Ionen der Ladung 2–. Diesmal benötigen wir nur ein Magnesium- und ein Oxidion, um neutrales Magnesiumoxid (MgO) zu bilden.

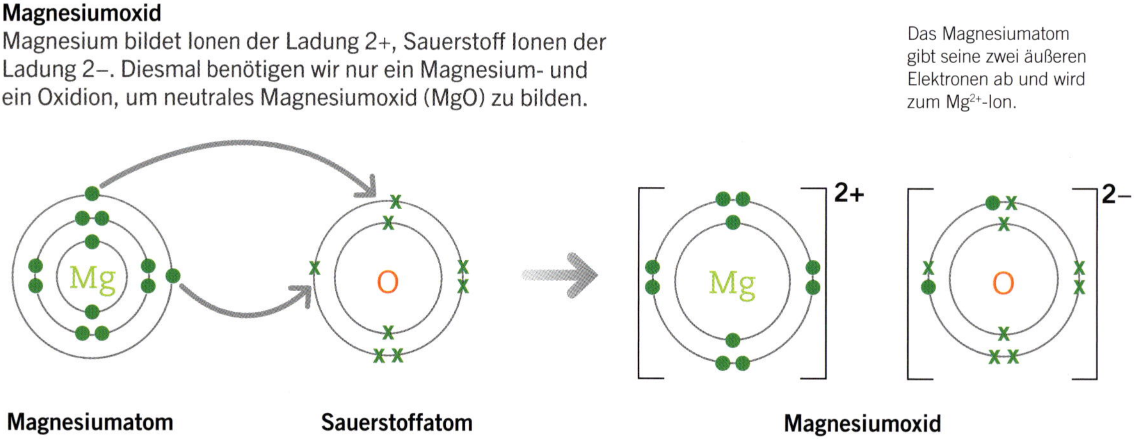

Natriumoxid
Natrium bildet Ionen der Ladung 1+, Sauerstoff jedoch Ionen der Ladung 2–. Um hier die Ladungen auszugleichen und die neutrale Ionenverbindung Natriumoxid (Na_2O) herzustellen, müssen zwei Natriumatome mit einem Sauerstoffatom zusammengehen.

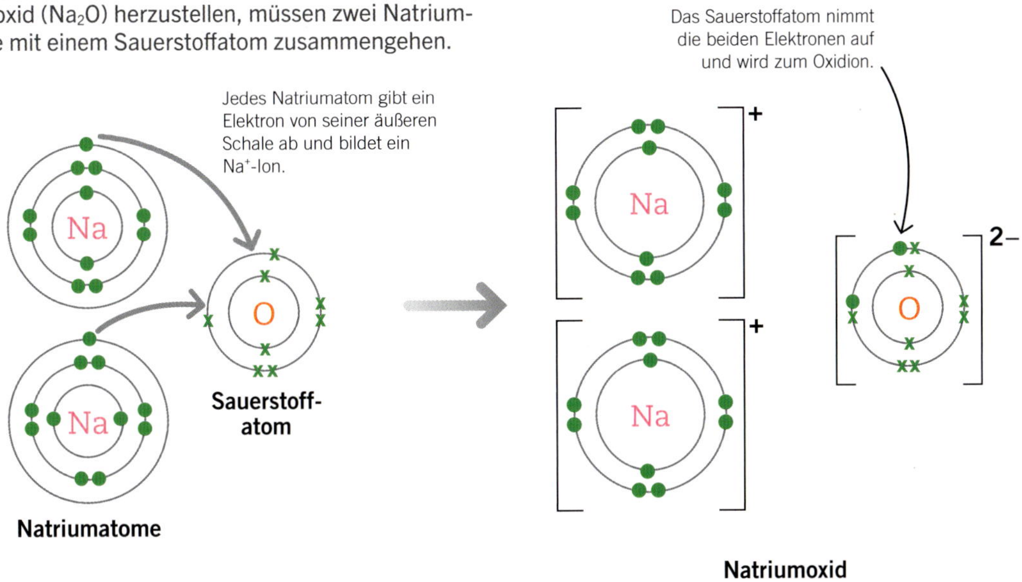

Magnesiumfluorid
Magnesiumfluorid (MgF_2) besteht aus Mg^{2+}- und F^--Ionen. Um die 2+-Ladung eines Magnesiumions auszugleichen, werden zwei F^--Ionen benötigt.

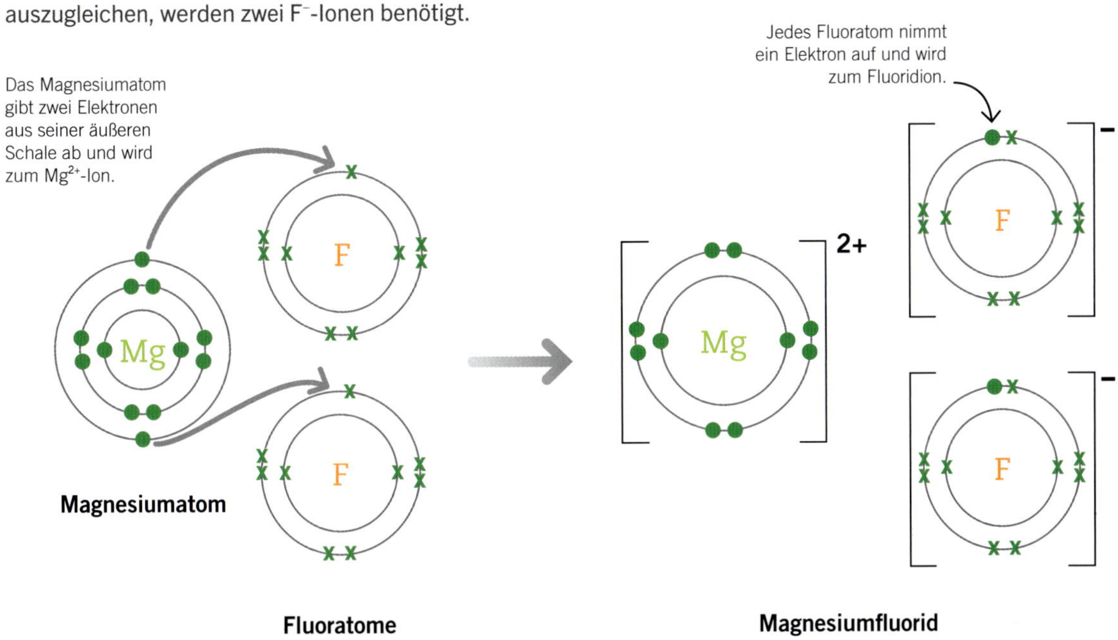

Ionenstrukturen

Wenn Metalle und Nichtmetalle miteinander reagieren, entstehen Ionenverbindungen. Diese bestehen anders als Wasser, Kohlendioxid oder andere einfache Verbindungen nicht aus einzelnen Molekülen, sondern haben regelmäßige dreidimensionale Strukturen aus positiven und negativen Ionen. Eine solche geordnete große Struktur wird als Ionengitter bezeichnet.

Auf einen Blick

- ✓ **Ionenverbindungen sind abwechselnd aus positiven und negativen Ionen aufgebaut.**
- ✓ **Die Ionen werden durch die starke elektrostatische Anziehung zwischen den positiven und negativen Ladungen zusammengehalten.**
- ✓ **Diese Anordnung nennt man Ionengitter.**

Natriumchlorid

Das raumfüllende Kugelmodell unten zeigt nur einige wenige Ionen. Ein einzelner Natriumchloridkristall enthält um die sechshundert Billiarden Natrium- und Chloratome.

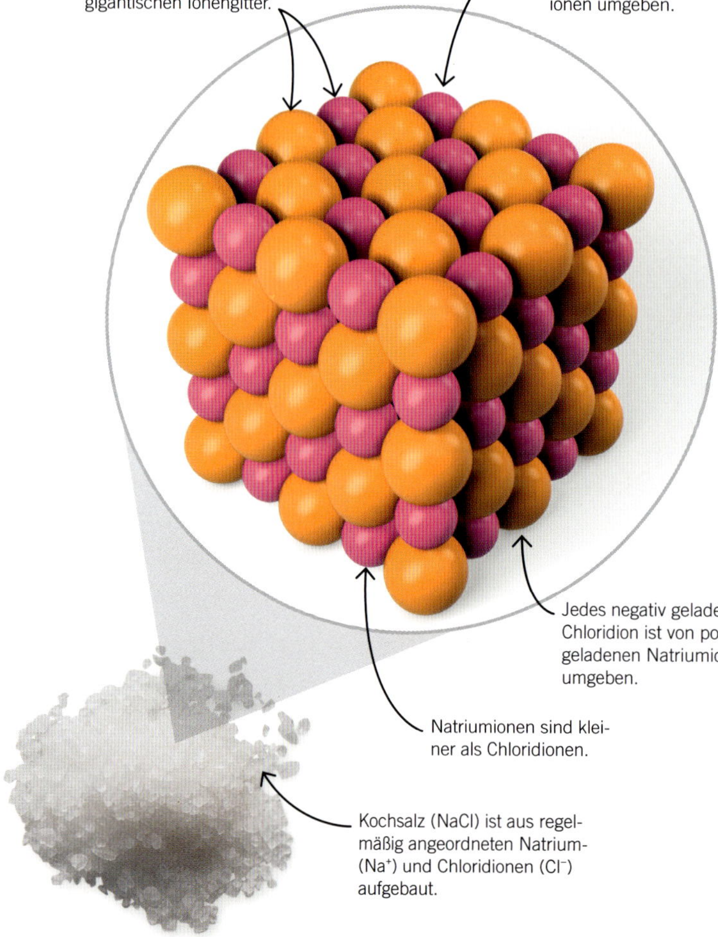

Kugel-Stab-Modell

Ionenstrukturen können auch als „Kugel-Stab-Modell" dargestellt werden. Es zeigt besser, wie die Ionen angeordnet sind, aber die Größenverhältnisse zwischen den Ionen kommen weniger deutlich heraus. Und in Wirklichkeit gibt es keine Lücke zwischen den Ionen.

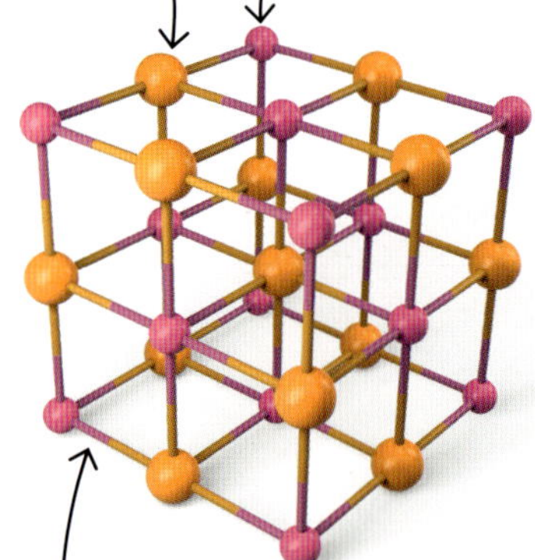

Natriumchlorid

Eigenschaften

Ionenverbindungen haben wegen ihres Aufbaus als Ionengitter (siehe Seite 78) besondere Eigenschaften. Sie bilden Kristalle und haben im Allgemeinen hohe Schmelz- und Siedepunkte. Im geschmolzenen Zustand oder als wässrige Lösung leiten sie den elektrischen Strom, nicht aber als Festkörper.

Auf einen Blick

- ✓ **In einer Ionenverbindung herrschen starke elektrostatische Anziehungskräfte zwischen den Ionen.**
- ✓ **Die Festkörper haben wegen des hohen Energieaufwands, um diese Anziehung zu überwinden, hohe Schmelz- und Siedepunkte.**
- ✓ **Im Festzustand leiten Ionenverbindungen nicht den elektrischen Strom.**
- ✓ **Geschmolzen oder als wässrige Lösung leiten Ionenverbindungen den elektrischen Strom.**

Kristalle
Im Natriumchloridkristall bilden den Natrium- und Chloridionen eine geordnete, regelmäßige Gitterstruktur.

Schmelze und Lösung

Im ionischen Festkörper können sich die Ionen nicht bewegen. In der Schmelze oder in Lösung sind sie aber frei beweglich und können elektrische Ladungen transportieren. Viele, aber nicht alle Ionenverbindungen lösen sich in Wasser gut.

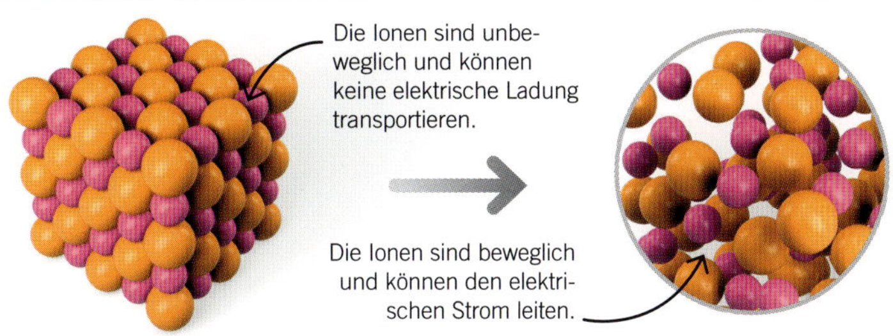

Kovalente Bindung

Eine kovalente Bindung bildet sich, wenn zwei Atome ein Elektronenpaar gemeinsam nutzen. Dadurch erreicht jedes Atom eine voll besetzte stabile äußere Elektronenschale. Kovalente Bindungen können verschieden stark sein, aber in der Regel ist es sehr energieaufwendig sie aufzubrechen.

Nichtmetalle

Nichtmetalle bilden kovalente Bindungen zwischen gleichen Atomen, wie im Chlormolekül (Cl_2), oder zwischen verschiedenen Atomen, wie in den Molekülen des Wassers (H_2O) oder Kohlenstoffdioxids (CO_2).

Auf einen Blick

- **Kovalente Bindungen bilden sich, wenn zwei Atome ein Elektronenpaar gemeinsam nutzen.**
- **Dadurch erreicht jedes Atom eine volle äußere Schale.**
- **Atome teilen sich nur Elektronen in der äußeren Schale.**
- **Kovalente Bindungen bilden sich zwischen Nichtmetallatomen.**

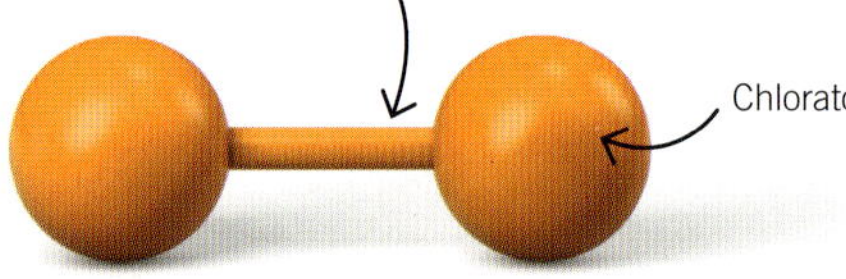

Chlormolekül (Cl_2)

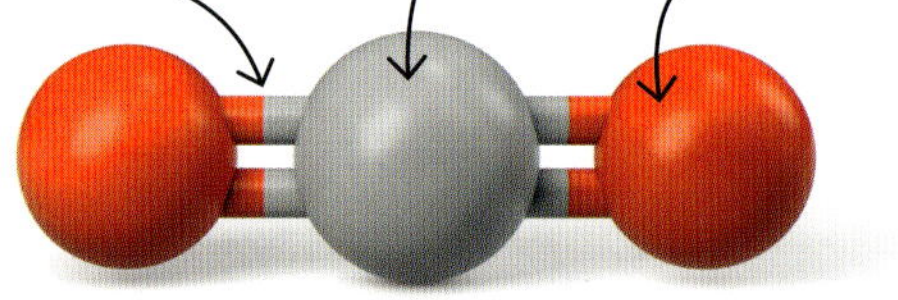

Kohlenstoffdioxidmolekül (CO_2)

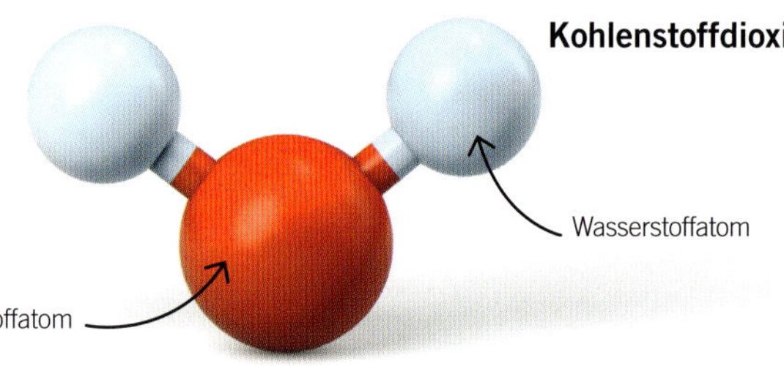

Wassermolekül (H_2O)

Bildung einer kovalenten Bindung

Die stabilste Elektronenkonfiguration (siehe Seite 29) ist eine voll besetzte äußere Elektronenschale. Durch die gemeinsame Nutzung der Elektronen füllen beide Atome ihre Außenschale mit dem „hinzugewonnenen“ Elektron auf und erreichen dadurch die gleiche stabile Elektronenkonfiguration wie das nächste Edelgas (siehe Seite 71).

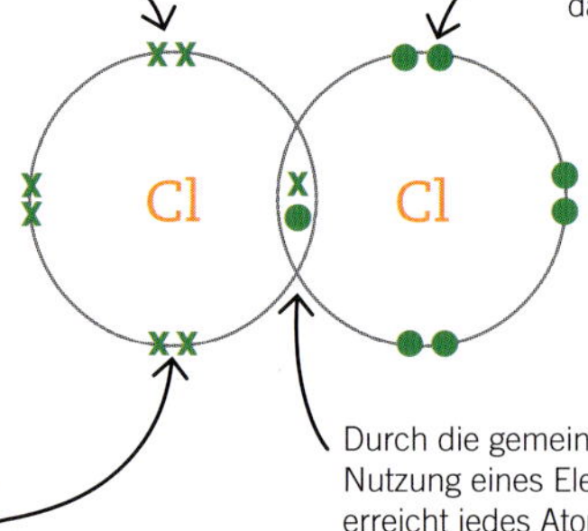

Darstellungsweisen von Bindungen

In Molekülen liegt eine kovalente Bindung vor, wenn Atome Elektronen gemeinsam nutzen. Bei einer Einfachbindung teilen sich zwei Atome ein Elektronenpaar, bei einer Doppelbindung zwei Paare und bei Dreifachbindungen drei Paare. Es gibt verschiedene Möglichkeiten, kovalente Bindungen darzustellen.

Auf einen Blick

- ✓ **3D-Strukturen geben die Form von Molekülen wieder.**
- ✓ **Die Punkt-X-Schreibweise zeigt die Verteilung der Elektronen in kovalenten Ein- oder Mehrfachbindungen.**
- ✓ **Die ausgeschriebene Formel zeigt alle Atome und Bindungsarten, aber nur in zwei Dimensionen.**

3D-Strukturen
Auch „Kugel-Stab"-Modell genannt, gibt diese Darstellung die Atome und die Bindungswinkel wieder. Damit lässt sich die Form des Moleküls gut erkennen.

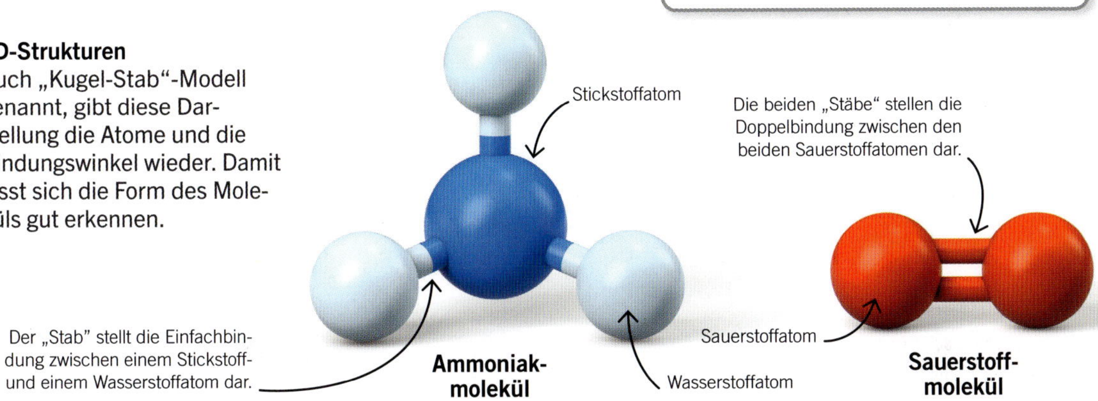

Punkt-X-Schreibweise
Damit wird gezeigt, wie die Elektronen angeordnet sind und von welchem Atom sie ursprünglich kamen. Anders als bei anderen Schreibweisen sind auch Elektronen zu sehen, die keiner Bindung zugeordnet sind. Dadurch lässt sich oft die Form von Molekülen besser verstehen.

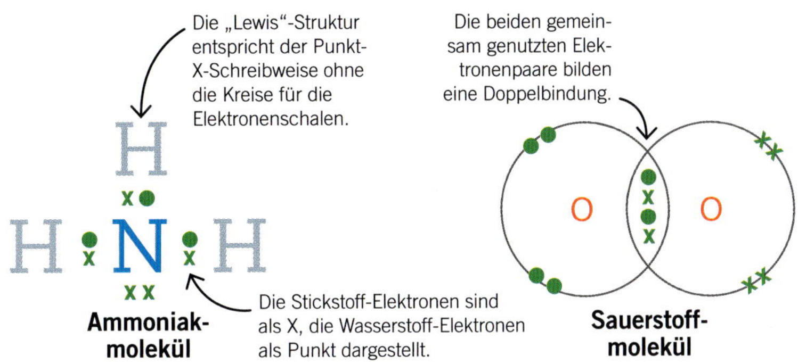

Ausgeschriebene Formel
Die ausgeschriebene Formel zeigt, wie die Atome in zwei Dimensionen verknüpft sind und ob es sich um eine Einfach-, Doppel- oder Dreifachbindung handelt. Die Art der Verknüpfung ist sofort ersichtlich.

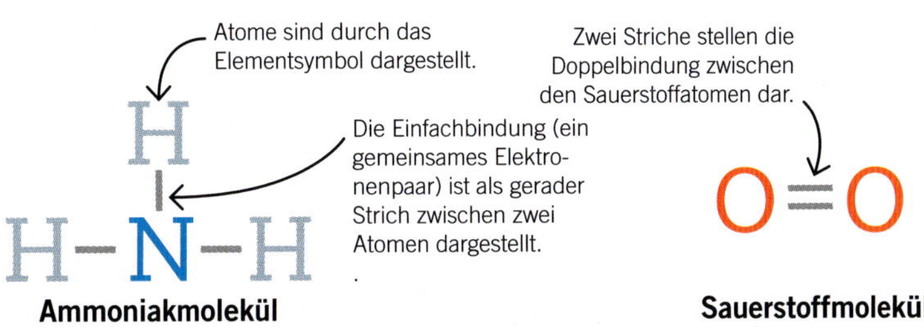

Kleine Moleküle

Ein Molekül besteht aus mindestens zwei Atomen, die durch mindestens eine kovalente Bindung miteinander verknüpft sind. Einfache, kleine Moleküle wie Sauerstoff und Wasser sind allgegenwärtig. Ein Molekül kann die gleichen oder verschiedene Atome enthalten. Moleküle einer Substanz enthalten aber immer die gleiche Anzahl und Sorte von Atomen.

Auf einen Blick

- ✓ **Ein Molekül besteht aus mindestens zwei miteinander verbundenen Atomen.**
- ✓ **Molekulare Bindungen sind kovalent.**
- ✓ **Moleküle einer Substanz sind immer gleich aufgebaut. So enthalten zum Beispiel Wassermoleküle immer zwei Wasserstoffatome und ein Sauerstoffatom.**

Wasserstoff
Jedes Wasserstoffatom hat ein Elektron in seiner äußeren Schale. Um diese Schale voll zu besetzen, benötigt es zwei Elektronen.

Durch die Verknüpfung mit einer Einfachbindung verfügt jedes Atom über zwei Elektronen.

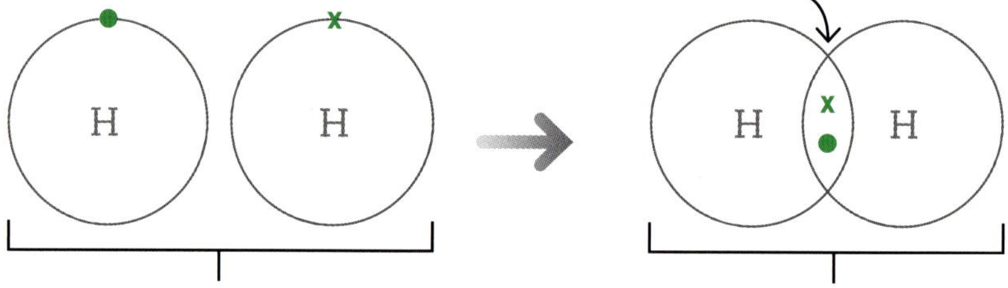

Zwei Wasserstoffatome **Ein Wasserstoffmolekül**

Kohlenstoffdioxid
Kohlenstoffdioxid ist ein kleines Molekül mit der Formel CO_2. Kohlenstoff und Sauerstoff haben größere Atome als Wasserstoff – für eine voll besetzte äußere Schale benötigen sie acht Elektronen.

Durch die Verknüpfung mit Doppelbindungen verfügt jedes Atom über acht Elektronen.

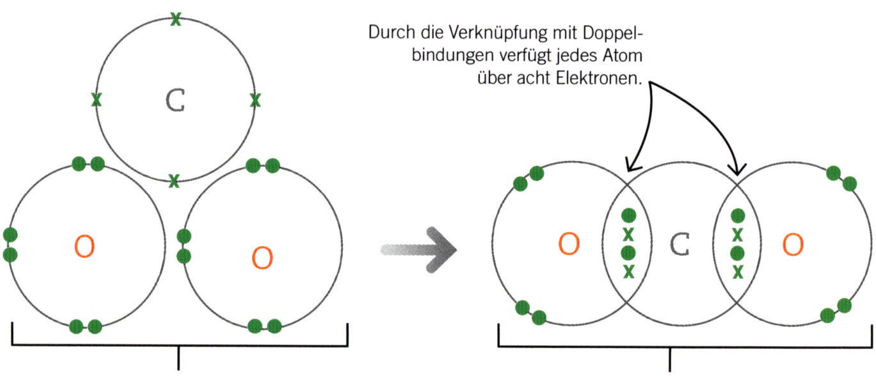

Ein Kohlenstoff- und zwei Sauerstoffatome **Ein Molekül Kohlenstoffdioxid**

Wasser
Wasser (H_2O) enthält Wasserstoff und Sauerstoff. Für eine abgeschlossene Außenschale benötigen die Wasserstoffatome zwei, das Sauerstoffatom acht Elektronen.

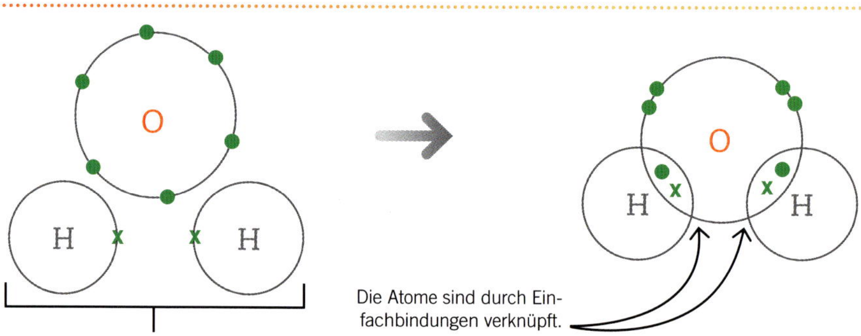

Die Atome sind durch Einfachbindungen verknüpft.

Ein Sauerstoff- und zwei Wasserstoffatome **Ein Wassermolekül**

Aufbau und Eigenschaften

In kleinen Molekülen wie Wasser (H_2O) und Chlor (Cl_2) werden die Atome durch kovalente Bindungen zusammengehalten. Zwischen den Molekülen selbst sind die Kräfte nur schwach. Diese „intermolekularen" Kräfte werden durch wenig Energieaufwand überwunden, so dass kleine Moleküle meist niedrige Schmelz- und Siedepunkte haben.

Auf einen Blick

- ✓ In Substanzen, die aus einfachen, kleinen Molekülen bestehen, halten die Atome durch kovalente Bindungen zusammen.
- ✓ Die zwischenmolekularen (intermolekularen) Anziehungskräfte sind schwach.
- ✓ Die meisten Substanzen aus kleinen Molekülen sind bei Raumtemperatur und Normaldruck gasförmig oder flüssig.
- ✓ Substanzen aus einfachen, kleinen Molekülen werden auch kovalente Stoffe genannt.

Chlor
Chlor (Cl_2) besteht aus einfachen kleinen Molekülen. Die intermolekularen Kräfte zwischen den einzelnen Cl_2-Molekülen sind schwach. Bei Raumtemperatur und Normaldruck hat Chlor einen Siedepunkt von –34 °C und ist daher gasförmig.

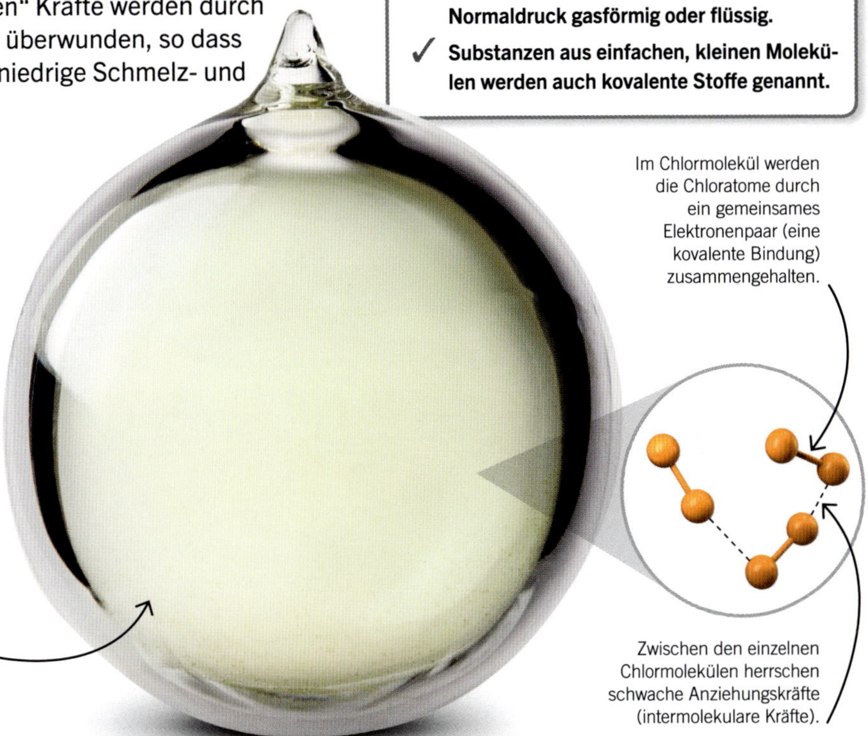

Intermolekulare Kräfte

Wenn Substanzen aus einfachen, kleinen Molekülen schmelzen oder sieden, werden nur die intermolekularen Kräfte zwischen den Molekülen überwunden, nicht die kovalenten Bindungen. Bei größeren Molekülen sind die intermolekularen Kräfte stärker, aber auch die Atomsorte selbst beeinflusst den Schmelz- und Siedepunkt.

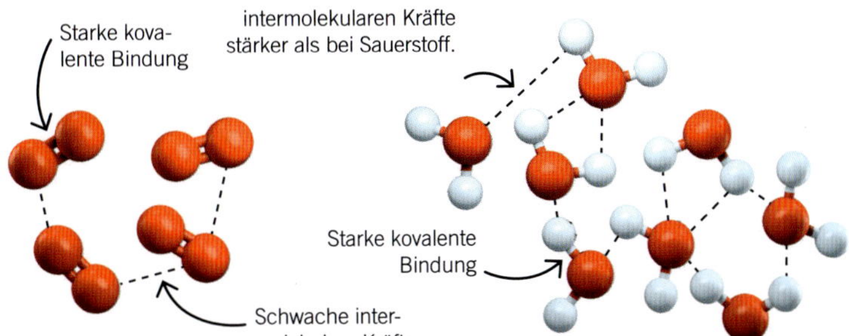

Polymere

Polymere sind sehr große Moleküle (Makromoleküle), die sich bilden, wenn kleine Moleküle in langen Ketten verknüpft werden. Polymere haben nützliche Eigenschaften wie zum Beispiel große Zähigkeit. Es gibt natürliche Polymere, aber viele werden künstlich hergestellt. Mehr dazu auf den Seiten 213, 214, 222, 260 und 261.

Auf einen Blick

- ✓ Polymere werden durch die Verknüpfung von vielen kleineren Molekülen (den Monomeren) hergestellt.
- ✓ Die verknüpften Monomere bilden eine lange, regelmäßige Kette.
- ✓ Die Monomersorte im Polymer kann gleich oder unterschiedlich sein.
- ✓ Die meisten Polymere enthalten kovalente Bindungen.

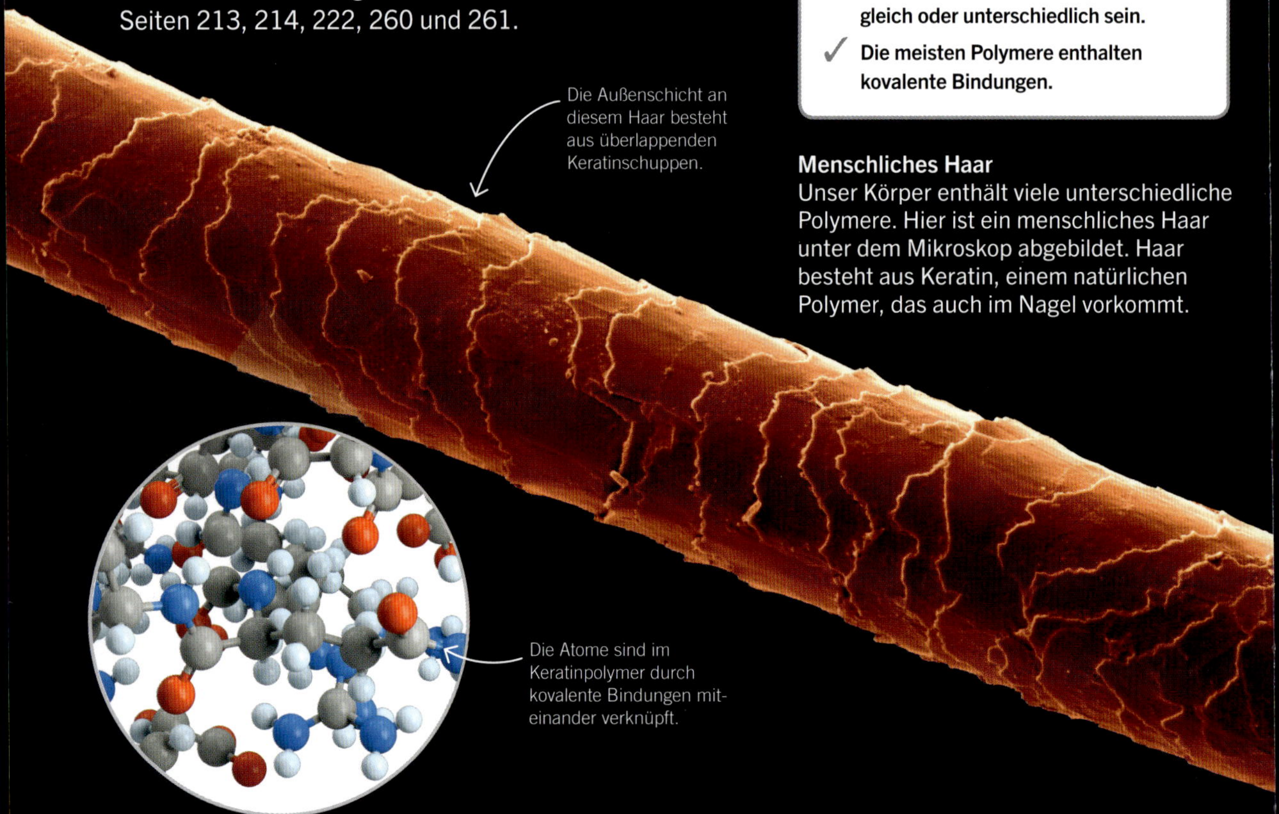

Menschliches Haar
Unser Körper enthält viele unterschiedliche Polymere. Hier ist ein menschliches Haar unter dem Mikroskop abgebildet. Haar besteht aus Keratin, einem natürlichen Polymer, das auch im Nagel vorkommt.

Bildung von Polymeren

Natürliche und künstliche Polymere wie z. B. Plastik sind aus vielen kleineren Molekülen aufgebaut, die als Monomere bezeichnet werden. Einige Polymere enthalten nur eine Sorte von Monomeren, bei Proteinen (siehe Seite 225) wie Keratin sind es verschiedene.

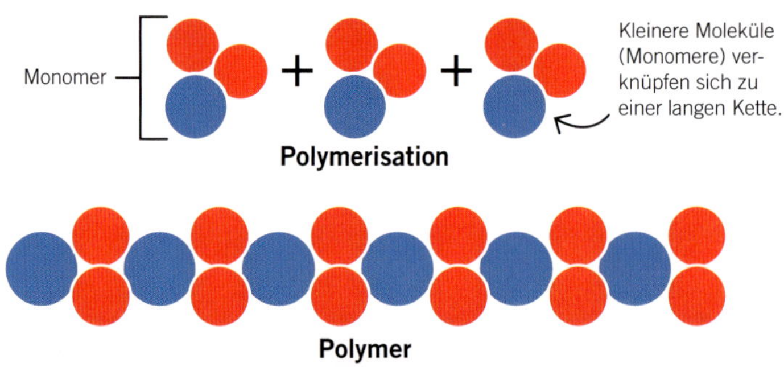

Atomgitter

Atomgitter sind aus vielen Nichtmetallatomen aufgebaut, die in regelmäßiger Abfolge zu einem riesigen 3D-Gitter verknüpft sind. Alle Verbindungen zwischen den Atomen sind kovalent, und die Substanzen sind hart und fest. Mehr zu den Eigenschaften von solchen großen kovalenten Strukturen auf Seite 86.

Auf einen Blick

- ✓ **Atomgitter sind aus vielen Nichtmetallatomen aufgebaut, die durch kovalente Bindungen zu einem regelmäßigen 3D-Gitter verknüpft sind.**
- ✓ **Atomgitter haben hohe Schmelzpunkte und sind zumeist sehr hart und fest.**
- ✓ **In den meisten Atomgittern befinden sich keine frei beweglichen Teilchen, und die Strukturen leiten nicht den elektrischen Strom.**

Siliciumdioxid
Im Siliciumdioxid (Quarz) sind die Atome durch kovalente Bindungen miteinander verknüpft. Die Struktur bildet ein riesiges, regelmäßiges Gitter.

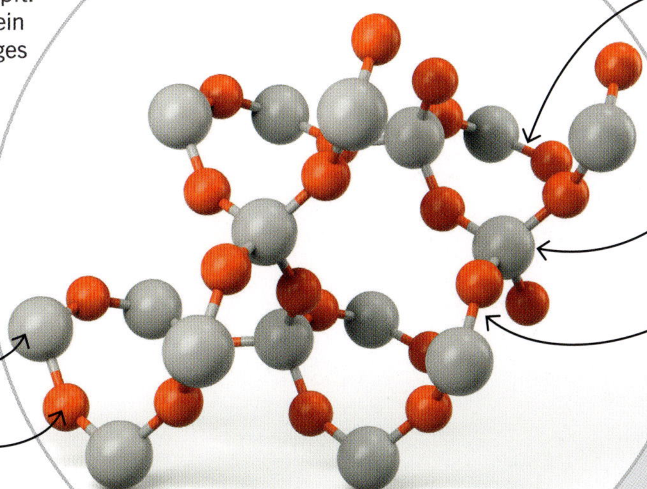

Siliciumdioxid (SiO_2)

Die mineralische Form von Siliciumdioxid ist Quarz. Quarz ist der Hauptbestandteil von Sand.

Siliciumdioxid

Der Energieaufwand zum Aufbrechen der Bindungen ist bei Atomgittern enorm hoch. Siliciumdioxid hat deshalb einen sehr hohen Schmelzpunkt. Es leitet auch kaum den elektrischen Strom, da es keine frei beweglichen Elektronen hat.

Kohlenstoffallotrope

Allotrope sind Strukturvarianten eines Elements. Verschiedene Allotrope haben den gleichen Aggregatzustand, aber ihre Atome sind verschiedenartig angeordnet. Diamant, Graphit und Graphen sind Allotrope von Kohlenstoff. Sie sind bei Raumtemperatur fest und bilden Atomgitterstrukturen (siehe Seite 85), aber wegen der unterschiedlichen Atomanordnung haben sie unterschiedliche Eigenschaften.

Auf einen Blick

- ✓ **Allotrope sind Strukturvarianten eines Elements, bei denen die Atome verschiedenartig angeordnet sind, der Aggregatzustand aber gleich ist.**
- ✓ **Diamant, Graphit und Graphen sind Allotrope von Kohlenstoff.**
- ✓ **Diamant, Graphit und Graphen haben unterschiedliche Strukturen und Eigenschaften.**

Diamant
Im Diamant ist jedes Kohlenstoffatom mit vier anderen verknüpft. Diamant ist sehr hart und leitet den elektrischen Strom nicht. Er ist aber ein guter Wärmeleiter.

Diamant ist die härteste natürliche Substanz.

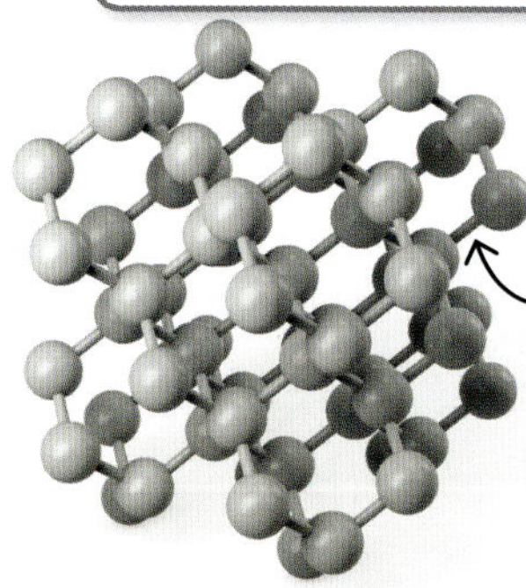

Wegen des enormen Energieaufwands, um alle kovalenten Bindungen zu brechen, hat Diamant einen sehr hohen Schmelzpunkt.

Graphit
Im Graphit ist jedes Kohlenstoffatom mit drei anderen verbunden, weshalb ein Elektron frei bleibt. Delokalisierte freie Elektronen verleihen Graphit besondere Eigenschaften wie zum Beispiel eine hohe elektrische Leitfähigkeit.

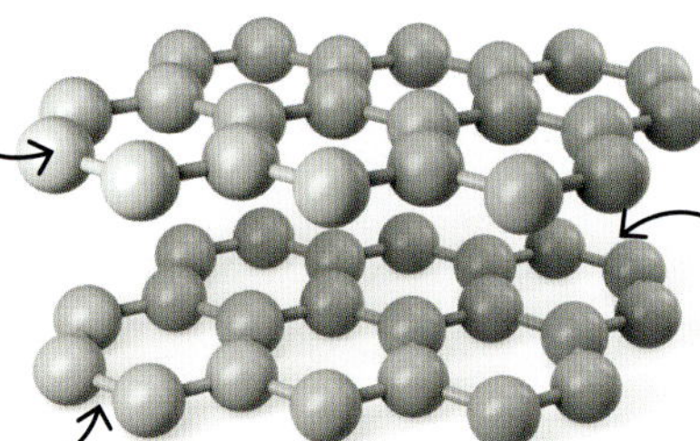

Die Kohlenstoffatome bilden Schichten aus Sechsecken.

Die Schichten gleiten übereinander, da die Anziehungskraft zwischen den Schichten gering ist.

Die kovalenten Bindungen lassen sich nur schwer brechen, und Graphit hat einen hohen Schmelzpunkt.

Graphen
Graphen entspricht einer einzigen Lage von Graphit. Es ist außerordentlich fest, sehr leicht und verleiht anderen Materialien höhere Festigkeit. Es hat eine höhere Leitfähigkeit als Diamant oder Graphit.

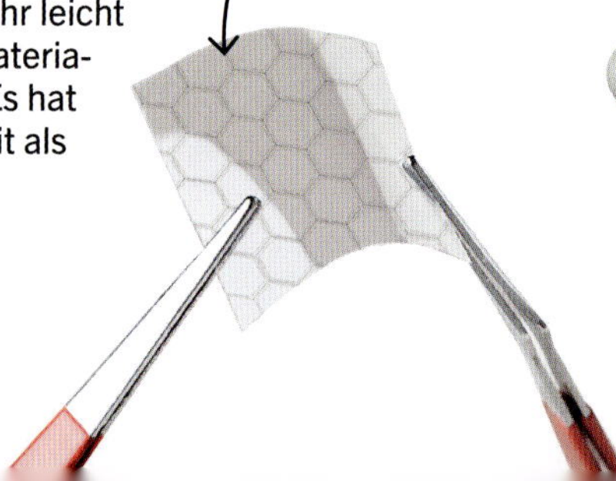

Graphen ist nahezu durchsichtig und sehr leicht.

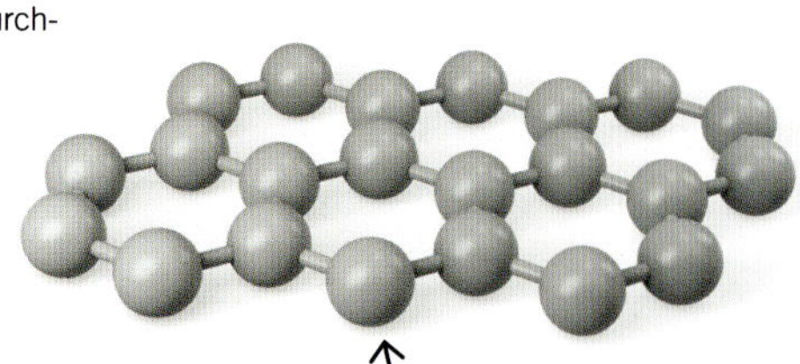

Die Kohlenstoffatome sind in Sechsecken angeordnet.

Fullerene

Ein weiteres Allotrop von Kohlenstoff (siehe Seite 86) sind Fullerene. Diese großen kugel- oder röhrenförmigen Moleküle bestehen nur aus Kohlenstoff. Das erste Fulleren war das 1985 entdeckte Buckminsterfulleren (C_{60}) und wurde nach dem amerikanischen Architekten R. Buckminster Fuller benannt, der kuppelförmige Gebäude baute.

Auf einen Blick

- ✓ Fullerene sind fußball- oder röhrenartig geformte große Kohlenstoffmoleküle.
- ✓ Am besten erforscht ist das fußballähnliche Buckminsterfulleren (C_{60}) mit seiner charakteristischen Anordnung der Atome in Fünf- und Sechsecken.
- ✓ Fullerene können um andere Atome oder Moleküle herumgebaut werden und diese dann wie ein Käfig umgeben.

Buckminsterfulleren
Das Buckminsterfulleren ist das häufigste natürliche Fulleren. In geringen Mengen kommt es in Ruß vor. Die Moleküle werden wegen ihrer aus Fünf- und Sechsecken aufgebauten Kugelform auch als „Fußballmoleküle" bezeichnet.

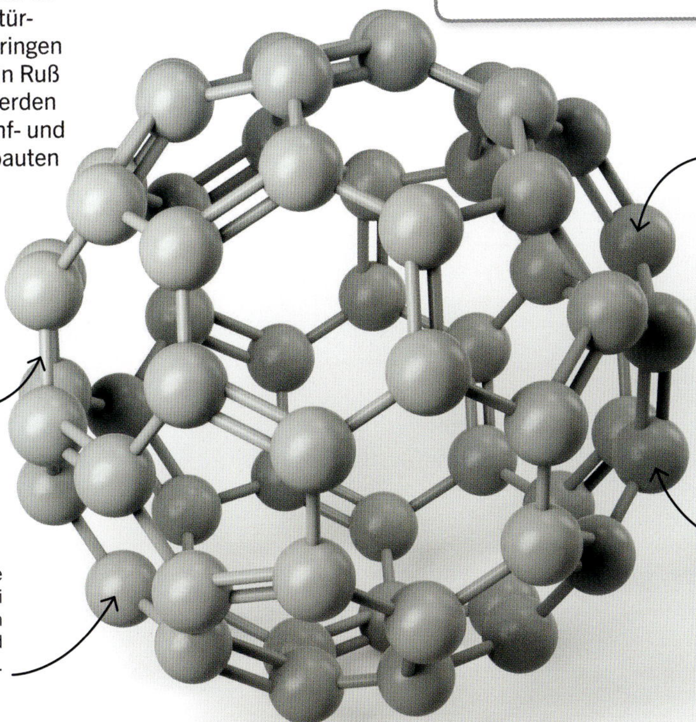

Jedes Kohlenstoffatom ist mit drei weiteren Kohlenstoffatomen verbunden.

Die Kohlenstoffatome sind durch kovalente Bindungen miteinander verbunden.

Das Buckminsterfulleren hat Ähnlichkeit mit einer Hohlkugel.

60 Kohlenstoffatome ordnen sich wie bei einem Fußball in 12 Fünfecken und 20 Sechsecken an.

Nanoröhren

Kohlenstoffnanoröhren haben Durchmesser von nur wenigen Milliardstel Metern, gelten aber als das stärkste und steifste Material, das je entdeckt wurde. Eingesetzt werden die Nanoröhren wegen ihrer Leichtigkeit und Festigkeit in elektronischen Bauelementen, Solarzellen und Verbundstoffen wie in der Sportausrüstung.

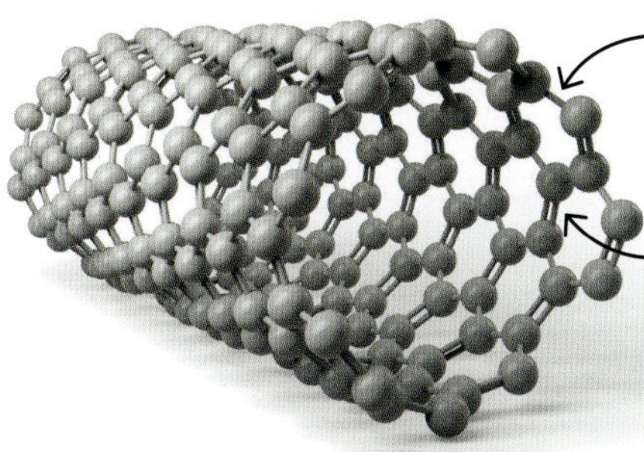

Die Form der Kohlenstoffnanoröhren entspricht aufgerolltem Graphen (siehe Seite 86).

Nanoröhren sind nur wenige Milliardstel Meter breit, können aber viele Zentimeter lang werden.

Metallbindung

In einem Metall sind alle Elektronen der Außenschale delokalisiert und verteilen sich frei um die Metallionen auf den Gitterplätzen. Aufgrund dieser frei beweglichen Elektronen leiten Metalle den Strom. Die starke elektrostatische Anziehung zwischen den Elektronen und den Ionen führt bei den meisten Metallen zu hohen Schmelzpunkten.

Auf einen Blick

- Metalle bilden große Raumgitter mit Metallionen auf den Gitterplätzen.
- Die Elektronen der Außenschale sind delokalisiert (frei beweglich).
- Daraus ergibt sich ein Aufbau mit positiven Metallionen in einem „Gas" aus negativ geladenen Elektronen.
- Wegen der frei beweglichen Elektronen sind Metalle gute Stromleiter.

Die Metallbindung
In Metallen können sich die Elektronen zwischen den positiven Metallionen bewegen. Wegen dieser „beweglichen Ladungsträger" (der Elektronen) leiten alle Metalle elektrischen Strom.

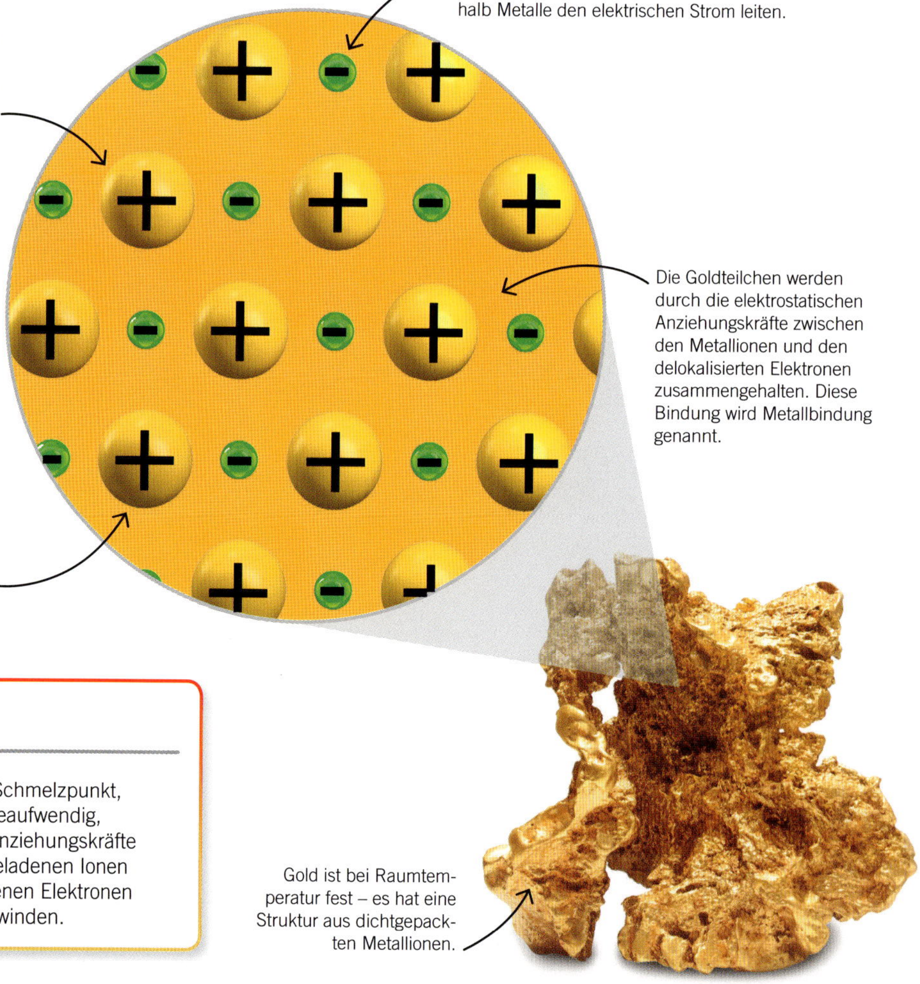

Gold

Gold hat einen hohen Schmelzpunkt, denn es ist sehr energieaufwendig, alle elektrostatischen Anziehungskräfte zwischen den positiv geladenen Ionen und den negativ geladenen Elektronen in der Struktur zu überwinden.

Legierungen

Eine Legierung ist eine Kombination von zwei oder mehr Metallen oder von Metallen mit Nichtmetallen. Die Eigenschaften einer Legierung unterscheiden sich von denen der ursprünglichen Elemente. Häufig sind Legierungen härter als die Reinmetalle. Bekannte Legierungen sind Stahl, Bronze und Amalgam (für die Zähne) – mehr Beispiele sind auf Seite 262 zu finden.

Auf einen Blick

- ✓ Die meisten Legierungen sind Kombinationen von zwei oder mehr Metallen, manche enthalten auch Nichtmetalle wie Kohlenstoff oder Schwefel.
- ✓ Legierungen sind immer härter als die Reinmetalle, aus denen sie gefertigt wurden, denn die unterschiedlichen Atomgrößen erschweren das gegenseitige Verschieben der Schichten.

Eisenlegierung
Eisen (Fe) ist ein silbergraues Metall, das mit Sauerstoff und Wasser leicht rostet (siehe Seite 264). Stahl ist eine Eisenlegierung mit wenig Kohlenstoff. Stahl ist härter und fester als Eisen.

Reinmetalle sind oft weicher als eine Legierung.

Eisen

Legierungsstahl ist viel härter als reines Eisen und wird für den Bau eingesetzt.

Stahl

Härte bei Legierungen

Legierungen sind eine Kombination von zwei oder mehr Reinelementen. Da die Atome der verschiedenen Elemente unterschiedlich groß sind, lassen sich die Atomschichten nur schwer gegeneinander verschieben. Deshalb sind Legierungen härter als Reinmetalle.

Hämmern und Walzen können ein Verschieben der Atomschichten erzwingen.

Reinmetall

Atome eines anderen Elements erschweren das gegenseitige Verschieben derr Schichten.

Legierung

Aggregat- zustände

Festkörper

Einer der drei Aggregatzustände von Materie ist der feste Zustand. Anders als Flüssigkeiten und Gase haben Festkörper eine Form und passen sich nicht an ein Behältnis an. In einem Festkörper bewegen sich die Teilchen nur selten aneinander vorbei, sind aber ständig in Schwingung.

Auf einen Blick

- ✓ **Im Festkörper halten die Anziehungskräfte die Teilchen an festen Positionen fest.**
- ✓ **Die Teilchen befinden sich in ständiger Schwingung.**
- ✓ **Da sich die Teilchen nicht von ihren Positionen auf Dauer entfernen, haben Festkörper eine Form und fließen nicht.**

Eiswürfel
Eis ist der feste Zustand von Wasser (H_2O). Die Wassermoleküle sitzen fest an ihren Positionen und können sich nicht aneinander vorbeibewegen. Es sei denn, das Eis schmilzt und wird zu flüssigem Wasser.

Eigenschaften

Die festen Positionen ihrer Teilchen verleihen Festkörpern eine Reihe von Eigenschaften, die sie von Flüssigkeiten und Gasen unterscheidet. Festkörper haben eine definierte Form, zumeist eine hohe Dichte, und sie passen sich nicht an ein Behältnis an. Sie lassen sich auch kaum zusammendrücken.

Volumen und Form
Festkörper haben eine definierte Form und ein kaum wärmeabhängiges Volumen.

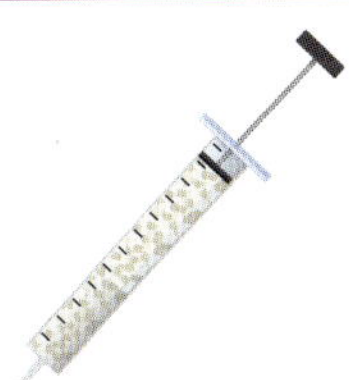

Dichte und Kompressibilität
Aufgrund der dichten Packung haben Festkörper eine hohe Dichte und lassen sich kaum zusammendrücken.

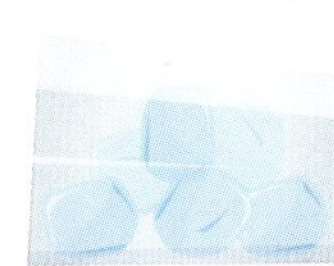

Fließvermögen
Starke Anziehungskräfte verhindern größere Teilchenbewegungen. Festkörper fließen nicht.

Flüssigkeiten

Wenn sich eine Substanz im flüssigen Aggregatzustand befindet, haben ihre Teilchen genug Energie, um sich aneinander vorbeizubewegen. Flüssigkeiten passen sich an ihr Behältnis an und bilden darin eine ebene Oberfläche. Obwohl sich dabei ihre Form vollkommen verändert, bleibt ihr Volumen gleich.

Auf einen Blick

- ✓ In einer Flüssigkeit können sich die Teilchen aneinander vorbeibewegen.
- ✓ Flüssigkeiten passen sich an ihr Behältnis an und bilden darin eine ebene Oberfläche.
- ✓ Das Volumen von Flüssigkeiten ändert sich mit der Temperatur kaum.
- ✓ Die Teilchen liegen eng aneinander, Flüssigkeiten lassen sich kaum zusammendrücken.

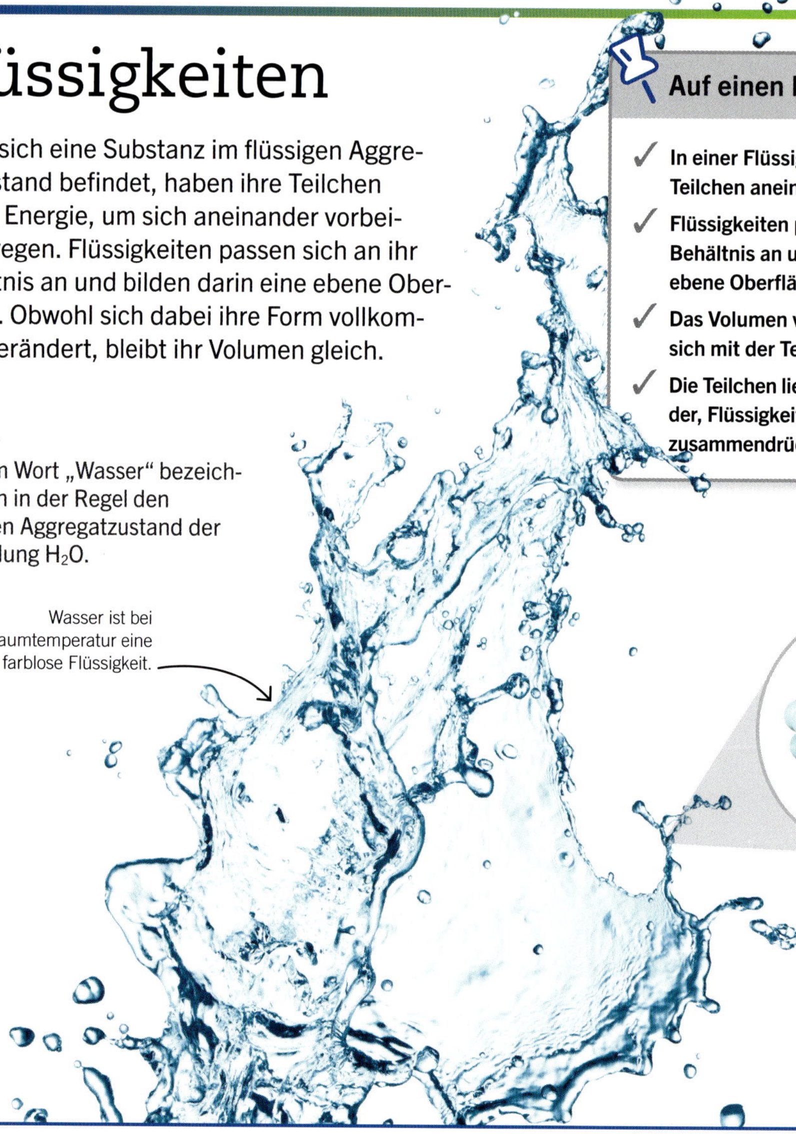

Wasser
Mit dem Wort „Wasser" bezeichnet man in der Regel den flüssigen Aggregatzustand der Verbindung H_2O.

Wasser ist bei Raumtemperatur eine farblose Flüssigkeit.

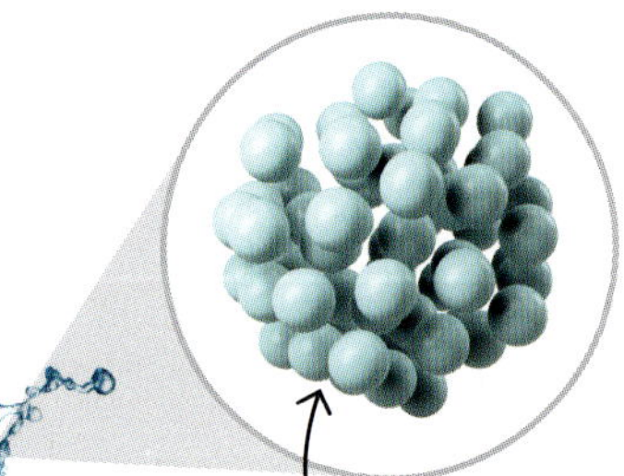

Die Teilchen liegen zwar eng aneinander, aber sie sind ungeordnet und können sich aneinander vorbeibewegen.

Eigenschaften

Wenn sich eine Substanz im flüssigen Aggregatzustand befindet, haben die Teilchen genug Energie (meist Wärmeenergie), um einen Teil der Anziehungskräfte zu überwinden, die einen Festkörper zusammenhalten. Sie können sich aneinander vorbeibewegen, was zu besonderen Eigenschaften führt.

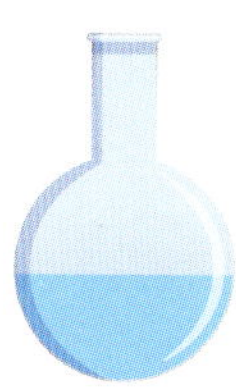

Volumen und Form
Flüssigkeiten passen sich an ihr Behältnis an. Dabei ändert sich ihre Form, aber das Volumen bleibt gleich.

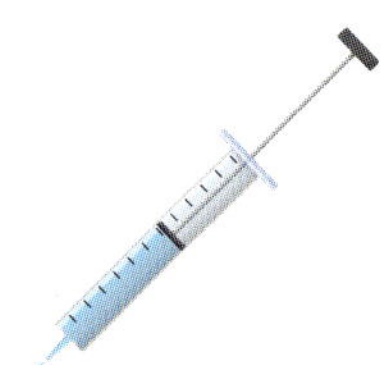

Kompressibilität
Flüssigkeiten lassen sich wegen der dicht gepackten Teilchen kaum zusammendrücken.

Fließvermögen
Die Teilchen können sich frei umeinander herumbewegen. Flüssigkeiten fließen daher selbst durch Engstellen.

Gase

Eine Substanz ist gasförmig, wenn ihre Teilchen genug Energie aufgenommen haben, um die gegenseitigen Anziehungskräfte zu überwinden. Gase sind weniger dicht als Festkörper und Flüssigkeiten und lassen sich leicht zusammendrücken. Gase haben keine bestimmte Form und ihr Volumen ist stark temperatur- und druckabhängig.

Auf einen Blick

- ✓ **Die Abstände zwischen den Gasteilchen sind groß.**
- ✓ **Gase haben eine geringe Dichte (wenige Teilchen in einem großen Volumen).**
- ✓ **Die Teilchen bewegen sich geradlinig vorwärts, bis sie mit einem anderen Teilchen zusammenstoßen.**
- ✓ **Gase haben keine bestimmte Form.**

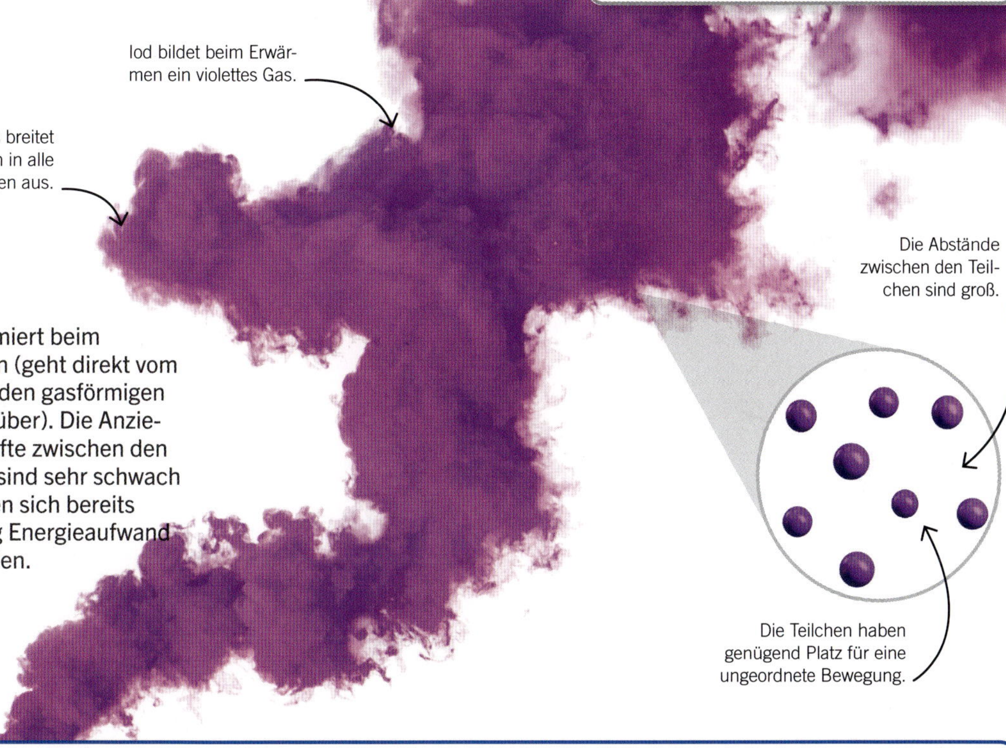

Iod
Iod sublimiert beim Erwärmen (geht direkt vom festen in den gasförmigen Zustand über). Die Anziehungskräfte zwischen den Teilchen sind sehr schwach und lassen sich bereits mit wenig Energieaufwand überwinden.

Eigenschaften

Wenn eine Substanz im gasförmigen Aggregatzustand ist, haben ihre Teilchen genügend Energie aufgenommen, um die Anziehungskräfte dazwischen zu überwinden. Die Teilchen bewegen sich frei umher, was zu den Eigenschaften von Gasen führt.

Volumen und Form
Gase haben kein festes Volumen und passen sich der Form ihres Behältnisses an.

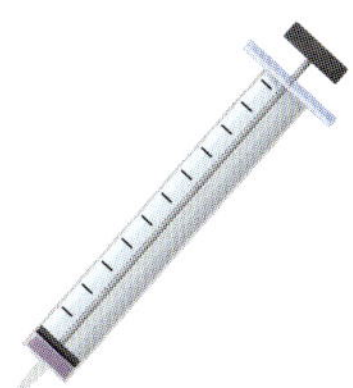

Dichte und Kompressibilität
Gase haben eine geringe Dichte und lassen sich wegen des großen Abstands der Teilchen gut zusammendrücken.

Strömungsvermögen
Die Gasteilchen können sich vollkommen frei bewegen. Gase gelangen durch kleinste Löcher.

Diffusion in Flüssigkeiten

In einer Flüssigkeit wie Wasser sind die Teilchen in ständiger Bewegung. Wird eine neue Substanz hinzugegeben, stoßen deren Teilchen auf die Wasserteilchen, ändern ihre Richtung und vermischen sich dabei mit dem Wasser. Diese Diffusionsbewegung geschieht ohne Verrühren spontan.

Auf einen Blick

- ✓ **In einer Flüssigkeit bewegen sich die Teilchen ungeordnet.**
- ✓ **Diffusion ist das allmähliche Vermischen der Teilchen einer Substanz mit einer anderen.**
- ✓ **Durch die ungeordnete Bewegung vermischen sich die Substanzen ohne Schütteln oder Verrühren.**
- ✓ **Auch nach dem Vermischen bewegen sich die Teilchen weiter.**

Violetten Farbstoff in Wasser lösen
Gibt man einen kräftigen Farbstoff ins Wasser, diffundieren die Teilchen, bis nach und nach die ganze Lösung violett ist.

Was bei der Diffusion in Flüssigkeiten passiert

Die Teilchen einer neu hinzugegebenen Substanz bewegen sich allmählich von Bereichen hoher Konzentration in Richtung niedriger Konzentration, bis sie überall verteilt sind.

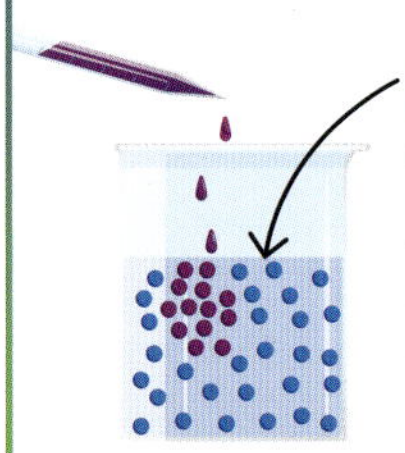

Vor der Diffusion

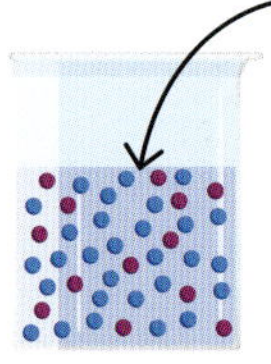

Nach der Diffusion

Diffusion in Gasen

In einem Gas bewegen sich die Teilchen rasant in alle Richtungen. Beim Vermischen zweier Gase breiten sich die Teilchen beider Substanzen in alle Richtungen aus und bewegen sich dabei von Bereichen mit hoher Konzentration in Bereiche mit niedriger Konzentration. Die Diffusion von Gasen geschieht wie die in Flüssigkeiten (siehe Seite 94) und Festkörpern spontan.

Brom
Brom (Br_2) bildet unter Atmosphärendruck ein orange-braunes Gas. Hier sehen wir die Diffusion von Brom in ein Gefäß mit Luft.

Auf einen Blick

- ✓ **Gasteilchen bewegen sich sehr schnell und stoßen dabei zusammen.**
- ✓ **Treffen zwei Gase aufeinander, breiten sich die Teilchen beider Substanzen rasch aus und vermischen sich.**
- ✓ **Dabei bewegen sie sich von Bereichen mit hoher Konzentration hin zu Bereichen mit niedriger Konzentration.**

Was bei der Diffusion in Gasen passiert

Die Gasteilchen bewegen sich ungeordnet. Wenn sie sich vermischen, bewegen sie sich allmählich in Richtung niedriger Konzentration, bis sie überall gleichmäßig verteilt sind.

Vor der Diffusion

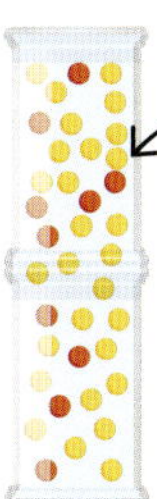

Nach der Diffusion

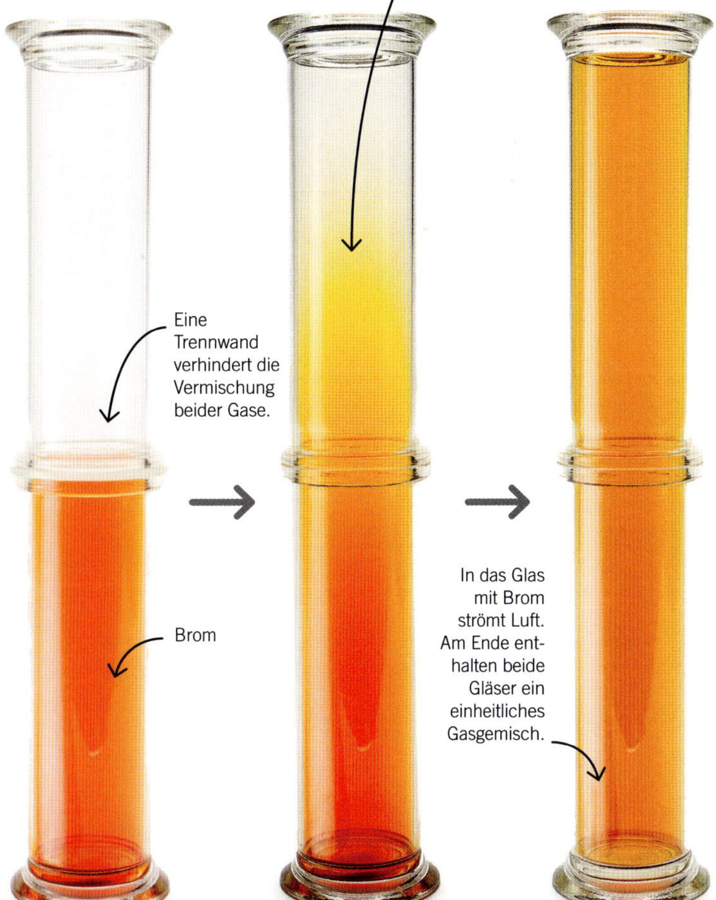

Zustandsänderungen

Ein Wechsel des Aggregatzustands – zwischen fest, flüssig und gasförmig – ist kein chemischer, sondern ein physikalischer Vorgang, der nur von der Temperatur (und dem Druck) abhängig ist und sich umkehren lässt, also reversibel ist. Eine Reinsubstanz ist unterhalb ihres Schmelzpunkts fest, im Bereich zwischen Schmelz- und Siedepunkt flüssig und oberhalb des Siedepunkts gasförmig.

Auf einen Blick

- ✓ **Eine Reinsubstanz kann beim Erwärmen, Abkühlen oder bei Druckveränderungen ihren Aggregatzustand ändern.**
- ✓ **Eine Reinsubstanz ist unterhalb des Schmelzpunkts fest, zwischen Schmelz- und Siedepunkt flüssig und darüber gasförmig.**
- ✓ **Wenn sich eine Substanz erwärmt, nehmen die Teilchen Energie auf und bewegen sich schneller.**

Aggregatzustände
Wasser kommt in drei Aggregatzuständen vor. Eis (fest) schmilzt zu Wasser (flüssig), das siedet und in Wasserdampf (gasförmig) übergeht. Unter bestimmten Bedingungen kann Wasser sogar sublimieren (vom festen in den gasförmigen Zustand übergehen).

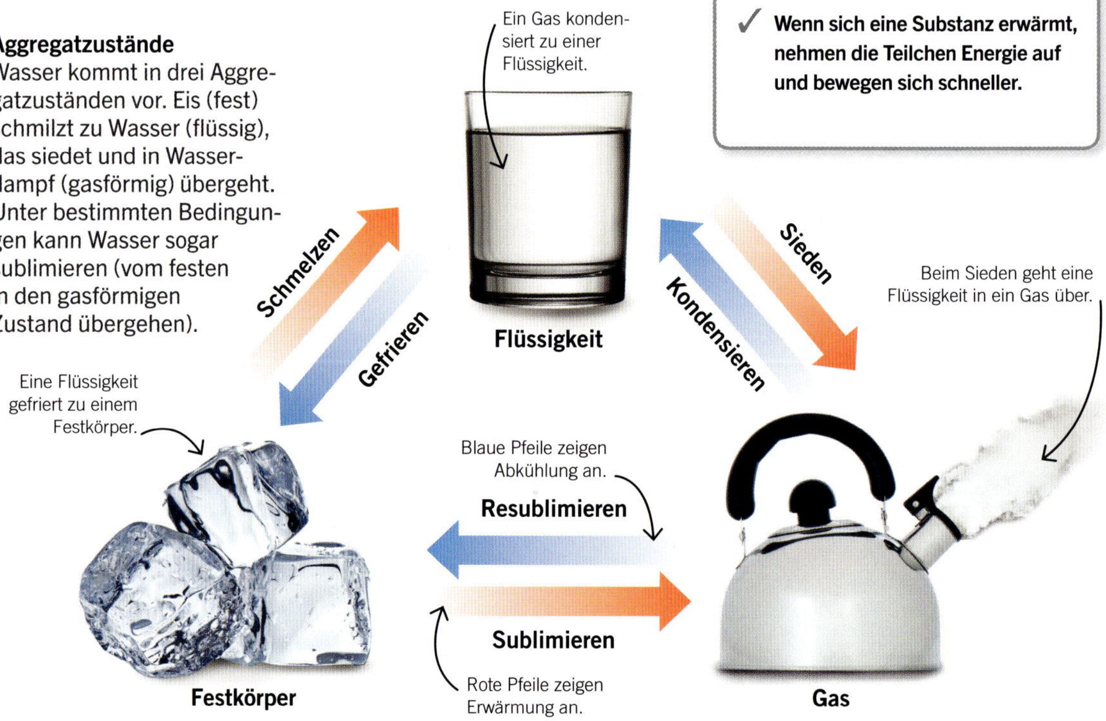

Anordnung der Teilchen

Die Anordnung der Teilchen im festen, flüssigen und gasförmigen Zustand lässt sich in einem einfachen, allerdings nicht maßstabsgetreuen Modell veranschaulichen. In Wirklichkeit sind die Abstände zwischen den Gasteilchen viel größer.

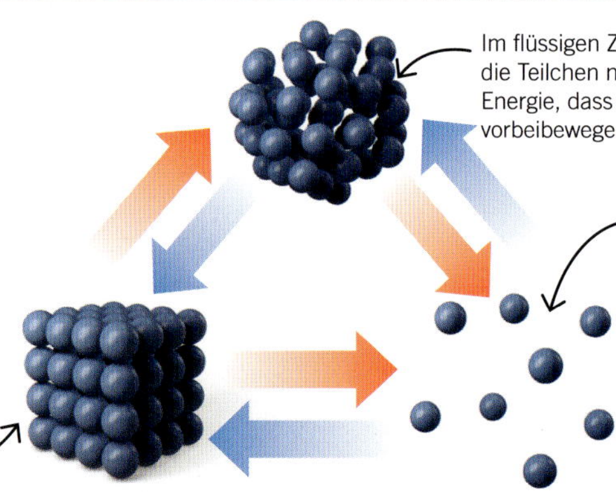

Erwärm- und Abkühlkurven

Der Kurvenverlauf beim Erwärmen oder Abkühlen gibt Auskunft darüber, was beim Ändern des Aggregatzustands mit der Energie einer Substanz passiert. Aufgezeichnet werden dabei die Zeit und die Temperatur der Substanz. Wie die Diagramme zeigen, bleibt während der Zustandsänderung die Temperatur konstant. Das bedeutet, dass die Substanz dabei Energie aufnimmt (oder abgibt).

Auf einen Blick

- ✓ **Der Kurvenverlauf beim Erwärmen und Abkühlen gibt über die Energieveränderung einer Substanz Auskunft, die über einen bestimmten Zeitraum erwärmt oder abgekühlt wird.**
- ✓ **Beim Schmelzen oder Sieden nimmt die Substanz Wärmeenergie aus der Umgebung auf, beim Gefrieren oder Kondensieren gibt sie Energie an die Umgebung ab.**
- ✓ **Während der Zustandswechsel bleibt die Temperatur der Substanz unverändert.**

Erwärmen
Um die Erwärmkurve aufzunehmen, wird eine Substanz allmählich erwärmt und ihre Temperaturänderung über die Zeit gemessen. Der Graph zeigt eine charakteristische Stufenform.

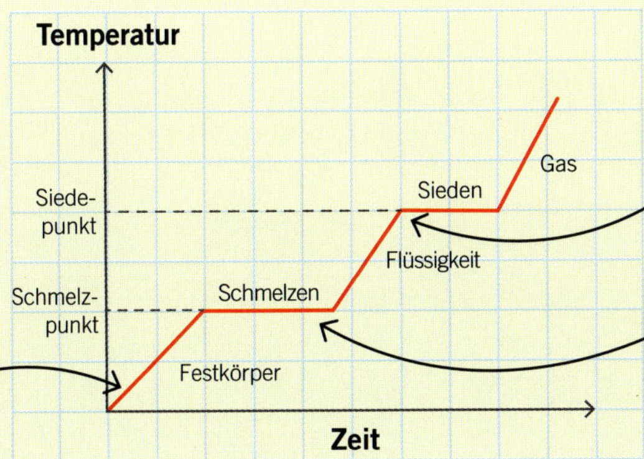

Beim Erwärmen nimmt die Temperatur der Substanz über die Zeit zu.

Um Bindungen aufzubrechen, wird Energie aufgenommen.

Die waagerechten Linien zeigen Schmelzen und Sieden an.

Abkühlen
Um die Abkühlkurve aufzunehmen, wird eine Substanz abgekühlt und ihre Temperaturänderung über die Zeit gemessen. Die Kurve ähnelt der Erwärmkurve, aber mit umgekehrtem Verlauf.

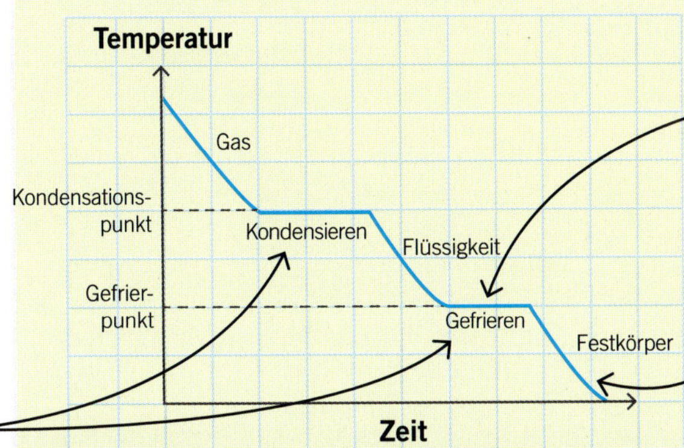

Die waagerechten Linien zeigen Kondensieren und Gefrieren an.

Energie wird abgegeben, während sich Bindungen schließen.

Beim Abkühlen nimmt die Temperatur der Substanz über die Zeit ab.

Zustandssymbole und Reaktionen

Die Zustandssymbole geben zusätzliche Auskunft über das Reaktionsgeschehen. Die Symbole „f“, „fl“ und „g“ kennzeichnen die Zustände fest, flüssig und gasförmig. „aq“ (Lateinisch „aqua“, Wasser) besagt, dass die Substanz in Wasser gelöst vorliegt. Welchen Zustand eine Substanz bei einer bestimmten Temperatur einnimmt, sagen uns ihr Schmelz- und Siedepunkt.

Auf einen Blick

- ✓ **Die Zustandssymbole geben an, in welchem physikalischen Zustand sich die Substanzen bei einer chemischen Reaktion befinden.**
- ✓ **„f“, „fl“, „g“ und „aq“ zeigen an, ob eine Substanz fest, flüssig oder gasförmig ist, oder ob sie in wässriger Lösung vorliegt.**
- ✓ **Der Aggregatzustand lässt sich anhand des Schmelz- und Siedepunkts einer Substanz vorhersagen.**

Zustand und Reaktion
Bei der Reaktion von Natrium und Wasser entstehen Wasserstoff und eine wässrige Natriumhydroxidlösung. Durch die Reaktionsgleichung wird der physikalische Zustand jeder Substanz angegeben.

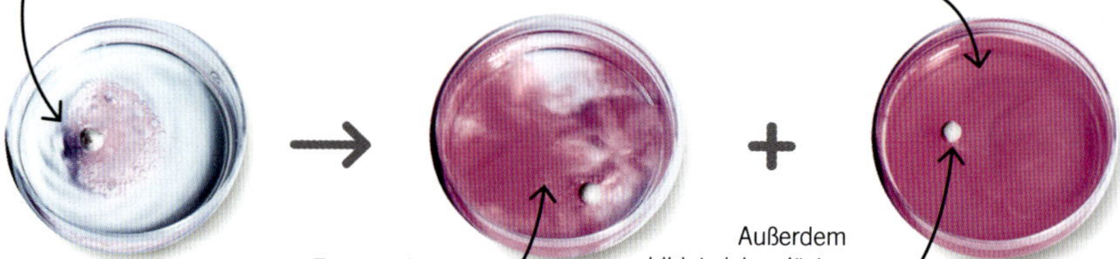

Natrium	+	Wasser	⟶	Wasserstoff	+	Natriumhydroxid
$2\ Na(f)$	+	$2\ H_2O(fl)$	⟶	$H_2\ (g)$	+	$2\ NaOH(aq)$

Vorhersage des Zustands

Unterhalb ihres Schmelzpunkts sind Substanzen fest. Zwischen Schmelz- und Siedepunkt sind Substanzen flüssig. Oberhalb des Siedepunkts sind Substanzen gasförmig.

Element	Schmelzpunkt	Siedepunkt
Sauerstoff	–219 °C	–183 °C
Gallium	30 °C	2400 °C
Brom	–7 °C	59 °C

Frage
Welche der Substanzen in der Tabelle ist bei Raumtemperatur flüssig? Die Raumtemperatur beträgt 20 °C.

Vorgehen
1. Sauerstoff siedet bei –183 °C und ist folglich oberhalb dieser Temperatur gasförmig.
2. Gallium schmilzt erst bei 30 °C und ist demnach bei 20 °C fest.
3. Brom schmilzt bei –7 °C und siedet erst bei 59 °C.

Antwort
Von den Substanzen ist bei Raumtemperatur nur Brom flüssig.

Nanowissen-
schaften und
intelligente
Materialien

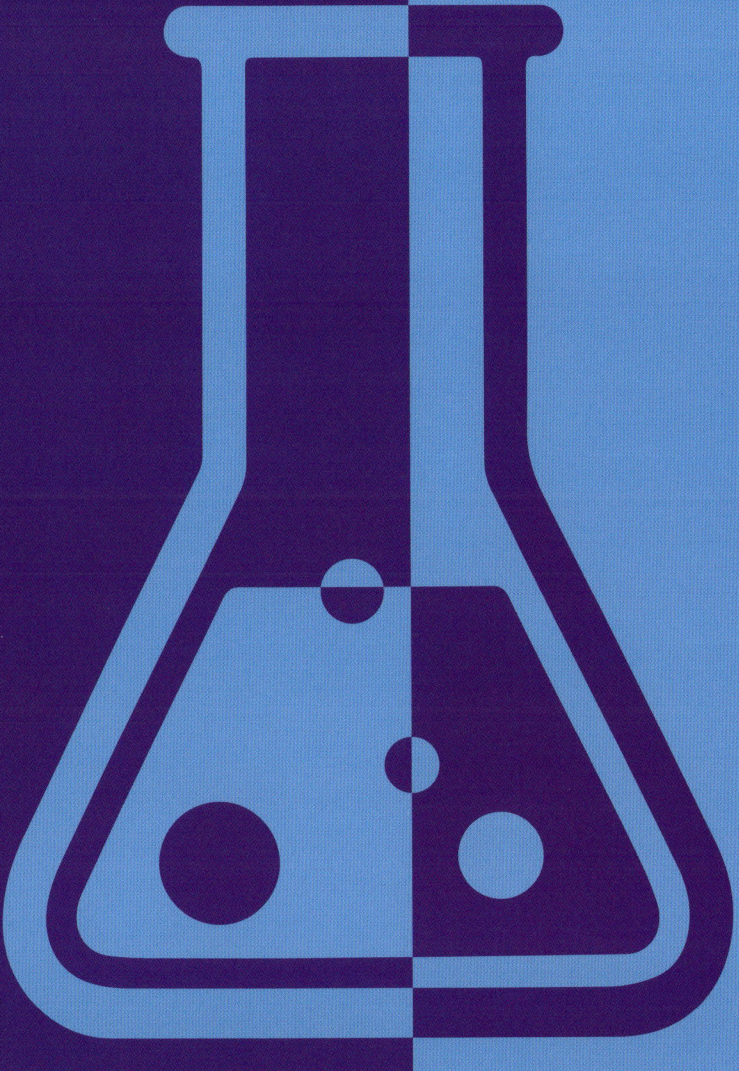

Nanopartikel

Nanopartikel sind winzige Teilchen von der Größe von ein paar hundert Atomen. Ein Nanometer (nm) entspricht einem Milliardstel Meter ($1 \cdot 10^{-9}$ m), und Nanopartikel haben Durchmesser von 1 bis 100 nm. Nanopartikel kann man mit bloßem Auge nicht sehen, nicht einmal mit einem optischen Mikroskop. Man benötigt ein Elektronenmikroskop.

Auf einen Blick

- ✓ **Nanopartikel haben einen Durchmesser von 1 bis 100 nm.**
- ✓ **Ein Nanometer entspricht einem Milliardstel Meter.**
- ✓ **Nanopartikel kann man nur mit einem Elektronenmikroskop sehen.**

Winzige Teilchen
Nanopartikel gibt es in der Natur, aber sie können auch im Labor hergestellt werden. Hier sind mit dem Computer erzeugte Darstellungen von kugelförmigen Nanopartikeln zu sehen.

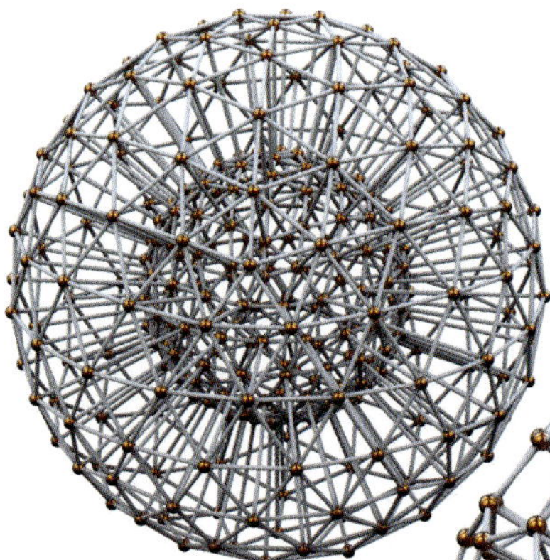

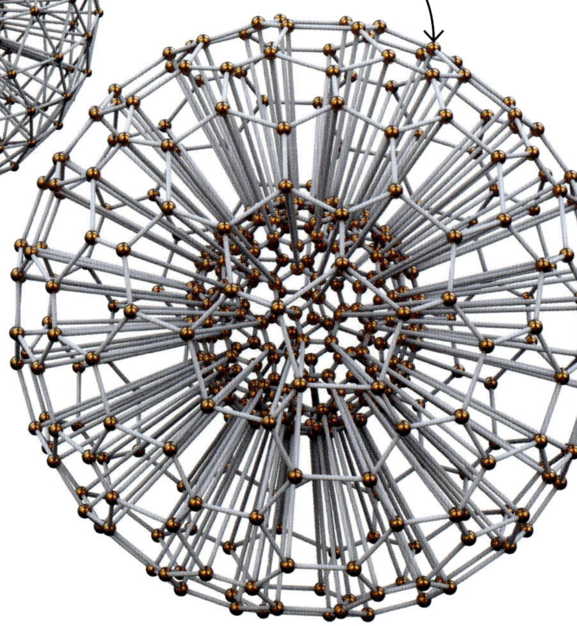

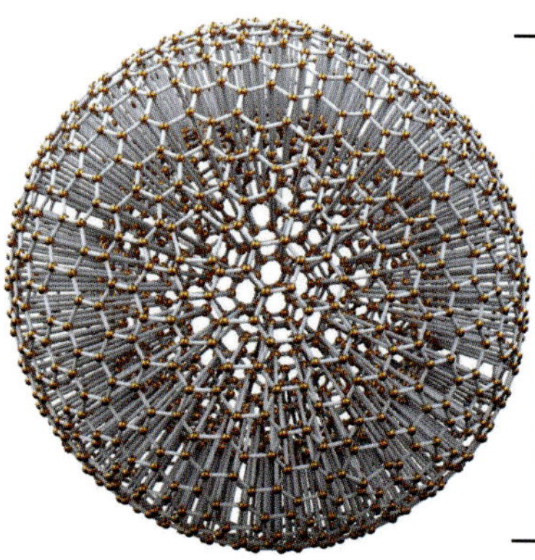

Wie groß sind Nanopartikel?

Der Durchmesser von Nanopartikeln liegt zwischen 1 und 100 nm. In der Tabelle ist die Größe von Nanopartikeln im Vergleich mit anderen Objekten angegeben. Ein menschliches Haar ist mehr als 1000 Nanopartikel breit. 1 Million Nanopartikel passen quer in einen Stecknadelkopf.

Teilchen	Durchmesser
Atom	0,1 nm
Kleines Molekül	0,5 nm
Nanopartikel	1–100 nm
Rotes Blutkörperchen	7000 nm
Menschliches Haar	100 000 nm

Eigenschaften von Nanopartikeln

Die Eigenschaften von Nanopartikeln unterscheiden sich von denen einer „normalen“ Materieform (Pulver, Block, oder dünnes Blatt) deutlich. Bei einem Materieblock befindet sich nur ein kleiner Anteil der Atome an der Oberfläche. Bei Nanopartikeln ist der Anteil der Atome, die die Oberfläche bilden, viel größer. Deshalb können Materialien, die Nanopartikel enthalten, deutlich reaktionsfreudiger sein.

Auf einen Blick

- ✓ **Nanopartikel haben im Vergleich zur normalen Materieform ungewöhnliche Eigenschaften.**
- ✓ **Nanopartikel haben eine sehr große Oberfläche im Verhältnis zum Volumen. Damit ist die Wahrscheinlichkeit für eine chemische Reaktion höher.**

Fläche-Volumen-Verhältnis
Im Verhältnis zu ihrem Volumen haben Nanopartikel eine enorm große Oberfläche. Je kleiner ein Körper, desto größer ist das Fläche-Volumen-Verhältnis. Um das zu verstehen, vergleichen wir zwei würfelförmige Nanopartikeln verschiedener Größe (Darstellung nicht maßstabsgetreu).

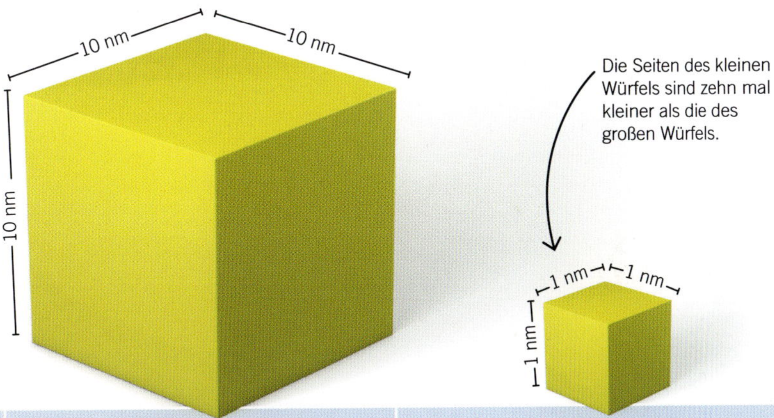

Vorgehensweise	Großer Würfel	Kleiner Würfel
Berechnung der Oberfläche	Jede Seite hat eine Fläche von $10\ \text{nm} \cdot 10\ \text{nm} = 100\ \text{nm}^2$ Bei 6 Würfelseiten beträgt die Gesamtfläche $100\ \text{nm}^2 \cdot 6 = 600\ \text{nm}^2$	Jede Seite hat eine Fläche von $1\ \text{nm} \cdot 1\ \text{nm} = 1\ \text{nm}^2$ Bei 6 Würfelseiten beträgt die Gesamtfläche $1\ \text{nm}^2 \cdot 6 = 6\ \text{nm}^2$
Berechnung des Volumens	$10\ \text{nm} \cdot 10\ \text{nm} \cdot 10\ \text{nm} = 1000\ \text{nm}^3$	$1\ \text{nm} \cdot 1\ \text{nm} \cdot 1\ \text{nm} = 1\ \text{nm}^3$
Berechnung des Fläche-Volumen-Verhältnisses	$\text{Verh.} = \frac{\text{Fläche}}{\text{Volumen}} = \frac{600\ \text{nm}^2}{1000\ \text{nm}^3} = 0{,}6:1$	$\text{Verh.} = \frac{\text{Fläche}}{\text{Volumen}} = \frac{6\ \text{nm}^2}{1\ \text{nm}^3} = 6:1$

Das Fläche-Volumen-Verhältnis ist beim kleinen Würfel 10 mal größer als beim großen.

Risiken von Nanopartikeln

Wegen der extrem großen Oberfläche von Nanopartikeln lässt sich die benötigte Materialmenge für einen guten Katalysator (siehe Seite 184) enorm reduzieren, wenn Nanopartikel eingesetzt werden. Dadurch lassen sich die hohe Kosten für wertvolle Materialien einsparen. Wissenschaftler haben jedoch Sicherheitsbedenken, da man noch nicht alle Risiken von Nanopartikeln kennt.

Auf einen Blick

- ✓ Nanopartikel haben wegen ihrer geringen Größe und ihrer extrem großen Oberfläche viele nützliche Eigenschaften.
- ✓ Nanopartikel können eingeatmet oder sogar durch die Haut aufgenommen werden.
- ✓ Manche Nanopartikel könnten Gesundheit und Umwelt schädigen.

Nanomedizin
Nanopartikel sind so klein, dass sie vom Körper aufgenommen werden und die Zellmembran durchqueren. Damit könnten Nanopartikel Medikamente zu bestimmten Zellen transportieren – etwa Nanoimpfstoffe gegen Krebs .

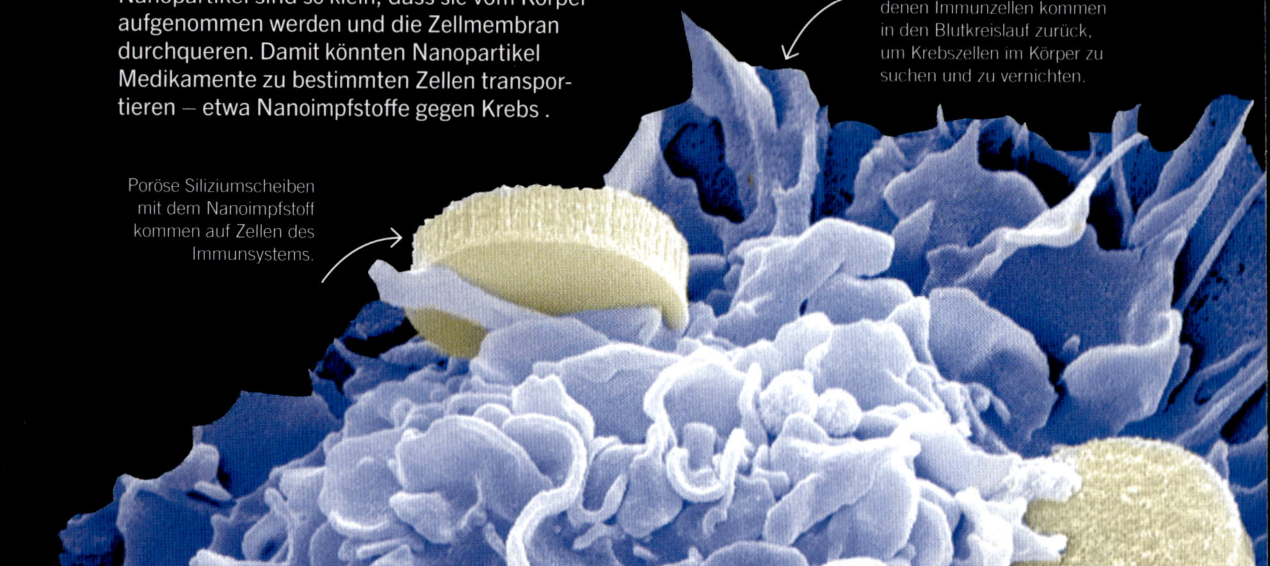

Einsatz von Nanopartikeln

Einige wichtige praktische Anwendungen von Nanopartikeln gibt es in der Medizin und der Elektronik. Nanopartikel finden auch immer mehr Eingang in Alltagsprodukte. Viele Wissenschaftler finden das wegen der möglichen Auswirkungen auf die Umwelt und den Menschen bedenklich.

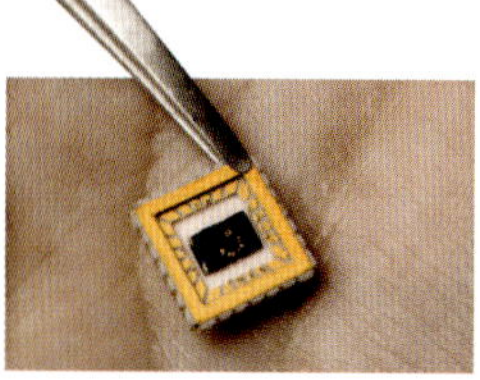

Nanoelektronik
Graphen ist nur eine Atomlage dick, außerordentlich fest und sensationell leitfähig. Mit Nanopartikeln lassen sich Mikrochips für elektronische Nanobauteile fertigen.

Sonnenschutz
In Sonnencremes schützen Nanopartikel aus Titanoxid und Zinkoxid vor schädlicher UV-Strahlung. Sie sind wirksamer als klassischer Sonnenschutz.

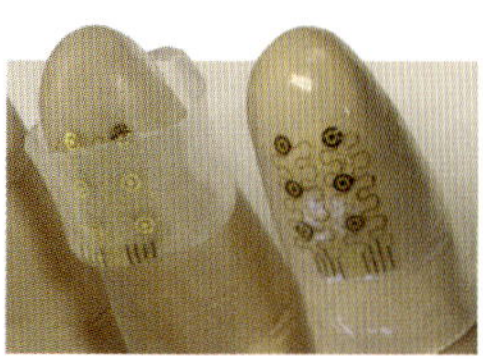

Künstliche Haut
Wissenschaftler stellen mit Nanopartikeln aus Gold künstliche, berührungsempfindliche Haut her, die Hitze, Kälte und Feuchtigkeit wahrnimmt.

Thermochrome und photochrome Pigmente

Intelligente Materialien reagieren auf Umwelteinflüsse, aber ihre Änderungen sind umkehrbar. Thermochrome Pigmente wechseln ihre Farbe bei Temperaturveränderungen, photochrome Pigmente verändern die Farbe durch Lichteinwirkung.

Auf einen Blick

- ✓ Ein Pigment ist eine Substanz, die einem Stoff oder Material eine bestimmte Farbe verleiht.
- ✓ Thermochrome Pigmente verändern ihre Farbe mit der Temperatur.
- ✓ Photochrome Pigmente verändern ihre Farbe durch Lichteinwirkung.

Farbwechsel
Eine thermochrome Folie nimmt bei verschiedenen Temperaturen verschiedene Farben an. Bei Raumtemperatur ist sie schwarz, über 27 °C ist sie farbig. Beim Abkühlen wird sie wieder schwarz.

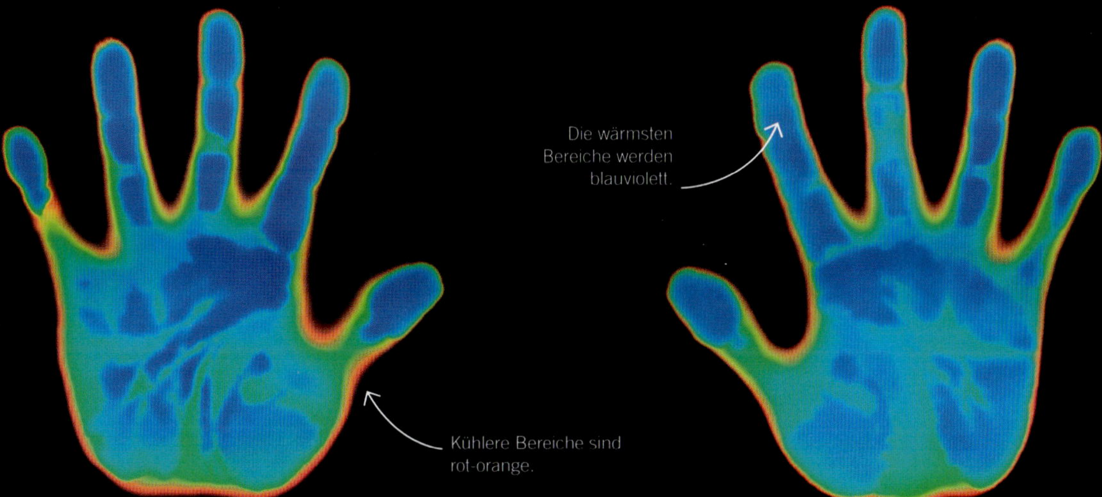

Wie funktionieren photochrome Pigmente?

Photochrome Materialien verändern unter Lichteinwirkung ihre Farbe. Sie enthalten meist Verbindungen, die durch die Absorption (Aufnahme) von Licht ihre Form verändern. Bekannt ist der Effekt bei Sonnenbrillen, die sich bei hellem Licht dunkel tönen.

Sonnenbrille in der Sonne

Sonnenbrille im Schatten

Formgedächtnis-materialien

Materialien mit Formgedächtnis („intelligente Materialien“) lassen sich verbiegen und kehren beim Erwärmen oder bei Entlastung wieder in ihre ursprüngliche Form zurück. Eingesetzt werden sie für Operationsbestecke, in Stoßfängern und für Brillengestelle.

Auf einen Blick

- ✓ Kunststoffe und Metalle mit Formgedächtnis (intelligente Materialien) kehren durch Erwärmen oder bei Druckentlastung wieder in die ursprüngliche Form zurück.
- ✓ Intelligente Materialien „erinnern sich“ an ihre Ausgangsform.
- ✓ Sie finden vielfache Anwendung, z. B. in der Verfahrenstechnik, der Schmuckindustrie und in der Medizin.

Intelligente Legierung
Ein Beispiel für eine Formgedächtnislegierung (Metallmischung) ist Nitinol. Es besteht aus Nickel und Titan und wird für Brillengestelle verwendet.

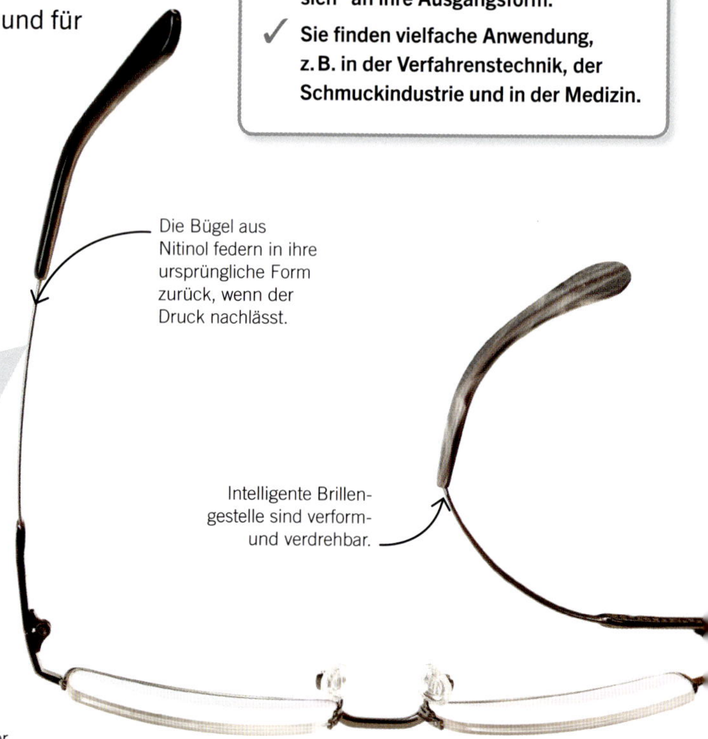

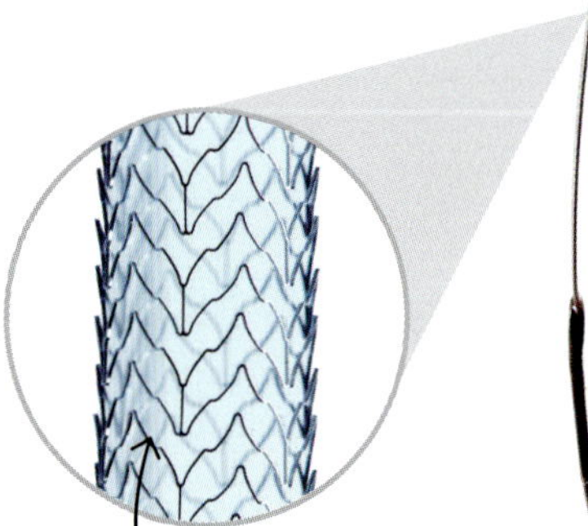

Formgedächtnis-Kunststoffe

Formgedächtnis-Polymere (Kunststoffe) können ebenso wie Legierungen durch Erwärmen in ihre ursprüngliche Form zurückgebracht werden. Sie sind in vielen Produkten enthalten, zum Beispiel als Mundschutz für den Sport.

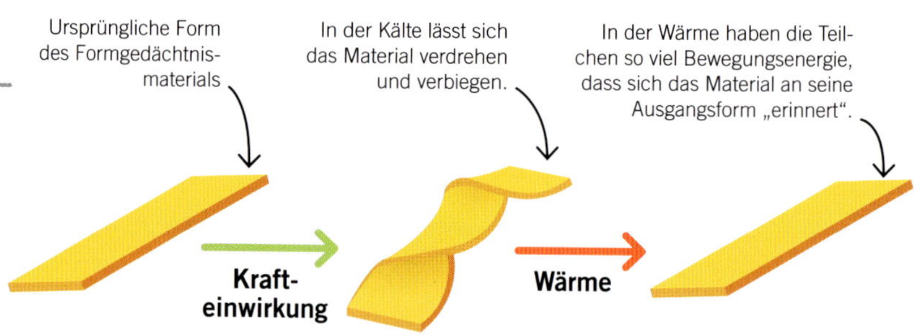

Hydrogele

Hydrogele sind intelligente Materialien, die enorme Mengen Wasser absorbieren (aufnehmen) können. Hydrogele finden vielseitige Verwendung wie in Windeln, Hygieneprodukten, Kontaktlinsen, in künstlichem Schnee und als Pflanzenbewässerungssystem. Die Wasserabsorption ist reversibel – Hydrogele können das aufgenommene Wasser abgeben und erneut aufnehmen.

Granulat
Anstelle von Erde können Zimmerpflanzen in farbigem hydrogelhaltigem Granulat gehalten werden, das die Wurzeln allmählich mit Wasser versorgt.

Pflanzen trocknen auf Hydrogel nicht aus.

Die bunten Kügelchen können bis zum 1000-Fachen ihres Eigengewichts an Wasser aufnehmen.

Auf einen Blick

- **Hydrogele können bis zum 1000-Fachen ihres Eigengewichts an Wasser aufnehmen.**
- **Bei trockener Umgebung geben sie das absorbierte Wasser wieder ab.**
- **Hydrogele werden für Windeln und für die langsame Feuchtigkeitsabgabe an Pflanzen verwendet.**

Wie Hydrogele funktionieren

Die Körnchen aus Hydrogel können große Mengen Wasser aufnehmen und später wieder abgeben. Sie werden trockenen Böden zugesetzt. Mit speziellen Hydrogelen lassen sich auch über einen langen Zeitraum im Boden Pestizide (Substanzen, die Schädlinge abtöten) freisetzen.

1. Die Körnchen in der Erde absorbieren das gegossene Wasser und quellen auf.

2. Wenn nicht gegossen wird, gibt das Hydrogel langsam Wasser an die Erde ab und hält sie feucht.

Quantitative Chemie

Relative Formelmasse

Häufig wird für jedes Element im Periodensystem die relative Atommasse (A_r) angegeben: die größere Zahl über dem Elementsymbol. Die relative Formelmasse (M_r) einer chemischen Substanz ergibt sich durch Addieren der A_r-Werte für jedes Atom in der chemischen Formel.

Auf einen Blick

- ✓ **Moleküle und Verbindungen können durch ihre relative Formelmasse (M_r) beschrieben werden.**
- ✓ **Die M_r einer Substanz ist gleich der Gesamt-A_r aller Atome in der Formel.**
- ✓ **Der prozentuale Massenanteil wird aus den A_r- und M_r-Werten berechnet.**

Kupfersulfat
Kupfersulfat bildet ein blaukristallines Pulver. Seine chemische Formel lautet $CuSO_4$.

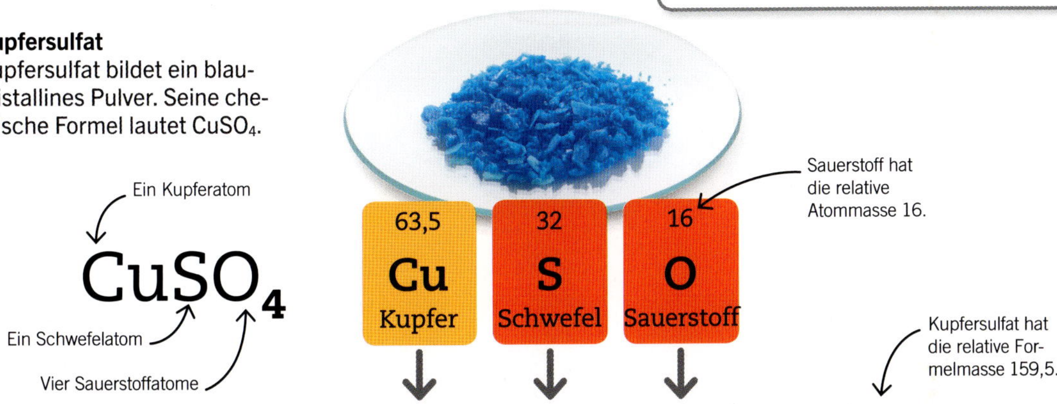

$$M_r = 63{,}5 + 32 + (4 \cdot 16) = 159{,}5$$

Berechnung des prozentualen Massenanteils

Der prozentuale Massenanteil eines Elements in einer Verbindung lässt sich aus drei Angaben berechnen: der relativen Atommasse dieses Elements, der chemischen Formel der Verbindung und der relativen Formelmasse.

$$\text{Prozentuale Masse eines Elements} = \frac{(\text{Atome dieses Elements}) \cdot (A_r \text{ dieses Elements})}{M_r \text{ der Verbindung}} \cdot 100$$

Frage

Berechne mit dieser Gleichung den prozentualen Massenanteil von Sauerstoff in Kupfersulfat.

Vorgehensweise

$$\text{Prozentuale Masse von Sauerstoff} = \frac{(4 \cdot 16)}{159{,}5} \cdot 100 = \frac{64}{159{,}5} \cdot 100 = 40{,}1\%$$

Antwort

Der prozentuale Massenanteil von Sauerstoff in Kupfersulfat beträgt 40,1 %.

Rechnen mit Massenprozenten

Der prozentuale Massenanteil eines Elements ist ein Maß für die Masse seiner Atome in der Verbindung.

Auf einen Blick

- ✓ Die Gesamtmasse einer Verbindung hängt von den darin enthaltenen Atomen ab.
- ✓ Die Atome verschiedener Elemente haben verschiedene Massen.
- ✓ Der prozentuale Massenanteil eines Elements in einer Verbindung beinhaltet die Anzahl und Masse der Atome.

Frage

Ein Gärtner verwendet als Dünger eine Mischung aus 75 % Ammoniumnitrat und 25 % Kaliumsulfat. Welche Masse an Dünger muss er einsetzen, um 10,5 g Stickstoff auszubringen?

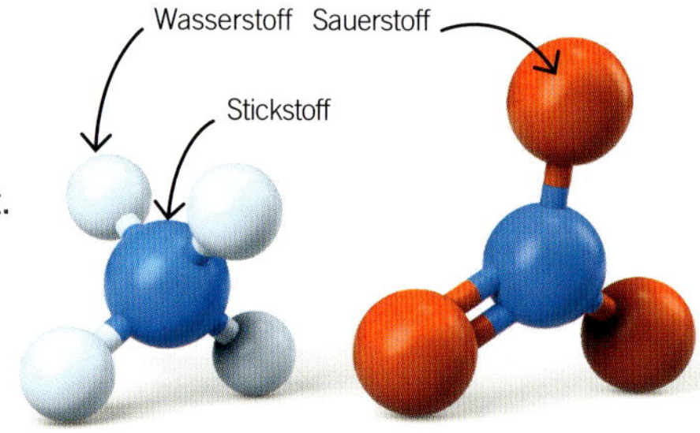

Ammoniumnitrat

Vorgehensweise

1. Berechnung der relativen Formelmasse (M_r) von Ammoniumnitrat.
Die Formel von Ammoniumnitrat ist NH_4NO_3.
Relative Atommassen (A_r): H = 1, N = 14, O = 16
Relative Formelmasse (M_r): $14 + (4 \cdot 1) + 14 + (3 \cdot 16) = 80$

2. Berechnung des prozentualen Massenanteils von Stickstoff in Ammoniumnitrat.

$$\text{Prozentuale Masse eines Elements} = \frac{(\text{Anzahl der Atome des Elements in der Formel}) \cdot (A_r \text{ des Elements})}{M_r \text{ der Verbindung}} \cdot 100$$

$$\text{Massenprozent von Stickstoff in Ammoniumnitrat} = \frac{2 \cdot 14}{80} \cdot 100 = \frac{28}{80} \cdot 100 = 35\%$$

3. Berechnung der benötigten Masse Ammoniumnitrat.

$$\text{Benötigte Masse der Verbindung} = \frac{\text{Erforderliche Masse des Elements}}{\text{Massenprozent}} \cdot 100$$

$$\text{Für 10,5 g Stickstoff benötigen wir diese Masse Ammoniumnitrat} = \frac{10{,}5}{35} \cdot 100 = 30\,\text{g}$$

4. Berechnung der benötigten Masse an Dünger.
Der Dünger enthält 75 % Ammoniumnitrat und wir benötigen 30 g Ammoniumnitrat, daher:

$$\text{Benötigte Masse Dünger} = \frac{\text{Benötigte Masse Ammoniumnitrat}}{\text{Prozent Ammoniumnitrat in der Mischung}} \cdot 100$$

$$\text{Benötigte Masse Dünger} = \frac{30}{75} \cdot 100 = 40\,\text{g}$$

Antwort

Die benötigte Masse an Dünger beträgt 40 g.

Mol

Eine nützliche Größe in der Chemie ist die Teilchenanzahl in einer Substanz. Sie wird Stoffmenge genannt und in Mol (mol) angegeben. Ein Mol einer Substanz enhält immer die Avogadro-Zahl an Teilchen (Atome, Moleküle, Ionen oder Elektronen).

Auf einen Blick

- ✓ **Die Stoffmenge ist die Anzahl der Teilchen in einer Substanz.**
- ✓ **Die Maßeinheit für die Stoffmenge ist das Mol.**
- ✓ **Das Einheitensymbol ist „mol".**
- ✓ **Die Masse von 1 mol einer Substanz ist die relative Atom- (A_r) oder Formelmasse (M_r) in Gramm.**

Die Avogadro-Zahl
Die Anzahl von Teilchen in einem Mol einer Substanz wird Avogadro-Zahl genannt. Sie ist gleich $6{,}02 \cdot 10^{23}$. Die Teilchen können Atome, Moleküle, Ionen oder Elektronen sein.

$$6{,}02 \cdot 10^{23}$$
↓
602 000 000 000 000 000 000 000

Mol bei Atomen
Häufig ist für jedes Element im Periodensystem die relative Atommasse (A_r) angegeben. Die Masse von 1 mol Atomen eines Elements ist gleich der A_r in Gramm.

Element	Symbol	Relative Atommasse (A_r)	Masse von 1 mol (g)
Eisen	Fe	56	56

Mol bei Molekülen und Verbindungen
Die relative Formelmasse (M_r) ist die Gesamt-A_r aller enthaltenen Atome. Die Masse von 1 mol Molekülen oder einer Verbindung ist gleich der M_r in Gramm.

Verbindung	Formel	Relative Formelmasse (M_r)	Masse von 1 mol (g)
Wasser	H_2O	1+1+16 = 18	18

Ein Mol bei unterschiedlichen Substanzen
Von links nach rechts: Haushaltszucker, Nickel(II)-chlorid, Kupfer(II)-sulfat, Kaliumpermanganat, Kupferspäne und Eisenfeilspäne.

Rechnen mit Mol

Die Stoffmenge wird in Mol (mol) angegeben. Das Mol steht mit den Größen Masse und relative Masse in Beziehung. Sind zwei Größen bekannt, lässt sich die dritte berechnen. Beim Rechnen mit Mol wird bei Atomen A_r und bei Molekülen und Verbindungen M_r verwendet.

Auf einen Blick

- ✓ **Das Mol, die Masse und die relative Masse stehen miteinander in Beziehung.**
- ✓ **Anzahl Mol = Masse ÷ relative Masse**
- ✓ **Durch Umstellen der Gleichung erhält man die Masse oder die relative Formelmasse.**

Berechnung der Anzahl Mol

Die Menge einer Substanz in Mol (die Stoffmenge) kann aus der Masse und der relativen Masse berechnet werden.

Frage

Berechne die Anzahl Mol von Wassermolekülen in 9,0 g Wasser (H_2O).
Relative Atommassen (A_r): H = 1, O = 16
Relative Formelmasse (M_r): $H_2O = (2 \cdot 1) + 16 = 18$

$$\textbf{Anzahl Mol} = \frac{\textbf{Masse}}{\textbf{relative Masse}}$$

Vorgehensweise

$$\text{Anzahl Mol} = \frac{9{,}0}{18} = 0{,}5\ \text{mol}$$

Antwort

In 9,0 g Wasser sind 0,5 mol Wassermoleküle.

Berechnung der Masse

Die Masse einer Substanz kann aus der Anzahl Mol und der relativen Masse berechnet werden.

Frage

Berechne die Masse von 2,0 mol Wassermolekülen (H_2O).

$$\textbf{Masse} = \textbf{Anzahl Mol} \cdot \textbf{relative Masse}$$

Vorgehensweise

Masse = $2{,}0 \cdot 18 = 36$ g

Antwort

2,0 mol Wassermoleküle haben die Masse 36 g.

Berechnung der relativen Masse

A_r oder M_r einer Substanz kann aus der Masse und der Anzahl Mol berechnet werden.

Frage

16 g Schwefeldioxid enthalten 0,25 mol Schwefeldioxidmoleküle (SO_2). Berechne die relative Formelmasse von Schwefeldioxid.

$$\textbf{Relative Masse} = \frac{\textbf{Masse}}{\textbf{Anzahl Mol}}$$

Vorgehensweise

$$\text{Relative Formelmasses} = \frac{16}{0{,}25} = 64$$

Antwort

Schwefeldioxid hat die relative Formelmasse 64.

Erhaltung der Masse

Der Massenerhaltungssatz besagt, dass sich die Gesamtmasse von Edukten und Produkten während einer Reaktion nicht verändert, da Atome weder geschaffen noch vernichtet werden können. Gleichungen enthalten daher auf beiden Seiten von jedem Element immer die gleiche Anzahl von Atomen.

Auf einen Blick

- ✓ **Die Masse bleibt bei chemischen Reaktionen erhalten.**
- ✓ **Die Gesamtmasse der Edukte und Produkte bleibt gleich.**
- ✓ **Atome werden während einer chemischen Reaktion weder geschaffen noch vernichtet.**

Niederschläge
Eine Silbernitratlösung reagiert mit einer Kaliumdichromatlösung unter Bildung von Kaliumnitrat und Silberdichromat.

Der Massenerhaltungssatz

Diese Gleichung zeigt, wie sich beim Erwärmen von Magnesium mit Chlor Magnesiumchlorid bildet. Kein Atom wird geschaffen oder vernichtet. Die Atome trennen sich voneinander und verbinden sich auf eine andere Weise neu.

Magnesium Mg + **Chlor** Cl_2 → **Magnesiumchlorid** $MgCl_2$

Am Beginn der Reaktion gibt es ein Magnesiumatom.

Am Beginn der Reaktion gibt es zwei Chloratome.

Am Beginn und am Ende der Reaktion gibt es die gleiche Anzahl von Atomen.

Massenänderung

Bei manchen Reaktionen ändert sich trotz des Massenerhaltungssatzes (siehe Seite 111) die Masse. So können aus einem offenen Gefäß Gase entweichen oder aus der Luft zur Reaktionsmischung hinzukommen. Entweicht ein Gas, nimmt die Masse der Reaktionsmischung ab, kommt eines hinein, nimmt sie zu.

Auf einen Blick

- ✓ **Bei offenen Gefäßen ist es möglich, dass Gase entweichen oder von außen hinzukommen.**
- ✓ **Wenn ein gasförmiges Produkt entweicht, nimmt die Masse ab.**
- ✓ **Wenn ein gasförmiger Reaktant hinzukommt, nimmt die Masse zu.**

Masse geht in die Luft
Bei manchen Reaktionen entwickeln sich Gase. Sie entweichen aus der Mischung und verringern deren Masse.

Masse kommt aus der Luft

Beim Erwärmen reagiert Magnesium mit Luftsauerstoff zu Magnesiumoxid. Der Sauerstoff kommt zum Magnesium hinzu, die Luft gibt ihn ab. Obwohl die Masse des Feststoffs dadurch zunimmt, bleibt die Gesamtmasse gleich.

Metall + Sauerstoff ⟶ Metalloxid

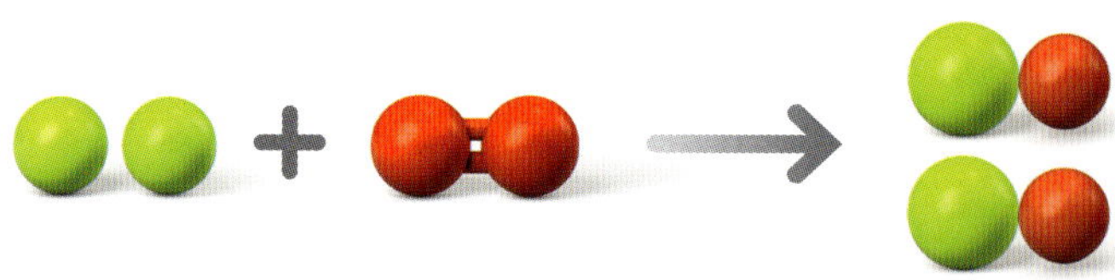

Magnesium	+	Sauerstoff	⟶	Magnesiumoxid
$2\,Mg(f)$	+	$O_2(g)$	⟶	$2\,MgO(f)$

Mol und Gleichung

Die Menge eines Stoffes wird in Mol (mol) gemessen. Eine ausgeglichenen Reaktionsgleichung enthält die Angabe über die relativen Stoffmengen (die relative Anzahl Mol) von Edukten und Produkten. Das Verhältnis der Anzahl Mol zweier Substanzen zueinander wird Stoffmengenverhältnis genannt. Aus einer bekannten Menge einer Substanz kann somit die Menge einer anderen Substanz berechnet werden.

Auf einen Blick

- ✓ Die Zahl vor einer Formel zeigt die relative Stoffmenge der Substanz an.
- ✓ Die tiefgestellten kleinen Zahlen nach dem Elementsymbol geben an, wie viele Atome eines Elements in einer Verbindung vorhanden sind.
- ✓ Das Stoffmengenverhältnis von Edukten und Produkten bleibt gleich.

Die Zahlen geben die relative Anzahl Mol von jeder Substanz in der Reaktion an.

Tiefgestellte kleine Zahlen geben an, ob das Element mehr als ein Atom pro Einheit Substanz enthält.

$$CH_4 + 2\,O_2 \longrightarrow CO_2 + 2\,H_2O$$

1 mol Methan | 2 mol Sauerstoff | 1 mol Kohlenstoffdioxid | 2 mol Wasser

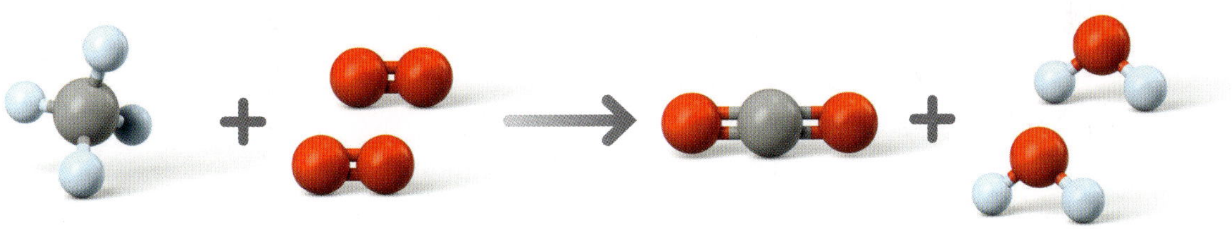

Methan | Sauerstoff | Kohlenstoffdioxid | Wasser

Stoffmengenverhältnis

Frage

Stickstoff reagiert mit Wasserstoff zu Ammoniak: $N_2 + 3\,H_2 \longrightarrow 2\,NH_3$
Berechne mit der Reaktionsgleichung, welche Menge Ammoniak aus 6 mol Wasserstoff gebildet wird.

Vorgehensweise

Dividiere durch 3 für die relative Stoffmenge 3 mol in 3 H_2 und multipliziere mit 2 für die 2 mol in 2 NH_3.

Stoffmenge von $NH_3 = \frac{6\,\text{mol}}{3} \cdot 2 = 4\,\text{mol}$

Antwort

Aus 6 mol Wasserstoff werden 4 mol Ammoniak gebildet.

Rechnen mit Massen

Zum Ausgleichen der Reaktionsgleichung müssen für jede Substanz sowohl die Masse als auch die relative Masse (A_r oder M_r) bekannt sein. Daraus kann dann die jeweilige Stoffmenge (siehe Seite 110) als Anzahl Mol berechnet werden.

Auf einen Blick

- ✓ **Eine ausgeglichene Gleichung enthält die Formeln und die korrekten Stoffmengen der Substanzen. Kein Reaktant bleibt übrig.**
- ✓ **Die Reaktionsgleichung kann mit den Formeln aller Edukte und Produkte berechnet werden.**

Berechnung der Stoffmenge aus der Masse: Beispiel

Frage

Zwei Schüler haben als Schulversuch ein Stück Magnesium in einem Tiegel erhitzt, wobei sich durch die Reaktion mit Sauerstoff Magnesiumoxid bildete. Ermittle anhand des Ergebnisses die ausgeglichene Reaktionsgleichung.

Masse Tiegel (g)	30,00
Masse Tiegel + Magnesium (g)	30,48
Masse Tiegel + Magnesiumoxid (g)	30,80

Vorgehensweise

1. Berechne für jede Substanz die Masse.

Masse Magnesium = 30,48 – 30,00 = 0,48 g
Masse Magnesiumoxid = 30,80 – 30,00 = 0,80 g
Masse Sauerstoff = 30,80 – 30,48 = 0,32 g

2. Berechne für jede Substanz die relative Formelmasse (siehe Seite 107).

A_r Mg = 24 M_r O_2 = (2 · 16) = 32 M_r MgO = 24 + 16 = 40

3. Berechne für jede Substanz die Anzahl Mol nach dieser Gleichung:

$$\textbf{Anzahl Mol} = \frac{\textbf{Masse der Substanz}}{\textbf{Relative Formelmasse der Substanz}}$$

Mg: $\frac{0{,}48}{24} = 0{,}02$ mol O_2: $\frac{0{,}32}{32} = 0{,}01$ mol MgO: $\frac{0{,}80}{40} = 0{,}02$ mol

4. Vereinfache durch Teilen aller Zahlen durch die kleinste Zahl (hier 0,01). Gibt es nicht ganzzahlige Werte, multipliziere alle mit dem gleichen Wert bis zum nächsten ganzzahligen Wert.

Mg: $\frac{0{,}02}{0{,}01} = 2$ O_2: $\frac{0{,}01}{0{,}01} = 1$ MgO: $\frac{0{,}02}{0{,}01} = 2$

Antwort

Die ausgeglichene Reaktionsgleichung lautet $2\ Mg + O_2 \longrightarrow 2\ MgO$.

Limitierendes Edukt

Eine chemische Reaktion läuft so lange weiter, bis eines der Edukte vollständig aufgebraucht ist. Dies ist das „limitierende Edukt". Die anderen Substanzen werden als „im Überschuss" vorhanden bezeichnet. Je mehr limitierendes Edukt vorhanden ist, desto mehr Produkt wird gebildet.

Auf einen Blick

- ✓ **Reaktionen enden, wenn das limitierende Edukt verbraucht ist.**
- ✓ **Die anderen Edukte liegen im Überschuss vor.**
- ✓ **Die Menge des Produkts ist direkt proportional zur Menge des limitierenden Edukts.**

Farbwechselreaktion
Iod bildet in Wasser eine braune Lösung.
Zink reagiert mit Iod zu farblosem Zinkiodid.

Berechnung der maximal möglichen Masse

Sind die Masse des Produkts und gleichzeitig die Masse des limitierenden Reaktanten bekannt, lässt sich eine weitere Masse berechnen.

Frage

Bei der vollständigen Reaktion von 2,4 g Magnesiumband mit verdünnter Salzsäure im Überschuss bilden sich 0,2 g Wasserstoff. Berechne für 6,0 g Magnesium die Masse des produzierten Wasserstoffs.

Vorgehensweise

$$\frac{\text{Masse Mg (zweite Reaktion)}}{\text{Masse Mg (erste Reaktion)}} = \frac{6{,}0}{2{,}4} = 2{,}5$$

In der zweiten Reaktion wurde also 2,5 mal mehr Magnesium eingesetzt.
Masse Wasserstoff (zweite Reaktion) $= 2{,}5 \cdot 0{,}2 = 0{,}5\,\text{g}$

Antwort

Bei der vollständigen Reaktion von 6,0 g Magnesium mit verdünnter Salzsäure im Überschuss bilden sich 0,5 g Wasserstoff.

Berechnung der Masse in Reaktionen

Die Masse der Produkte in einer Reaktion hängt vom limitierenden Reaktanten (siehe Seite 115) ab. Die maximale Masse des Produkts wird aus den relativen Formelmassen des limitierenden Reaktanten und des Produkts, der Reaktionsgleichung und der Masse des limitierenden Reaktanten berechnet.

Frage

Bei der Reaktion von Chlor mit Eisen bildet sich Eisenchlorid:
$2\,Fe + 3\,Cl_2 \longrightarrow 2\,FeCl_3$
Eisen + Chlor ⟶ Eisenchlorid

Welche Masse von Eisenchlorid kann maximal gebildet werden, wenn 2,24 g Eisen mit einem Überschuss von Chlor reagieren?

Vorgehensweise

1. Berechne die relative Formelmasse (siehe Seite 107) von Eisenchlorid.

Relative Atommasse (A_r): Fe = 56, Cl = 35,5
Relative Formelmasse (M_r): $FeCl_3 = 56 + (3 \cdot 35{,}5) = 162{,}5$

2. Berechne die Stoffmenge (die Anzahl Mol) des limitierenden Reaktanten aus seiner Masse und der relativen Formelmasse. Der limitierende Reaktant ist Eisen (Chlor ist im Überschuss).

$$\textbf{Anzahl der Mole} = \frac{\textbf{Masse}}{\textbf{relative Masse}} = \frac{2{,}24}{56} = 0{,}04\text{ mol}$$

3. Berechne die gebildete Stoffmenge. Verwende dafür das Stoffmengenverhältnis aus der Reaktionsgleichung.

Das Stoffmengenverhältnis beträgt 2 Fe : 2 $FeCl_3$ oder vereinfacht 1 : 1. Damit bildet sich aus 0,04 mol Fe 0,04 mol $FeCl_3$.

4. Berechne die Masse des Produkts. Verwende dafür das Ergebnis aus Schritt 3 und M_r aus Schritt 1.

$$\textbf{Masse} = \textbf{Mole} \cdot \textbf{relative Masse} = 0{,}04 \cdot 162{,}5 = 6{,}5\text{ g}$$

Antwort

Die maximale Masse des gebildeten Eisenchlorids beträgt 6,5 g.

Auf einen Blick

- ✓ **Die Menge des limitierenden Reaktanten folgt aus seiner Masse und der M_r.**
- ✓ **Die maximale Produktmenge folgt aus der Menge des limitierenden Reaktanten und dem Stoffmengenverhältnis.**
- ✓ **Die maximale Masse des Produkts folgt aus seiner Stoffmenge und der M_r.**

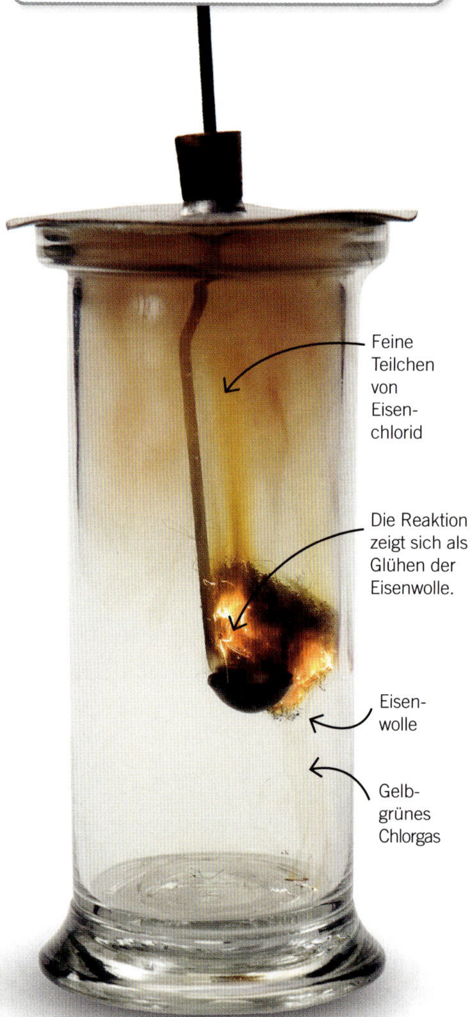

Eisen reagiert mit Chlor

Das Gasvolumen

Welches Volumen ein Gas einnimmt, hängt von der Anzahl seiner Moleküle, der Temperatur und dem Druck ab, nicht jedoch vom Gas selbst. Ein Mol eines beliebigen Gases füllt bei Raumtemperatur (20 °C) und Normaldruck (101 kPa) immer das Volumen von 24 dm³.

Auf einen Blick

- ✓ Das Gasvolumen und die Stoffmenge stehen durch das Molvolumen miteinander in Beziehung.
- ✓ Bei Raumtemperatur und Normaldruck beträgt das molare Gasvolumen 24 dm³.

Molares Volumen

Als Standardbedingungen (STD) werden Raumtemperatur (20 °C) und Normaldruck (1,01325 bar) bezeichnet. Bei STD nimmt ein Mol eines Gases immer 24 dm³ (24 000 cm³) ein. Aus einer bekannten Stoffmenge lässt sich daher immer das Gasvolumen bei STD berechnen.

Frage

Berechne, welches Volumen 0,25 mol Kohlendioxid bei STD einnimmt.

Gasvolumen bei STD (dm³) = Stoffmenge Gas (mol) · 24

Vorgehensweise

Volumen = 0,25 mol · 24 = 6,0 dm³

Antwort

Bei STD nimmt 0,25 mol Kohlendioxid ein Volumen von 6,0 dm³ ein.

Stoffmenge von Gasen

Aus dem Volumen eines Gases lässt sich die darin enthaltene Stoffmenge berechnen. Das molare Gasvolumen (Volumen eines Mols Gas) beträgt 24 dm³ oder 24 000 cm³.

Frage

Berechne die Stoffmenge von Sauerstoff, die das Volumen 3,0 dm³ einnimmt.

$$\text{Stoffmenge Gas (mol)} = \frac{\text{Gasvolumen bei STD (dm}^3)}{\text{molares Volumen}}$$

Vorgehensweise

$$\text{Stoffmenge (mol)} = \frac{3}{24} = 0{,}125 \text{ mol}$$

Antwort

Bei STD nimmt 0,125 mol Sauerstoff ein Volumen von 3,0 dm³ ein.

Das Gasvolumen aus der Masse berechnen

Das Volumen eines Gases kann aus der Masse, die dieses Volumen einnimmt, berechnet werden. Dafür benötigt man die relative Formelmasse (M_r). Mehr zu der Gleichung auf Seite 110.

Frage

Berechne das Volumen, das 1,5 g Wasserstoff bei STD einnimmt (M_r von H_2 = 2,0)

Masse (g) = Stoffmenge (mol) · M_r

Vorgehensweise

1. Berechne die Stoffmenge Gas in Mol.
1,5 g = Stoffmenge (mol) · 2,0

$$\text{Stoffmenge von Wasserstoff} = \frac{1{,}5}{2} = 0{,}75 \text{ mol}$$

2. Berechne das Gasvolumen mithilfe der Gleichung oben auf der Seite.
Volumen (dm³) = 0,75 mol · 24 = 18 dm³

Antwort

Bei STD nimmt 1,5 g Wasserstoff ein Volumen von 18 dm³ ein.

Empirische Formeln

Die empirische Formel entspricht dem einfachsten ganzzahligen Verhältnis der Atome in einer Verbindung. Bei ionischen Verbindungen mit ihren riesigen Gitterstrukturen wird immer die empirische Formel angegeben. Bei kovalenten Strukturen ist es meistens die Molekülformel. Aber auch für diese Verbindungen lässt sich eine empirische Formel herleiten.

Auf einen Blick

- ✓ Die empirische Formel entspricht dem einfachsten ganzzahligen Verhältnis der Atome aller Elemente in einer Verbindung.
- ✓ Ionische Verbindungen haben immer empirische Formeln.
- ✓ Die Summe der Ladungen der Ionen in einer ionischen Verbindung ist null.

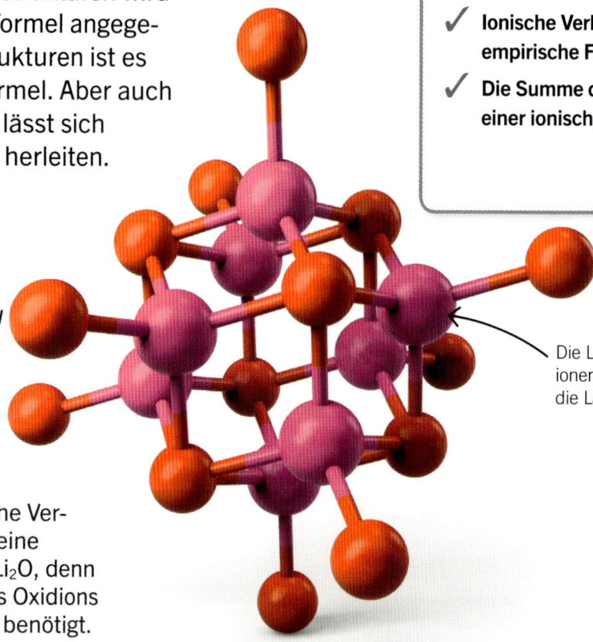

Lithiumoxid
Lithiumoxid ist eine ionische Verbindung mit Ionengitter. Seine empirische Formel lautet Li_2O, denn zum Ladungsausgleich des Oxidions werden zwei Lithiumionen benötigt.

Berechnung einer empirischen Formel

Auch kovalente Verbindungen können empirische Formeln haben.

Frage

Wie lautet die empirische Formel für Phosphorpentoxid? Seine Molekülformel lautet P_4O_{10}.

Vorgehensweise

1. Finde den größten gemeinsamen Faktor: Der größte gemeinsame Faktor von 4 und 10 lautet 2.
2. Teile die Formel durch den größten gemeinsamen Faktor.

P: $\frac{4}{2} = 2$ O: $\frac{10}{2} = 5$

Antwort

Die empirische Formel lautet P_2O_5.

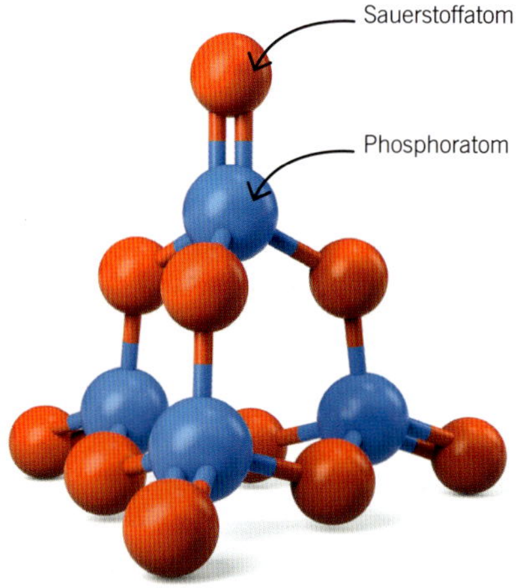

Phosphorpentoxid

Versuch: Reagierende Massen

Die empirische Formel eines Metalloxids lässt sich durch ein Experiment herausfinden. Gemessen werden die Masse des eingesetzten Metalls und des durch die Reaktion mit Sauerstoff gebildeten Metalloxids. Wegen seiner Reaktivität eignet sich Magnesium als Metall gut.

Auf einen Blick

- ✓ Eine empirische Formel ist das kleinste ganzzahlige Verhältnis der Atome einer Verbindung.
- ✓ Die empirische Formel lässt sich aus den Ergebnissen eines Experiments herleiten.
- ✓ Dafür muss die Masse der Edukte und der Produkte bekannt sein.
- ✓ Es muss sehr sorgfältig gearbeitet werden.
- ✓ Unbedingt müssen Augenschutz und Handschuhe getragen werden.

Empirische Formel von Magnesiumoxid
Um die empirische Formel von Magnesiumoxid (siehe Seite 120) zu berechnen, benötigt man die Masse des eingesetzten Magnesiums und des gebildeten Magnesiumoxids.

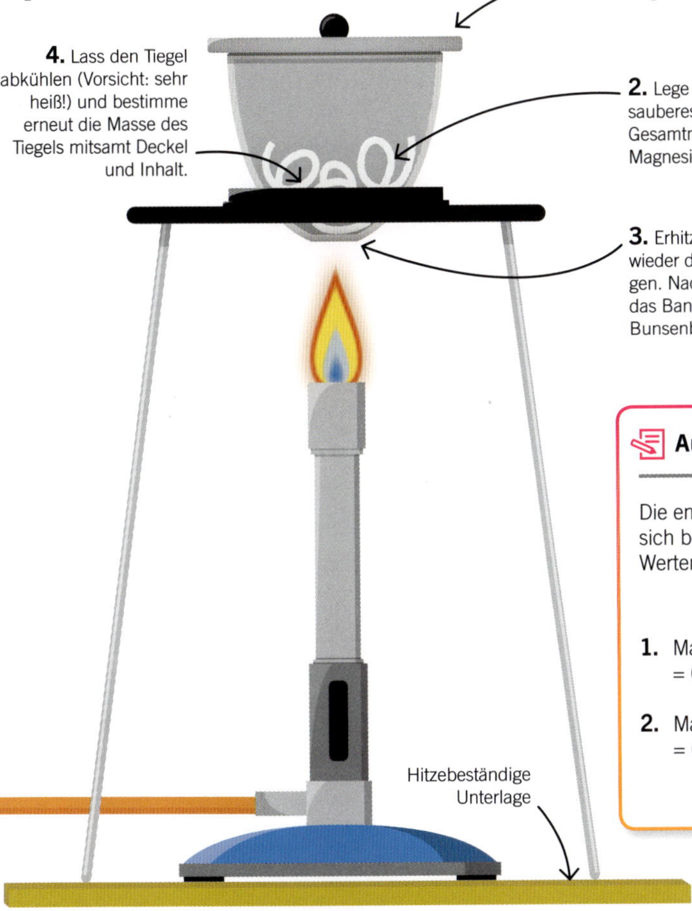

Aufschreiben der Ergebnisse

Die empirische Formel (siehe Seite 120) lässt sich berechnen, wenn sich aus den notierten Werten folgende Werte berechnen lassen:

1. Masse von Magnesium
   = (Masse Schritt 2) – (Masse Schritt 1)
2. Masse von Sauerstoff
   = (Masse Schritt 4) – (Masse Schritt 2)

Berechnung der reagierenden Masse

Mit den Informationen aus dem Experiment von Seite 119 kann für die Verbindung Magnesiumoxid die empirische Formel ermittelt werden.

Auf einen Blick

- ✓ **Notiere die Werte in Spalten, um eine bessere Übersicht zu haben.**
- ✓ **Berechne für jedes Element die Masse und teile durch die relative Atommasse.**
- ✓ **Ermittle das einfachste ganzzahlige Verhältnis.**

Frage

In der Tabelle stehen die Ergebnisse des Experiments von Seite 119. Berechne daraus die empirische Formel von Magnesiumoxid. Relative Atommassen (M_r): Mg: 24, O: 16

Masse Tiegel (g)	30,00
Masse Tiegel + Magnesium (g)	30,48
Masse Tiegel + Magnesiumoxid (g)	30,80

Vorgehensweise

Berechne zunächst für jedes Element in der Verbindung Magnesiumoxid die Masse (siehe Seite 119).

Masse Magnesium (Mg) = 30,48 – 30,00 = 0,48 g

Masse Sauerstoff (O) = 30,80 – 30,48 = 0,32 g

Magnesiumoxid

1. Trage in die Spalten das jeweilige Elementsymbol ein.	Mg	O
2. Trage für jedes Element die Masse ein.	0,48 g	0,32 g
3. Trage für jedes Element die relative Atommasse ein.	24	16

4. Teile die Werte der 2. Zeile durch die der 3. Zeile.

$\frac{0{,}48}{24} = 0{,}02$ $\frac{0{,}32}{16} = 0{,}02$

5. Teile durch die kleinste Zahl.

$\frac{0{,}02}{0{,}02} = 1$ $\frac{0{,}02}{0{,}02} = 1$

6. Vereinfache falls nötig. Die Formel lautet dann:

$Mg_1O_1 = MgO$

Antwort

Die empirische Formel von Magnesiumoxid lautet MgO.

Kristallwasser

Manche Salze enthalten Wassermoleküle in ihrem Kristallgitter. Sie sind dort nicht besonders fest gebunden und können durch Erhitzen entfernt werden. Enthält ein Salz Kristallwasser, wird es als „Hydrat“ bezeichnet. Ist gar kein Kristallwasser vorhanden, wird es als „Anhydrat“ bezeichnet.

Auf einen Blick

- ✓ **Salzkristalle können Kristallwasser enthalten.**
- ✓ **Das Wasser lässt sich aus dem Hydrat durch Erhitzen entfernen.**
- ✓ **Ein Salz ohne Kristallwasser wird als Anhydrat bezeichnet.**

Dehydratisierung von Kupfersulfat-Hydrat
Hydratisiertes Kupfersulfat ist blau. Wird das Kristallwasser durch Erhitzen entfernt, bleibt weißes Anhydrat übrig.

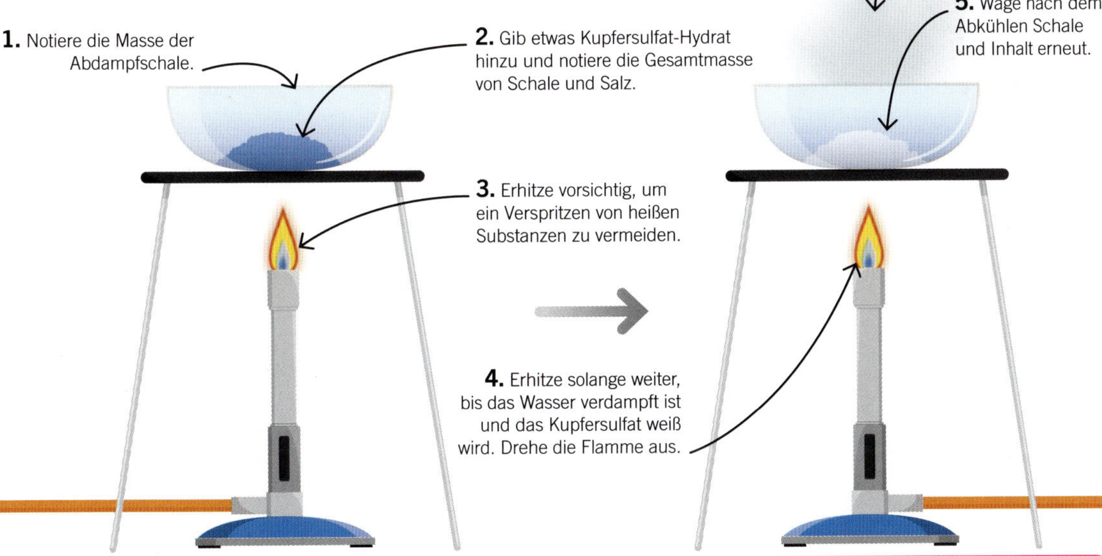

Kupfersulfat als Hydrat und Anhydrat

Wasserfreies Kupfersulfat ist $CuSO_4$. Die allgemeine Formel für das Hydrat lautet $CuSO_4{\cdot}xH_2O$, wobei **x** eine ganze Zahl ist. Der Punkt (·) trennt die beiden Teile der Formel. Im Hydrat wird das Kristallwasser (H_2O) nur durch sehr lockere Bindungen in der Struktur gehalten.

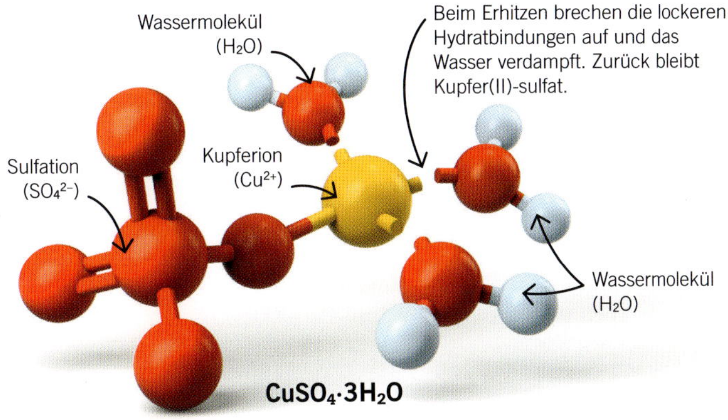

Berechnung des Kristallwassers

Die Menge des Kristallwassers (Wasser im Kristallgitter) lässt sich aus den Ergebnissen des Experiments auf Seite 121 bestimmen. Sind die Masse des Hydrats und des Anhydrats bekannt, lässt sich daraus die Masse des verdampften Wassers berechnen.

Auf einen Blick

- ✓ **Gehe mit einer Tabelle vor.**
- ✓ **Ermittle für jede Verbindung die Masse und teile sie durch die relative Formelmasse.**
- ✓ **Vereinfache auf das kleinste ganzzahlige Verhältnis. Das ist der Wert von x.**

Frage

Bestimme mithilfe der Tabelle den Wert für *x* in $CuSO_4 \cdot xH_2O$. Gib für das Kupfersulfat-Hydrat die Formel an. Relative Formelmassen (M_r): $CuSO_4 = 159{,}6$, $H_2O = 18$

Masse der Schale (g)	30,25
Masse von Schale + Kupfersulfat-Hydrat (g)	45,22
Masse von Schale + Kupfersulfat-Anhydrat (g)	39,82

Vorgehensweise

Berechne zunächst die Masse des wasserfreien Kupfersulfats und die Masse des abgegebenen Wassers.

Masse des Anhydrats
= 39,82 – 30,25 = 9,57 g
Masse des Wassers
= 45,22 – 39,82 = 5,40 g

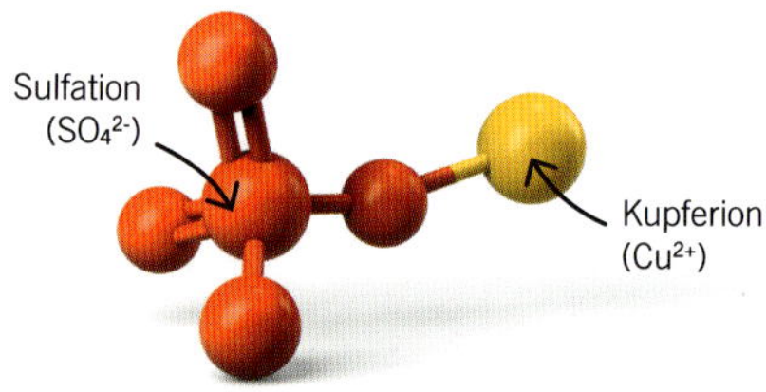

Kupfersulfat-Anhydrat

1. Trage die Formel der Verbindung in die jeweilige Spalte ein.	$CuSO_4$	H_2O
2. Trage die Masse der Verbindungen ein.	9,57 g	5,40 g
3. Trage für beide Verbindungen die relative Formelmasse ein.	159,6	18

4. Teile die Werte der 2. Zeile durch die der dritten.

$$\frac{9{,}57}{159{,}6} = 0{,}06 \qquad \frac{5{,}40}{18} = 0{,}3$$

5. Teile durch die kleinste Zahl.

$$\frac{0{,}06}{0{,}06} = 1 \qquad \frac{0{,}3}{0{,}06} = 5$$

6. Vereinfache falls nötig. Der Wert von *x* lautet dann:
1:5, also $x = 5$

Antwort

$x = 5$, also ist die Formel von Kupfersulfat-Hydrat $CuSO_4 \cdot 5H_2O$.

Konzentration

Durch das Lösen eines Stoffs in einem Lösungsmittel erhält man eine Lösung. Je größer die Masse oder die Menge des gelösten Stoffs, desto höher ist die Konzentration der Lösung. Eine auf die Masse bezogene Konzentration wird in g/dm^3 angegeben. Eine auf die Stoffmenge bezogene Konzentration wird in mol/dm^3 angegeben.

Auf einen Blick

- ✓ **Beim Lösen eines Stoffs in einem Lösungsmittel bildet sich eine Lösung.**
- ✓ **Die Konzentration der Lösung ist ein Maß dafür, wie „voll" die Lösung mit Teilchen ist.**
- ✓ **Konzentrationen werden in g/dm^3 oder mol/dm^3 angegeben.**

Umwandlung von cm^3 in dm^3
Das Volumen bei der Berechnung von Konzentrationen wird in Kubikdezimeter (dm^3) angegeben. Bei der Konzentrationsberechnung muss daher von cm^3 nach dm^3 umgerechnet werden.

$1\,dm^3 = 1000\,cm^3$

Teile durch 1000, um cm^3 in dm^3 umzuwandeln

Multipliziere mit 1000, um dm^3 in cm^3 umzuwandeln

Zum Beispiel: $125\,cm^3 = \frac{125}{1000} = 0{,}125\,dm^3$

Berechnung der Konzentration
Zur Berechnung der Konzentration müssen die Masse oder die Menge des gelösten Stoffs und das Volumen der Lösung bekannt sein.

$$\text{Konzentration } (g/dm^3) = \frac{\text{Masse des gelösten Stoffs (g)}}{\text{Volumen der Lösung } (dm^3)}$$

$$\text{Konzentration } (mol/dm^3) = \frac{\text{Menge des gelösten Stoffs (mol)}}{\text{Volumen der Lösung } (dm^3)}$$

Beispiel

Frage
10 g Natriumhydroxid werden mit Wasser zu einer Lösung von $250\,cm^3$ aufgefüllt. Berechne die Konzentration der Lösung.

Vorgehensweise

1. Wandle das Volumen in dm^3 um.

$$\text{Lösungsvolumen} = \frac{250}{1000} = 0{,}25\,dm^3$$

2. Setze die Werte in die oben angegebene Gleichung ein.

$$\text{Konzentration} = \frac{10\,g}{0{,}25\,dm^3} = 40\,g/dm^3$$

Antwort
Die Konzentration der Lösung beträgt $40\,g/dm^3$.

Titration

Unbekannte Konzentrationen (siehe Seite 136) können durch Titration ermittelt werden. In einem Experiment werden die exakten Volumina einer Säure oder Lauge bei einer Neutralisation bestimmt. Aus der Konzentration einer Substanz kann dann eine andere Konzentration berechnet werden.

Auf einen Blick

- ✓ **Durch Titration werden die Volumina von Säure oder Lauge bei einer Neutralisation bestimmt.**
- ✓ **Aus den Ergebnissen lässt sich die unbekannte Konzentration berechnen.**
- ✓ **Benötigt werden beide Volumina und die bekannte Konzentration.**

Titrationen
Bei einer Titration ist die Konzentration nur einer Lösung bekannt. Die Volumina der reagierenden Lösungen werden gemessen und daraus die unbekannte Konzentration berechnet.

$$\textbf{Konzentration (mol/dm}^3\textbf{)} = \frac{\textbf{Menge des gelösten Stoffs (mol)}}{\textbf{Volumen der Lösung (dm}^3\textbf{)}}$$

Beispiel

Frage

15 cm³ von 2,0 mol/dm³ Salzsäure neutralisieren 25 cm³ einer Natriumhydoxidlösung:
$HCl + NaOH \longrightarrow NaCl + H_2O$. Berechne die Konzentration der Natriumhydroxidlösung.

Vorgehensweise

1. Wandle die Volumina in dm³ um.

$$15\,cm^3 = \frac{15}{1000} = 0{,}015\,dm^3$$

$$25\,cm^3 = \frac{25}{1000} = 0{,}025\,dm^3$$

2. Setze die Werte für die Salzsäure in die Konzentrationsgleichung ein (die Salzsäurekonzentration ist bekannt).

$$2{,}0\,mol/dm^3 = \frac{\text{Menge HCl}}{0{,}015\,dm^3}$$

3. Stelle die Gleichung um und löse auf:
Menge HCl = 2,0 · 0,015 = 0,03 mol

4. Ermittle aus dem Stoffmengenverhältnis der Reaktionsgleichung die Natriumhydroxidmenge.
1 mol HCl reagiert mit 1 mol NaOH, also reagieren 0,03 mol HCl mit 0,03 mol NaOH.

$$\textbf{Konzentration von NaOH} = \frac{\textbf{0,03 mol}}{\textbf{0,025 (dm}^3\textbf{)}} = \textbf{1,2 mol/dm}^3$$

Antwort

Die Konzentration der Natriumhydroxidlösung beträgt 1,2 mol/dm³.

Atomökonomie

Ein chemischer Prozess kann nach seiner Atomökonomie beurteilt werden. Sie ist ein Maß für die Effizienz, mit der Edukte in ein Produkt umgewandelt werden. Bei vielen chemischen Prozessen entstehen außer dem gewünschten Produkt noch Nebenprodukte. Je mehr gewünschtes Produkt entsteht, desto ökonomischer ist der Prozess.

Auf einen Blick

- ✓ **Bei Reaktionen entstehen oft mehrere Produkte. Einige sind nützlich, andere nicht verwendbar.**
- ✓ **Die Atomökonomie ist ein Maß dafür, wie effizient Edukte ein Produkt bilden.**
- ✓ **Je höher die Atomökonomie, desto weniger Abfall wird gebildet.**

Gleichung
Die Atomökonomie ist der prozentuale Anteil der Atome, die sich nach der Reaktion im Produkt befinden. Sie wird mit dieser Gleichung berechnet:

$$\text{Atomökonomie (in Prozent)} = \frac{\text{Gesamt-}M_r \text{ des Produkts}}{\text{Gesamt-}M_r \text{ aller Edukte}} \cdot 100$$

Berechnung

Frage

Wasserstoff wird zumeist durch die Reaktion von Methan mit Wasserdampf hergestellt. Berechne dafür die Atomökonomie.

Methan (Edukt), Wasserdampf (Edukt), Kohlenstoffdioxid (Nebenprodukt), Wasserstoff (gewünschtes Produkt)

$$CH_4(g) + 2\,H_2O(g) \longrightarrow CO_2(g) + 4\,H_2(g)$$

Vorgehensweise

1. Berechne die relativen Formelmasse (M_r) der Edukte und des gewünschten Produkts (falls noch nicht vorgegeben) – wie das geht, steht auf Seite 107. Kohlenstoffdioxid (CO_2) als Abfallprodukt wird hier nicht angegeben.

M_r von $CH_4 = 12 + (4 \cdot 1) = 16$
M_r von $H_2O = (2 \cdot 1) + 16 = 18$
M_r von $H_2 = 2 \cdot 1 = 2$

2. Berechne die gesamte relative Formelmasse des gewünschten Produkts.

M_r von $4H_2 = 4 \cdot (2 \cdot 1) = 8$

3. Berechne die gesamte relative Formelmasse der Reaktanten.

M_r von CH_4 + M_r von $2H_2O$
$= 16 + (2 \cdot 18) = 52$

4. Setze die Ergebnisse aus dem 2. und 3. Schritt in die oben angegebene Gleichung ein und berechne die Atomökonomie.

$$\text{Atomökonomie} = \frac{8}{52} \cdot 100 = 15{,}4\%$$

Antwort

Die Atomökonomie des Verfahrens beträgt 15,4%.

Vorteile von Atomökonomie

Prozesse mit hoher Atomökonomie laufen effizienter ab als solche mit niedriger Atomökonomie (siehe Seite 125). Sie verbrauchen weniger Rohstoffe und schädigen die Umwelt weniger. Durch die Möglichkeit, unsere Bedürfnisse auch ohne Belastung der künftigen Generation zu befriedigen, fördern atomökonomische Prozesse die nachhaltige Entwicklung (siehe Seite 263).

Auf einen Blick

- ✓ **Prozesse mit hoher Atomökonomie reduzieren Abfall und den Einsatz von Rohstoffen.**
- ✓ **Eine hohe Atomökonomie ist für eine nachhaltige Entwicklung und Wirtschaftlichkeit wichtig.**
- ✓ **Die Atomökonomie lässt sich durch eine Weiterverwendung der Abfallprodukte erhöhen.**

Ressourcen
Reaktionen mit niedriger Atomökonomie können Ressourcen verschwenden, die dann künftig nicht mehr nutzbar sind. Bei der Wasserstoffherstellung aus Kohle und Wasserdampf beträgt die Atomökonomie nur geringe 8,3%, was viel Kohle verschwendet.

Wasserdampf

Wasserstoff

$$C(f) + 2\,H_2O(g) \longrightarrow CO_2(g) + 2\,H_2(g)$$

Kohle besteht hauptsächlich aus Kohlenstoff – diese nicht erneuerbare Energiequelle wird irgendwann erschöpft sein.

Kohlenstoffdioxid ist Abfallprodukt.

Wirtschaftlichkeit
Viele, möglicherweise gefährliche Abfallprodukte machen ein chemisches Verfahren möglicherweise unwirtschaftlich. Die Herstellung des industriellen Lösungsmittels Kohlenstoffdisulfid („Schwefelkohlenstoff“) aus Methan und Schwefel erzeugt bei 52,8% Atomökonomie fast 50% Abfallprodukte.

Schwefel

Kohlenstoffdisulfid

$$CH_4(g) + 4\,S(g) \longrightarrow CS_2(g) + 2\,H_2S(g)$$

Methan ist teuer.

Schwefelwasserstoff ist ein hochgiftiges, korrosives Gas. Seine Entfernung und Entsorgung sind teuer.

Nebenprodukte
Die Atomökonomie wird höher, wenn man für die Abfallprodukte Verwendungsmöglichkeiten findet. Ethanol ist ein guter Biokraftstoff. Sein Herstellungsprozess hat eine Atomökonomie von 51,1%.

Ethanol

$$C_6H_{12}O_6(aq) \longrightarrow 2\,C_2H_5OH(aq) + 2\,CO_2(g)$$

Zucker aus Pflanzen

Das Abfallprodukt Kohlenstoffdioxid kann an Getränkehersteller als Sprudelzusatz verkauft werden. Dadurch steigt die Atomökonomie auf 100%.

Ausbeute

Bei chemischen Reaktionen werden Atome weder geschaffen noch vernichtet. Die Gesamtmasse bleibt stets konstant. Die theoretische Ausbeute ist die maximal mögliche Masse des Produkts, die aus einer vorgegebenen Masse der Edukte gebildet werden kann. Meist wird die maximale Masse aber nicht erreicht. Der tatsächlich erhaltene Wert im Vergleich zum theoretisch möglichen wird als die prozentuale Ausbeute bezeichnet.

Auf einen Blick

- ✓ **Die tatsächliche Ausbeute ist die erzeugte Masse an Produkt in einer Reaktion.**
- ✓ **Die theoretische Ausbeute ist die maximal mögliche Masse, die gebildet werden kann.**
- ✓ **Die prozentuale Ausbeute kann von 0 % (kein Produkt) bis 100 % (maximale Produkterzeugung) reichen.**

Theoretische Ausbeute
Die prozentuale Ausbeute einer Reaktion soll aus ihrer theoretischen Ausbeute berechnet werden. Die theoretische Ausbeute ergibt sich aus der Masse des limitierenden Edukts (zu limitierenden Edukten siehe Seite 115, zur Berechnung von Massen siehe Seite 116).

Beim Erhitzen von Kupferoxidpulver mit Kohlenstoff bilden sich rotbraune Kupferbrocken.

$$\text{Ausbeute (\%)} = \frac{\text{Tatsächliche Masse des Produkts}}{\text{Theoretische maximale Masse des Produkts}} \cdot 100$$

Beispiel

Frage
Kupferoxid reagiert beim Erwärmen mit Kohlenstoff, wobei Kupfer und Kohlendioxid entstehen. In einem Experiment betrug die tatsächliche Ausbeute an Kupfer 0,90 g, aber die theoretische Ausbeute war 1,2 g. Berechne die prozentuale Ausbeute von Kupfer in diesem Experiment.

Vorgehensweise
Die Ausbeute kann von 100 % (kein Produktverlust) bis 0 % (kein Produkt ist entstanden oder wurde isoliert) reichen.

$$\text{Ausbeute (\%)} = \frac{0{,}9\ \text{g}}{1{,}2\ \text{g}} \cdot 100 = 75\ \%$$

Antwort
Die prozentuale Ausbeute beträgt 75 %.

100 % Ausbeute

Die tatsächliche Ausbeute ist meist niedriger als die theoretische. Dass weniger Produkt entsteht als erwartet, hat im Wesentlichen zwei Gründe: Ein Teil des Produkts wandelt sich in einer reversiblen Reaktion (siehe Seite 191) in die Edukte zurück, und es laufen Nebenreaktionen ab und erzeugen Nebenprodukte. Ein Teil des Produkts kann auch bei der Aufreinigung verloren gehen.

Auf einen Blick

- ✓ Die tatsächliche Ausbeute liegt fast immer unter 100 %.
- ✓ Reversible Reaktionen sind unvollständig und vermindern die Ausbeute.
- ✓ Nebenreaktionen ergeben unerwünschte Nebenprodukte.
- ✓ Ein Teil des Produkts geht während der Abtrennung und Reinigung verloren.

Reversible Reaktionen
Reversible Reaktionen laufen nie vollständig ab. Es bleiben Edukte übrig, was die Ausbeute auf unter 100 % drückt. So entsteht zum Beispiel Ammoniak aus Stickstoff und Wasserstoff, aber zerfällt auch wieder in Stickstoff und Wasserstoff.

$$N_2 + 3\,H_2 \rightleftharpoons 2\,NH_3$$

Stickstoff – Wasserstoff – Der Doppelpfeil zeigt an, dass die Reaktion reversibel ist. – Ammoniak

Nebenreaktionen
Die Edukte können anders reagieren als erwartet und zu unerwünschten Produkten führen. So bildet sich zum Beispiel bei der Verbrennung von Magnesium in Luft Magnesiumoxid. Magnesium reagiert aber auch mit dem Stickstoff in der Luft. Dabei entsteht Magnesiumnitrid.

Das ist die beabsichtigte Reaktion:

$$2\,Mg + O_2 \longrightarrow 2\,MgO$$

Magnesium – Sauerstoff – Erwünschtes Produkt

Diese Nebenreaktion läuft gleichzeitig ab:

$$3\,Mg + N_2 \longrightarrow Mg_3N_2$$

Magnesium – Stickstoff – Unerwünschtes Nebenprodukt

Verlust von Produkt
Beim Filtrieren gehen immer etwas Feststoff oder Flüssigkeit verloren.

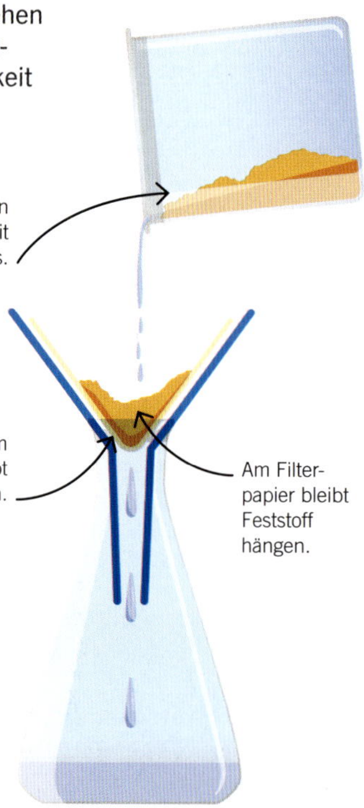

Chemie der Säuren

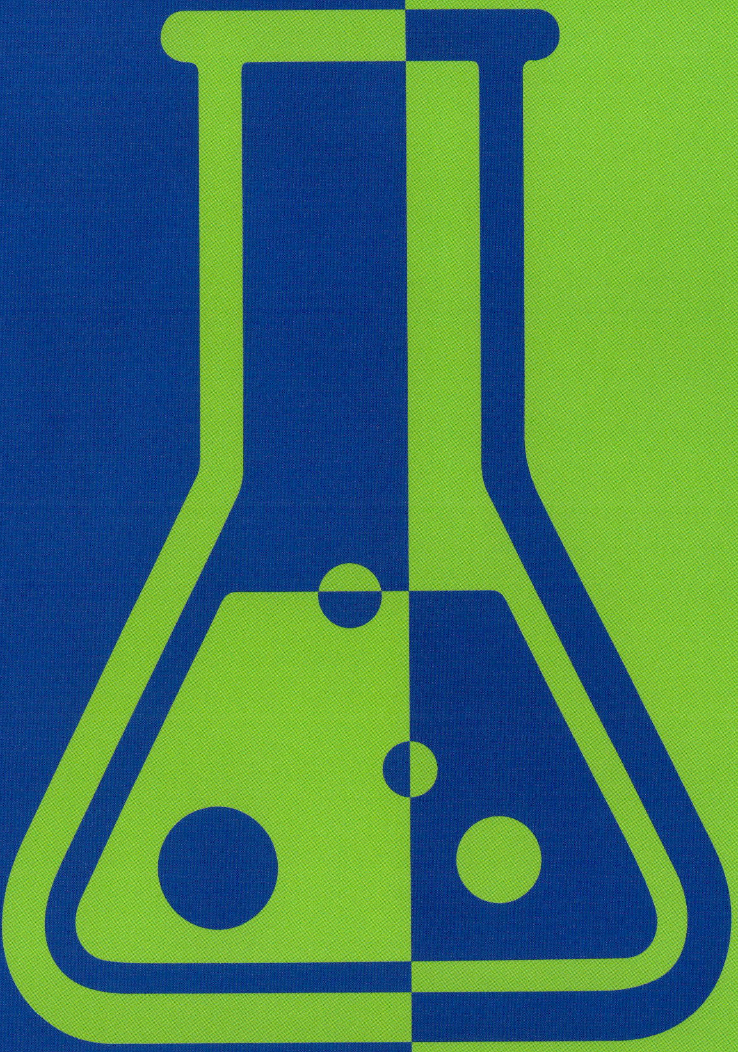

Die pH-Skala

Mit der pH-Skala wird festgestellt, wie sauer oder alkalisch eine Substanz ist. Ein pH-Wert von 7 bedeutet, dass die Substanz neutral ist – sie ist weder alkalisch noch sauer. Unterhalb von pH = 7 ist sie sauer und bei Werten von über 7 bis 14 alkalisch. pH-Indikatoren (siehe unten und Seite 134) zeigen die pH-Werte farblich an.

Auf einen Blick

- ✓ Die pH-Skala ist ein Maß dafür, wie sauer oder alkalisch eine Substanz ist. Die meisten Substanzen haben einen pH-Wert zwischen 0 und 14.
- ✓ Saure Substanzen haben niedrige pH-Werte.
- ✓ Alkalische Substanzen haben höhere pH-Werte.
- ✓ Bei pH=7 ist eine Substanz neutral. Sie ist weder sauer noch alkalisch.

Universalindikator

Der ungefähre pH-Wert einer Probe lässt sich durch ein paar Tropfen eines Universalindikators und Abgleich mit einer Farbkarte feststellen. Hier ist der Farbbereich eines Universalindikators abgebildet.

Schwefelsäure Autobatterien enthalten Schwefelsäure. Der pH-Wert liegt bei etwa 1.

Essig Essigsäure verleiht dem Essig einen pH-Wert von ungefähr 2.

Zitronensaft Der pH-Wert von Zitronensaft beträgt ungefähr 2,5.

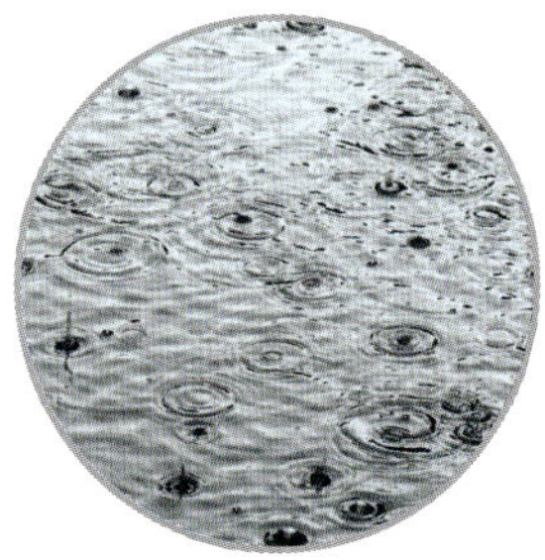

Regenwasser Regenwasser ist durch gelöstes Kohlenstoffdioxid leicht sauer. Der pH-Wert liegt bei 5,5.

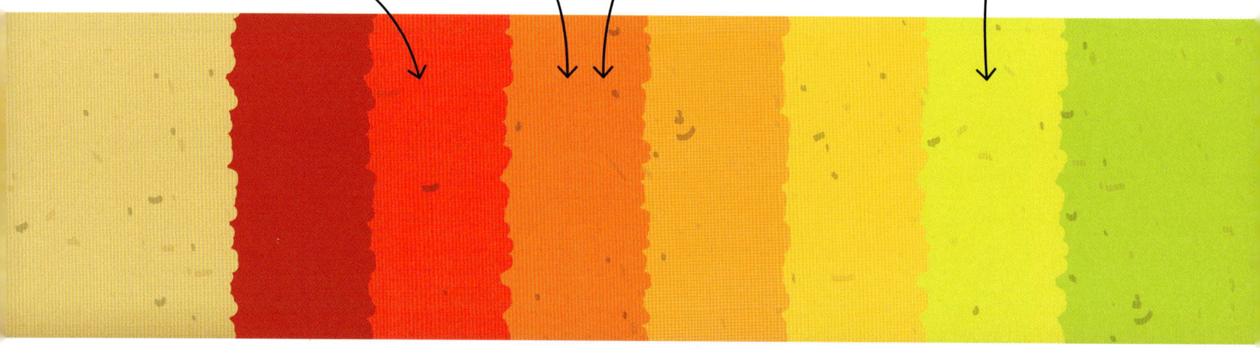

pH 0 1 2 3 4 5 6

← **Zunehmend sauer**

Digitales pH-Meter

Bei der digitalen pH-Messung wird eine elektronische Sonde in die Lösung eingetaucht. Die Sonde misst die Konzentration von Wasserstoffionen (H^+). Je mehr Wasserstoffionen vorhanden sind, desto saurer ist die Lösung und desto niedriger der pH-Wert.

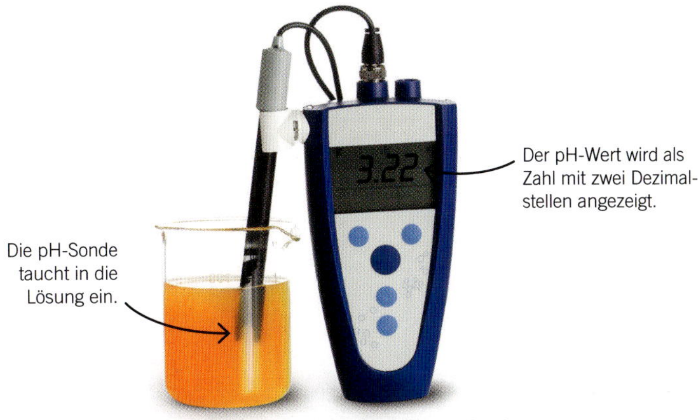

Ein pH-Meter taucht in Orangensaft ein.

Reines Wasser
Reines Wasser hat einen pH-Wert von 7 – es ist neutral, weder sauer noch alkalisch.

Spülmittel
Bei Spülmitteln liegt der pH-Wert häufig in der Nähe von 8.

Bleichmittel
Haushaltsbleiche (verdünnte Hypochloritlösung) hat einen alkalischen pH-Wert von etwa 12.

Natriumhydroxid
Der pH-Wert von Natriumhydroxid, das in Rohrreinigern vorkommt, liegt bei 14 – das ist stark alkalisch.

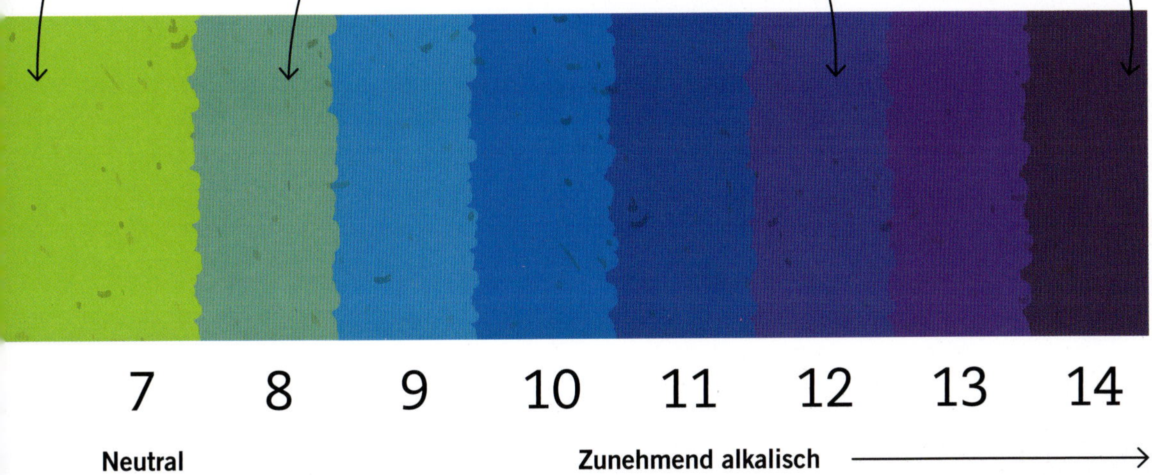

Säuren

Säuren sind Substanzen, die beim Lösen in Wasser Wasserstoffionen (H^+) abgeben. Eine Lösung mit einem pH-Wert unter 7 wird als sauer bezeichnet. Starke Säuren sind ätzend, schwache Säuren wie z. B. Zitronensäure (in Zitronensaft) und Essigsäure (in Essig) kommen in vielen Lebensmitteln vor.

Auf einen Blick

- **Säuren geben beim Lösen in Wasser Wasserstoffionen (H^+) ab.**
- **Eine Lösung ist sauer, wenn ihr pH-Wert unter 7 liegt.**
- **Säuren sind in vielen Lebensmitteln zu finden und verleihen ihnen einen sauren Geschmack.**

Herstellung einer Säure
Wird Ethanoylchlorid (auch Acetylchlorid genannt) in Wasser gegeben, bilden sich sofort Chlorwasserstoff und Essigsäure. Ein kleiner Teil des Chlorwasserstoffs entweicht als Gas, der Rest löst sich im Wasser zu Salzsäure.

Was Säuren machen

Beim Vermischen mit Wasser werden Säuren ionisiert, d. h., sie zerfallen in positive Wasserstoffionen (H^+) und negative Ionen – wie z. B. beim Lösen von Chlorwasserstoff (HCl) in Wasser. Eine wässrige Chlorwasserstofflösung wird als Salzsäure bezeichnet.

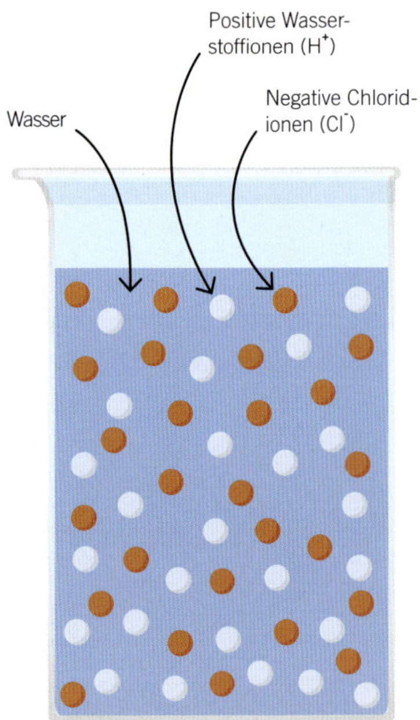

In Wasser gelöstes Chlorwasserstoffgas

Basen

Eine Base ist jede Substanz, die eine Säure neutralisieren kann. Alkalien sind lösliche Basen – die beim Vermischen mit Wasser Hydroxidionen (OH^-) abgeben. Basen haben einen pH-Wert höher als 7. Eine bekannte Base ist Natriumhydrogencarbonat, das als Backsoda und für Seife verwendet wird.

Herstellung einer alkalischen Lösung
Wird ein Metall der 1. Hauptgruppe wie z. B. Kalium in Wasser gegeben, bilden sich sofort Wasserstoff und ein Alkalimetallhydroxid. Deshalb werden diese Metalle auch als Alkalimetalle bezeichnet.

Alkalien und Basen
Alle Alkalien sind Basen, aber viele Basen sind unlöslich (lösen sich nicht in Wasser). Sie sind dann keine Alkalien.

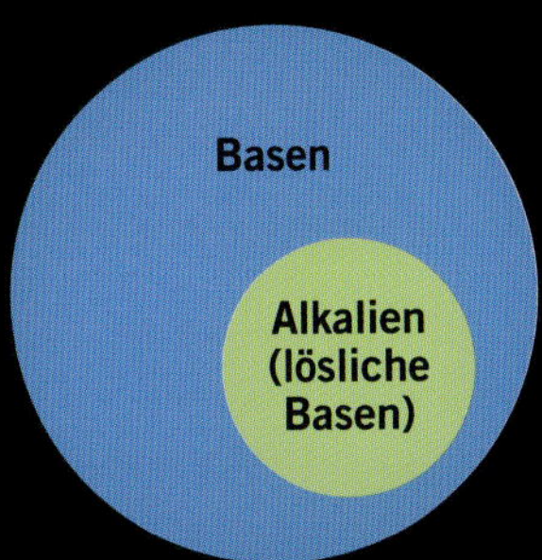

Auf einen Blick

- Eine Base ist eine Substanz, die Säuren neutralisieren kann.
- Lösliche Basen (die Alkalien), geben beim Vermischen mit Wasser Hydroxidionen (OH^-) ab.
- Basen haben einen pH-Wert höher als 7.

Was Alkalien machen

Beim Vermischen mit Wasser werden Alkalien ionisiert, d. h., sie zerfallen in negative Hydroxidionen (OH^-) und positive Ionen – wie z. B. beim Lösen von Kaliumhydroxid in Wasser. Eine wässrige Kaliumhydroxidlösung kennt man auch als Kalilauge.

Kaliumhydroxid in Wasser

Indikatoren

Indikatoren sind Substanzen, die in saurer oder alkalischer Umgebung ihre Farbe verändern. Verschiedene Typen von Indikatoren zeigen mit ihren spezifischen Farben bestimmte pH-Werte an. Ein Universalindikator (siehe Seite 130) vereinigt mehrere Indikatoren und lässt sich dadurch zur ungefähren pH-Bestimmung einer Lösung verwenden.

Auf einen Blick

- ✓ Indikatoren sind Substanzen, die mit Säuren und Alkalien ihre Farbe verändern.
- ✓ Unterschiedliche Farben zeigen jeweils spezifische pH-Werte an.
- ✓ Ein Universalindikator ist eine Mischung von mehreren verschiedenen Indikatoren.

Lackmus

Lackmus wird aus besonderen Flechten gewonnen. Es wechselt seine Farbe von rot (sauer) über violett (neutral) nach blau (alkalisch). Blaues Lackmuspapier zeigt Säuren an, rotes alkalische Substanzen.

Phenolphthalein

Phenolphthalein ist in sauer Umgebung farblos, nimmt aber in alkalischer Lösung ein kräftiges Rosa an. Der Farbumschlag ist leicht zu erkennen und wird häufig in Titrationen (siehe Seite 136) mit stark alkalischen Substanzen wie Natriumhydroxid ausgenutzt.

Methylorange

Methylorange schlägt von rot (sauer) über orange nach gelb (alkalisch) um. Dieser Farbwechsel erstreckt sich über einen gewissen pH-Bereich. Bei Titrationen wird Methylorange verwendet, wenn Phenolphthalein ungeeignet ist.

Neutralisation

Die chemische Reaktion zwischen Säure und Base wird als Neutralisation bezeichnet. Bei genau abgestimmten Mengen der Edukte ist die entstandene Lösung neutral (pH-Wert=7). Bei der Reaktion entstehen immer ein Salz und Wasser. Welches Salz es ist, hängt von der verwendeten Säure und der Base ab.

Auf einen Blick

- ✓ **Die Reaktion von Säure und Base wird als Neutralisation bezeichnet.**
- ✓ **Die Wasserstoffionen (H^+) der Säure verbinden sich mit den Hydroxidionen (OH^-) der Base zu Wasser (H_2O) und es entsteht ein Salz.**
- ✓ **Welches Salz entsteht, hängt von der Säure und der Base ab.**

Natriumhydroxid (eine Base) wird zu Salzsäure gegeben.

Salzsäure mit ein paar Tropfen Universalindikator

Reaktion von Salzsäure und Natriumhydroxid
Hier wird zu Salzsäure eine Natriumhydroxidlösung (Natronlauge) gegeben. Ein paar Tropfen Universalindikator machen die Reaktion sichtbar. Zuerst bleibt die Lösung rot, weil der pH-Wert unter 7 liegt (sauer). Bei der Zugabe von mehr Base wird die Lösung erst grün (neutral) und dann blau, sobald der pH-Wert auf über 7 (alkalisch) ansteigt.

Sobald die Lösung alkalisch wird, schlägt die Farbe nach blau um.

Säure + Base ⟶ Salz + Wasser

Salzsäure		Natriumhydroxid		Natriumchlorid		Wasser
HCl	+	NaOH	⟶	NaCl	+	H_2O

Was bei der Neutralisation geschieht

Saure Lösungen enthalten Wasserstoffionen, alkalische Hydroxidionen. Bei der Reaktion der Ionen miteinander bildet sich ein Salz und es entsteht Wasser.

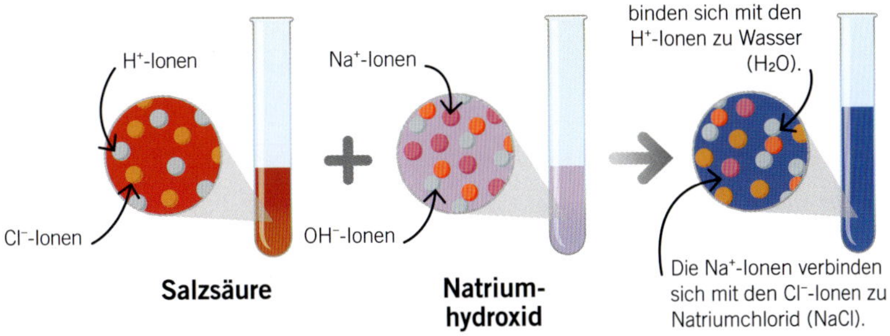

Titration

Die Titration ist eine Technik, um die Konzentration einer unbekannten (sauren oder alkalischen) Lösung durch Zugabe einer Lösung mit bekannter Konzentration zu bestimmen. Aufgezeichnet wird die Menge der zugegebenen Lösung, bis es zum Farbumschlag des Indikators kommt. Mehr zur Berechnung siehe Seite 124.

Auf einen Blick

- ✓ **Die Titration ist eine Technik in der Chemie, um eine unbekannte Konzentration zu bestimmen.**
- ✓ **Mit Titrationen lässt sich die Konzentration einer Säure oder Base berechnen.**

Bürette

Eine Bürette ist ein Tropfzylinder, mit dem sehr kleine Volumina abgemessen werden können. Viele Büretten haben Messmarkierungen von 0 cm^3 (oben) bis 50 cm^3 (unten). Die Bürette hier ist mit einer Säure gefüllt.

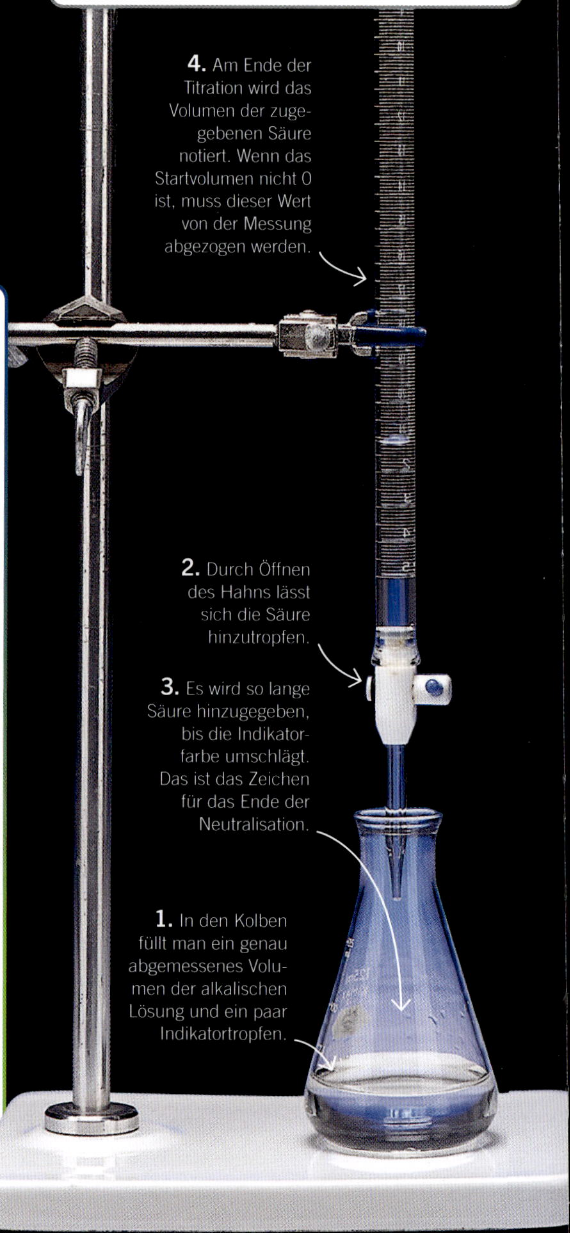

Titerberechnung

Frage

Bestimme aus den Ergebnissen in der Tabelle das durchschnittliche Volumen. Verwende dazu die beiden ähnlichsten Ergebnisse. Titrationen müssen mehrmals wiederholt werden, um genaue Ergebnisse zu liefern.

Startvolumen (cm^3)	0,00	12,00	23,20	5,50
Endvolumen (cm^3)	12,00	23,20	34,35	17,00
Titriertes Volumen (cm^3)	12,00	11,20	11,15	11,50

Vorgehensweise

1. Am ähnlichsten sind 11,20 cm^3 und 11,15 cm^3.
2. Der Mittelwert (mit zwei Dezimalstellen) beträgt

$$\frac{11{,}20 + 11{,}15}{2} = 11{,}18\,cm^3$$

Antwort

Durchschnittliches Volumen = 11,18 cm^3

Starke und schwache Säuren

In der Chemie haben „stark“ und „schwach“ bestimmte Bedeutungen. Säuren werden in Wasser ionisiert. Sie zerfallen in Wasserstoffionen (H^+) und Anionen (negative Ionen). Bei starken Säuren werden alle Säuremoleküle ionisiert, bei schwachen Säuren nur ein Teil.

Auf einen Blick

- ✓ Starke Säuren sind in Wasser vollständig ionisiert – alle Moleküle zerfallen in Ionen.
- ✓ Schwache Säuren sind in Wasser kaum ionisiert – nur sehr wenige Säuremoleküle zerfallen in Ionen.
- ✓ Starke Säuren haben bei gleicher Konzentration einen niedrigeren pH-Wert als schwache, da sie mehr H^+-Ionen liefern.

Vergleich von starken und schwachen Säuren
Diese Kolben enthalten eine starke und eine schwache Säure in gleicher Konzentration – mit jeweils gleicher Menge von Säuremolekülen im Verhältnis zur Wassermenge. Der Universalindikator zeigt den pH-Wert an.

Ionisierung bei Säuren

Bei starken Säuren werden alle Moleküle zu H^+-Ionen und Anionen (negativen Ionen) ionisiert. In schwachen Säuren wird nur ein Teil ionisiert und weniger H^+-Ionen gehen in Lösung.

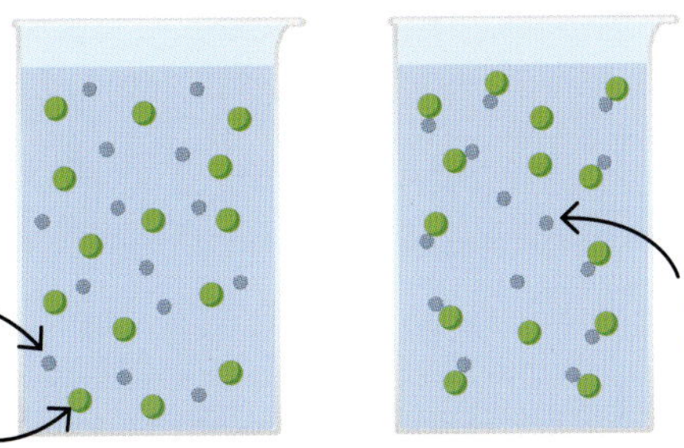

Verdünnte und konzentrierte Säuren

Bei verdünnten Säuren ist das Verhältnis von Säuremolekülen zu Wasser klein, bei konzentrierten Säuren groß. Zur Erinnerung: „Stark" und „schwach" bezieht sich auf den Ionisierungsanteil (siehe Seite 137), „verdünnt" und „konzentriert" auf die Menge der Säure, die im Wasser gelöst ist.

Auf einen Blick

- ✓ Verdünnte Säuren enthalten wenig Säuremoleküle in einem Volumen Wasser.
- ✓ Konzentrierte Säuren enthalten viel Säuremoleküle im Volumen Wasser.
- ✓ „Stark" und „schwach" bezieht sich auf den Ionisierungsgrad, „verdünnt" und „konzentriert" auf die Menge einer Säure in einer Lösung.

Vergleich von verdünnten und konzentrierten Säuren
Eine konzentrierte Säure hat einen niedrigeren pH-Wert als eine verdünnte, weil mehr H^+-Ionen entstanden sind.

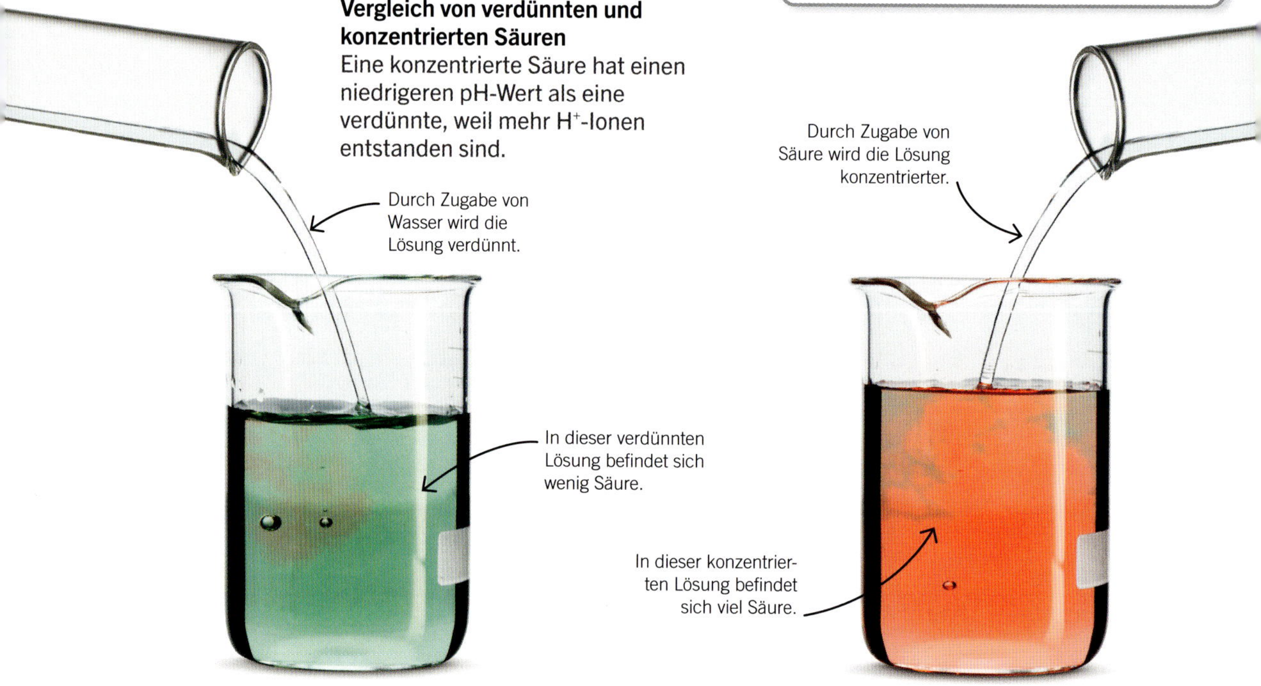

Verdünnte Säure **Konzentrierte Säure**

Was Konzentration bedeutet

Schwache Säuren können sowohl konzentrierte als auch verdünnte Lösungen bilden. Ebenso können starke Säuren konzentrierte und verdünnte Lösungen bilden. Wie gefährlich eine Säure ist, hängt sowohl von der Konzentration als auch von der Stärke der Säure ab.

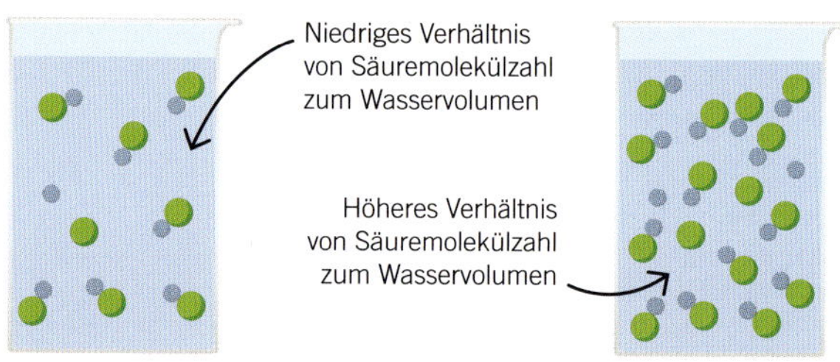

Verdünnte Lösung einer schwachen Säure **Konzentrierte Lösung einer schwachen Säure**

Reaktionen mit Basen

Bei der Reaktion einer Säure mit einer Base entstehen ein Salz und Wasser. Es gibt viele verschiedene Basen wie Metallhydroxide, Metalloxide und Metallcarbonate. Das entstandene Salz setzt sich immer aus dem Metallion der Base und dem negativen Ion der Säure zusammen.

Auf einen Blick

- ✓ Bei der Reaktion eines Metalloxids oder Metallhydroxids mit einer Säure entstehen ein Salz und Wasser.
- ✓ Die Reaktion ist eine Neutralisation.
- ✓ Wir können vorhersagen, welches Salz aus der Säure und dem Metallion der Base entsteht.

Säuren und Metalloxide

Säure	+	Metalloxid	⟶	Salz	+	Wasser
Salzsäure	+	Natriumoxid	⟶	Natriumchlorid	+	Wasser
$2\,HCl$	+	Na_2O	⟶	$2\,NaCl$	+	H_2O
Schwefelsäure	+	Kupfer(II)-oxid	⟶	Kupfer(II)-sulfat	+	Wasser
H_2SO_4	+	CuO	⟶	$CuSO_4$	+	H_2O

Säuren und Metallhydroxide

Säure	+	Metallhydroxid	⟶	Salz	+	Wasser
Salzsäure	+	Natriumhydroxid	⟶	Natriumchlorid	+	Wasser
HCl	+	$NaOH$	⟶	$NaCl$	+	H_2O
Schwefelsäure	+	Calciumhydroxid	⟶	Calciumsulfat	+	Wasser
H_2SO_4	+	$Ca(OH)_2$	⟶	$CaSO_4$	+	$2\,H_2O$

Reaktionen mit Metallcarbonaten

Bei der Reaktion von Säuren mit Metallcarbonaten entstehen ein Salz, Wasser und Kohlenstoffdioxid. Diese Reaktion ist eine Neutralisation (siehe Seite 135).

Auf einen Blick

- ✓ **Bei der Reaktion von Säuren mit Metallcarbonaten entstehen ein Salz, Wasser und Kohlenstoffdioxid.**
- ✓ **Dies ist eine Neutralisierungsreaktion.**
- ✓ **Das Salz lässt sich durch die Säure und das Metallion des Metallcarbonats bestimmen.**

Kalkstein und Salzsäure
Kalkstein besteht vor allem aus Calciumcarbonat ($CaCO_3$). Bei der Reaktion mit Salzsäure bilden sich Kohlenstoffdioxid, Wasser und das Salz Calciumchlorid.

Bekannte Reaktionen

Bei der Reaktion von Metallcarbonaten mit Säure bilden sich ein Salz, Wasser und Kohlenstoffdioxid. Welches Salz es ist, finden wir durch die Säure und das Metallion des Metallcarbonats heraus. Es gibt zwei bekannte Beispiele:

$$\text{Säure} + \text{Metallcarbonat} \longrightarrow \text{Salz} + \text{Wasser} + \text{Kohlenstoffdioxid}$$

Salzsäure	+	**Natrium-carbonat**	⟶	**Natrium-chlorid**	+	**Wasser**	+	**Kohlenstoff-dioxid**
$2\,HCl$	+	Na_2CO_3	⟶	$2\,NaCl$	+	H_2O	+	CO_2

Schwefelsäure	+	**Calcium-carbonat**	⟶	**Calcium-sulfat**	+	**Wasser**	+	**Kohlenstoff-dioxid**
H_2SO_4	+	$CaCO_3$	⟶	$CaSO_4$	+	H_2O	+	CO_2

Herstellung von unlöslichen Salzen

Bei der Vermischung von zwei wässrigen Salzlösungen kann sich ein neues, unlösliches Salz bilden und als Niederschlag ausfallen. Wird der Niederschlag durch Filtrieren abgetrennt, bleibt nach der Trocknung das reine Salz übrig.

Auf einen Blick

- ✓ **Salze, die sich in Wasser nicht lösen, sind unlöslich.**
- ✓ **Beim Vermischen zweier wässriger Salzlösungen kann sich ein unlösliches Salz bilden.**
- ✓ **Das unlösliche Salz, das als Niederschlag aus der Lösung ausfällt, bleibt nach Filtration und Trocknung als reines Salz übrig.**

Herstellung von Bleiiodid
Bleiiodid ist eine leuchtend gelbe, in kaltem Wasser unlösliche Substanz. Sie kann durch Vermischen der wässrigen Lösungen von Bleinitrat und Kaliumiodid – beides wasserlösliche farblose Salze – hergestellt werden.

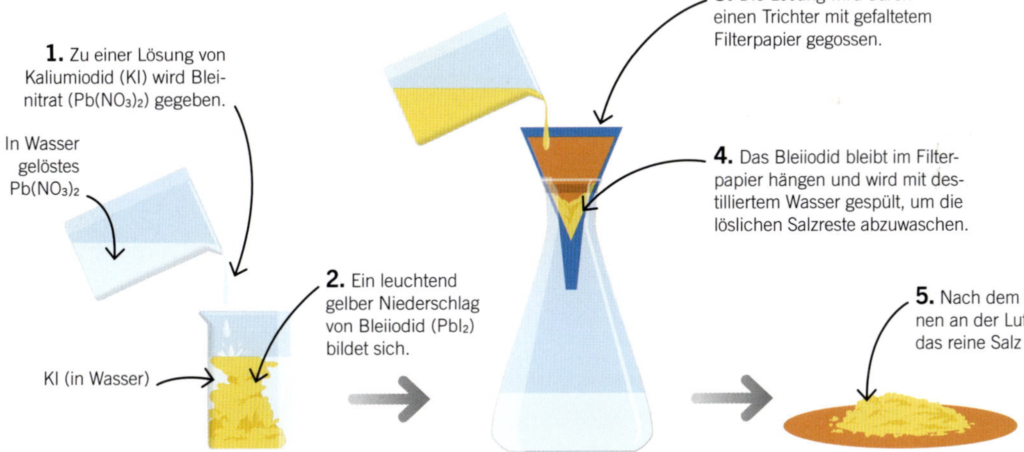

Reaktion von Kaliumiodid und Bleinitrat

Kaliumiodid und Bleinitrat sind beides lösliche Salze. Werden die Lösungen beider Salze miteinander vermischt, reagieren sie zum schwerlöslichen Bleiiodid und löslichen Kaliumnitrat.

Bleiiodid ist ein unlöslicher Feststoff.

Kaliumiodid + **Bleinitrat** ⟶ **Bleiiodid** + **Kaliumnitrat**

$$2\,KI(aq) + Pb(NO_3)_2(aq) \longrightarrow PbI_2(f) + 2\,KNO_3(aq)$$

Lösliche Salze

Bei der Reaktion von Säure und Base bilden sich Wasser und ein Salz, aber die Mengen müssen genau abgestimmt sein, damit das Produkt keine Reste des Edukts enthält. Wird eine unlösliche Base eingesetzt, kann der Überschuss einfach abfiltriert werden.

Auf einen Blick

- ✓ Um ein reines, lösliches Salz herzustellen, werden entweder genau abgestimmte Mengen Säure und Base verwendet oder eine unlösliche Base im Überschuss eingesetzt.
- ✓ Wird eine unlösliche Base eingesetzt, kann sie danach abfiltriert werden, um eine reine Salzlösung zu erhalten.
- ✓ Nach Verdunsten des Wassers bleiben reine Salzkristalle zurück.

Herstellung von reinem Kupfersulfat
Kupfersulfat ist ein leuchtend blaues lösliches Salz. Hier wird es durch die Reaktion von unlöslichem Kupfer(II)-oxid (Überschuss) mit wässriger Schwefelsäure hergestellt.

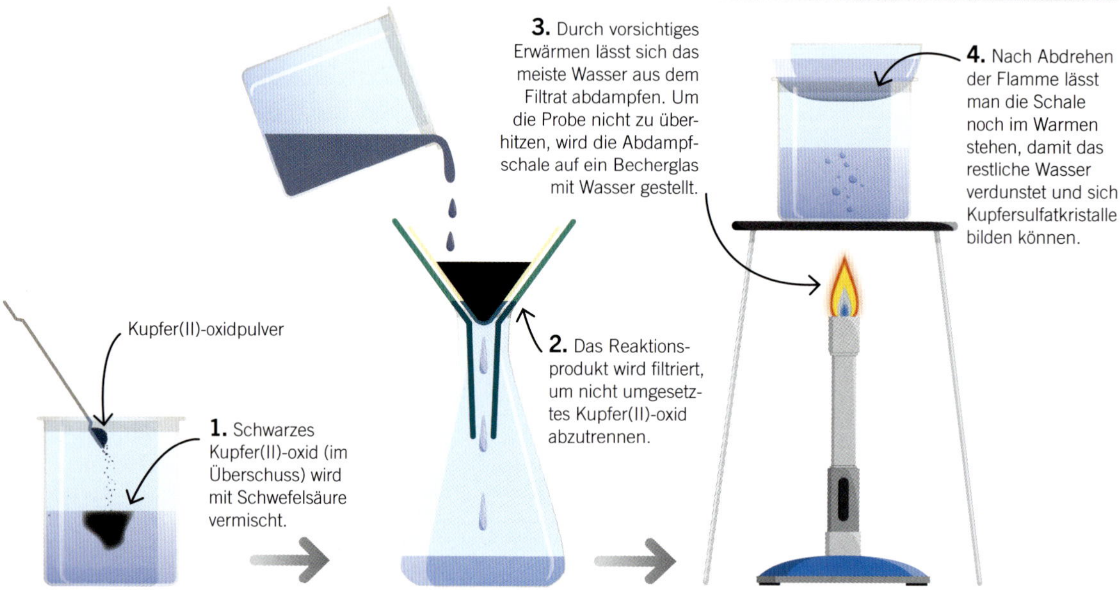

Herstellung eines Salzes aus Kupfer(II)-oxid und Schwefelsäure

Bei der Reaktion von Kupfer(II)-oxid und Schwefelsäure bildet sich ein lösliches Salz: Kupfersulfat. Damit die Säure vollständig reagieren kann, wird Kupfer(II)-oxid im Überschuss eingesetzt. Die Reaktion wird durch folgende Gleichung beschrieben:

Kupfer(II)-oxid + Schwefelsäure ⟶ Kupfersulfat + Wasser

$$CuO(f) + H_2SO_4(aq) \longrightarrow CuSO_4(aq) + H_2O(fl)$$

Metalle und ihre Reaktionen

Die Reaktivitätsreihe

In einer Reaktivitätsreihe werden die Elemente (vor allem Metalle) in der Rangfolge ihrer Reaktivität angeordnet. Ganz oben stehen die reaktivsten, unten die reaktionsträgen Elemente. „Reaktivität“ kann die Reaktionsfreudigkeit mit anderen Substanzen beschreiben. Hier ist die Tendenz gemeint, Elektronen abzugeben.

Auf einen Blick

- ✓ **Manche Elemente reagieren leichter als andere.**
- ✓ **In einer Reaktivitätsreihe sind die Elemente nach ihrer Tendenz, in einer Reaktion Elektronen abzugeben, angeordnet.**
- ✓ **Elemente, die leicht Elektronen abgeben, stehen oben, Elemente, die Elektronen schwer abgeben, stehen unten.**
- ✓ **Die Reihe enthält vor allem Metalle, aber auch Nichtmetalle werden berücksichtigt.**

Rangfolge der Elemente
Diese Elemente werden häufig nach ihrer Reaktivität geordnet. Die Liste kann alle Elemente enthalten oder nur einige davon.

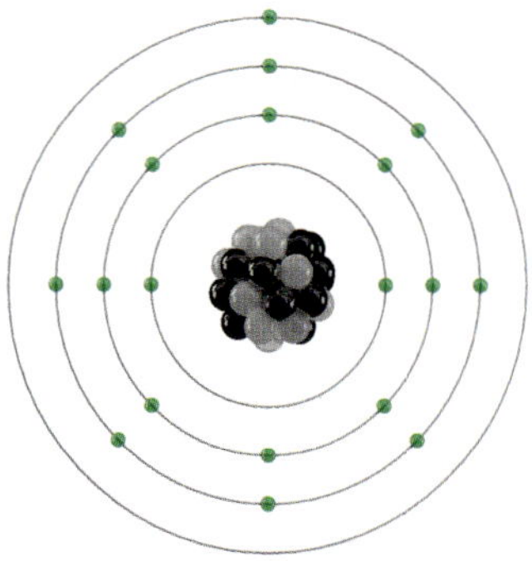

Kalium
Kalium gibt sein einziges Außenelektron sehr leicht ab und ist deshalb hochreaktiv.

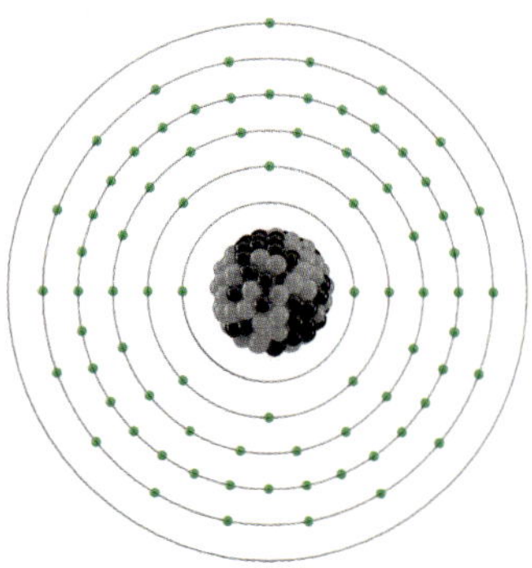

Gold
Goldatome geben ihr Außenelektron in chemischen Reaktionen nur schwer ab und sind daher nicht besonders reaktiv.

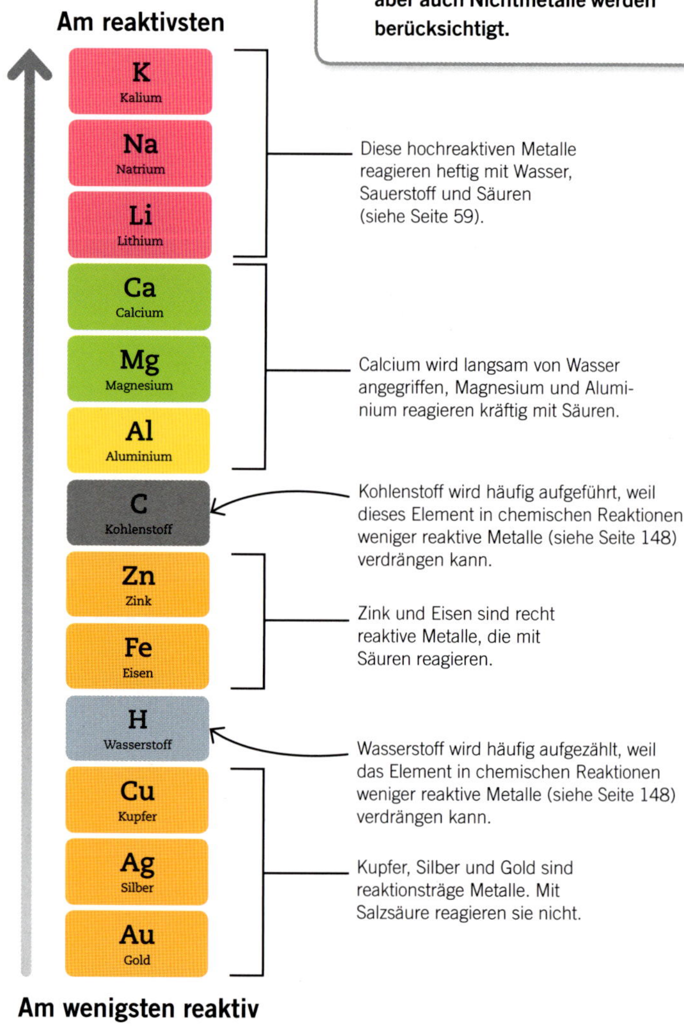

Reaktion mit Säuren

Einige Metalle reagieren mit Säuren. Metalle, die bei Raumtemperatur sehr heftig mit Säuren reagieren, stehen ganz oben in der Reaktivitätsreihe (siehe gegenüberliegende Seite). Metalle geben bei der Reaktion mit Säuren Elektronen ab. Als Produkte entstehen ein Metallsalz und Wasserstoff.

Auf einen Blick

- ✓ Manche Metalle reagieren heftiger mit Säuren als andere.
- ✓ Bei der Reaktion mit Säuren sind die Produkte Wasserstoff und eine wässrige Metallsalzlösung.

Reaktion mit Salzsäure

Magnesium, Zink, Eisen und Blei stehen in der Liste an unterschiedlichen Stellen. Magnesium reagiert heftig mit Salzsäure, Blei jedoch fast gar nicht.

Reaktionsgleichung

Bei der Reaktion zwischen einem Metall und einer Säure entstehen ein Salz und Wasserstoff.

Metall + Säure → Metallsalz + Wasserstoff

Reaktion mit Wasser

Die meisten Metalle reagieren, wenn überhaupt, nur sehr langsam mit Wasser. Ausnahmen sind die Metalle der 1. und 2. Hauptgruppe. Bei Raumtemperatur findet eine heftige Reaktion statt, die eine alkalische Metallhydroxidlösung und Wasserstoff zurücklässt. Manche Metalle reagieren sogar mit Wasserdampf (siehe gegenüberliegende Seite).

Auf einen Blick

- ✓ Die Metalle der 1. und 2. Hauptgruppe sind so reaktiv, dass sie mit Wasser spontan reagieren.
- ✓ Bei Wasserkontakt lösen sie sich unter Zischen und Sprudeln auf.
- ✓ Die Metalle der 1. und 2. Hauptgruppe bilden mit Wasser ein Metallhydroxid und Wasserstoff.

Reaktion mit Wasser
Kalium reagiert explosionsartig mit Wasser – es wird Wärme freigesetzt und Wasserstoffbläschen steigen auf. Natrium, Lithium und Kalzium reagieren ebenfalls heftig mit Wasser.

Reaktionsgleichung
Bei der Reaktion der Metalle mit Wasser werden die alkalische Lösung eines Metallhydroxids und Wasserstoff gebildet.

Metall + Wasser → Metallhydroxid + Wasserstoff

Reaktion mit Wasserdampf

Einige Metalle reagieren bei hohen Temperaturen mit Wasserdampf (gasförmigem Wasser). In diesem Fall sind die Produkte ein Metalloxid und Wasserstoff.

Auf einen Blick

- ✓ Manche Metalle reagieren nicht mit flüssigem Wasser, reagieren aber beim Erwärmen mit Wasserdampf.
- ✓ In dem Fall sind die Produkte ein Metalloxid und Wasserstoff.

Oxidation von Magnesium
Ein Streifen Magnesiumband verbrennt in Wasserdampf zu Magnesiumoxid und Wasserstoff.

1. Um Wasserdampf zu erzeugen, wird das feuchte Wattestück mit einem Bunsenbrenner vorsichtig erwärmt.

2. Das Magnesiumband reagiert mit dem Dampf und beginnt zu brennen.

3. Der dabei entstehende Wasserstoff wird am Ausgang des Reagenzglases durch eine Flamme nachgewiesen (siehe Seite 231).

4. Die Reaktion verläuft immer heftiger und es bilden sich Wolken aus Magnesiumoxid.

5. Die Flamme wird größer, da mehr Wasserstoff gebildet wird.

$$\text{Metall} + \text{Wasser} \longrightarrow \text{Metalloxid} + \text{Wasserstoff}$$

Metallherstellung durch Kohlenstoff

Metalle, die weniger reaktiv sind als Kohlenstoff (siehe Seite 144), lassen sich durch Kohlenstoff aus ihrem Erz herstellen (isolieren). Auf diese Weise werden Kupfer und Eisen produziert, aber das gewonnene Metall ist nicht sehr rein.

Auf einen Blick

- ✓ **Metalle, die weniger reaktiv sind als Kohlenstoff, lassen sich durch Kohlenstoff aus ihren Erzen herstellen.**
- ✓ **Eisen wird durch Kohlenstoff aus Eisenerz gewonnen.**
- ✓ **Das industrielle Verfahren wird als Hochofenprozess bezeichnet.**

Hochofen
Die Herstellung von Eisen erfordert sehr hohe Temperaturen und wird im Hochofen durchgeführt. Die Reaktionsgleichung dafür ist unten angegeben.

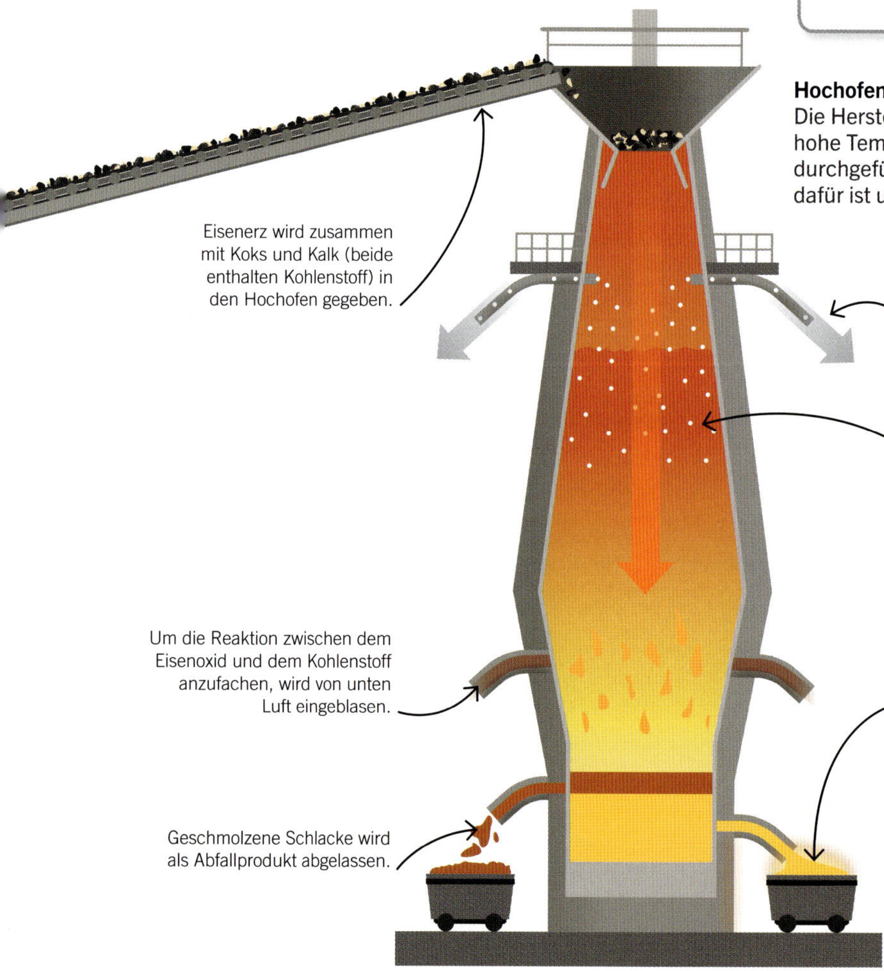

Eisenoxid	+	Kohlenstoff	⟶	Eisen	+	Kohlenstoffdioxid
$2\ Fe_2O_3$	+	$3\ C$	⟶	$4\ Fe$	+	$3\ CO_2$

Redoxreaktionen

Das Wort „Redox“ setzt sich aus den Begriffen „Reduktion“ und „Oxidation“ zusammen. Bei einer Redoxreaktion werden Elektronen von einer Substanz auf eine andere übertragen. Eine Substanz wird dabei reduziert (nimmt Elektronen auf), die andere oxidiert (gibt Elektronen ab). Eine eindrucksvolle Redoxreaktion ist die Thermitreaktion (Reaktion von sehr heißen Metallen).

Auf einen Blick

- ✓ **Redox ist ein kürzeres Wort für gleichzeitige „Reduktion“ und „Oxidation“.**
- ✓ **Bei einer Redoxreaktion werden Elektronen von einer Substanz auf eine andere übertragen.**
- ✓ **Bei der Thermitreaktion werden Elektronen vom Aluminium auf das Eisenoxid übertragen.**

Thermitreaktion
Bei der Reaktion von Aluminiumpulver mit Eisenoxid bilden sich Aluminiumoxid und Eisen. Das Eisenoxid wird reduziert, das Aluminium oxidiert.

Reaktionsgleichung der Thermitreaktion

Aluminium	+	Eisenoxid	⟶	Aluminiumoxid	+	Eisen
$2\,Al$	+	Fe_2O_3	⟶	Al_2O_3	+	$2\,Fe$

Verdrängungsreaktion bei der 7. Hauptgruppe

Eine Reaktion, bei der ein reaktiveres Element ein weniger reaktives aus seiner Verbindung verdrängt, wird als Verdrängungsreaktion bezeichnet. Solche Reaktionen findet man bei den Elementen der 7. Hauptguppe (siehe Seite 70), bei denen ein weiter oben liegendes Element ein unteres verdrängen kann.

Auf einen Blick

- ✓ **Bei einer Verdrängungsreaktion verdrängt ein reaktiveres Element ein weniger reaktives aus einer Verbindung.**
- ✓ **Innerhalb der 7. Hauptgruppe nimmt die Reaktivität von oben nach unten ab.**
- ✓ **Chlor kann zum Beispiel sowohl Brom als auch Iod aus deren Salzen verdrängen.**

Verdrängung durch Chlor
Chlor ist reaktiver als Brom und Iod und kann beide Elemente aus deren Salzen verdrängen.

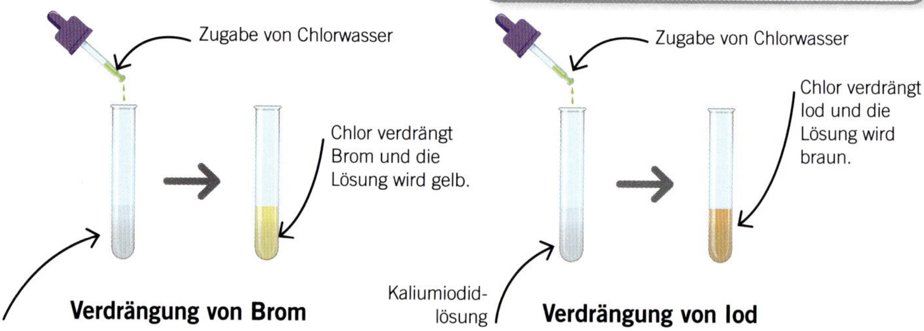

Verdrängung durch Brom
Brom ist reaktiver als Iod, aber weniger reaktiv als Chlor – es kann nur Iod aus dem Salz verdrängen.

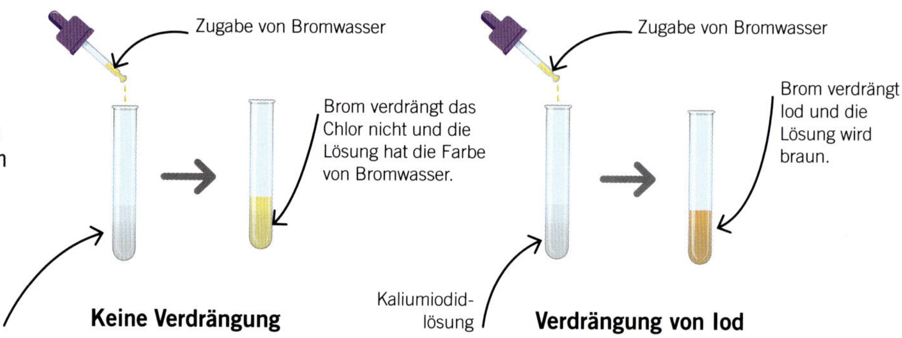

Verdrängung durch Iod
Iod ist weniger reaktiv als Chlor oder Brom und kann keines dieser Elemente aus den entsprechenden Salzen verdrängen.

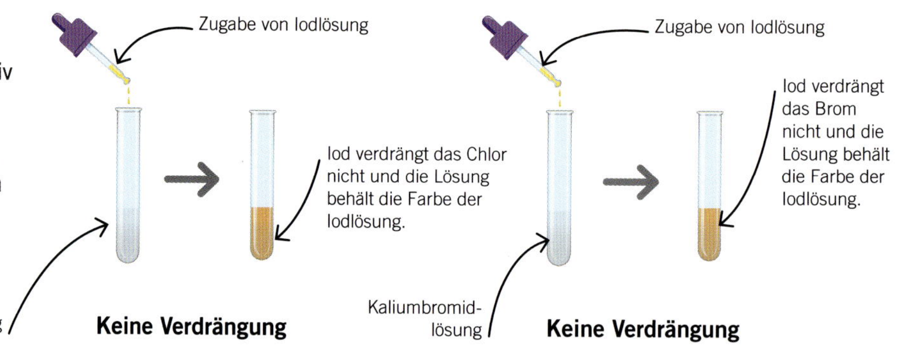

Ionengleichungen

In der Reaktionsgleichung zeigen Symbole und Formeln an, wie sich die Substanzen bei einer chemischen Reaktion verändern (siehe Seite 36). Die Ionengleichung nennt uns die Anzahl der beteiligten Ionen (siehe Seite 73) und ihre jeweilige Ladung. In einer Ionengleichung müssen die Anzahl der Atome (siehe Seite 37) und die Ladungen immer ausgeglichen sein.

Auf einen Blick

- ✓ **Ionengleichungen zeigen die an einer chemischen Reaktion beteiligten Ionen und Ladungen an.**
- ✓ **Die Ladung wird entweder als Plus($^+$)- oder Minus($^-$)-Symbol an der Formel angegeben.**
- ✓ **Die Ladungen müssen in den Ionengleichungen ausgeglichen sein.**

Reaktionsgleichung mit Ionen

Wird zu einer Lösung von Kaliumbromid (KBr) Chlor gegeben, bildet sich Brom. In der hier dargestellten Reaktionsgleichung ist das Kaliumbromidmolekül in Ionen aufgespalten. Die Gesamtladung der Gleichung ist null.

Positiv geladenes Ion — Negativ geladenes Ion — Positiv geladene Ionen — Negativ geladene Ionen

$$Cl_2 + 2\,K^+ + 2\,Br^- \longrightarrow 2\,K^+ + 2\,Cl^- + Br_2$$

Ein Chlormolekül enthält zwei Chloratome.

Ein Brommolekül enthält zwei Bromatome.

Punkt-X-Darstellung

Die Ionengleichung kann auch als Punkt-X-Darstellung (siehe Seiten 76–77) geschrieben werden.

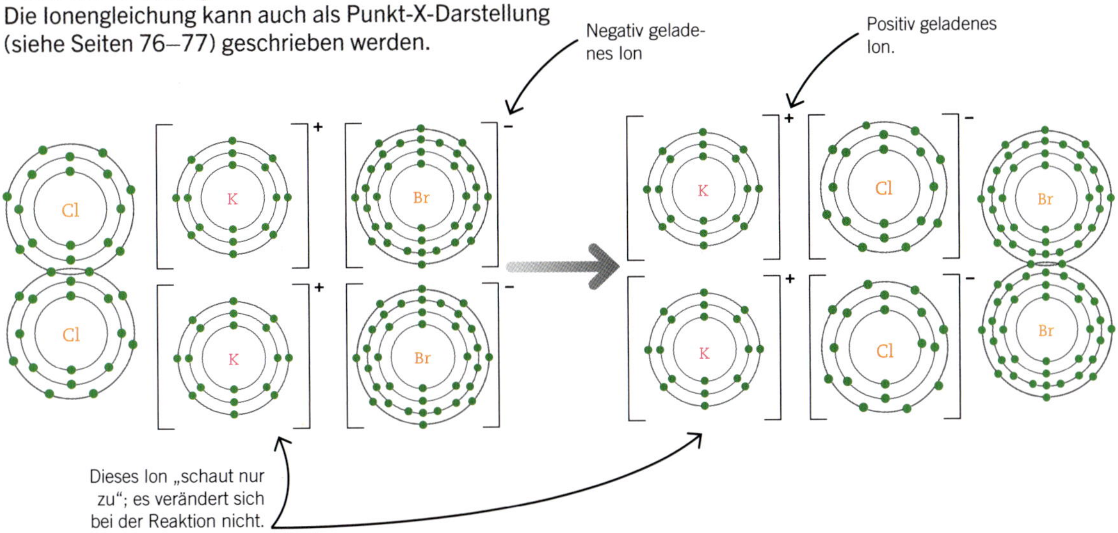

Verdrängungsreaktion bei Metallen

Ein reaktiveres Metall (siehe Seite 144) kann ein weniger reaktives aus seiner Verbindung verdrängen. Ein Beispiel für eine solche Verdrängungsreaktion ist die Thermitreaktion (siehe Seite 149), ein anderes der Hochofenprozess (siehe Seite 148).

Auf einen Blick

- ✓ **Metalle und Metallverbindungen können Verdrängungsreaktionen eingehen.**
- ✓ **Ein reaktiveres Metall kann ein weniger reaktives Metall aus einer Verbindung verdrängen.**
- ✓ **Beispiele für Verdrängungsreaktionen sind die Thermitreaktion und der Hochofenprozess.**

Verdrängung von Kupfer
Kupfer ist ein recht reaktionsträges Metall, das mit Sulfationen eine hellblaue Lösung bildet. Wird zu verschiedenen Proben einer Kupfersulfatlösung ein reaktiveres Metall wie z. B. ein Streifen Magnesium, Aluminium oder Zink gegeben, verdrängen diese Metalle das Kupfer aus der Lösung. Die nun farblose Lösung enthält das gelöste reaktive Metall.

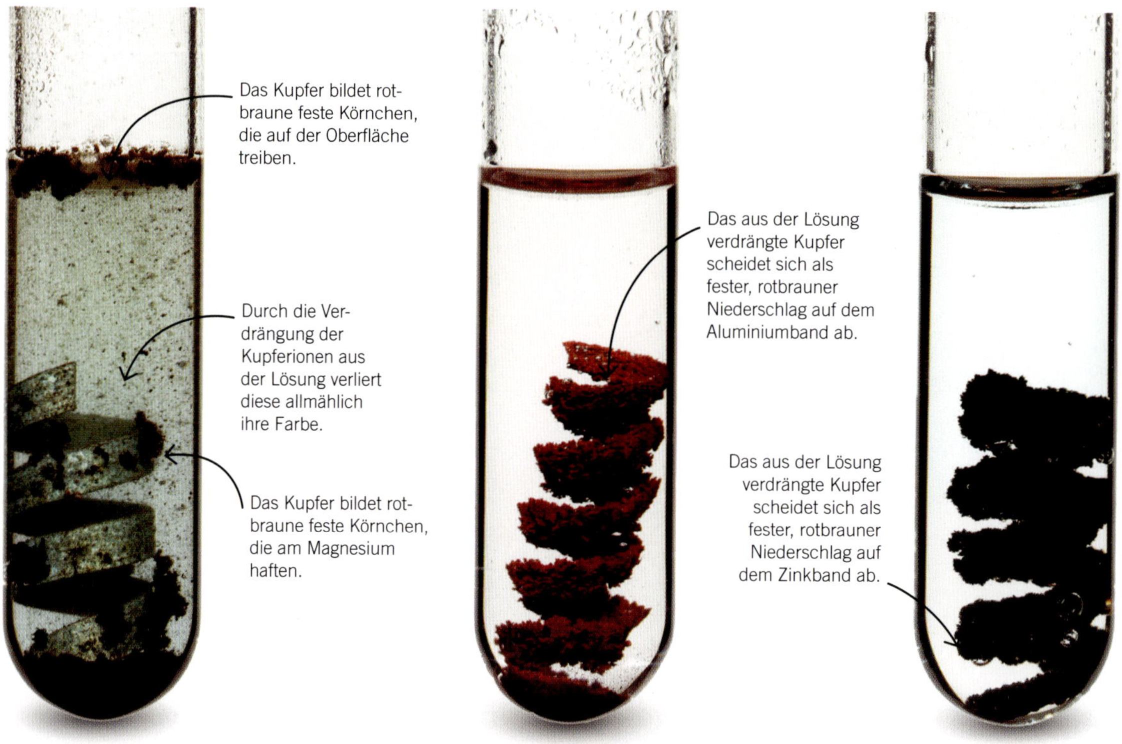

Magnesiumband in Kupfersulfatlösung

Aluminiumband in Kupfersulfatlösung

Zinkband in Kupfersulfatlösung

Elektrolyse

Die Elektrolyse ist eine Technologie, um mit elektrischem Strom Verbindungen in ihre Elemente zu zerlegen. In der Industrie werden durch Elektrolyse Reinmetalle erzeugt. Damit Strom fließt, müssen frei bewegliche Ionen (siehe Seite 73) vorliegen. Deshalb ist die ionenhaltige, zu elektrolysierende Substanz (der Elektrolyt) entweder eine Salzschmelze oder eine Lösung.

Auf einen Blick

- ✓ Bei der Elektrolyse werden Verbindungen durch elektrischen Strom aufgespalten.
- ✓ In der Industrie werden durch Elektrolyse Reinmetalle erzeugt.
- ✓ Die zu elektrolysierende Substanz ist eine Lösung oder eine Salzschmelze.

Aufbau für die Elektrolyse
Notwendig ist eine Stromquelle, z. B. eine Batterie. Diese wird mit zwei Elektroden verbunden, die in den Elektrolyten tauchen.

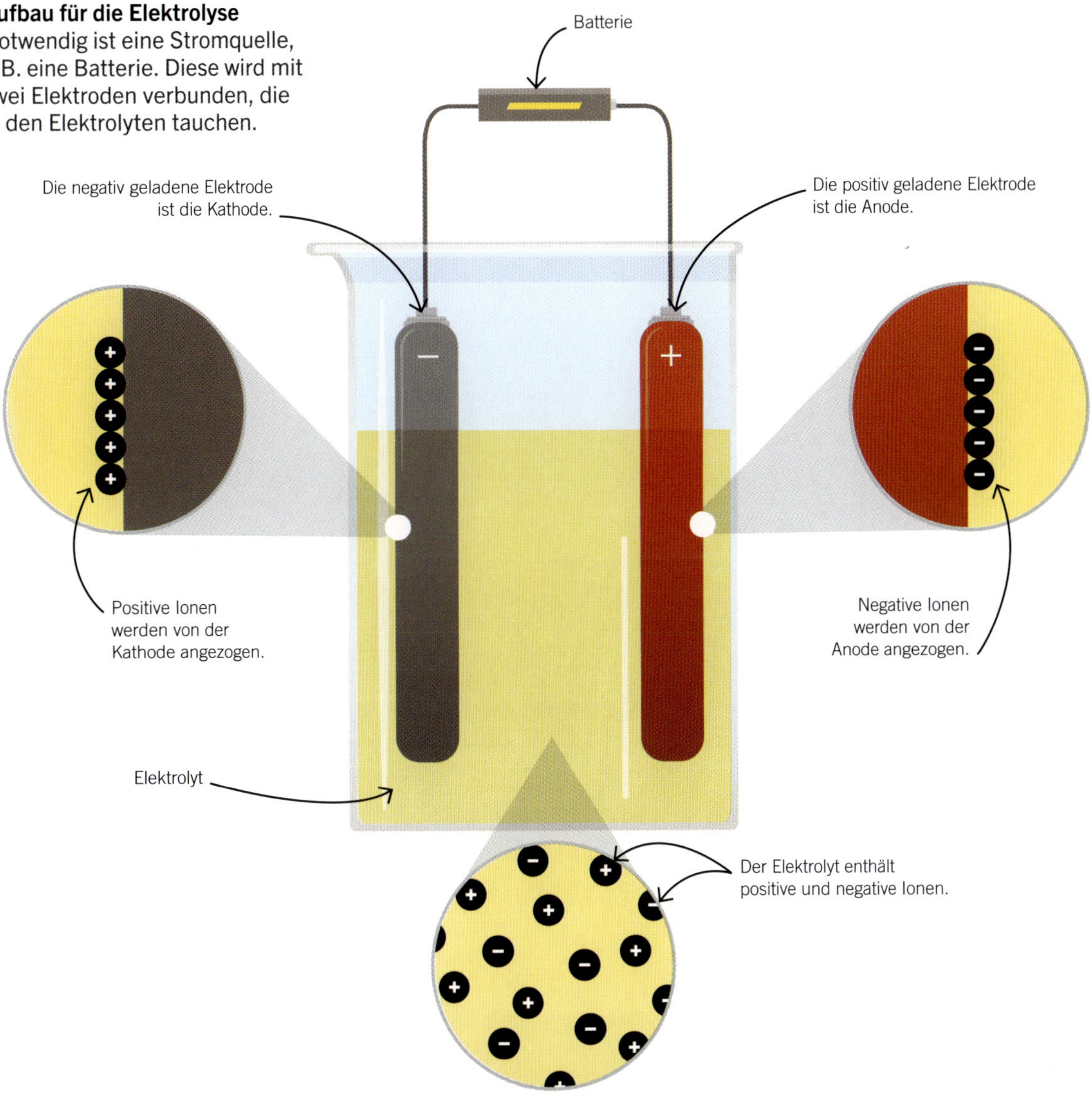

Abscheidung von Metallen

Durch Elektrolyse werden Metalle aus Metallverbindungen abgeschieden. Das ist nur möglich, wenn frei bewegliche Ionen vorhanden sind. Deshalb muss das Erz als Schmelze vorliegen. Durch Elektrolyse werden Reinmetalle produziert.

Auf einen Blick

- ✓ Durch Elektrolyse werden Metalle aus ihren Erzen (Metallverbindungen) abgetrennt.
- ✓ Das Erz muss als Schmelze vorliegen, damit die Ionen frei beweglich sind.
- ✓ Es werden Reinmetalle produziert.

Abscheidung von Blei durch Elektrolyse
Im Labor lässt sich Bleibromid durch Elektrolyse in Blei und Brom auftrennen. Benötigt werden eine Stromquelle, Elektroden, ein Tiegel und ein Bunsenbrenner.

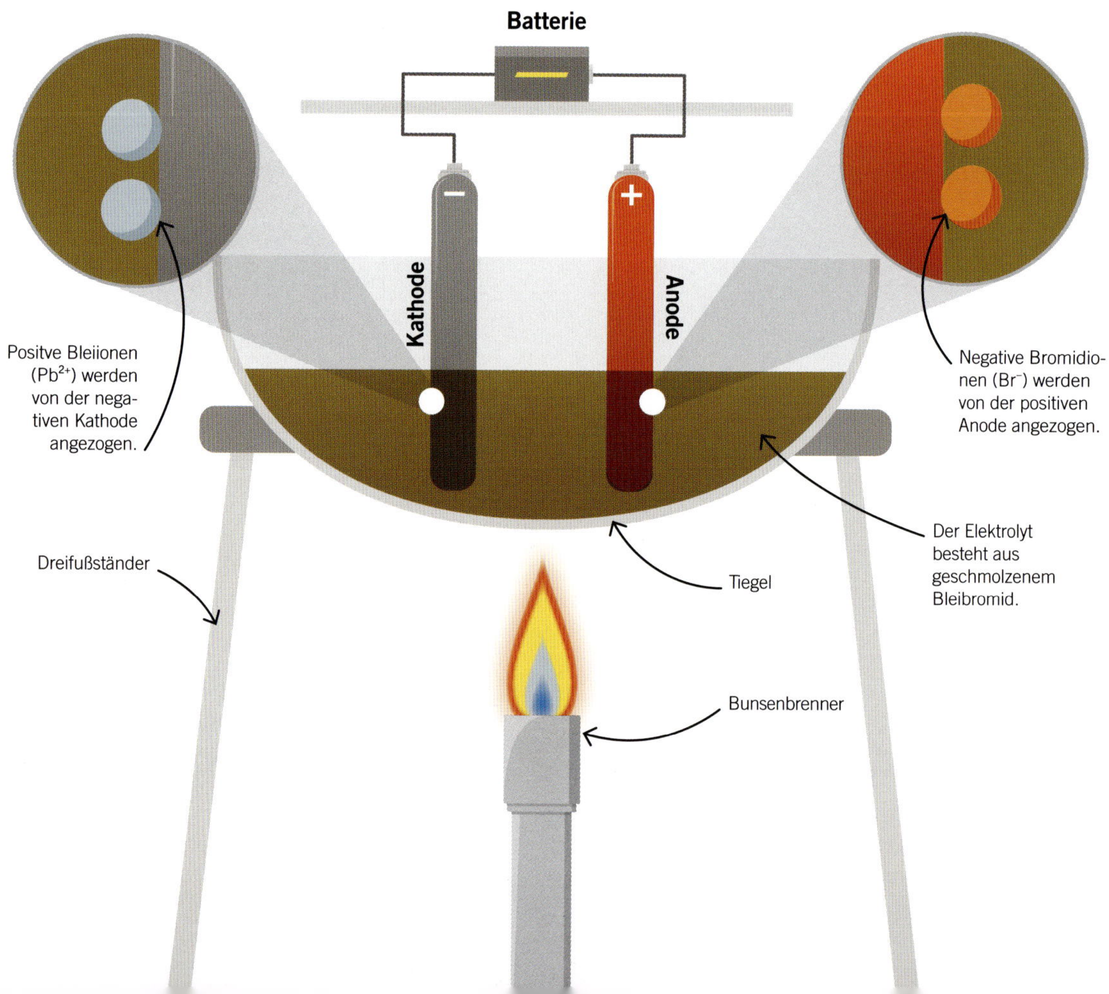

Halbgleichungen

Bei der Elektrolyse (siehe Seite 153) werden Elektronen an die Anode (positive Elektrode) abgegeben und an der Kathode (negative Elektrode) aufgenommen. Den entsprechenden Anoden- und Kathodenprozess können wir als Halbgleichung aufschreiben. Die beiden Halbgleichungen enthalten auch die Elektronen und können zu einer Ionengleichung kombiniert werden.

Auf einen Blick

- ✓ Die Vorgänge an jeder Elektrode werden durch Halbgleichungen beschrieben.
- ✓ Halbgleichungen enthalten Elektronen.
- ✓ Zwei Halbgleichungen können zu einer Ionengleichung kombiniert werden.

Ionengleichung
Die Elektrolyse von Bleibromid lässt sich als diese Ionengleichung formulieren:

$$Pb^{2+} + 2\,Br^- \longrightarrow Pb + Br_2$$

An der Anode
An der Anode geben die Bromidionen jeweils ein Elektron ab und es bildet sich Brom.

Anode

$$2\,Br^- \longrightarrow Br_2 + 2\,e^-$$

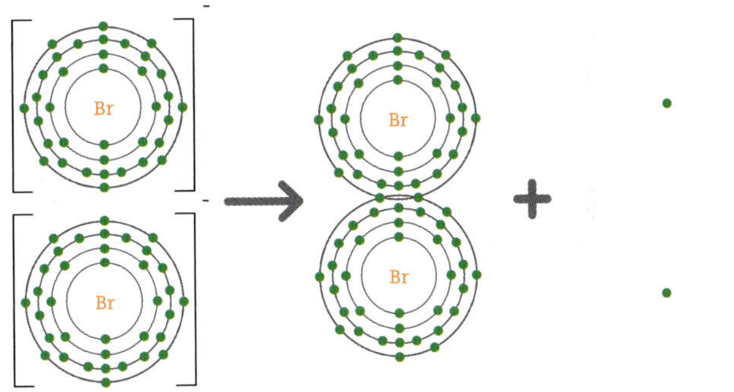

Bromidionen Bromatom Elektronen

An der Kathode
An der Kathode nehmen die Bleiionen Elektronen auf und es bildet sich Blei.

Kathode

$$Pb^{2+} + 2\,e^- \longrightarrow Pb$$

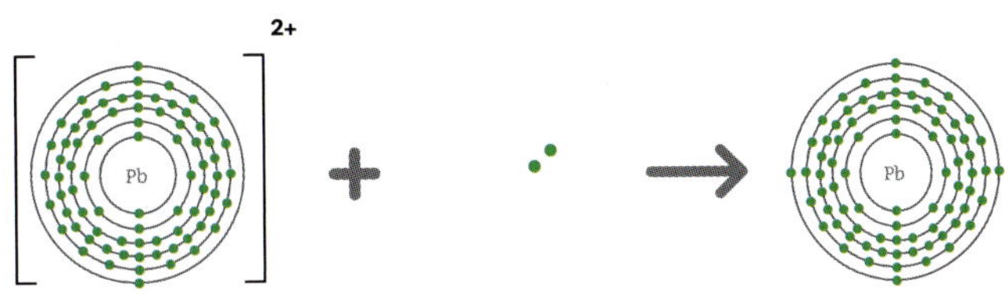

Bleiion Elektronen Bleiatom

Industrielle Aluminiumherstellung

Bauxit ist das Erz des Aluminiums (Al_2O_3). Da Aluminium reaktiver ist als Kohlenstoff, kann es nicht auf gleichem Wege wie Eisen (siehe Seite 148) von Sauerstoff befreit werden. Das geht nur durch Elektrolyse.

Auf einen Blick

- ✓ Aluminium wird vom Aluminiumerz durch Elektrolyse isoliert.
- ✓ Aluminium ist reaktiver als Kohlenstoff und muss daher durch Elektrolyse von seinem Erz abgetrennt werden.
- ✓ Bauxit wird mit Kryolith (einer anderen Aluminiumverbindung) vermischt, um den Schmelzpunkt abzusenken.

Industrielle Elektrolyse
In der Industrie wird die Elektrolyse in großen, hohen temperaturbeständigen Stahlbecken durchgeführt. Bauxit wird mit einer Substanz namens Kryolith vermischt, um den Schmelzpunkt abzusenken und die Elektrolyse zu vereinfachen.

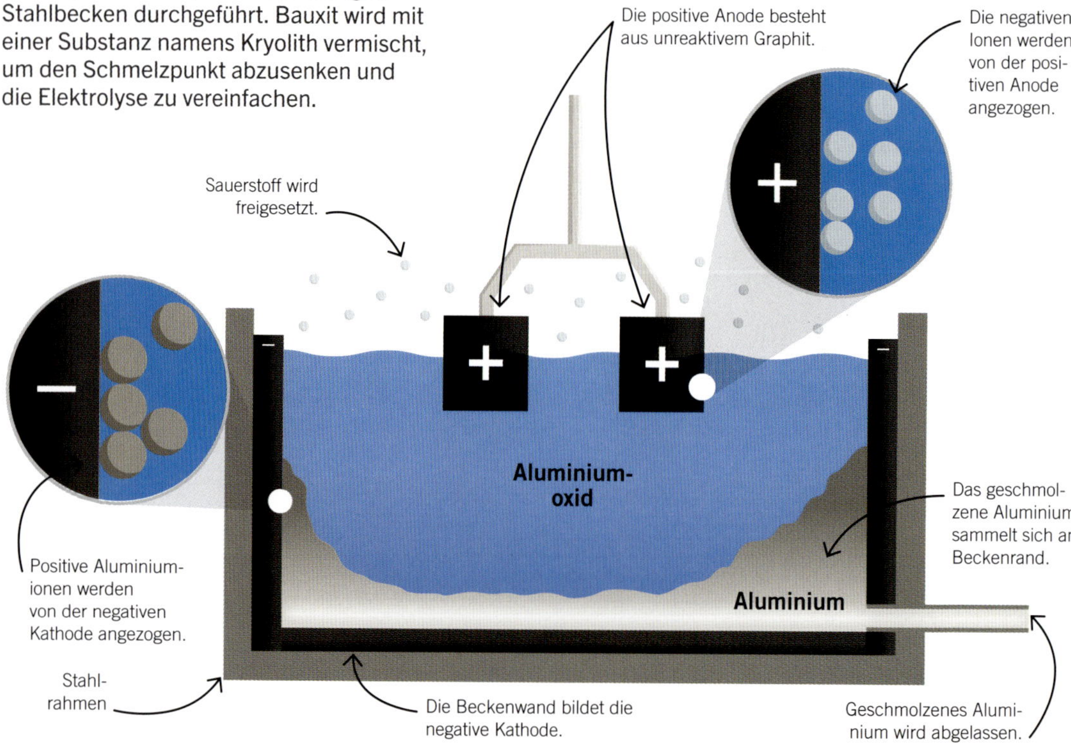

Verwendung

Reines Aluminium ist sehr nützlich. Da es leicht ist, wird es für Flugzeuge verwendet. Wegen seiner Oxid-Schutzschicht (siehe Seite 264) reagiert es nicht mit Lebensmitteln.

Flugzeuge

Alufolie

Elektrolyse von Wasser

In Wasser (H_2O) gibt es immer auch eine winzige Anzahl von H^+- und OH^--Ionen. Wegen dieser Ionen kann Wasser durch Elektrolyse in Wasserstoff (H_2) und Sauerstoff (O_2) zerlegt werden. Mit diesem Experiment wird bewiesen, dass Wasser kein Element, sondern eine Verbindung mit der Formel H_2O ist.

Auf einen Blick

- ✓ **Die Elektrolyse spaltet Wasser in H^+- und OH^--Ionen auf.**
- ✓ **Durch die Elektrolyse wird Wasser in Wasserstoff (H_2) und Sauerstoff (O_2) gespalten.**

Wasserspaltung im Labor
Mit einer Batterie und einem Paar inerter (unreaktiver) Elektroden kann Wasser im Labor elektrolytisch in die Elemente aufgespalten werden.

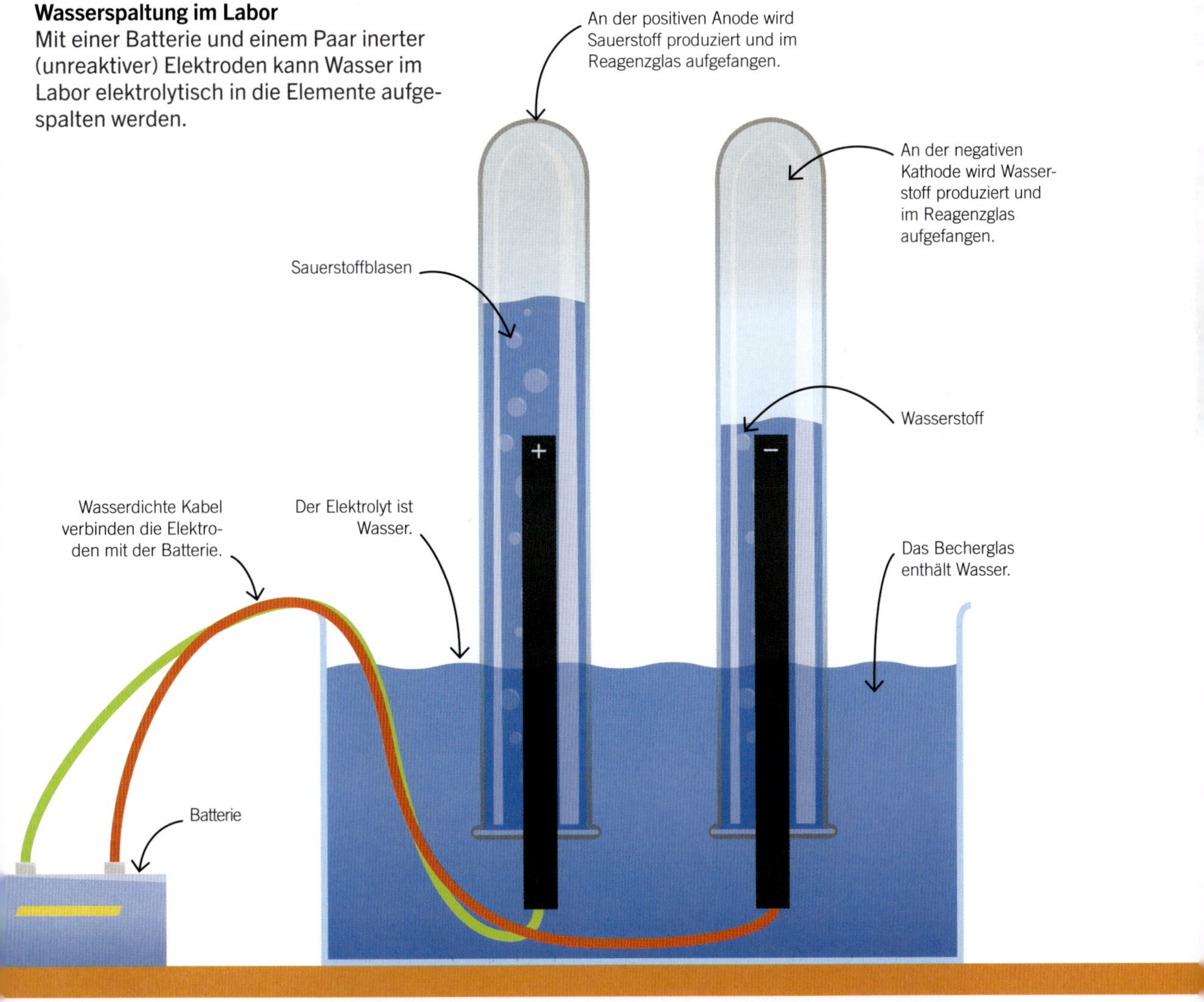

Experimentelle Elektrolyse

Die Elektrolyse kann im Labor mithilfe einer elektrochemischen Zelle durchgeführt werden. Zunächst sollte eine Hypothese (siehe Seite 10) zu den Vorgängen an der Anode oder Kathode mit verschiedenen Elektrolyten aufgestellt werden. Auch eine Versuchsskizze (siehe Seite 174) sollte angefertigt werden.

Auf einen Blick

- ✓ **Eine Versuchsplanung sollte das Elektrolyseexperiment vorbereiten.**
- ✓ **Eine Versuchsskizze sollte angefertigt werden.**
- ✓ **Eine Hypothese über die gebildeten Produkte an der Anode und Kathode sollte aufgestellt werden.**

Elektrolyse von Wasser
Für die Aufspaltung von Wasser in Wasserstoff und Sauerstoff werden eine elektrochemische Zelle (Batterie, Anode und Kathode), Reagenzgläser und ein großes Becherglas benötigt. Anschließend kann noch geprüft werden, welche Gase in den Reagenzgläsern aufgefangen werden (siehe Seiten 229 und 231).

Vorhersage der Vorgänge

Bei einem reinen, geschmolzenen Metalloxid als Elektrolyt bildet sich an der Anode Sauerstoff und an der Kathode ein Metall. Bei der Elektrolyse von Salzen bilden sich jedoch an beiden Elektroden mehrere Produkte.

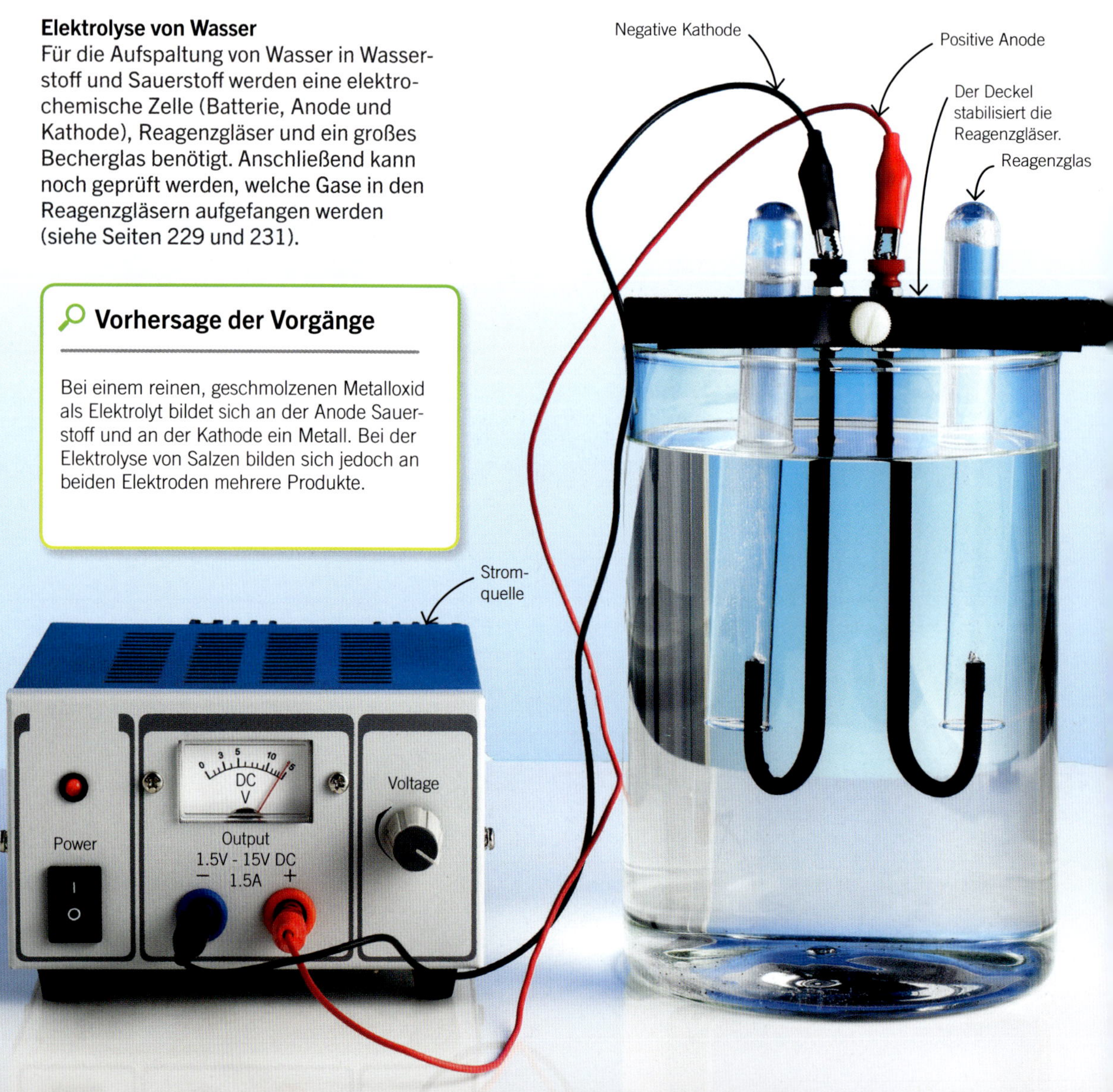

Elektrolyse von wässrigen Lösungen

Durch Elektrolyse einer wässrigen Lösung lassen sich gelöste Substanzen voneinander trennen. Hier werden Wasserstoffionen (H^+) und Hydroxidionen (OH^-) sowie andere Elemente von ihrer jeweiligen Elektrode (siehe Seite 157) angezogen.

Auf einen Blick

- ✓ Durch Elektrolyse werden in Wasser gelöste Substanzen (wässrige Lösungen) aufgetrennt.
- ✓ Wässrige Lösungen enthalten Wasserstoff- und Hydroxidionen sowie die gelösten ionischen Substanzen.
- ✓ An der Anode kann Sauerstoff und/oder an der Kathode Wasserstoff entladen werden.

Elektrolysebeispiel
Diese Lösungen werden in Industrieverfahren elektrolytisch aufgetrennt.

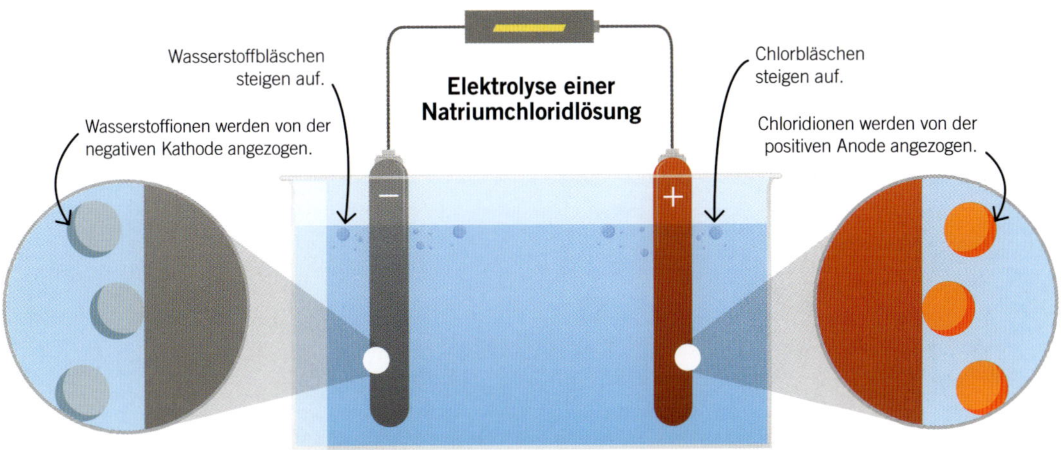

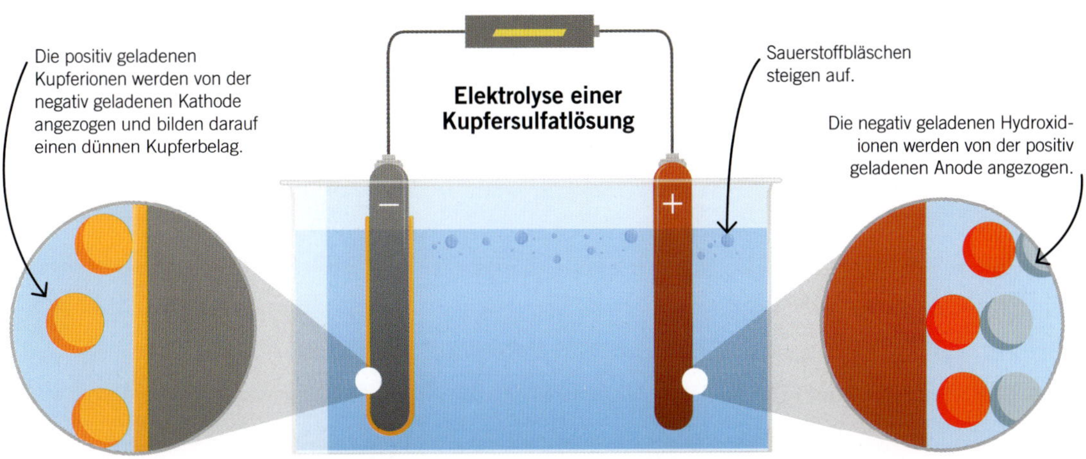

Galvanisierung

Bei der Galvanisierung werden Gegenstände durch Elektrolyse (siehe Seite 153) mit einer Metallschicht überzogen. Dadurch können Produkte optisch verändert oder vor Rost (siehe Seite 264) geschützt werden. So wird zum Beispiel Besteck, das aus (preiswerten) Nickellegierungen besteht, durch einen Überzug mit dem weniger reaktiven Silber ansprechender und haltbarer gemacht.

Auf einen Blick

- ✓ Durch Galvanisierung werden Gegenstände mit einer Metallschicht überzogen.
- ✓ Dadurch wird der Gegenstand optisch verändert und geschützt.
- ✓ Ein typisches Beispiel ist die Galvanisierung von Nickelprodukten mit Silber.

Versilberte Löffel
Durch Elektrolyse erhalten Löffel eine Silberbeschichtung.

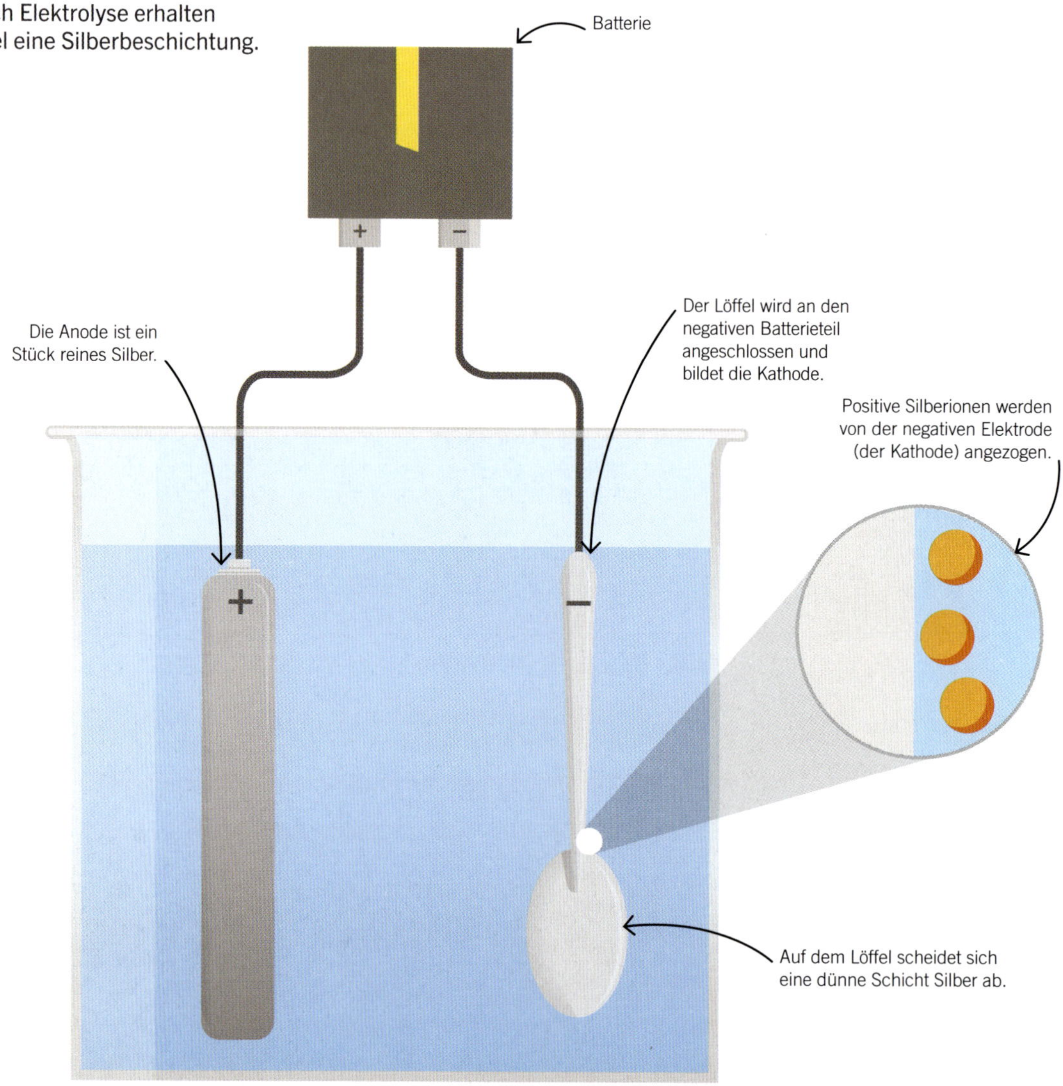

Energetische Veränderungen

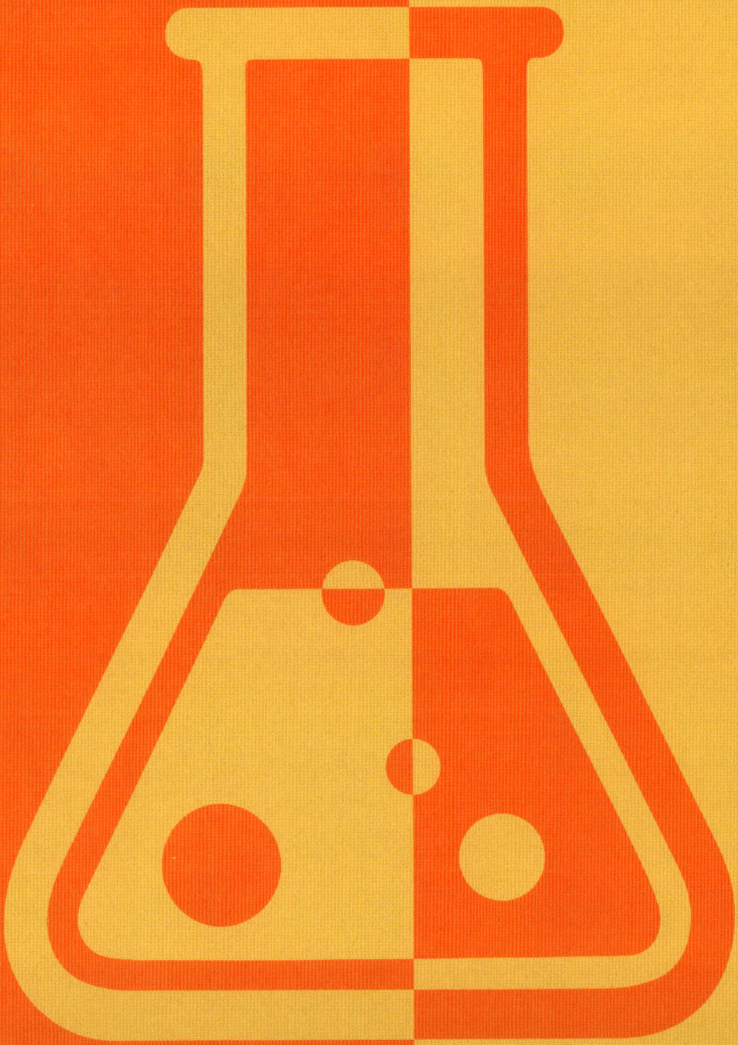

Chemische Reaktionen

Bei chemischen Reaktionen ändert sich der energetische Zustand des Reaktionssystems. Aus den Ausgangssubstanzen (Edukten) bilden sich neue Substanzen (Produkte). Aus zwei Edukten bildet sich mindestens ein Produkt. Reaktionen sind aber auch mit nur einem Edukt möglich oder haben drei oder mehr verschiedene Produkte.

Was sich verändert
Alle chemischen Reaktionen haben diese Merkmale gemeinsam.

Auf einen Blick

- ✓ **Bei Reaktionen ordnen sich die Atome nur neu an, sodass die Gesamtmasse gleich bleibt.**
- ✓ **Energie wird an die Umgebung abgegeben oder von ihr aufgenommen.**
- ✓ **Die energetische Veränderung der Reaktionsmischung ist gleich der in der Umgebung, hat aber das umgekehrte Vorzeichen.**
- ✓ **Eine Reaktion erkennt man an Temperaturveränderung, Farbänderung oder Bildung von Gasen oder Feststoffen.**

Was bei einer Reaktion passiert

Bei einer chemischen Reaktion brechen Bindungen zwischen den Atomen der Edukte auf und neue Bindungen werden geschlossen. Die Atome im Produkt sind neu angeordnet. So bildet sich bei der Reaktion von Wasserstoff mit Sauerstoff Wasser.

Wasserstoff + Sauerstoff ⟶ Wasser

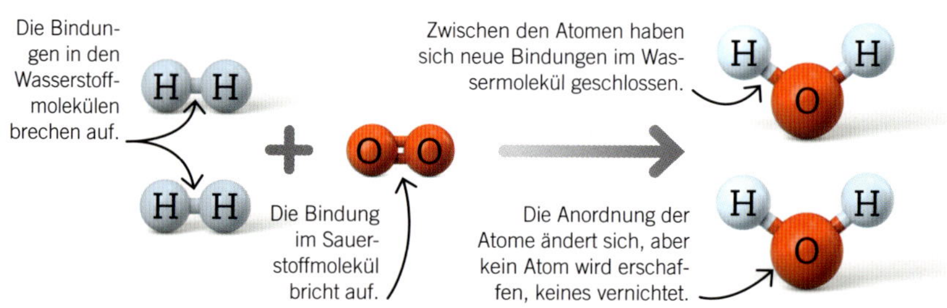

Verbrennung

Die Verbrennung ist die rasche chemische Reaktion zwischen einem Brennstoff und Sauerstoff unter Abgabe von Hitze und Licht. Die Verbrennung benötigt in der Regel Hitze zum Starten und endet durch rasches Abkühlen oder durch den Verbrauch des Sauerstoffs oder Brennstoffs.

Verbrennung von Erdgas
Im Bunsenbrenner wird normalerweise Erdgas durch Reaktion mit dem Sauerstoff der Luft verbrannt. Nach dem Starten des Brennvorgangs mit einer Zündflamme oder einem Funken läuft die Reaktion weiter, bis das Gas abgedreht wird.

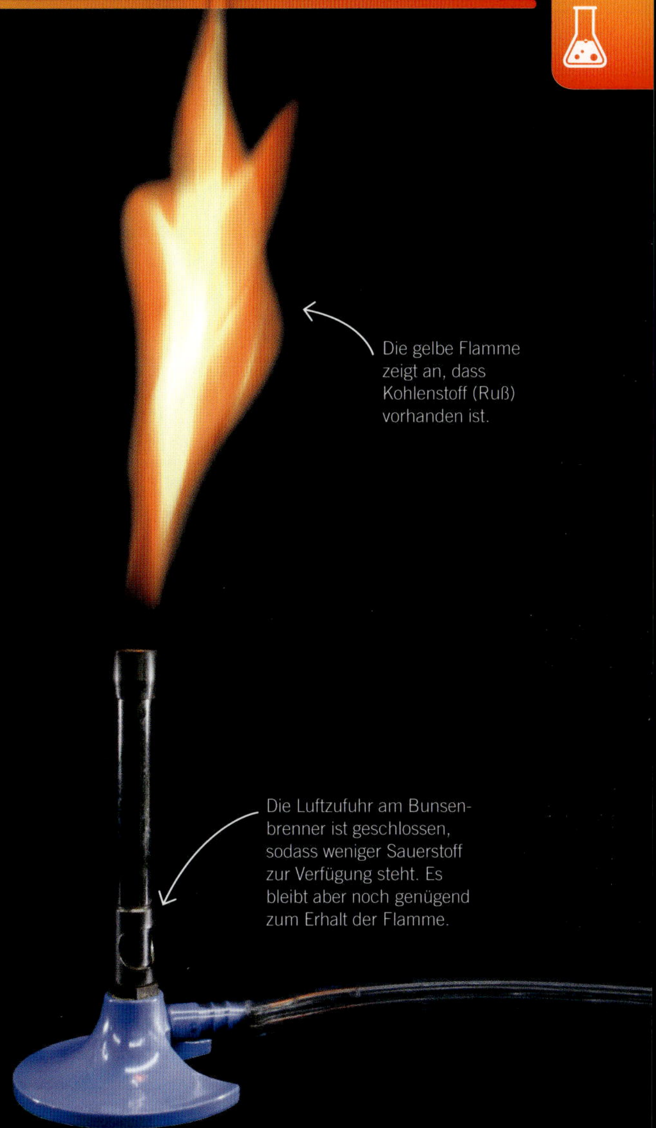

Auf einen Blick

- ✓ **Eine Verbrennung ist die schnelle Reaktion eines Brennstoffs mit Sauerstoff.**
- ✓ **Bei der Verbrennung werden Hitze und Licht produziert.**
- ✓ **Nötig für den Brennprozess sind ein Brennstoff und Sauerstoff sowie häufig Hitze zum Starten.**

Das Feuerdreieck

Das rechts gezeigte Feuerdreieck enthält die drei Komponenten für den Zünd- und Brennvorgang. Fehlt eine Seite, erlischt das Feuer. Dieses Konzept wird bei der Brandbekämpfung eingesetzt. Verschiedene Feuer erfordern verschiedene Gegenmaßnahmen.

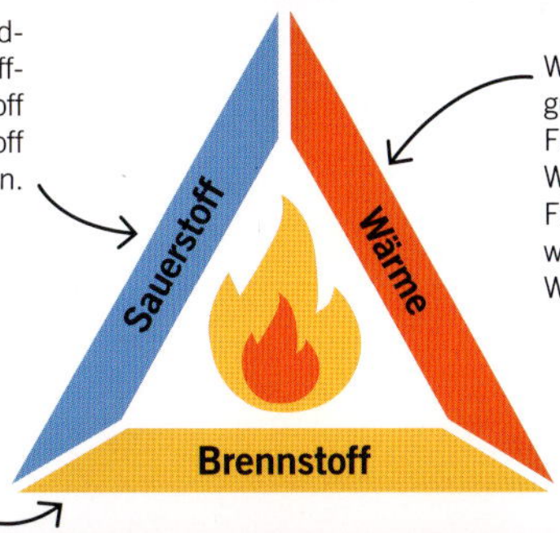

Durch Sand, Branddecken oder Kohlenstoffdioxid wird der Brennstoff vom Luftsauerstoff abgeschlossen.

Der Entzug des Brennstoffs ist manchmal schwierig. Man kann das Gas abdrehen, bei Waldbränden werden Brandschneisen geschlagen.

Wasser nimmt sehr gut die Hitze des Feuers auf. Kleine Wohnungs- oder Feuerwerksbrände werden oft mit Wasser gelöscht.

Oxidation

Sauerstoff ist sehr reaktiv und bildet mit vielen Metallen und Nichtmetallen Verbindungen, die als Oxide bezeichnet werden. In einer Oxidationsreaktion nimmt eine Substanz Sauerstoff auf. Allgemeiner bedeutet Oxidation die Abgabe von Elektronen (siehe Seite 149). Die Verbrennung (siehe Seite 163) ist eine typische Oxidation.

Auf einen Blick

- ✓ Bei der Oxidation nimmt eine Substanz Sauerstoff auf.
- ✓ Allgemein gibt eine Substanz bei einer Oxidation Elektronen ab.
- ✓ Metalle und Nichtmetalle nehmen Sauerstoff auf und bilden Oxide.
- ✓ Brennende Stoffe werden oxidiert.

Verbrennung von Magnesium
Magnesium reagiert heftig mit Luftsauerstoff und bildet Magnesiumoxid. Diese Verbrennungsreaktion, die mit einer hellweißen Flamme abläuft, wird für Signalleuchten, Blitzlicht und Feuerwerk verwendet.

Die heftige Reaktion von Magnesium und Luftsauerstoff läuft mit einer hellweißen Flamme ab.

Es entsteht weißes Magnesiumoxid.

Metalloxide und Nichtmetalloxide

Metalle wie z. B. Magnesium bilden bei der Reaktion mit Sauerstoff Metalloxide.

Magnesium + Sauerstoff ⟶ Magnesiumoxid

$$2\,Mg + O_2 \longrightarrow 2\,MgO$$

Nichtmetalle können ebenfalls mit Sauerstoff reagieren. Bei diesen Reaktionen entstehen Nichtmetalloxide. So bildet Kohlenstoff mit Sauerstoff Kohlenstoffdioxid.

Kohlenstoff + Sauerstoff ⟶ Kohlenstoffdioxid

$$C + O_2 \longrightarrow CO_2$$

Thermische Zersetzung

Manche Substanzen zersetzen sich beim Erhitzen. Der Vorgang wird thermische Zersetzung genannt und läuft endotherm (siehe Seite 167), das heißt unter Zufuhr von Wärme, ab.

Erhitzen von Kupfer(II)-carbonat
Kupfer(II)-carbonat ($CuCO_3$) ist ein hellgrüner Feststoff, der sich durch Erhitzen thermisch zu Kohlenstoffdioxid und festem schwarzen Kupfer(II)-oxid zersetzt.

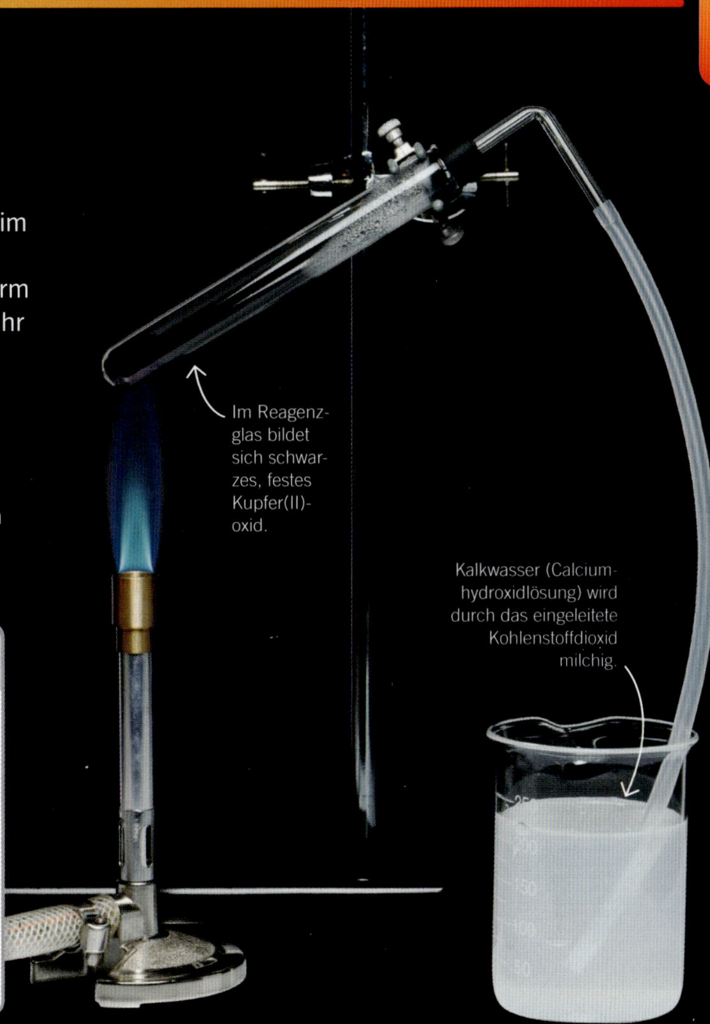

Auf einen Blick

- Die thermische Zersetzung ist der Zerfall einer Substanz in zwei oder mehr Produkte durch Erhitzen.
- Viele Metallcarbonate gehen Zersetzungsreaktionen ein.
- Die thermische Zersetzung ist ein endothermer Vorgang (aus der Umgebung wird Wärme aufgenommen).

Die thermische Zersetzung von Metallcarbonaten

Einige Metallcarbonate wie z. B. Kupfer(II)-carbonat zersetzen sich beim Erhitzen zum Metalloxid und Kohlenstoffdioxid.

Metallcarbonat ⟶ Metalloxid + Kohlenstoffdioxid

Kupfer(II)-carbonat ⟶ **Kupfer(II)-oxid** + **Kohlenstoffdioxid**

$$CuCO_3(f) \longrightarrow CuO(f) + CO_2(g)$$

Das „f“ zeigt an, dass die Substanz fest ist.

Das „g“ zeigt an, dass die Substanz gasförmig ist.

Exotherme Reaktionen

Eine Reaktion kann exotherm oder endotherm ablaufen. Bei einer exothermen Reaktion wird Energie von den reagierenden Substanzen an die Umgebung übertragen. Meistens wird dabei Wärme frei und die Umgebungstemperatur steigt an. Ein Beispiel für eine exotherme Reaktion ist die Verbrennung von Kraftstoff.

Auf einen Blick

- ✓ Verbrennung, Neutralisation und Verdrängungsreaktion sind exotherme Reaktionen.
- ✓ Bei exothermen Reaktionen wird Energie an die Umgebung übertragen.
- ✓ Die Energie wird meist in Form von Wärme übertragen.
- ✓ Durch die Wärme steigt die Temperatur der Umgebung an.

Verbrennungsreaktion
Eine Explosion ist eine Verbrennungsreaktion (siehe Seite 163), bei der brennende Substanzen sehr schnell mit Sauerstoff reagieren. Bei sehr hohen Temperaturen wird die Energie als Schall, Hitze und Licht auf die Umgebung übertragen.

Was bei exothermen Reaktionen passiert

Bei einer exothermen Reaktion gelangt die Energie, die in den chemischen Bindungen gespeichert war, in die Umgebung. Hier bilden sich aus Kalium und Wasser Kaliumhydroxid und Wasserstoff.

1. Bei der Zugabe von Kalium zu Wasser bilden sich Kaliumhydroxid und Wasserstoff.

2. Die Hitze wird immer größer, bis der Wasserstoff sich mit einer lila Flamme entzündet.

3. Das heiße Metall sprüht Funken und verschwindet schließlich mit einer kleinen Explosion.

Endotherme Reaktionen

Bei endothermen Reaktionen wird Energie aus der Umgebung auf die reagierenden Substanzen übertragen. Bei Reaktionen in Lösung kühlt sich dadurch die Lösung ab. Es gibt weniger endotherme als exotherme Reaktionen. Photosynthese, thermische Zersetzung und die Elektrolyse sind endotherme Reaktionen.

Natriumhydrogencarbonat
Die Reaktion zwischen Natriumhydrogencarbonat und einer verdünnten Säure (hier Zitronensäure) verläuft endotherm.

Auf einen Blick

- ✓ **Bei endothermen Reaktionen wird Energie aus der Umgebung auf die Reaktanten übertragen.**
- ✓ **Endotherme Reaktionen benötigen Energie zum Fortlaufen.**
- ✓ **Bei endothermen Reaktionen sinkt die Temperatur der Reaktionsmischung.**
- ✓ **Die thermische Zersetzung, das Schmelzen von Eis und die Elektrolyse sind endotherme Prozesse.**

Was bei endothermen Reaktionen passiert

Das Lösen einer Verbindung kann je nach Substanz ein exothermer oder endothermer Vorgang sein. Das Lösen von Ammoniumchlorid in Wasser ist ein endothermer Vorgang, der in Kühlkompressen angewandt wird.

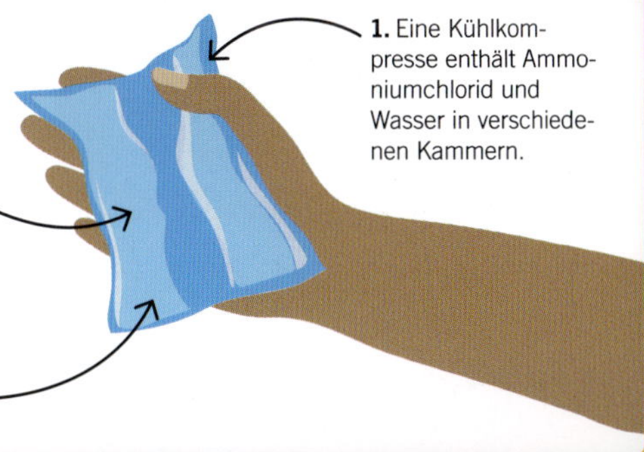

Kalorimetrie in Lösung

Bei einer exothermen Reaktion steigt die Temperatur der Lösung an. Bei einer endothermen Reaktion sinkt sie ab. Ob die Reaktion exotherm oder endotherm abläuft, lässt sich durch ihre Temperatur feststellen – die Messung der Temperaturänderung bei einer Reaktion wird Kalorimetrie genannt. Eine typische exotherme Reaktion ist die Neutralisation (siehe Seite 135).

Energieübertragung bei der Neutralisation
Bei der Reaktion von Salzsäure und Natriumhydroxid kann die Energieübertragung durch Temperaturmessungen nachverfolgt werden. Im rechten Kasten steht eine Anleitung, wie man damit die übertragene Energie berechnet.

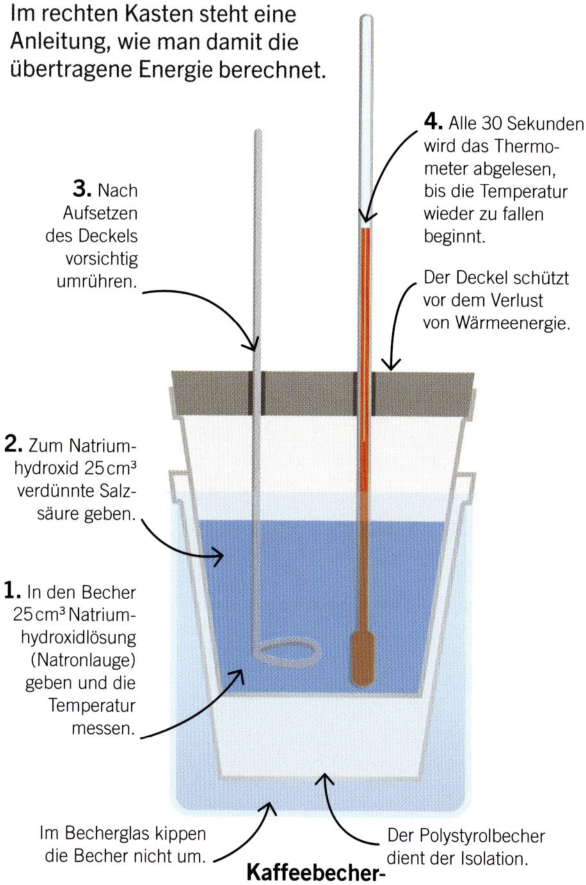

Kaffeebecher-Kalorimeter

Auf einen Blick

- ✓ **Bei einer exothermen Reaktion steigt die Temperatur der Lösung an.**
- ✓ **Bei einer endothermen Reaktion sinkt die Temperatur der Lösung.**
- ✓ **Die Energieübertragung kann man messen – das Verfahren wird Kalorimetrie genannt.**
- ✓ **Wegen des Energieaustauschs mit der Umgebung muss man das Gemisch wärmeisolieren.**

Beispiel

Frage

25 cm^3 Salzsäure reagieren mit 25 cm^3 Natriumhydroxidlösung (Natronlauge). Die Temperatur steigt um 20 °C an. Berechne die Energieänderung. ($c = 4{,}2\ J/(g \cdot °C)$)

Methode

1. Berechne die Masse des Wassers.
$1\ cm^3 \triangleq 1\ g$ und Gesamtvolumen = $25\ cm^3 + 25\ cm^3 = 50\ cm^3$, somit Masse = 50 g

2. Berechne mit dieser Gleichung die Energieänderung. Die spezifische Wärmekapazität ist die Energie, die für einen Temperaturanstieg von 1 g Wasser um 1 °C benötigt wird.

$$Q = m \cdot c \cdot \Delta T$$

Q = Energieänderung (J)
m = Masse des Wassers (g)
c = spezifische Wärmekapazität von Wasser
ΔT = Temperaturänderung (°C)

$$Q = m \cdot c \cdot \Delta T = 50 \cdot 4{,}2 \cdot 20 = 4200\ J$$

3. Da die Temperatur steigt, ist die Reaktion exotherm (Q ist negativ).

Antwort

Energieänderung = –4200 J

Kalorimetrie bei Verbrennung

Alle Verbrennungsreaktionen (siehe Seite 166) sind exotherm. Dabei wird Energie auf die Umgebung übertragen, hauptsächlich in Form von Wärme. Erhitzt man Wasser mit einem Spiritusbrenner, lässt sich die auf das Wasser übertragene Energie berechnen.

Energieübertragung bei der Verbrennung
Beim Erwärmen von Wasser durch Verbrennen eines Brennstoffs kann die Energieübertragung aus der Masse des Brennstoffs und des Temperaturanstiegs ermittelt werden. Im rechten Kasten steht eine Anleitung, wie daraus die übertragene Energie berechnet wird.

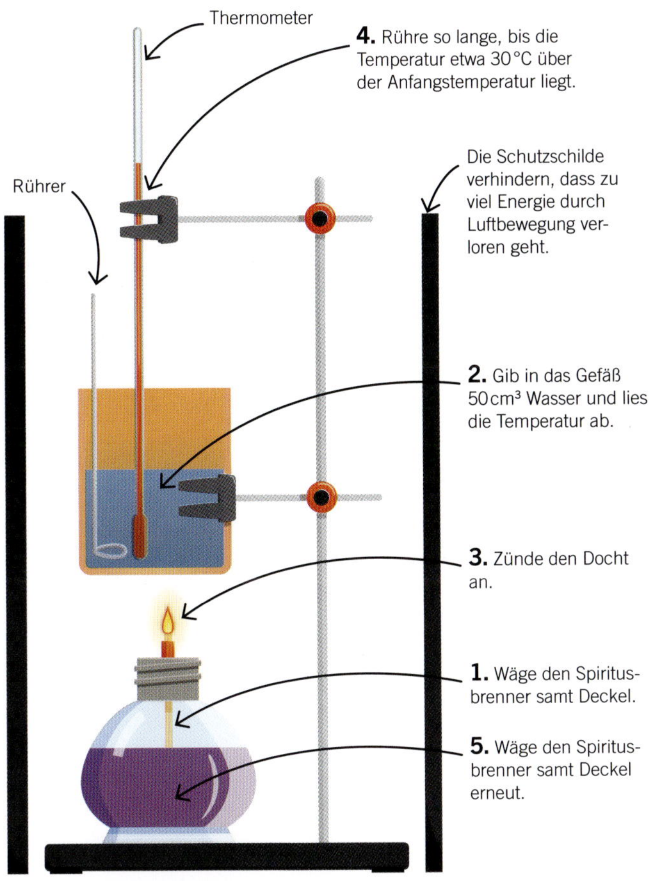

Einfaches Kalorimeter

Auf einen Blick

- ✓ Die übertragene Energie kann durch die Temperaturveränderung und durch den Brennstoffverbrauch beim Erwärmen von Wasser ermittelt werden.
- ✓ Die Messung der auf das Wasser übertragenen Energie wird Kalorimetrie genannt.
- ✓ Die übertragene Energie wird aus der Masse des verbrauchten Brennstoffs und dem Temperaturanstieg berechnet.

Beispiel

Frage

50 cm³ Wasser erwärmen sich durch Verbrennen von 0,59 g Brennstoff um 31 °C. Berechne die Energieänderung in kJ/g verbrauchter Brennstoff. (c = 4,2 J/(g · °C))

Methode

1. Berechne die Masse des Wassers.
1 cm³ ≙ 1 g, somit gilt: 50 cm³ ≙ 50 g

2. Berechne mit dieser Gleichung die Energieänderung in J.

$$Q = m \cdot c \cdot \Delta T$$

Q = Energieänderung (J)
m = Masse des Wassers (g)
c = Wärmekapazität von Wasser
ΔT = Temperaturänderung (°C)

Q = 50 · 4,2 · 31 = 6510 J

3. Wandle J in kJ um.
6510 J = 6510/1000 = 6,51 kJ

4. Teile für die Energieänderung in kJ/g durch die Masse des verbrauchten Brennstoffs. 6,51 kJ / 0,59 g = 11 kJ/g

Antwort

Energieänderung = 11 kJ/g

Exothermes Reaktionsprofil

Das Schließen von Bindungen ist ein exothermer Vorgang, weil dabei Energie freigesetzt wird. Das Aufbrechen von Bindungen ist endotherm, weil Energie aufgewendet wird. Bei exothermen Reaktionen setzt das Schließen von neuen Bindungen mehr Energie frei, als zum Aufbrechen der alten Bindungen in den Reaktanten aufgewendet wird.

Auf einen Blick

- ✓ In exothermen Reaktionen liegt das Energieniveau der Edukte höher als das der Produkte.
- ✓ Die Aktivierungsenergie (Pfeil nach oben) liegt über dem Energieniveau der Edukte.
- ✓ Die Veränderung der Gesamtenergie wird durch einen nach unten weisenden Pfeil angezeigt.

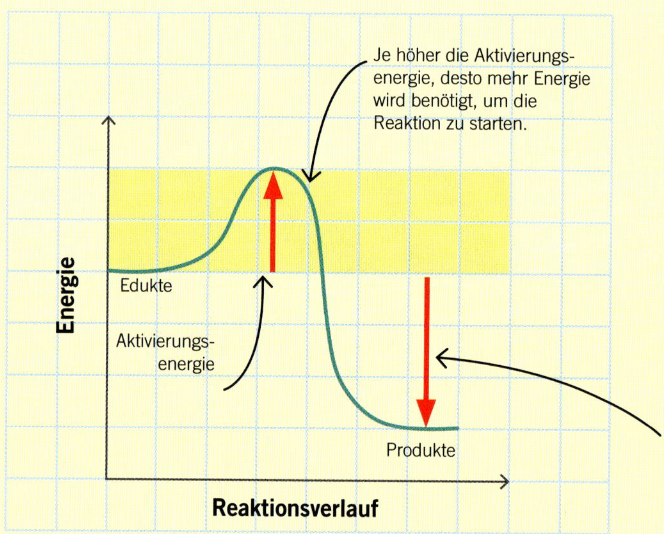

Reaktionsprofil einer exothermen Reaktion
Das Energieniveau der Edukte liegt höher als das der Produkte. Während des Reaktionsverlaufs wird Energie an die Umgebung abgegeben.

Der Pfeil nach unten zeigt an, dass bei einer exothermen Reaktion die Veränderung der Gesamtenergie negativ ist.

Was bei der Bindungsbildung passiert

Beim Knüpfen einer chemischen Bindung wird Energie freigesetzt. Je nach Substanz können metallische, ionische (siehe Seite 74) oder kovalente Bindungen (wie hier gezeigt) gebildet werden.

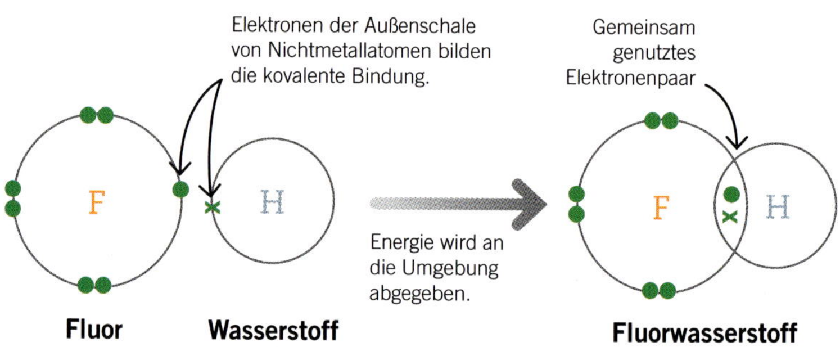

Endothermes Reaktionsprofil

Das Aufbrechen von Bindungen ist endotherm, weil Energie aufgewendet werden muss. Das Knüpfen von Bindungen ist exotherm, weil Energie freigesetzt wird. Bei endothermen Reaktionen muss mehr Energie zum Aufbrechen der alten Bindungen aufgewendet werden, als beim Knüpfen neuer Bindungen in den Produkten frei wird.

Auf einen Blick

- **In endothermen Reaktionen liegt das Energieniveau der Produkte höher als das der Edukte.**
- **Die Aktivierungsenergie (Pfeil nach oben) reicht höher als die Energie der Produkte.**
- **Die Veränderung der Gesamtenergie wird durch einen nach oben weisenden Pfeil angezeigt.**

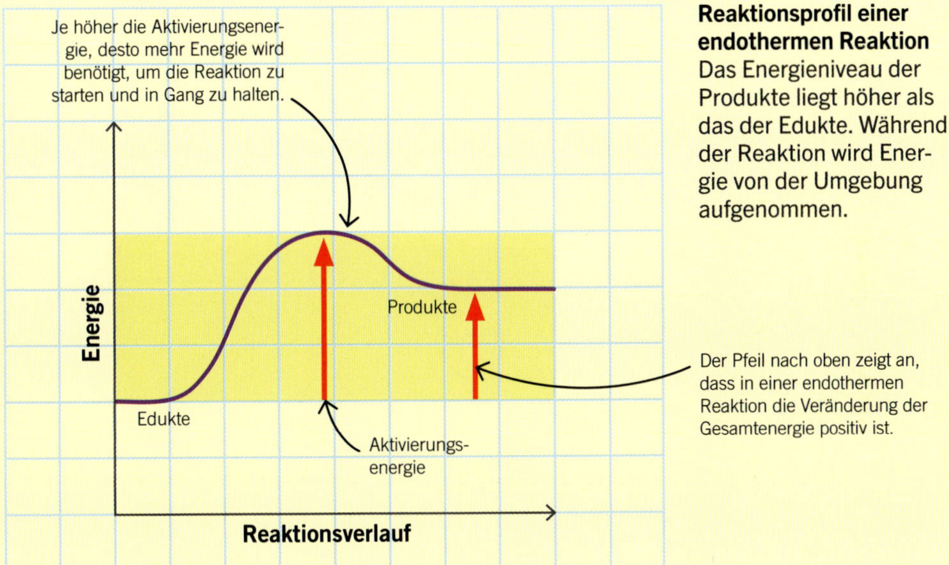

Reaktionsprofil einer endothermen Reaktion
Das Energieniveau der Produkte liegt höher als das der Edukte. Während der Reaktion wird Energie von der Umgebung aufgenommen.

Was beim Bindungsbruch passiert

Zum Aufbrechen einer chemischen Bindung wird Energie benötigt. Je nach Substanz werden metallische, ionische (siehe Seite 74) oder kovalente Bindungen (wie hier gezeigt) aufgebrochen.

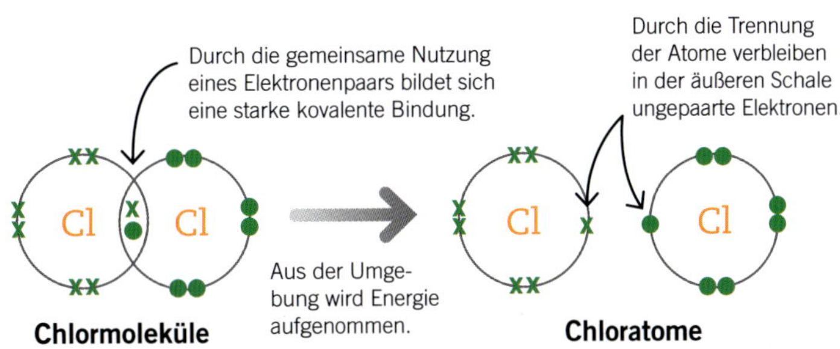

Berechnung der Energieänderung

Energie wird benötigt, um Bindungen aufzubrechen. Sie wird freigesetzt, wenn sich Bindungen bilden. Die aufgewendete oder abgegebene Energie wird Bindungsenergie genannt. Durch die Bindungsenergien der Reaktanten und Produkte kann die Energieänderung einer Reaktion berechnet werden.

Auf einen Blick

- ✓ Die Bindungsenergie ist die Energie, die zum Aufbrechen von 1 mol Bindungen aufgewendet werden muss.
- ✓ Die Energieänderung einer Reaktion ist gleich den Bindungsenergien der Edukte minus denen der Produkte.
- ✓ Bei exothermen Reaktionen ist die Energieänderung negativ, bei endothermen positiv.

Bindungsenergien
Die Bindungsenergie wird in der Einheit Kilojoule pro Mol aufgebrochene Bindung angegeben. Je höher die Energie, desto stärker ist die Bindung.

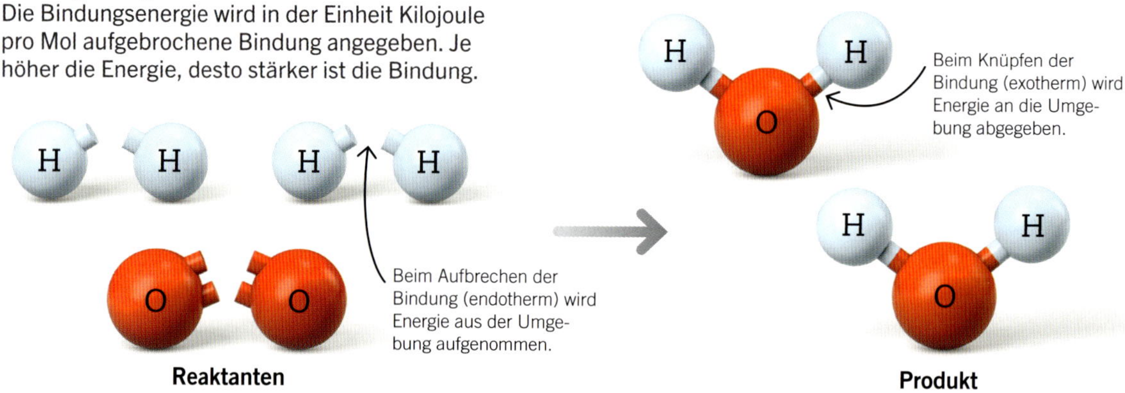

Die Energieänderung einer Reaktion

Energieänderung = Bindungsenergien der Edukte – Bindungsenergien der Produkte

Frage

Wie groß ist die Energieänderung, wenn Wasserstoff mit Chlor reagiert? Verwende die oben stehende Gleichung und die Angaben in der Tabelle.

Bindung	Bindungsenergie (kJ/mol)
H–H	436
Cl–Cl	242
H–Cl	431

Vorgehensweise

1. Ausgeglichene Gleichung: $H_2 + Cl_2 \longrightarrow 2\,HCl$
2. Mit den Bindungen: H–H + Cl–Cl $\longrightarrow$ 2 (H–Cl)
3. Bindungsenergie Edukte: 436 + 242 = 678 kJ/mol
4. Bindungsenergie Produkte: 2 · 431 = 862 kJ/mol
5. Energieänderung: 678 – 862 = –184 kJ/mol

Antwort

Die Energieänderung beträgt –184 kJ/mol. Der Betrag ist negativ. Das zeigt an, dass die Reaktion exotherm ist.

Einfache Batteriezelle

Eine elektrochemische Zelle enthält Substanzen, die durch ihre Reaktion Strom erzeugen. Eine einfache Batteriezelle besteht aus zwei Metallstücken von unterschiedlicher Reaktivität (siehe Seite 144) in einer Zitrone und einem angeschlossenen Spannungsmessgerät. Die chemische Reaktion erzeugt eine Potentialdifferenz (elektrische Spannung).

Einfache Zelle
Eine einfache elektrochemische Zelle (auch als „galvanisches Element“ bekannt) besteht aus zwei Metallen (Elektroden), die über einen Elektrolyten in Kontakt stehen und die an einen Spannungsmesser angeschlossen sind. Ein Metall muss reaktiver sein als das andere.

Auf einen Blick

- ✓ **Zwei Metalle von unterschiedlicher Reaktivität in etwas Fruchtsaft produzieren eine elektrische Spannung.**
- ✓ **Die Metalle dienen als Elektroden und der Fruchtsaft als Elektrolyt (Flüssigkeit mit geladenen Teilchen).**
- ✓ **Die verschiedenen chemischen Reaktionen bauen eine Potentialdifferenz (elektrische Spannung) auf.**

Elektrolyte

Ein Elektrolyt ist eine Flüssigkeit, in der Ionen eine elektrische Ladung transportieren können. Fruchtsaft und verschiedenes Gemüse können als Elektrolyt dienen.

Zitrusfrüchte
Orangen, Zitronen und Grapefruit enthalten Zitronensäure und damit Wasserstoffionen.

Kartoffeln
Die Phosphorsäure in Kartoffeln dient als Elektrolyt.

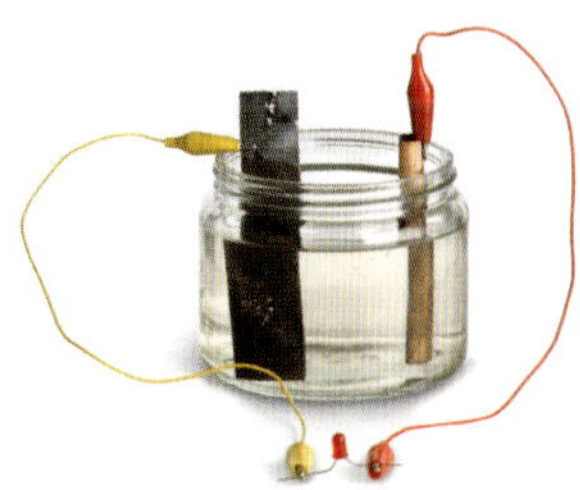

Lösungen
Verdünnte Salz- oder Säurelösungen wie Essig funktionieren gut als Elektrolyt.

Galvanische Zelle

Ein Elektrolyt (siehe Seite 173) aus Obst oder Gemüse ist nicht sehr praktisch, besser lassen sich einfache elektrochemische Zellen mit definierten Substanzen aufbauen. Eine solche Zelle (galvanische Zelle genannt) besteht aus zwei Elektroden, zwei Elektrolyten aus dem jeweiligen Metallsalz, Kabeln, einem Spannungsmesser und einer Salzbrücke.

Auf einen Blick

- ✓ Eine einfache galvanische Zelle besteht aus zwei Metallstücken von unterschiedlicher Reaktivität, die in einen Elektrolyten eintauchen und an einen Spannungsmesser angeschlossen sind.
- ✓ Zink ist reaktiver als Kupfer, sodass eine Potentialdifferenz (Spannung) entsteht.
- ✓ Je höher der Reaktivitätsunterschied, desto größer die Spannung.

Galvanische Zelle
Ein Stück Zink wird in ein Becherglas mit Zinksulfatlösung getaucht, und ein Stück Kupfer wird in eine Kupfersulfatlösung getaucht. Die Konzentration der Lösungen beeinflusst die gemessene Spannung.

Was in einer galvanischen Zelle passiert

In einer galvanischen Zelle wird durch die Übertragung von Elektronen Energie produziert. Die Reaktivität der Metalle führt dazu, dass an einem Pol (einem Ende) Elektronen abgegeben, am anderen Pol aufgenommen werden. Im Stromkreis fließt elektrischer Strom.

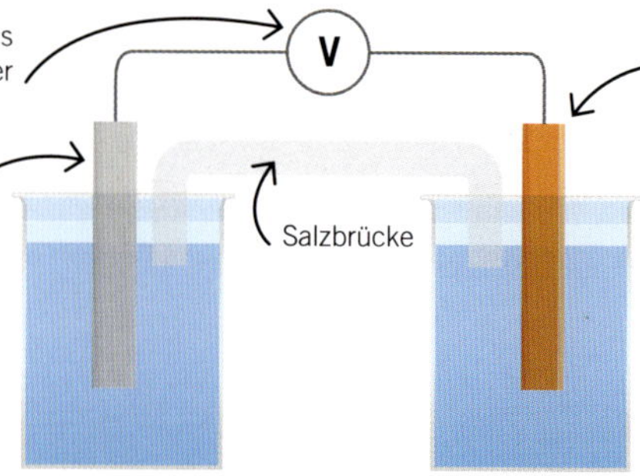

Zink ist reaktiver als Kupfer, d. h., Zink gibt leichter Elektronen ab. Zink wird deshalb zum negativen Pol der Zelle.

Kupfer ist weniger reaktiv als Zink, d. h., Kupferionen nehmen leichter Elektronen auf. Kupfer wird deshalb zum positiven Pol der Zelle.

Batterien

Eine Batterie besteht aus einer oder mehreren galvanischen Zellen (siehe Seite 174) in einem Gehäuse aus Metall oder Plastik. Durch ihren Plus- und Minuspol wird sie in einen Stromkreis eingebunden. Eine Batterie kann elektrische Energie in Form von chemischer Energie tage-, wochen- oder sogar jahrelang speichern.

Auf einen Blick

- ✓ Eine Batterie enthält eine oder mehrere galvanische Zellen.
- ✓ In nicht wiederaufladbaren Batterien verbrauchen sich die Chemikalien und die Batterie muss ersetzt werden.
- ✓ In wiederaufladbaren Batterien (Akkus) lässt sich die Reaktion durch eine externe Stromquelle umkehren, sodass sich die Chemikalien zurückbilden und die Batterie mehrmals verwendet werden kann.

Alkalische Batterien
Alkalische Batterien („Alkali-Zellen") dienen der Stromversorgung für kleine elektrische Geräte wie Taschenlampen, Spielzeug und Fernbedienungen. Es gibt sie auch wiederaufladbar als Akku.

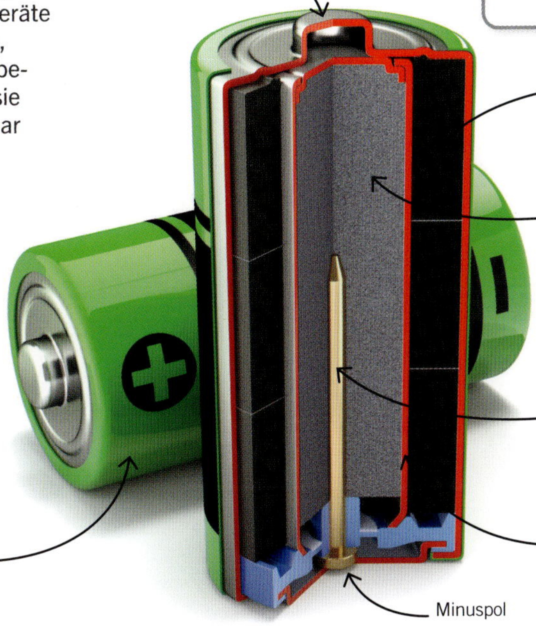

Gängige Batterietypen

Die verschiedenen Batterietypen enthalten unterschiedliche Chemikalien. Ihre Namen verraten zu einem gewissen Teil, was die aktiven Materialien sind.

Batterietyp	Inhalt	Verwendung
Alkali	Zink Mangan(IV)-oxid Kaliumhydroxid	Kleine elektronische Geräte wie Spielzeug und Fernbedienungen
Blei-Säure	Blei(IV)-oxid Blei Schwefelsäure	Autobatterie
Lithium-Ionen	Graphit Lithiumcobaltoxid Organische Lithiumlösung	Smartphones und Laptops

Brennstoffzelle

In einer Brennstoffzelle baut sich durch die Reaktion eines Brennstoffs mit Sauerstoff eine Potentialdifferenz auf. Der Brennstoff wird dabei oxidiert, aber anders als bei der Verbrennung (siehe Seite 163) läuft die Reaktion elektrochemisch ab. Durch die Potentialdifferenz fließt elektrischer Strom, z.B. zum Antreiben eines elektrischen Motors.

Auf einen Blick

- ✓ **In einer elektrochemischen Reaktion mit Sauerstoff wird ein Brennstoff oxidiert.**
- ✓ **Gängige Brennstoffe für die Brennstoffzelle sind Wasserstoff und Methanol.**
- ✓ **Durch die Reaktion baut sich eine Potentialdifferenz auf und Strom kann fließen.**

Brennstoffzellen-Modellauto
Hier treibt eine Wasserstoff-Sauerstoff-Minibrennstoffzelle einen elektrischen Motor an.

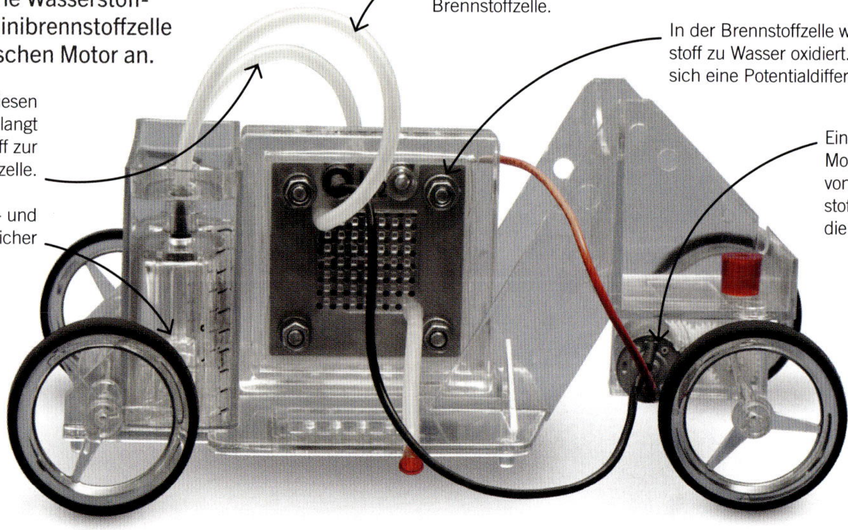

Vergleich von Brennstoffzelle und Batterie

In der Batterie und in der Brennstoffzelle baut sich durch elektrochemische Reaktionen eine Potentialdifferenz auf. In der Brennstoffzelle wird dafür aber ein Brennstoff benötigt, in der Batterie nicht. Es gibt noch weitere Unterschiede.

Brennstoffzelle	Batterie
Während des Betriebs der Brennstoffzelle bleibt die Potentialdifferenz konstant.	Während des Betriebs wird die Potentialdifferenz langsam kleiner.
Besser ist ein großer Tank, damit die Zelle lange läuft.	Besser sind kleine Chemikalienmengen, um weniger aufladen oder entsorgen zu müssen.
Nicht wiederaufladbar. Aufladbare Zellen sind in der Entwicklung.	Es gibt wiederaufladbare Batterien, aber viele sind Einmalartikel.
Teuer in der Herstellung	Billig in der Herstellung

Zellreaktionen

Mit „Brennstoffzelle“ ist meist die Wasserstoff-Sauerstoff-Brennstoffzelle gemeint. An der Anode (der negativen Elektrode) wird Wasserstoff zu Wasserstoffionen oxidiert. Die Ionen wandern durch eine Membran, die Elektronen durch den äußeren Stromkreis zur Kathode (der positiven Elektrode). Dort bilden sie mit Sauerstoff Wasser.

Auf einen Blick

- ✓ **In einer Brennstoffzelle bildet sich durch die Reaktion von Wasserstoff mit Sauerstoff Wasser.**
- ✓ **Der Wasserstoff gibt Elektronen ab und wird zu Wasserstoffionen oxidiert.**
- ✓ **Sauerstoff reagiert mit Wasserstoffionen und Elektronen und wird zu Wasser reduziert.**

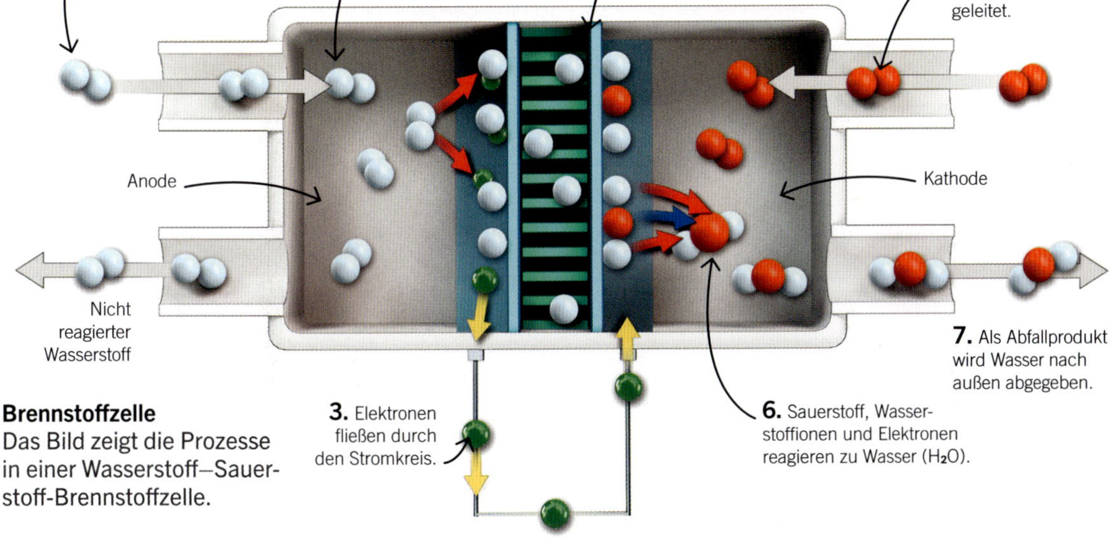

Brennstoffzelle
Das Bild zeigt die Prozesse in einer Wasserstoff–Sauerstoff-Brennstoffzelle.

Reaktionen in der Brennstoffzelle

Die Gesamtreaktion in der Wasserstoff-Sauerstoff-Brennstoffzelle lautet:

Wasserstoff	+	**Sauerstoff**	⟶	**Wasser**
$2\ H_2$	+	O_2	⟶	$2\ H_2O$

Die Gesamtreaktion kann in zwei Halbreaktionen aufgeteilt werden, die jeweils in einer Zellhälfte ablaufen. Mehr zu Halbreaktionen steht auf Seite 155.

Anodenreaktion Wasserstoff gibt Elektronen ab und wird zu Wasserstoffionen oxidiert. Die Halbreaktion dafür lautet:

$$2\ H_2 \longrightarrow 4\ H^+ + 4\ e^-$$

Kathodenreaktion Sauerstoff bildet zusammen mit Wasserstoffionen und Elektronen Wasser. Die Halbreaktion lautet:

$$O_2 + 4\ H^+ + 4\ e^- \longrightarrow 2\ H_2O$$

Geschwindigkeit und Gleichgewicht

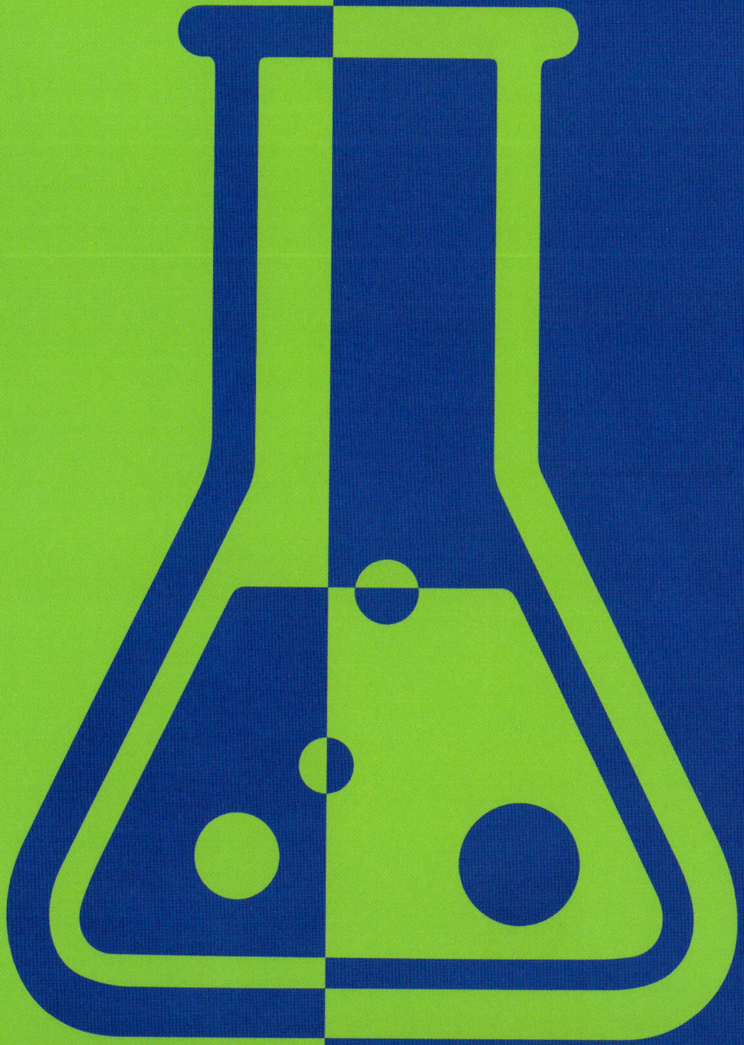

Reaktionsgeschwindigkeit

Die Reaktionsgeschwindigkeit beschreibt, wie schnell bei einer Reaktion Reaktanten verbraucht oder Produkte gebildet werden. Die Geschwindigkeit kann je nach Art der Reaktion und den Bedingungen sehr unterschiedlich sein.

Auf einen Blick

- ✓ Die Reaktionsgeschwindigkeit beschreibt, wie schnell Reaktanten verbraucht oder Produkte geformt werden.
- ✓ Einige Reaktionen verlaufen schnell, andere langsam.
- ✓ Rosten ist eine langsame Reaktion, Explosionen hingegen verlaufen sehr schnell.

Rosten von Eisen
Kommt Eisen mit bestimmten Stoffen in seiner Umgebung in Kontakt, beginnt es zu rosten (siehe Seite 264). Das Rosten ist ein langsamer Vorgang und kann Tage, Monate oder Jahre andauern.

Bei der Reaktion von Eisen mit Sauerstoff und Wasser bildet sich Rost. Rosten ist eine Oxidationsreaktion.

Rost ist orange-braunes hydratisiertes Eisenoxid.

Reaktionsgeschwindigkeit

Die Geschwindigkeit von Reaktionen kann je nach Art der Reaktion sehr unterschiedlich sein. Manche verlaufen sehr langsam, andere sehr schnell.

Langsam
Die Umwandlung von organischen Resten von Lebewesen in Erdöl benötigt Millionen von Jahren.

Mäßig schnell
Die Reaktion von Magnesium mit verdünnter Säure läuft im Sekunden- bis Minutenbereich ab.

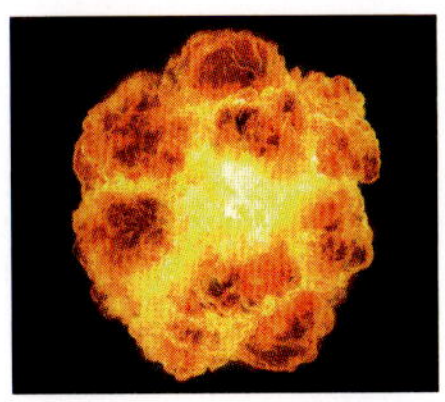

Schnell
Die Reaktion eines Brennstoffs mit Sauerstoff (siehe Seite 163) vollzieht sich nahezu in einem Moment.

Stoßtheorie

Die Stoßtheorie erklärt, wie und mit welcher Geschwindigkeit chemische Reaktionen ablaufen. Demnach kommt es nur dann zu einer Reaktion, wenn Teilchen mit genügend Energie zusammenstoßen. Je mehr erfolgreiche Zusammenstöße es pro Zeit gibt, desto schneller verläuft die Gesamtreaktion.

Erfolgreiche Zusammenstöße

Teilchen sind ständig in Bewegung und prallen aufeinander. Ist die Energie dabei groß genug, reagieren sie. Führt der Zusammenstoß zu einer Reaktion, ist er erfolgreich.

Auf einen Blick

- ✓ **Für eine chemische Reaktion müssen die Teilchen genügend Energie haben.**
- ✓ **Führt ein Zusammenstoß zu einer Reaktion, gilt er als erfolgreich.**
- ✓ **Je mehr erfolgreiche Zusammenstöße pro Zeit, desto höher ist die Reaktionsgeschwindigkeit.**
- ✓ **Die reagierenden Teilchen können Atome, Ionen oder Moleküle sein.**

Nicht erfolgreicher Zusammenstoß

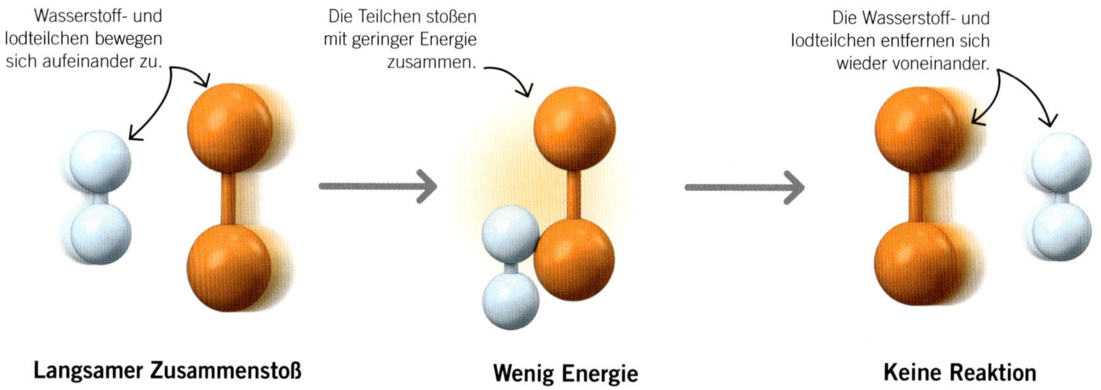

Erfolgreicher Zusammenstoß

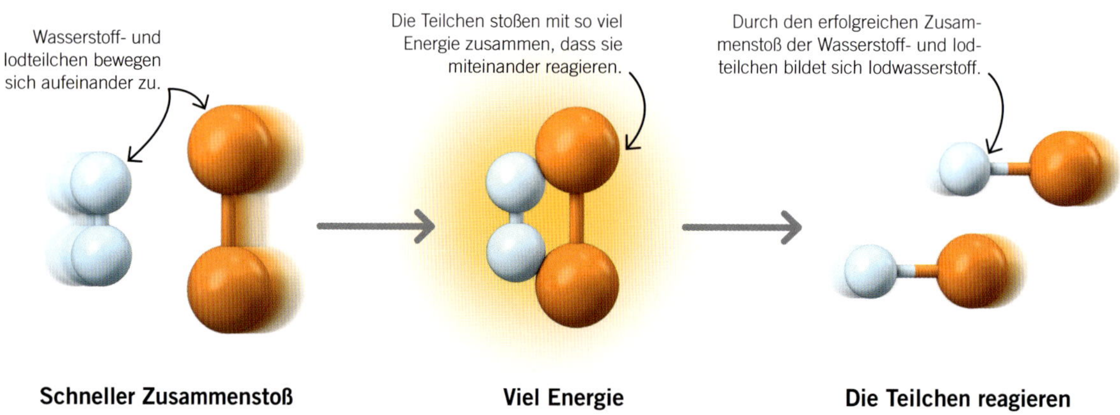

Temperaturabhängigkeit

Je höher die Temperatur, desto schneller verläuft eine Reaktion. Wärme verleiht den Teilchen Energie, sodass sie sich in der Reaktionsmischung schneller bewegen und häufiger zusammenstoßen. Somit kommt es vermehrt zu erfolgreichen Zusammenstößen.

Auf einen Blick

- ✓ **Je höher die Temperatur, desto schneller verläuft eine Reaktion.**
- ✓ **Die Teilchen bewegen sich schneller und stoßen häufiger zusammen.**
- ✓ **Mehr Teilchen verfügen mindestens über die Aktivierungsenergie.**
- ✓ **In einer bestimmten Zeit erfolgen mehr erfolgreiche Zusammenstöße.**

Reduktion von Kupferoxid
Beim Erhitzen von Kupferoxid mit Wasserstoff bilden sich Kupfer und Wasser.

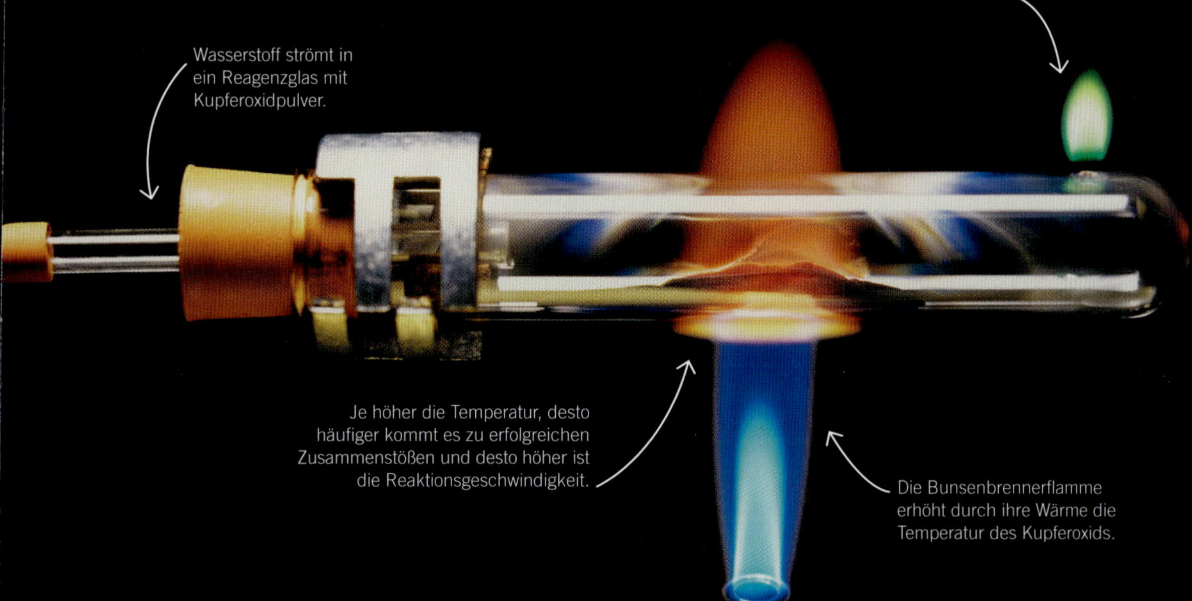

Überschüssiger Wasserstoff entweicht durch ein Loch im Reagenzglas. Damit er sich nicht anreichern und explodieren kann, wird er angezündet.

Wasserstoff strömt in ein Reagenzglas mit Kupferoxidpulver.

Je höher die Temperatur, desto häufiger kommt es zu erfolgreichen Zusammenstößen und desto höher ist die Reaktionsgeschwindigkeit.

Die Bunsenbrennerflamme erhöht durch ihre Wärme die Temperatur des Kupferoxids.

Bewegung von Teilchen

Damit Teilchen reagieren, müssen sie mindestens die Aktivierungsenergie für die Reaktion aufbringen. Ein Zusammenstoß ist erfolgreich, wenn eine Reaktion erfolgt. Mit steigender Temperatur sind die Zusammenstöße häufiger und mehr erfolgreich. Dadurch steigt die Reaktionsgeschwindigkeit.

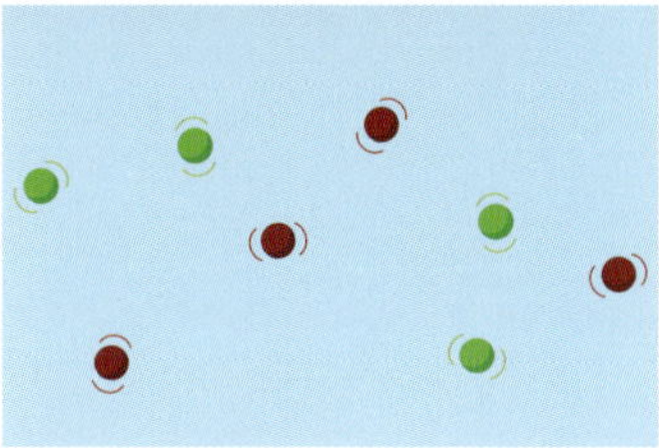

Niedrige Temperatur
Zusammenstöße passieren selten und nur ein kleiner Teil davon ist erfolgreich.

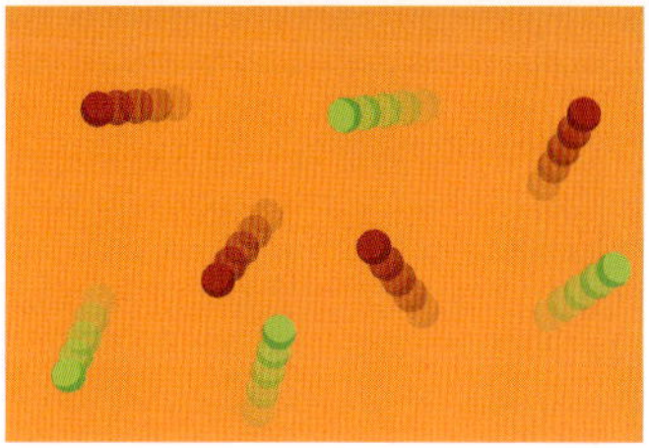

Hohe Temperatur
Zusammenstöße passieren häufig und ein Großteil davon ist erfolgreich.

Konzentrationsabhängigkeit

Je höher die Konzentration der Reaktanten in der Lösung, desto schneller verläuft die Reaktion. Mehr Teilchen in einer Lösung bedeuten eine höhere Konzentration und häufigere Zusammenstöße. Das Gleiche gilt für Gase: Je höher der Druck, desto dichter sind die Teilchen zusammen und desto häufiger stoßen sie aneinander.

Auf einen Blick

- ✓ Je höher die Konzentration oder der Druck, desto schneller verlaufen die Reaktionen.
- ✓ Mehr Teilchen in einem Volumen bedeuten eine höhere Konzentration.
- ✓ Je höher die Konzentration, desto häufiger stoßen die Teilchen zusammen.

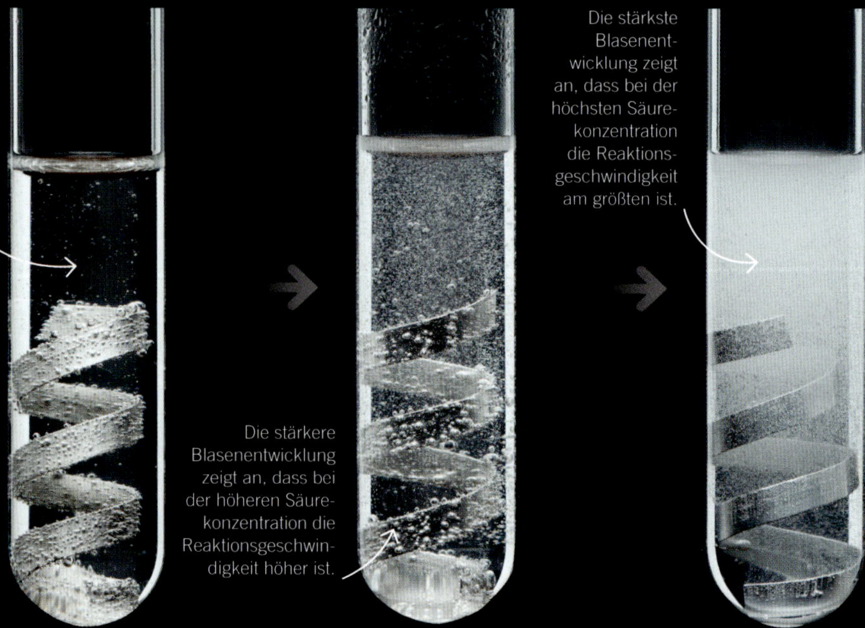

Reaktion von Magnesium mit Säure
Bei der Reaktion von Magnesium mit Salzsäure in verschiedenen Konzentrationen entstehen Magnesiumchlorid und Wasserstoff.

Bewegung von Teilchen

Die Konzentration ist ein Maß für die Teilchenmenge in einem gegebenen Volumen. Der Gasdruck folgt aus der Kraft, mit der Teilchen an die Wände des Gefäßes stoßen. Je häufiger sie auf die Wände prallen, desto höher ist der Gasdruck.

Niedrige Konzentration oder niedriger Druck
Die Teilchendichte ist gering, und die Teilchen stoßen selten zusammen.

Hohe Konzentration oder hoher Druck
Die Teilchendichte ist hoch, und die Teilchen stoßen häufiger zusammen.

Oberflächenabhängigkeit

Je größer die Oberfläche eines Feststoffs, desto größer ist die Reaktionsgeschwindigkeit. Ein kleineres Stück Feststoff hat im Verhältnis zum Volumen eine größere Oberfläche als ein größeres. Das bedeutet, dass mehr Teilchen für Zusammenstöße zur Verfügung stehen.

Auf einen Blick

- ✓ Bei geringerem Volumen ist das Verhältnis von Oberfläche zum Volumen größer.
- ✓ Ein Pulver weist eine viel größere Oberfläche als ein kompaktes Stück gleichen Volumens auf.
- ✓ An der Oberfläche liegen mehr Teilchen vor, sodass es mehr erfolgreiche Zusammenstöße gibt und die Reaktionsgeschwindigkeit zunimmt.

Calciumcarbonat und Salzsäure
Wird ein Stück Kalk (Calciumcarbonat) in kleinere Bröckchen zerstoßen, verläuft die Reaktion sichtbar schneller.

Bei der Reaktion von verdünnter Salzsäure mit Calciumcarbonat bilden sich Blasen.

Dieses Stück Kalk hat im Verhältnis zu seinem Volumen eine relativ kleine Oberfläche. Die meisten Teilchen befinden sich innen und sind nicht zugänglich für Reaktionen.

Diese kleineren Calciumcarbonatstücke haben die gleiche Masse wie das große Stück, aber es befinden sich mehr Teilchen an der Oberfläche.

Feststoff zerkleinern

Die Teilchen eines festen Stoffes können nur reagieren, wenn sie an der Oberfläche liegen. Durch das Zerkleinern oder Pulverisieren gelangen dorthin mehr Teilchen, sodass durch die häufigeren Zusammenstöße die Reaktionsgeschwindigkeit zunimmt.

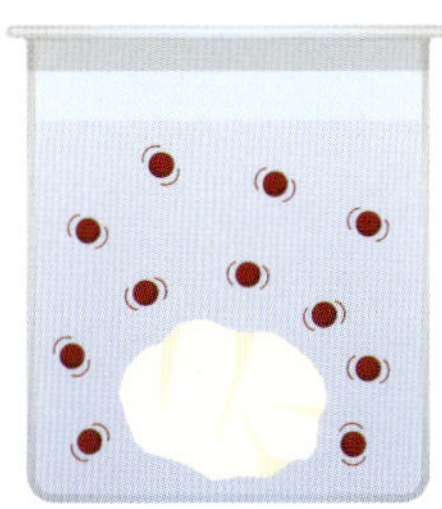

Großer Brocken
Seltene Zusammenstöße, geringe Reaktionsgeschwindigkeit.

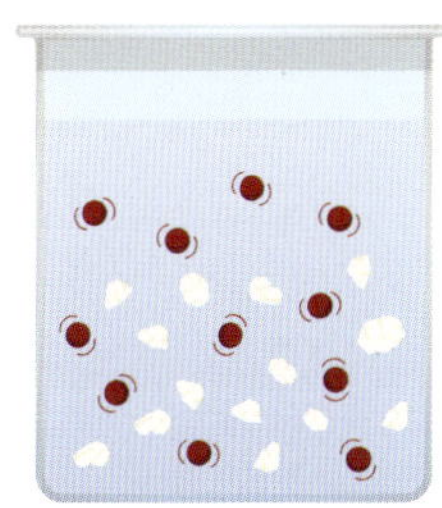

Kleine Stückchen
Häufige Zusammenstöße, hohe Reaktionsgeschwindigkeit.

Katalytische Wirkung

Katalysatoren sind Stoffe, die eine Reaktion beschleunigen, ohne selbst verbraucht zu werden. Das ist möglich, weil sie die Aktivierungsenergie senken. Sie verändern die Produkte in keiner Weise und sind nach der Reaktion chemisch auch nicht verändert. Enzyme sind biologische Katalysatoren.

Bei der Reaktion von Seife mit Sauerstoff bildet sich Schaum.

Die Wasserstoffperoxidlösung ist klar und farblos. Das Kaliumiodid färbt sie braun.

Der Kolben enthält Wasserstoffperoxidlösung, etwas Kaliumiodid und Flüssigseife.

Wasserstoffperoxid
Wasserstoffperoxid zersetzt sich langsam zu Wasser und Sauerstoff. Kaliumiodid beschleunigt die Reaktion als Katalysator.

Auf einen Blick

- ✓ Katalysatoren beschleunigen Reaktionen, ohne selbst verbraucht zu werden.
- ✓ Katalysatoren ermöglichen alternative Reaktionswege mit einer niedrigeren Aktivierungsenergie.
- ✓ Verschiedene Reaktionen benötigen unterschiedliche Katalysatoren.
- ✓ Enzyme sind biologische Katalysatoren.

Funktionsweise von Katalysatoren

Die Aktivierungsenergie ist die Energie, die mindestens aufgewendet werden muss, damit eine Reaktion ablaufen kann. Katalysatoren ermöglichen einen alternativen Reaktionsweg mit einer niedrigeren Aktivierungsenergie. Durch die niedrigere Energie werden erfolgreiche Zusammenstöße häufiger.

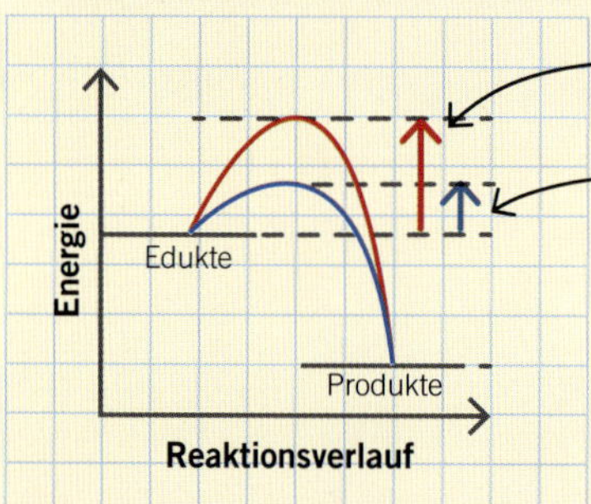

Reaktionsprofil einer exothermen Reaktion
Mehr über exotherme Reaktionen auf Seite 170.

Darstellung als Graph

Im Verlauf einer Reaktion nimmt die Menge der Edukte ab und die Menge der Produkte zu. Diese Veränderung lässt sich durch Auftragen der Menge gegen die Zeit graphisch darstellen. Die Steigung der Kurve entspricht der Reaktionsgeschwindigkeit.

Auf einen Blick

- ✓ Durch Auftragen der Mengenänderung gegen die Zeit ergibt sich die Reaktionsgeschwindigkeit.
- ✓ Je steiler die Kurve, desto höher ist die Reaktionsgeschwindigkeit.
- ✓ Die Durchschnittsgeschwindigkeit ist die Mengenveränderung geteilt durch die Zeit.

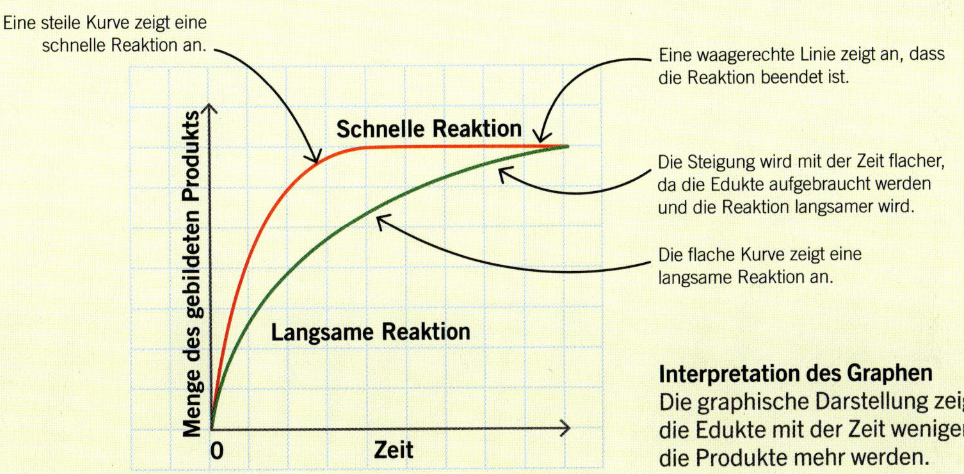

Interpretation des Graphen
Die graphische Darstellung zeigt, wie die Edukte mit der Zeit weniger und die Produkte mehr werden.

Durchschnittliche Reaktionsgeschwindigkeit

Aus der Menge des Edukts oder des gebildeten Produkts nach einer gegebenen Zeit lässt sich die durchschnittliche Reaktionsgeschwindigkeit berechnen. Die Menge kann die Masse, das Volumen oder die Stoffmenge in Mol sein.

Frage
Bei welcher Durchschnittsgeschwindigkeit wird nach 8 s 14,4 cm^3 Gas produziert?

Vorgehensweise

$$\text{Durchschnittliche Reaktionsgeschwindigkeit} = \frac{\text{Mengenänderung des Edukts oder Produkts}}{\text{Zeit}}$$

$$\text{Durchschnittsgeschwindigkeit} = \frac{14{,}4\,\text{cm}^3}{8\,\text{s}} = 1{,}8\,\text{cm}^3/\text{s}$$

Antwort
Die durchschnittliche Reaktionsgeschwindigkeit beträgt 1,8 cm^3/s.

Messung des Gasvolumens

Ein Gasvolumen wird am besten mit einer Gasspritze gemessen. Solche Spritzen bestehen aus Glas und fassen gewöhnlich bei Einteilungen von 1 cm^3 ein Volumen von 100 cm^3. Gasspritzen sind praktischer zu verwenden als ein umgedrehter Messzylinder in einem Wassergefäß.

Auf einen Blick

- ✓ **Das Gasvolumen wird mit Gasspritzen gemessen.**
- ✓ **Die Reaktionsgeschwindigkeit wird aus dem produzierten Gasvolumen und der Zeit ermittelt.**
- ✓ **Die Steigung des Graphen des Volumens gegen die Zeit ergibt die Reaktionsgeschwindigkeit.**

Calciumcarbonat und Salzsäure
Bei der Reaktion von Calciumcarbonat mit verdünnter Salzsäure entwickeln sich Kohlenstoffdioxidbläschen.

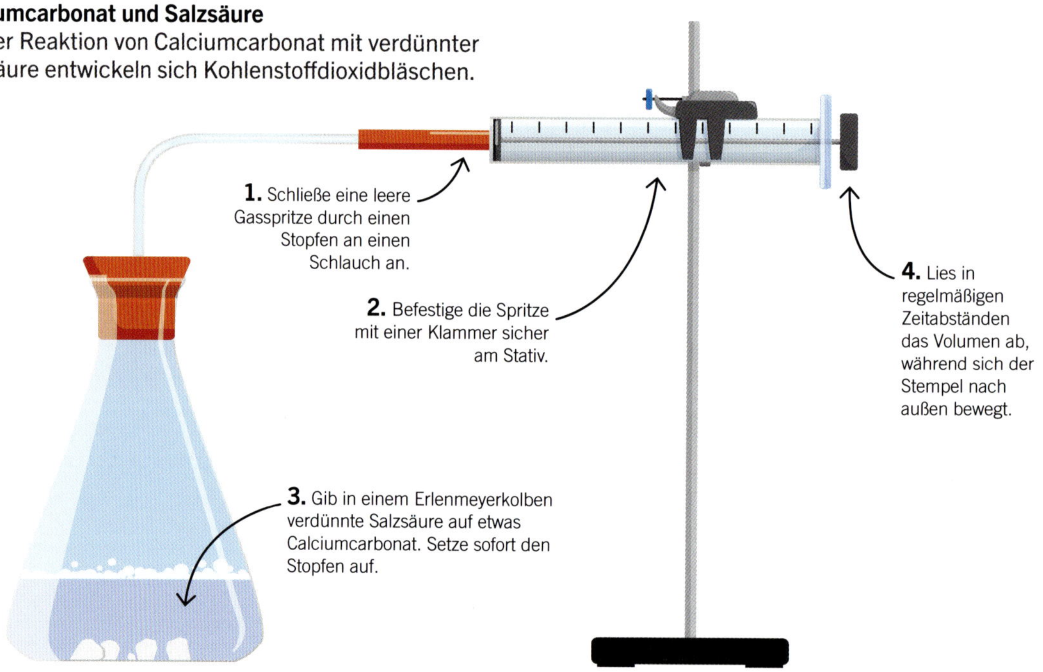

Bestimmung der Reaktionsgeschwindigkeit

Notiere zur Bestimmung der Reaktionsgeschwindigkeit in regelmäßigen Zeitabständen das Volumen. Trage anschließend die Werte gegen die Zeit auf. Mehr zu Reaktionsgraphen auf Seite 185.

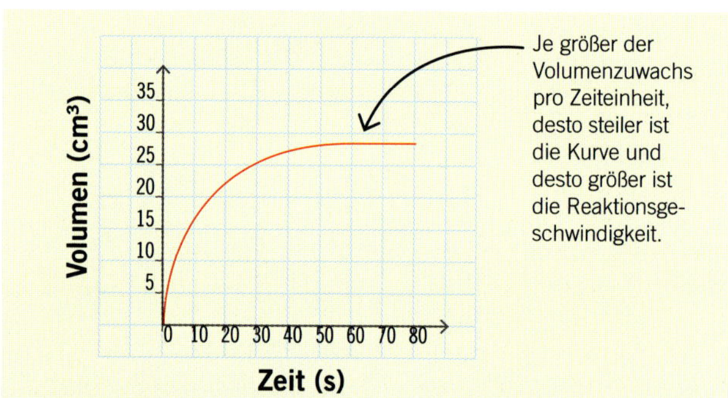

Veränderung der Masse

Die Masse lässt sich mit einer Laborwaage sehr genau bestimmen. Kohlenstoffdioxid ist ein recht schweres Gas, sodass man sein Entweichen aus der Reaktionsmischung als Masseverlust gut messen kann. Obwohl die Gesamtmasse gleich bleibt, verliert die Reaktionsmischung die Masse des Kohlenstoffdioxids an die Umgebung.

Auf einen Blick

- ✓ Die Masse wird mit einer Waage gemessen.
- ✓ Die Reaktionsgeschwindigkeit wird aus der Masse der Reaktionsmischung und des Gefäßes sowie der Zeit ermittelt.
- ✓ Die Steigung des Graphen ergibt die Reaktionsgeschwindigkeit.

1. Stelle einen Erlenmeyerkolben mit Calciumcarbonat und verdünnter Salzsäure auf die Waage.

2. Notiere die Masse zu Beginn der Reaktion und dann in regelmäßigen Zeitabständen.

Calciumcarbonat und Salzsäure
Bei der Reaktion von Calciumcarbonat mit verdünnter Salzsäure entweicht Kohlenstoffdioxid. Dadurch verliert die Reaktionsmischung Masse.

Bestimmung der Reaktionsgeschwindigkeit

Notiere zur Bestimmung der Reaktionsgeschwindigkeit in regelmäßigen Zeitabständen die Masse. Berechne den Masseverlust seit Beginn der Reaktion und trage ihn dann als Graph auf. Festkörperstücke reagieren langsamer als Pulver, da sie im Verhältnis zum Volumen eine kleinere Oberfläche haben (siehe Seite 183).

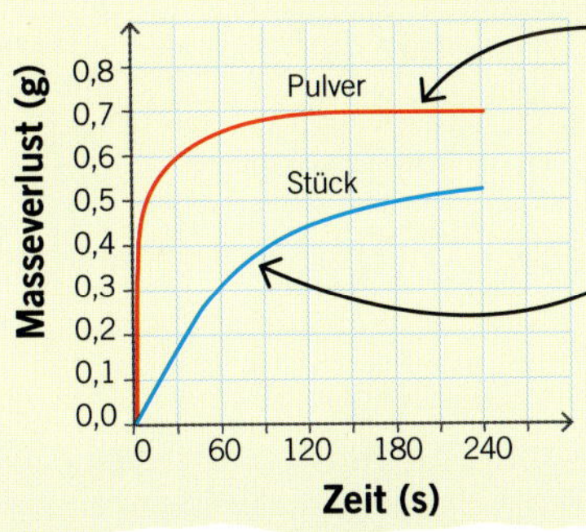

Je größer der Masseverlust pro Zeiteinheit, desto steiler ist die Kurve und desto größer ist die Reaktionsgeschwindigkeit.

Größere Stücke reagieren langsamer als ein Pulver.

Bestimmung durch einen Niederschlag

Ein Niederschlag ist eine unlösliche Substanz, die sich durch die Reaktion von Lösungen bildet. Der Niederschlag macht eine klare Lösung trüb. Eine Lösung kann so trüb werden, dass sie undurchsichtig wird. Durch Messen der Eintrübzeit lässt sich die Reaktionsgeschwindigkeit ermitteln.

Auf einen Blick

- ✓ Eine Reaktionsmischung wird trüb, wenn sich ein Niederschlag bildet.
- ✓ Nach einer Weile wird sie undurchsichtig.
- ✓ Je länger das dauert, desto geringer ist die Reaktionsgeschwindigkeit.

Das verschwindende Kreuz
Eine Natriumthiosulfatlösung reagiert mit verdünnter Salzsäure. Dabei bildet sich ein gelber Niederschlag aus Schwefel, der die Reaktionsmischung eintrübt. Miss die Zeit mit einer Stoppuhr.

1. Male auf ein Papier ein schwarzes Kreuz. Stelle auf das Kreuz ein Becherglas mit Natriumthiosulfatlösung.

2. Gib verdünnte Salzsäure hinzu und starte die Zeitmessung. Die Reaktionsmischung wird trüb.

3. Beobachte das Kreuz. Beende die Zeitmessung, sobald du das Kreuz nicht mehr sehen kannst. Notiere die Zeit auf eine volle Sekunde genau.

Berechung der Reaktionsgeschwindigkeit

Mit dem Experiment wird die Reaktionszeit bestimmt. Diese ist umgekehrt proportional zur Reaktionsgeschwindigkeit – je kürzer die Zeit, desto schneller die Reaktion. Teile für den Erhalt einfacher Zahlen 1000 durch die Reaktionszeit.

$$\text{Reaktionsgeschwindigkeit} = \frac{1000}{\text{Zeit}}$$

Frage
Die Zeit bis zum Verschwinden des Kreuzes beträgt 20 s. Berechne die Reaktionsgeschwindigkeit.

Vorgehensweise

$$\text{Reaktionsgeschwindigkeit} = \frac{1000}{20\text{s}} = 50\,\text{/s}$$

Antwort
Die Reaktionsgeschwindigkeit beträgt 50/s.

Einfluss der Säurekonzentration

Je höher die Konzentration einer Lösung, desto häufiger stoßen die Reaktanten zusammen und desto höher ist die Reaktionsgeschwindigkeit. Der Effekt der Konzentration lässt sich durch zwei Experimente bei unterschiedlichen Konzentrationen beobachten.

Auf einen Blick

- ✓ Die Reaktionsgeschwindigkeit nimmt mit höherer Eduktkonzentration zu.
- ✓ Die Reaktionsgeschwindigkeit ergibt sich aus dem Verbrauch des Edukts oder der Bildung des Produkts.
- ✓ Bei Untersuchungen zur Konzentration sollte sich nur die Konzentration ändern.

Calciumcarbonat und Salzsäure

Auf Seite 186 wurde bei der Reaktion von Calciumcarbonat mit verdünnter Salzsäure das Volumen des entweichenden Kohlenstoffdioxids gemessen. Diese Reaktion kann mit einer anderen Salzsäurekonzentration wiederholt werden. Dabei sollten die Masse und die Größe des Calciumcarbonatstücks sowie das Volumen und die Temperatur der Säure gleich bleiben.

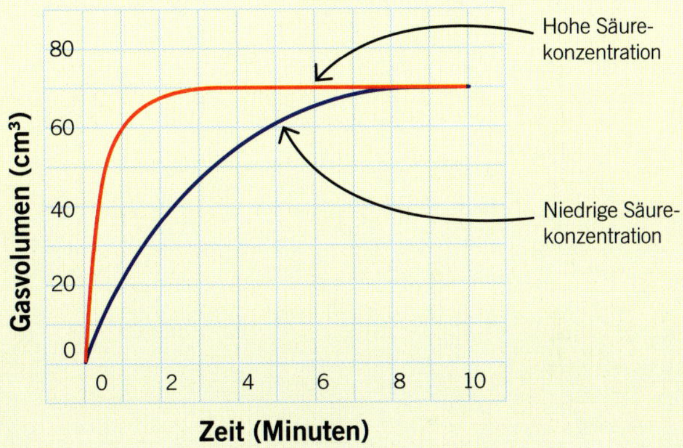

Interpretation der Ergebnisse

Frage

Trage das Gasvolumen gegen die Zeit als Graph auf (siehe Seite 185) und bestimme für beide Säurekonzentrationen die durchschnittliche Reaktionsgeschwindigkeit. Wie wirkt sich die höhere Säurekonzentration auf die Reaktionsgeschwindigkeit aus?

Vorgehensweise

1. Notiere in dem oben gezeigten Graphen, an welcher Stelle die Reaktion beendet ist (die Kurve flach wird).

Stärker konzentrierte Säure: 3 Minuten
Schwächer konzentrierte Säure: 8 Minuten

2. Berechne die durchschnittlichen Reaktionsgeschwindigkeiten.

$$\text{Durchschnittliche Reaktionsgeschwindigkeit} = \frac{\text{Gasvolumen (cm}^3\text{)}}{\text{Reaktionszeit (min)}}$$

Hohe Konzentration: $\frac{70}{3} = 23{,}33\,\text{cm}^3/\text{min}$

Niedrige Konzentration: $\frac{70}{8} = 8{,}75\,\text{cm}^3/\text{min}$

Antwort

Bei einer höheren Säurekonzentration ist die Reaktionsgeschwindigkeit größer.

Berechnung der Geschwindigkeit

Der Reaktionsverlauf kann durch das Auftragen der Edukt- oder Produktmenge zu verschiedenen Zeiten dargestellt werden. Aus dem Graphen lassen sich die Durchschnittsgeschwindigkeit und die Geschwindigkeit an einem bestimmten Zeitpunkt berechnen.

Auf einen Blick

- ✓ **Durch graphisches Auftragen lässt sich die Durchschnittsgeschwindigkeit zwischen zwei Zeitpunkten ermitteln.**
- ✓ **Die Geschwindigkeit an einem Zeitpunkt entspricht der Steigung der Tangente.**
- ✓ **Die Reaktion ist beendet, sobald die Kurve flach wird.**

Durchschnittsgeschwindigkeit

Um die Durchschnittsgeschwindigkeit im Zeitabschnitt 20 s bis 80 s zu berechnen, bestimme zunächst die Volumina aus dem Graphen, berechne die Volumenänderung und führe dann folgende Rechnung durch.

Frage: Berechne die Durchschnittsgeschwindigkeit zwischen 20 s und 80 s.

Vorgehensweise

$$\frac{\text{Volumenänderung}}{\text{Zeitänderung}} = \frac{(56\,\text{cm}^3 - 20\,\text{cm}^3)}{(80\,\text{s} - 20\,\text{s})}$$

$$= \frac{36\,\text{cm}^3}{60\,\text{s}} = 0{,}6\,\text{cm}^3/\text{s}$$

Antwort

Die Durchschnittsgeschwindigkeit beträgt 0,6 cm³/s.

Geschwindigkeit an einem Zeitpunkt

Um die Reaktionsgeschwindigkeit zu einer gegebenen Zeit zu berechnen, ziehe zuerst bei 80 s eine Tangente. Suche zwei einfach abzulesende Punkte auf der Tangente und führe folgende Rechnung durch.

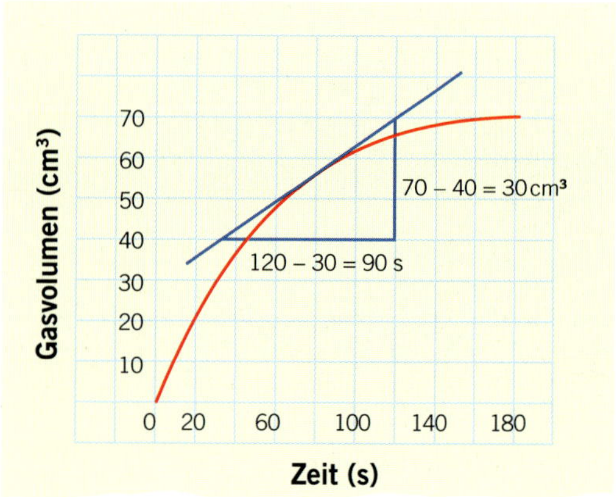

Frage: Berechne die Reaktionsgeschwindigkeit bei 80 s.

Vorgehensweise

$$\frac{\text{Volumenänderung}}{\text{Zeitänderung}} = \frac{30\,\text{cm}^3}{90\,\text{s}} = 0{,}33\,\text{cm}^3/\text{s}$$

Antwort

Die Reaktionsgeschwindigkeit beträgt 0,33 cm³/s.

Reversible Reaktionen

Einige chemische Reaktionen verlaufen reversibel (umkehrbar). Durch Änderung der Reaktionsbedingungen wie Temperatur, Druck und Konzentration kehren sie ihre Richtung um. In der Reaktionsgleichung wird Reversibilität durch den Doppelpfeil $\rightleftharpoons$ anstelle des normalen Pfeils $\rightarrow$ ausgedrückt.

Auf einen Blick

- ✓ **Eine reversible Reaktion besteht aus einer Hinreaktion und einer Rückreaktion.**
- ✓ **Der Doppelpfeil $\rightleftharpoons$ zeigt die reversible Reaktion an.**
- ✓ **Die Dehydratisierung von hydratisiertem blauem Kupfersulfat lässt sich leicht umkehren.**

Dehydratisierung und Hydratisierung von Kupfersulfat
Hydratisiertes Kupfersulfat enthält Wasser, das durch Erhitzen entfernt werden kann. Der Prozess ist reversibel.

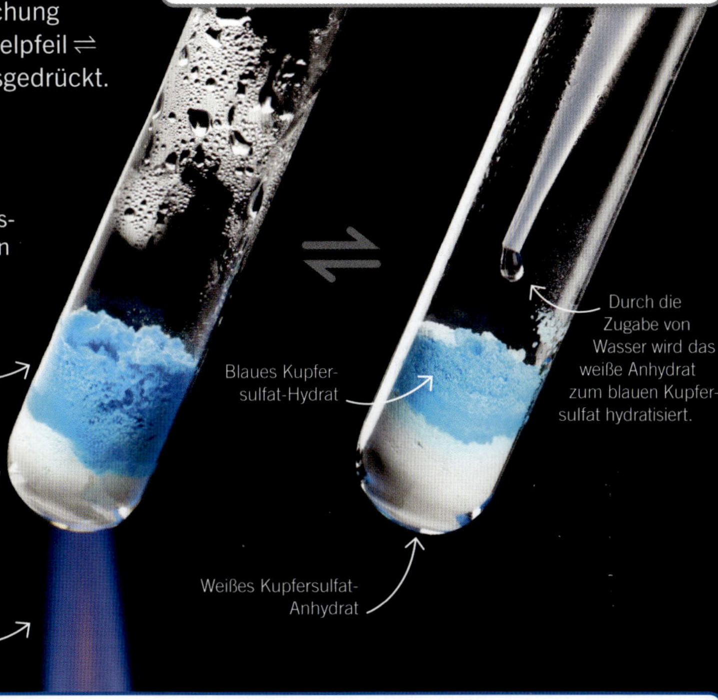

Reversible Reaktionsgleichungen

In der Gleichung für reversible Reaktionen steht anstelle des Pfeils ein Doppelpfeil $\rightleftharpoons$. Er zeigt an, dass die Reaktion in beiden Richtungen ablaufen kann. Aus den Produkten bilden sich erneut die Reaktanten. Hier ist die Gleichung für die oben gezeigte reversible Reaktion. Der Punkt (·) trennt die beiden Teile der chemischen Formel.

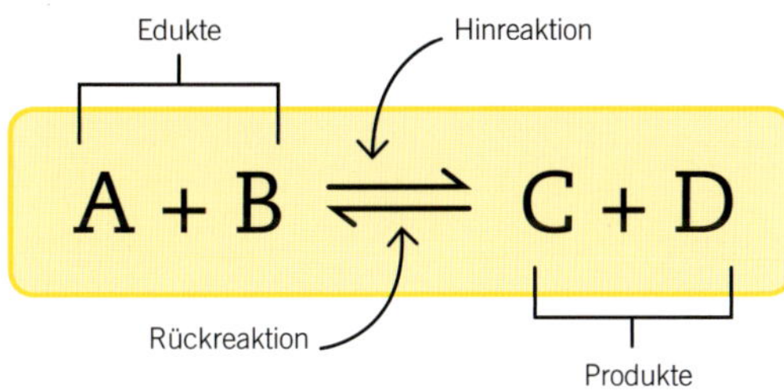

Kupfersulfat-Hydrat	$\rightleftharpoons$	Kupfersulfat-Anhydrat	+	Wasser
$CuSO_4 \cdot 5\,H_2O(f)$	$\rightleftharpoons$	$CuSO_4(f)$	+	$5\,H_2O(fl)$

Gleichgewicht

In einem abgeschlossenen System (kein Stoffaustausch) führt eine reversible Reaktion zu einem Gleichgewicht. Im Gleichgewicht laufen Hin- und Rückreaktion weiter ab, aber mit gleicher Geschwindigkeit. Das bedeutet, dass die Konzentration der Edukte und Produkte konstant bleibt.

Auf einen Blick

- ✓ **Reversible Reaktionen erreichen in abgeschlossenen Systemen ein Gleichgewicht.**
- ✓ **Im Gleichgewicht laufen die Hin- und Rückreaktion mit der gleichen Geschwindigkeit ab.**
- ✓ **Die Konzentrationen der Edukte und Produkte bleiben konstant.**

Zwei Gase im Gleichgewicht
Braunes Stickstoffdioxid (NO_2) und farbloses Distickstofftetroxid (N_2O_4) liegen in einem geschlossenen Behälter im Gleichgewicht vor.

Was im Gleichgewicht passiert

Im Gleichgewicht laufen die Hin- und Rückreaktion mit der gleichen Geschwindigkeit ab. Die Lage des Gleichgewichts ist ein Maß für die Konzentrationen. Liegt das Gleichgewicht rechts, ist die Konzentration der Produkte höher, liegt es links, ist die Konzentration der Edukte größer.

Die Hinreaktion wird mit dem Verbrauch der Edukte langsamer.

$$\text{Edukte} \rightleftharpoons \text{Produkte}$$

Die Rückreaktion wird mit der Produktbildung schneller.

Stickstoffdioxid		Distickstofftetroxid
$2NO_2$	$\rightleftharpoons$	N_2O_4

Energieübertragung im Gleichgewicht

Bei allen chemischen Reaktionen wird Energie an die Umgebung abgegeben oder von ihr aufgenommen. Verläuft bei einer reversiblen Reaktion die Hinreaktion exotherm (siehe Seite 166), so ist die Rückreaktion endotherm (siehe Seite 167). Umgekehrt ist die Rückreaktion exotherm, wenn die Hinreaktion endotherm ist.

Auf einen Blick

- ✓ **Eine reversible Reaktion ist in einer Richtung exotherm, in der anderen endotherm.**
- ✓ **Der gleiche Energiebetrag wird von der Umgebung oder auf die Umgebung übertragen.**
- ✓ **Die Reaktion von Kupfersulfat-Anhydrat und Wasser ist reversibel.**

Kupfersulfat und Wasser
Die Reaktion von Kupfersulfat-Anhydrat und Wasser ist reversibel.

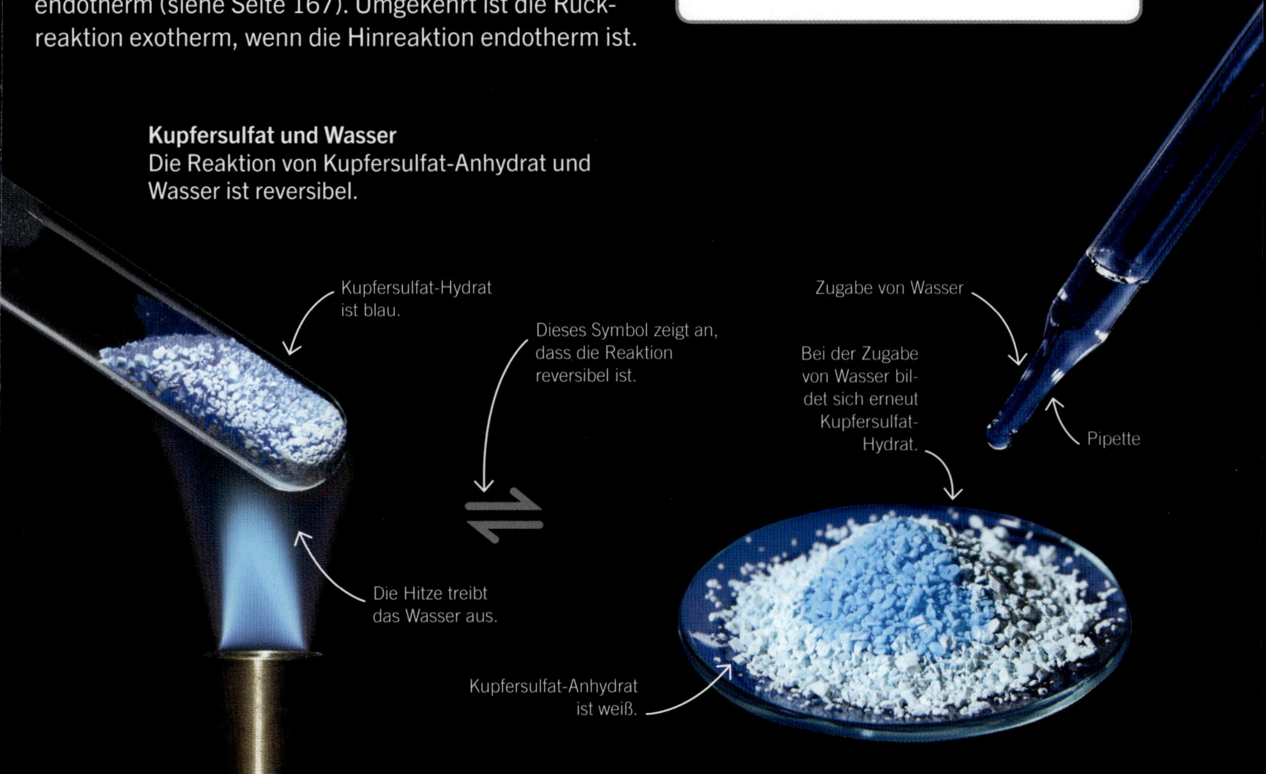

Energieänderung

Bei einer reversiblen Reaktion verläuft eine Richtung exotherm, die andere endotherm. Dabei wird der gleiche Energiebetrag übertragen, in einem Fall von der Umgebung auf das Reaktionssystem, im anderen Fall vom Reaktionssystem auf die Umgebung.

Kupfersulfat enthält Kristallwasser (siehe Seite 121).

Von der Umgebung wird Energie übertragen.

$$\text{Kupfersulfat-Hydrat} \underset{\text{Exotherm}}{\overset{\text{Endotherm}}{\rightleftharpoons}} \text{Kupfersulfat-Anhydrat + Wasser}$$

Energie wird auf die Umgebung übertragen.

Kupfersulfat-Anhydrat enthält kein Kristallwasser.

Gleichgewicht und Temperatur

Reversible Reaktionen verlaufen in eine Richtung exotherm, in die andere endotherm. Durch Temperaturerhöhung verlagert sich das Gleichgewicht (siehe Seite 192) in Richtung der endothermen Reaktion. Umgekehrt verlagert sich durch eine Temperaturabsenkung das Gleichgewicht in Richtung der exothermen Reaktion.

Auf einen Blick

- ✓ Bei reversiblen Reaktionen verlagert sich das Gleichgewicht durch Temperaturerhöhung in Richtung der endothermen Reaktion.
- ✓ Durch Temperaturabsenkung verlagert sich das Gleichgewicht in Richtung der exothermen Reaktion.
- ✓ Durch die Verlagerung des Gleichgewichts ändern sich die Konzentrationen der reagierenden Substanzen.

Stickstoffdioxid

In einem verschlossenen Glaskolben erreicht die Reaktion von braunem Stickstoffdioxid (NO_2) und farblosem Distickstofftetroxid (N_2O_4) ein Gleichgewicht. Durch Kühlung verlagert sich das Gleichgewicht in Richtung der exothermen Reaktion, und die Konzentration des farblosen N_2O_4 nimmt zu. Das Gegenteil geschieht beim Erwärmen.

Stickstoffdioxid	Exotherm / Endotherm	Distickstofftetroxid
$2\ NO_2$	$\rightleftharpoons$	N_2O_4

Gleichgewicht und Druck

Verändern sich bei einer reversiblen Reaktion die Reaktionsbedingungen, dann verlagert sich das Gleichgewicht, um dem entgegenzuwirken (siehe Seite 192). Wird bei Gasreaktionen der Druck erhöht, verschiebt sich das Gleichgewicht in die Richtung mit weniger Gasmolekülen.

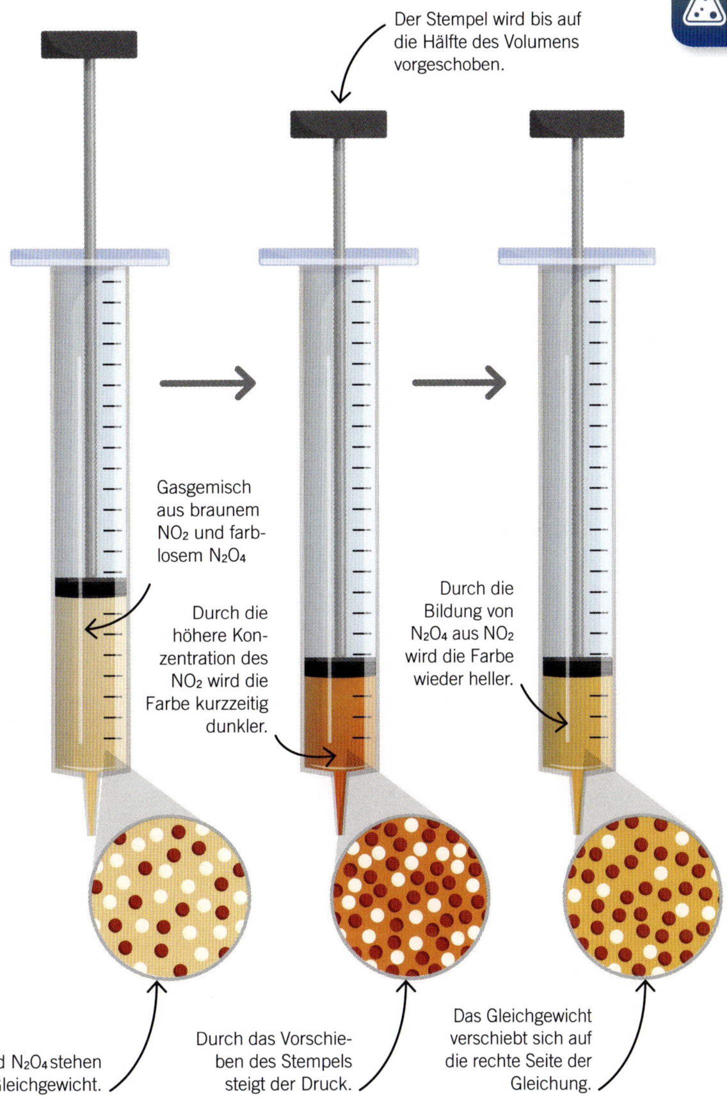

Auf einen Blick

- ✓ **Die Lage des Gleichgewichts kann sich durch Druckänderung verändern.**
- ✓ **Bei einer Druckerhöhung verschiebt sich das Gleichgewicht in die Richtung mit den wenigsten Molekülen, wie in der ausgeglichenen Reaktionsgleichung zu sehen ist.**

Reaktion von Stickstoffdioxid und Distickstofftetroxid
In einer verschlossenen Spritze stellt sich zwischen Stickstoffdioxid (NO_2) und Distickstofftetroxid (N_2O_4) ein Gleichgewicht ein: $2\ NO_2(g) \rightleftharpoons N_2O_4(g)$.

Druckänderung und Gleichgewicht

Man kann voraussagen, wie sich eine Druckänderung auf die Lage des Gleichgewichts auswirkt. Bei einer Erhöhung des Drucks verlagert sich das Gleichgewicht so, dass weniger Moleküle des reagierenden Gases vorhanden sind. Hier hat die rechte Seite weniger Moleküle. Das bedeutet, dass sich bei einer Druckerhöhung das Gleichgewicht auf die rechte Seite verschiebt. Dadurch erhöht sich die Menge des Schwefeltrioxids.

2 Mol Gas

Schwefeldioxid + Sauerstoff ⇌ Schwefeltrioxid

$$2\ SO_2(g) + O_2(g) \rightleftharpoons 2\ SO_3(g)$$

2 + 1 = 3 Mol Gas

Gleichgewicht und Konzentration

Wenn sich bei einer reversiblen Reaktion die Reaktionsbedingungen ändern, verlagert sich das Gleichgewicht, um dem entgegenzuwirken (siehe Seite 192). Beim Erhöhen der Eduktkonzentration verschiebt sich das Gleichgewicht in Richtung der Produkte. Auch bei Entzug eines Produkts verschiebt sich das Gleichgewicht in Richtung der Produkte.

Cobaltverbindungen
Eine rosafarbene Cobaltverbindung bildet mit Salzsäure eine blaue Verbindung und Wasser. Durch die Zugabe von Säure oder Wasser verändern sich die Konzentrationen und somit das Gleichgewicht.

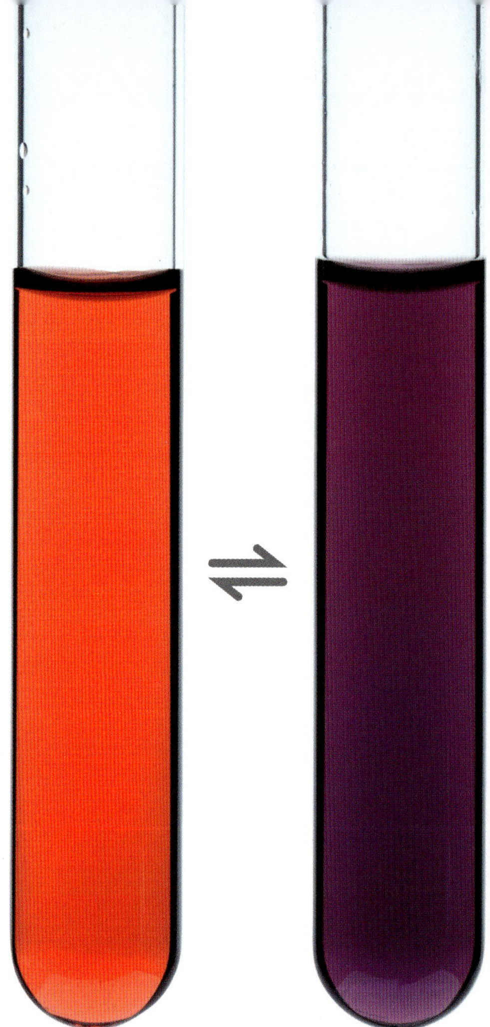

Diese hellrote Lösung enthält die rosafarbene Verbindung in hoher und die blaue Verbindung in niedriger Konzentration.

Diese violette Lösung enthält die blaue Verbindung in hoher und die rosafarbene Verbindung in niedriger Konzentration.

Auf einen Blick

- **Bei einer Veränderung der Konzentrationen verändert sich das Gleichgewicht.**
- **Wird die Konzentration eines Edukts erhöht, verlagert sich das Gleichgewicht, um diese Konzentration zu senken.**
- **Bei der Senkung der Konzentration eines Produkts verschiebt sich das Gleichgewicht, um mehr zu produzieren.**

Konzentrationsänderung und Gleichgewicht

Wird die Konzentration eines Edukts erhöht, versucht das System der Änderung durch eine vermehrte Produktherstellung entgegenzuwirken. Wird die Konzentration eines Produkts gesenkt, reagiert das System durch eine Erhöhung der Eduktkonzentration.

Rosafarbene Cobaltverbindung + **Chloridionen** ⇌ **Blaue Cobaltverbindung** + **Wasser**

Die zugegebene Salzsäure erhöht die Chloridionenkonzentration und das Gleichgewicht verlagert sich auf die rechte Gleichungsseite.

Das zugegebene Wasser senkt die Chloridionenkonzentration und das Gleichgewicht verschiebt sich auf die linke Seite.

Organische Chemie

Organische Verbindungen

Organische Verbindungen enthalten Kohlenstoff und mindestens ein weiteres Element. Besondere Atome, Bindungen oder Atomgruppen – „funktionelle Gruppen“ – bestimmen ihre Eigenschaften. Eine homologe Reihe, z. B. Alkane, Alkene, Alkohole, Carbonsäuren und Ester, enthält eine bestimmte funktionelle Gruppe und ist nach einer allgemeinen Formel aufgebaut.

Auf einen Blick

- **Funktionelle Gruppen verleihen organischen Verbindungen charakteristische reaktive Eigenschaften.**
- **Beispiele für funktionelle Gruppen sind: Alkene C=C, Alkohole –OH, Carbonsäuren –COOH, Ester –COO–.**
- **Alle Vertreter einer homologen Reihe haben die gleiche funktionelle Gruppe und die gleiche allgemeine Formel.**

Funktionelle Gruppe
Der Aufbau einer homologen Reihe lässt sich gut durch die Verwendung des Buchstabens R zeigen. R steht für ein Atom oder eine Atomgruppe, die Teil der organischen Verbindung ist. Die funktionelle Gruppe wird mit R gebunden dargestellt.

Bei Alkanen steht R für eine Kohlenwasserstoffgruppe oder nur ein Wasserstoffatom.

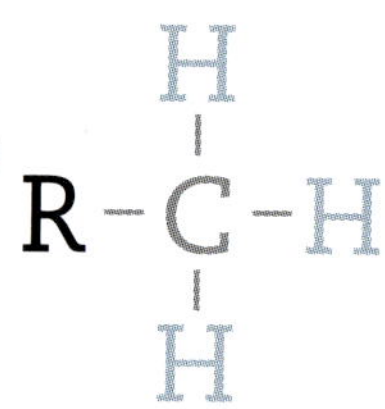

Alkane

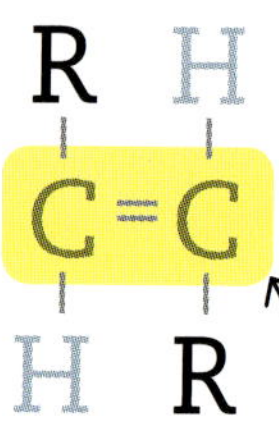

Alkene

Die funktionelle Gruppe von Alkenen ist C=C.

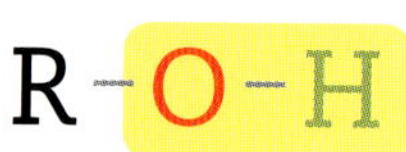

Alkohole

Die funktionelle Gruppe von Alkoholen ist –OH.

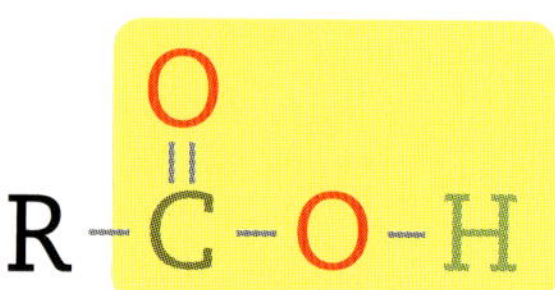

Carbonsäuren

Die funktionelle Gruppe von Carbonsäuren ist –COOH.

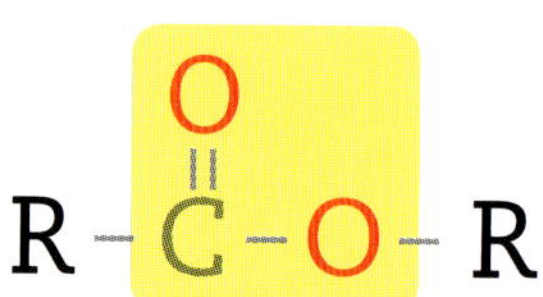

Ester

Die funktionelle Gruppe von Estern ist –COO–.

Formel von homologen Reihen

In chemischen Formeln steht n für die Anzahl der Kohlenstoffatome. Aus n wird die Anzahl der benötigten Wasserstoffatome abgeleitet.

Die allgemeine Formel für Alkane lautet C_nH_{2n+2}

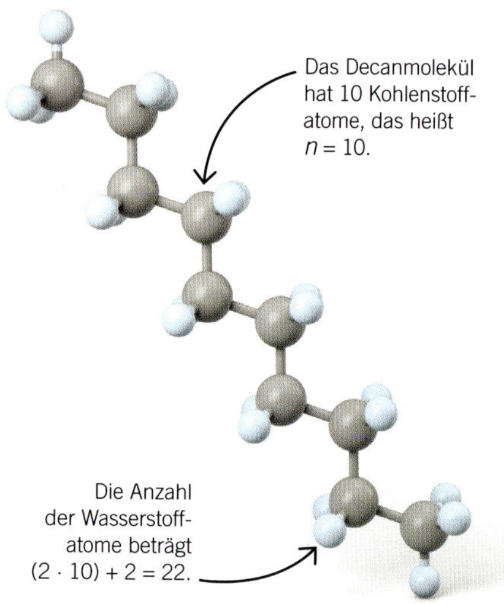

Kugel-Stab-Modell von Decan

Die Molekülformel für Decan lautet $C_{10}H_{22}$.

Organische Verbindungen: Namen

Die Benennung von organischen Verbindungen erfolgt systematisch durch Wortstamm und Endung. Der Wortstamm enthält und benennt die Anzahl der Kohlenstoffatome und die Endung beschreibt die homologe Reihe und die funktionelle Gruppe.

Auf einen Blick

- ✓ **Die Benennung organischer Verbindungen erfolgt nach der Anzahl der Kohlenstoffatome und der funktionellen Gruppe.**
- ✓ **Der Wortstamm enthält die Anzahl der Kohlenstoffatome.**
- ✓ **Die Endung beschreibt die homologe Reihe und die funktionelle Gruppe.**

Abzählung der Kohlenstoffatome
Der Wortstamm benennt die Anzahl der Kohlenstoffatome in der Verbindung.

Anzahl der Kohlenstoffatome	1	2	3	4	5	6
Wortstamm	Meth- oder Methan-	Eth- oder Ethan-	Prop- oder Propan-	But- oder Butan-	Pent- oder Pentan-	Hex- oder Hexan

Endung
Die Endung gibt an, zu welcher homologen Reihe mit welcher funktionellen Gruppe die Verbindung gehört.

Homologe Reihe	**Endung**	**Beispiel**	
Alkan	-an	Methan	CH_4
Alken	-en	Ethen	$CH_2{=}CH_2$
Alkohol	-ol	Propanol	$CH_3CH_2CH_2OH$
Carbonsäure	-ansäure	Butansäure	$CH_3CH_2CH_2COOH$
Ester	Endung vom Alkohol: -yl Endung vom Ester: -oat	Ethylethanoat	$CH_3COOCH_2CH_3$

Benennung von Alken-Isomeren
Alkene mit vier oder mehr Kohlenstoffatomen bilden Isomere (siehe Seite 210). Isomere haben die gleiche Summenformel, aber die funktionelle Gruppe befindet sich an einer anderen Stelle im Molekül.

$CH_2{=}CHCH_2CH_3$

But-1-en

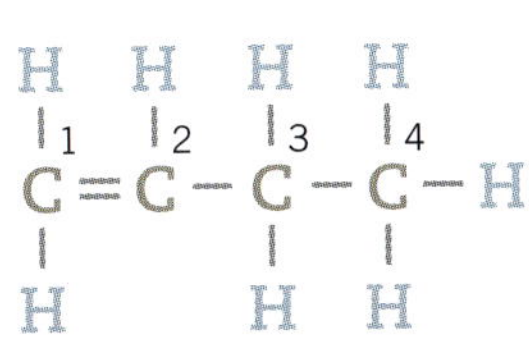

Beide haben die Summenformel C_4H_8.

$CH_3CH{=}CHCH_3$

But-2-en

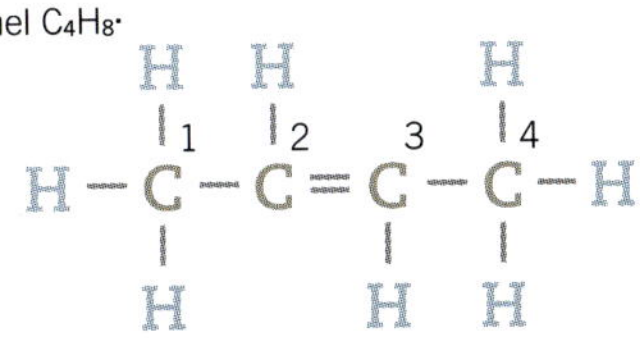

Kohlenwasserstoffe

Kohlenwasserstoffe sind nur aus Kohlenstoff- und Wasserstoffatomen aufgebaut. Die Atome werden durch kovalente Bindungen zusammengehalten. Typische Kohlenwasserstoffe sind Alkane und Alkene. Alkane enthalten keine C=C-, sondern nur C–C-Bindungen, sie sind „gesättigt“. Alkene enthalten eine C=C-Bindung und werden als „ungesättigt“ bezeichnet.

Auf einen Blick

- ✓ Kohlenwasserstoffe sind die einfachsten organischen Verbindungen.
- ✓ Kohlenwasserstoffmoleküle enthalten nur Kohlenstoff- und Wasserstoffatome.
- ✓ Die Kohlenstoff- und Wasserstoffatome sind durch kovalente Bindungen miteinander verknüpft.
- ✓ Alkane enthalten keine C=C-Bindungen und werden als „gesättigt“ bezeichnet.

Die ersten vier Alkane
Die ersten vier Alkane heißen Methan, Ethan, Propan und Butan. Ihre allgemeine Formel lautet C_nH_{2n+2}. n bezeichnet die Anzahl der Kohlenstoffatome im Molekül. Methan hat ein, Butan vier Kohlenstoffatome.

		Formel	Halbstrukturformel	Strukturformel
	**Methan**	CH_4	CH_4	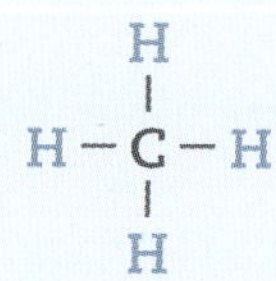
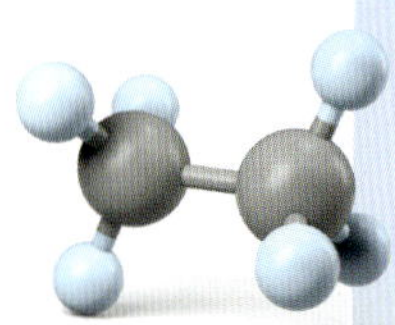	**Ethan**	C_2H_6	CH_3CH_3	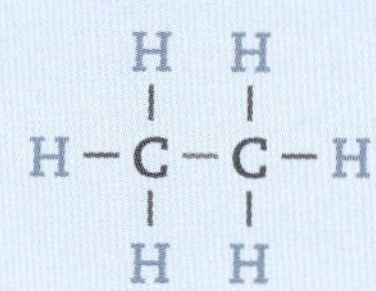
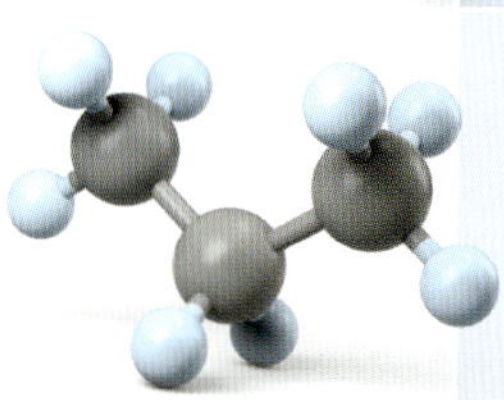	**Propan**	C_3H_8	$CH_3CH_2CH_3$	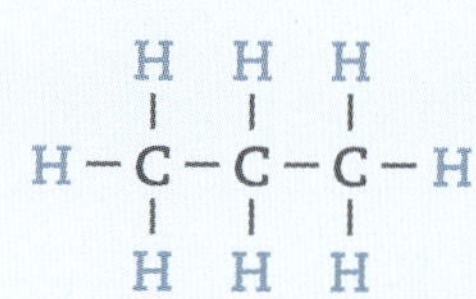
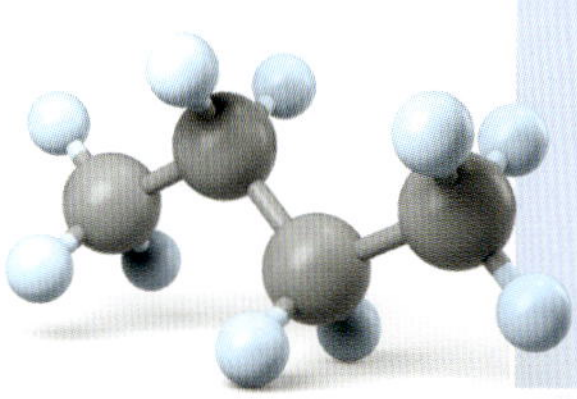	**Butan**	C_4H_{10}	$CH_3CH_2CH_2CH_3$	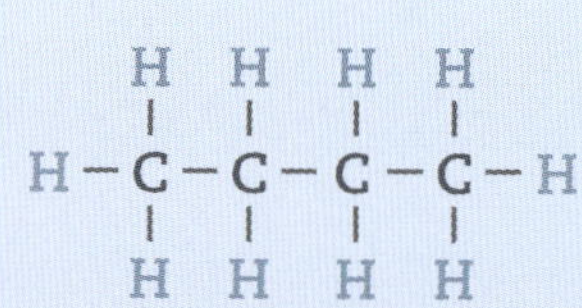

Eigenschaften der Alkane

Erdöl besteht aus Kohlenwasserstoffen, also Verbindungen, die nur aus Kohlenstoff- und Wasserstoffatomen aufgebaut sind. Die meisten Kohlenwasserstoffe sind Alkane. In Alkanmolekülen sind die Atome durch kovalente Bindungen miteinander verknüpft. Mit zunehmender Anzahl der Kohlenstoffatome verändern die Moleküle ihre physikalischen Eigenschaften auf bestimmte Weise.

Auf einen Blick

- ✓ Alkane sind Kohlenwasserstoffe, die keine Kohlenstoff–Kohlenstoff-Doppelbindung im Molekül enthalten.
- ✓ Mit zunehmender Anzahl der Kohlenstoffatome steigt die Viskosität des Alkans.
- ✓ Mit zunehmender Anzahl der Kohlenstoffatome nehmen die Flüchtigkeit und Entzündlichkeit des Alkans ab.

Viskosität
Die Viskosität ist ein Maß dafür, wie zähflüssig eine Substanz ist. Je mehr Kohlenstoffatome ein Alkanmolekül hat, desto viskoser ist die Substanz.

Erdöl hat eine hohe Viskosität und ist ziemlich zähflüssig.

Flüchtigkeit
Die Flüchtigkeit oder Volatilität ist ein Maß dafür, wie leicht eine Substanz verdunstet oder siedet. Je mehr Kohlenstoffatome ein Alkanmolekül hat, desto weniger flüchtig ist die Substanz und desto höher liegt ihr Siedepunkt. Propan ist mit seinen drei Kohlenstoffatomen eine flüchtige Verbindung.

Propan wird in Druckflaschen aufbewahrt. Es hat einen niedrigen Siedepunkt und ist bei Raumtemperatur gasförmig.

Entzündbarkeit
Die Entzündbarkeit ist ein Maß dafür, wie leicht eine Substanz Feuer fängt. Je mehr Kohlenstoffatome ein Alkanmolekül hat, desto weniger entzündlich ist die Substanz und desto schwerer brennt sie.

Bunsenbrenner werden mit Erdgas (hauptsächlich Methan) betrieben. Methan hat nur ein Kohlenstoffatom und ist leicht entzündlich.

Verbrennung von Kohlenwasserstoffen

Die Verbrennung ist eine Oxidationsreaktion, denn die Atome im Brennstoff gehen eine neue Bindung mit Sauerstoff ein. Sie ist außerdem exotherm, denn an die Umgebung wird Energie abgegeben. Kohlenwasserstoffe verbrennen mit Sauerstoff vollständig zu Kohlendioxid und Wasser.

Auf einen Blick

- ✓ Bei einem Sauerstoffüberschuss verbrennen Kohlenwasserstoffe vollständig.
- ✓ Kohlenwasserstoffe produzieren bei der vollständigen Verbrennung Kohlenstoffdioxid und Wasser.
- ✓ Gute Brennstoffe setzen bei der Verbrennung viel Energie frei.

Vollständige Verbrennung
Methan und Sauerstoff sind zusammen ein Raketentreibstoff. Dabei reagieren der Kohlenstoff im Methan und der Sauerstoff unter Bildung von Kohlenstoffdioxid. Der Wasserstoff im Methan und der Sauerstoff reagieren unter Bildung von Wasser. Bei der vollständigen Verbrennung wird viel Energie frei.

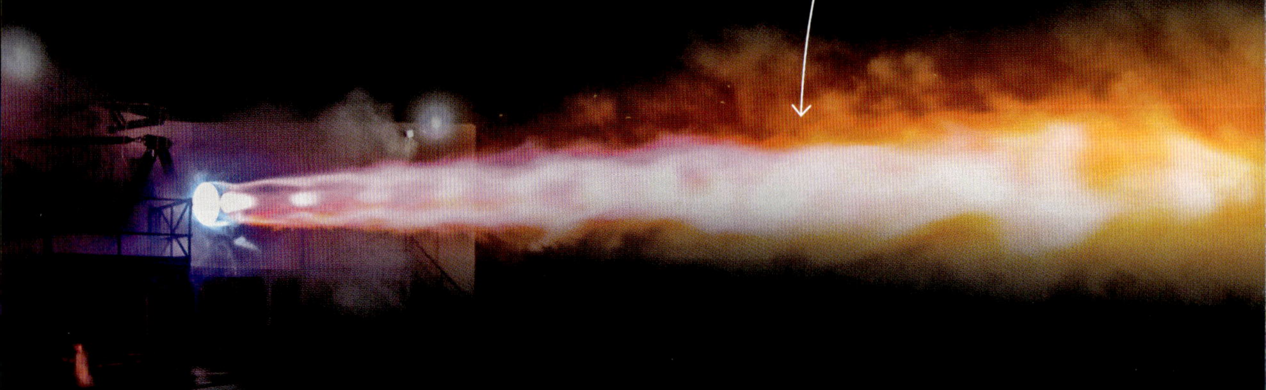

Die hell leuchtende Flamme wird von den bei der Reaktion entstehenden heißen Teilchen produziert.

Kohlenwasserstoff + Sauerstoff ⟶ Kohlenstoffdioxid + Wasser

Vollständige Verbrennung von Methan

Erdgas besteht hauptsächlich aus Methan (CH_4). Hier ist eine Anleitung, um die oben gezeigte chemische Gleichung auszugleichen.

1. Schreibe für die Edukte und Produkte die Formeln mitsamt Plussymbol und Pfeil auf.

$$CH_4 + O_2 \longrightarrow CO_2 + H_2O$$

2. Methan enthält vier Wasserstoffatome, rechts müssen also zwei Wassermoleküle stehen.

$$CH_4 + O_2 \longrightarrow CO_2 + 2H_2O$$

3. Bei vier Sauerstoffatomen rechts müssen links zwei Sauerstoffmoleküle stehen.

$$CH_4 + 2O_2 \longrightarrow CO_2 + 2H_2O$$

Erdöl

Erdöl entstand über Millionen von Jahren aus den Überresten von Meereslebewesen. Schlammschichten bedeckten die organischen Reste, die sich unter hohem Druck, Hitze und Luftausschluss langsam in Erdöl umwandelten. Dabei wurde aus dem Schlamm Sedimentgestein.

Auf einen Blick

- ✓ **Erdöl ist ein fossiler Brennstoff.**
- ✓ **Erdöl entstand über Millionen von Jahren aus den Überresten von Meereslebewesen.**
- ✓ **Erdöl ist eine endliche Ressource, denn seine Bildung dauert extrem lange oder findet gar nicht mehr statt.**
- ✓ **Öl ist eine nicht erneuerbare Energiequelle, die bei unablässigem Verbrauch eines Tages versiegen wird.**

Erdölförderung
Tief unter Gesteinsschichten liegen riesige Ölfelder. Das Öl wird durch in den Fels getriebene Bohrlöcher an die Oberfläche gebracht. Oft steht es unter Druck und steigt von alleine hinauf. Es kann auch gepumpt werden.

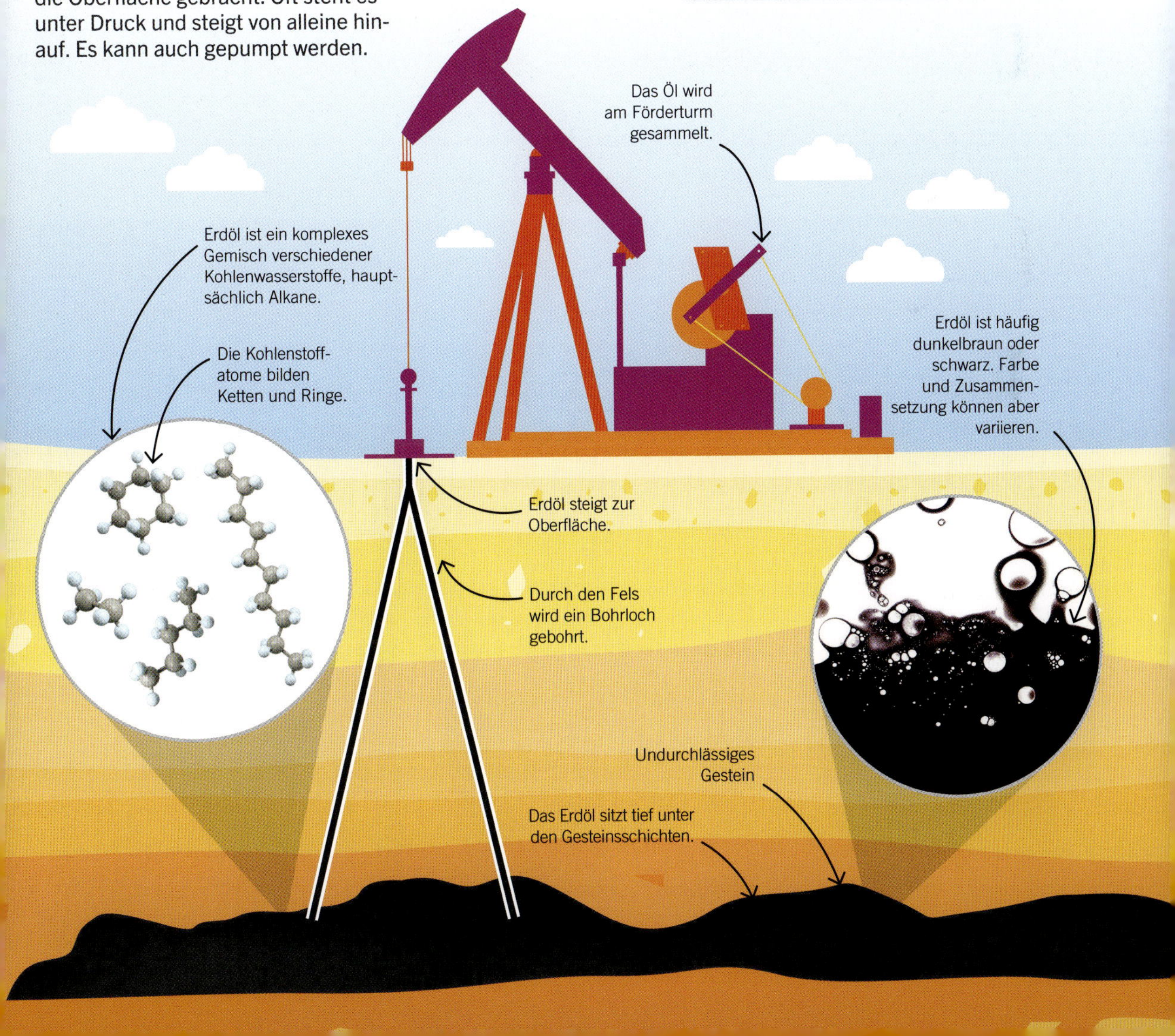

Fraktionierte Destillation

Flüssigkeitsgemische können durch fraktionierte Destillation nach ihrem Siedepunkt aufgetrennt werden. Das Gemisch wird erhitzt, und die siedenden Substanzen steigen als Dampf auf. Beim Abkühlen in der Kolonne kondensieren die Substanzen jeweils bei verschiedenen Temperaturen wieder zur Flüssigkeit.

Fraktionierte Destillation von Erdöl
Die Kohlenwasserstoffe im Öl sind je nach ihrer Molekülgröße bei Raumtemperatur fest, flüssig oder gasförmig. Das Gemisch wird durch fraktionierte Destillation in Fraktionen mit ähnlichen Siedepunkten aufgetrennt.

Auf einen Blick

- ✓ **Durch fraktionierte Destillation wird das Erdöl in nützliche Gemische aufgeteilt.**
- ✓ **Die Fraktionen stellen Teilgemische des Erdöls dar.**
- ✓ **Sie enthalten Kohlenwasserstoffe mit ähnlichem Siedepunkt und ähnlicher Anzahl von Kohlenstoffatomen.**
- ✓ **Von unten nach oben nehmen in der Kolonne die Viskosität und der Siedepunkt ab. Die Entzündlichkeit der Fraktionen nimmt zu.**

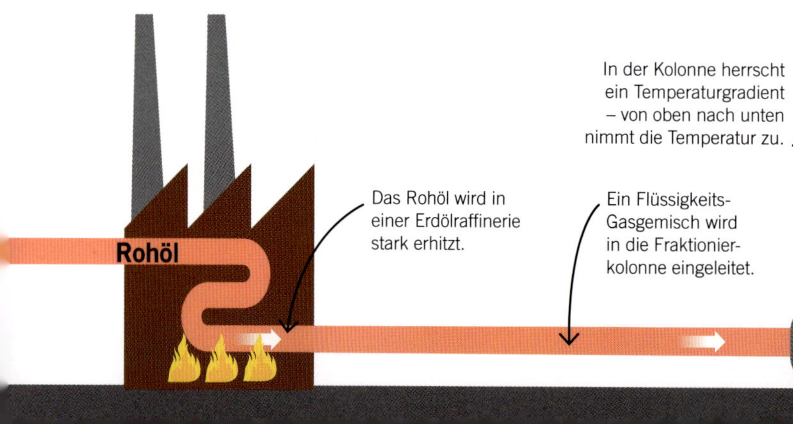

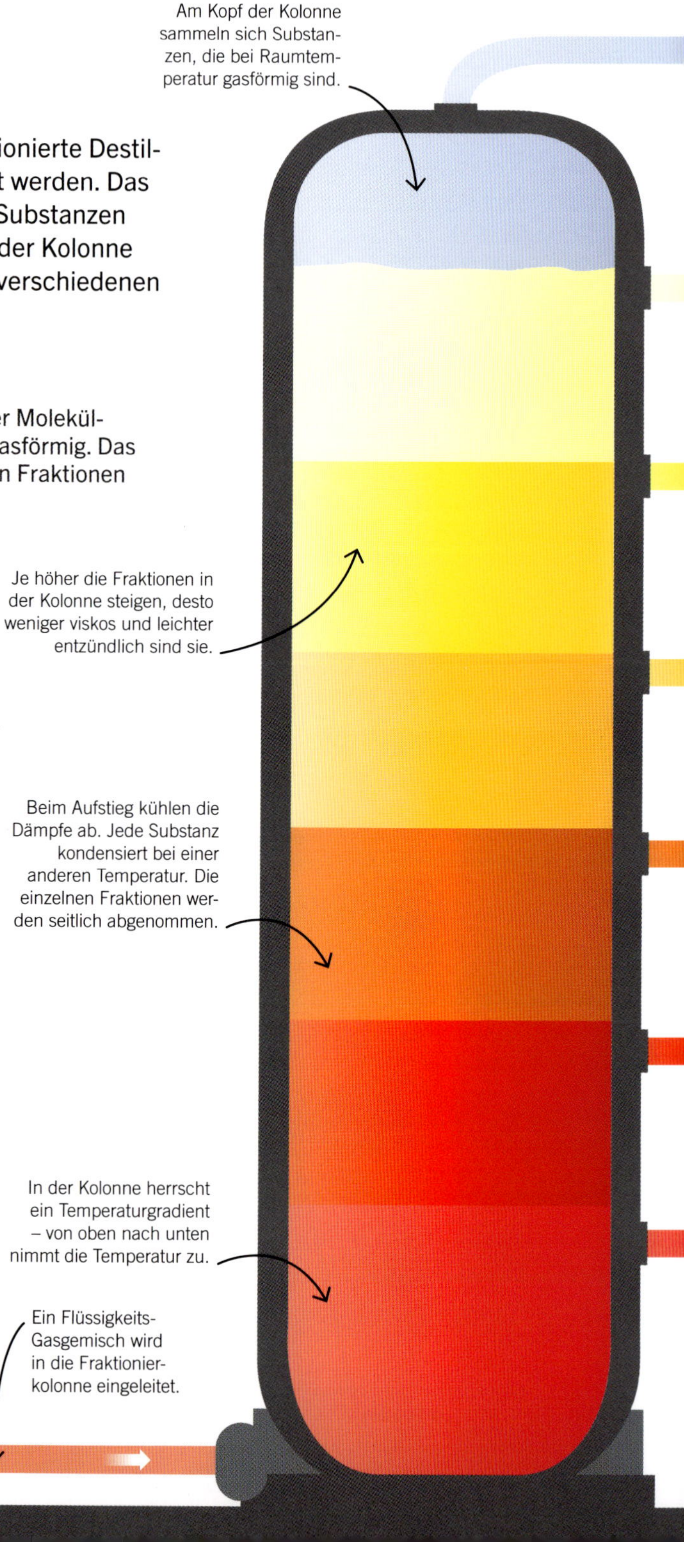

1–4 Kohlenstoffatome
Hoch entzündliche Gase

Raffineriegase
Heizen und Kochen

4–12 Kohlenstoffatome
Hoch entzündliche, sehr niederviskose Flüssigkeiten

Benzin
Kraftstoff für Autos

7–14 Kohlenstoffatome
Leicht entzündliche, niederviskose Flüssigkeiten

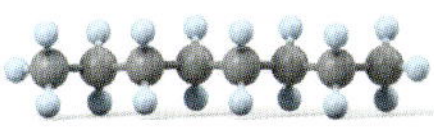

Naphtha
Rohstoff für die petrochemische Industrie

11–15 Kohlenstoffatome
Entzündliche, niederviskose Flüssigkeiten

Kerosin
Treibstoff für Flugzeuge

14–19 Kohlenstoffatome
Entzündliche, viskose Flüssigkeiten

Dieselöl
Treibstoff für Züge und Autos

18–30 Kohlenstoffatome
Sehr viskose, schwer entzündliche Flüssigkeiten

Schweröl
Schiffstreibstoff und Brennstoff für Kraftwerke

30+ Kohlenstoffatome
Bei Raumtemperatur fest

Bitumen
Dachabdichtung, Straßenbelag

Cracken

Durch Erhitzen an einem Katalysator zersetzen sich die langen Kohlenstoffketten von Alkanen (siehe Seite 206). Das Verfahren wird als Cracken bezeichnet. Industriell wird es genutzt, um langkettige Alkane in kürzerkettige Alkane umzuwandeln. Beim Cracken entstehen auch Alkene, aus denen Polymere gemacht werden (siehe Seite 213).

Auf einen Blick

- ✓ Mit kürzerer Kettenlänge nimmt die Entzündlichkeit der Kohlenwasserstoffe zu und die Viskosität nimmt ab.
- ✓ Kürzerkettige Kohlenwasserstoffe eignen sich besser als Brennstoff als längerkettige.
- ✓ Beim Cracken werden längere Alkanmoleküle in kürzere Alkane und Alkene zerlegt.

Ölfraktionen

Durch fraktionierte Destillation wird das Erdöl in Fraktionen zerlegt (siehe Seite 204). Hier sind die Fraktionen der Länge der Kohlenstoffkette nach gezeigt. Die Industrie hat einen hohen Bedarf an kürzerkettigen Kohlenwasserstoffen.

Viskose Substanzen sind zähflüssig. Teer ist ein hochviskoses Produkt.

Fraktionen mit langen Kohlenwasserstoffmolekülen wie Bitumen sind viskos, schwerentzündlich und für die Industrie eher uninteressant.

Fraktionen mit kürzeren Kohlenwasserstoffmolekülen wie z. B. Leichtöle sind für die Industrie sehr interessant.

Durch das Cracken werden nützliche Fraktionen wie Benzin produziert.

Cracken und Brennstoffe

Kurzkettige Alkane sind durch ihre leichte Entzündbarkeit bessere Treibstoffe als längerkettige Alkane. Durch das Cracken werden die längeren Alkane in kürzere Alkane und Alkene umgewandelt.

Langkettiges Alkan ⟶ Kurzkettiges Alkan + Alken

$C_8H_{18} \longrightarrow C_6H_{14} + C_2H_4$

Octan (8 C-Atome) ⟶ Hexan (6 C-Atome) + Ethen (2 C-Atome)

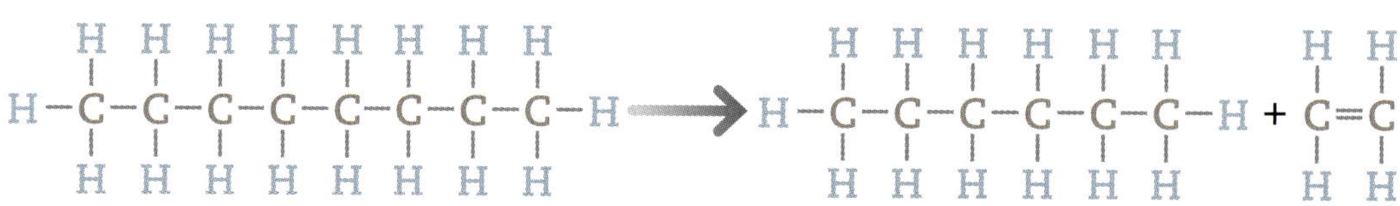

Paraffincracken

Paraffinöl, eine farblose Flüssigkeit, eignet sich gut für eine Demonstration des Crackverfahrens (siehe Seite 206) im Labor. Paraffindampf wird über einen heißen Katalysator geleitet. Längere Alkanmoleküle zersetzen sich dabei in kürzere Alkane und Alkene. Einige Produkte sind bei Raumtemperatur flüssig, andere gasförmig.

Auf einen Blick

- ✓ **Beim Cracken werden längere Alkane in kürzere Alkane aufgespalten, die bessere Treibstoffe sind.**
- ✓ **Beim Cracken werden auch Alkene für die Polymerherstellung produziert.**
- ✓ **Durch das Cracken können die Raffinerien die Nachfrage nach kurzkettigen Alkanen befriedigen.**
- ✓ **Paraffinöl wird durch Erhitzen über einem Katalysator gecrackt.**

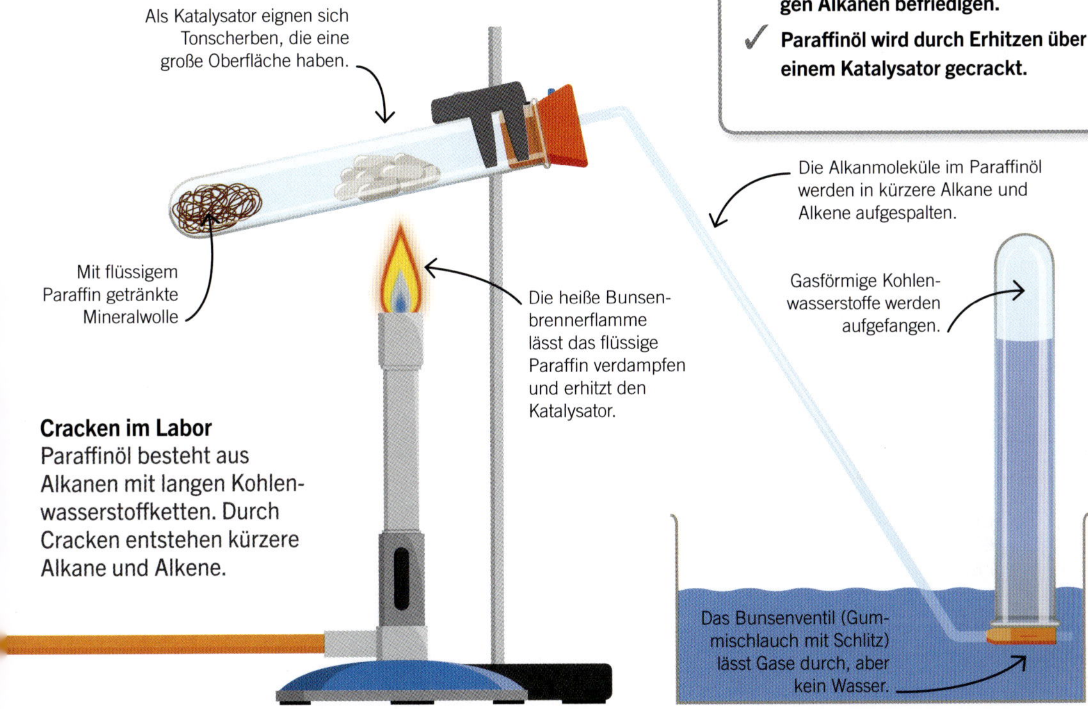

Cracken im Labor
Paraffinöl besteht aus Alkanen mit langen Kohlenwasserstoffketten. Durch Cracken entstehen kürzere Alkane und Alkene.

Angebot und Nachfrage

Nach der fraktionierten Destillation gibt es mehr langkettige Kohlenwasserstoffmoleküle, als benötigt werden. Cracken wandelt diese weniger nützlichen „schweren“ Fraktionen in nützliche „leichte“ um. Damit kommen Erdölraffinerien der Nachfrage nach.

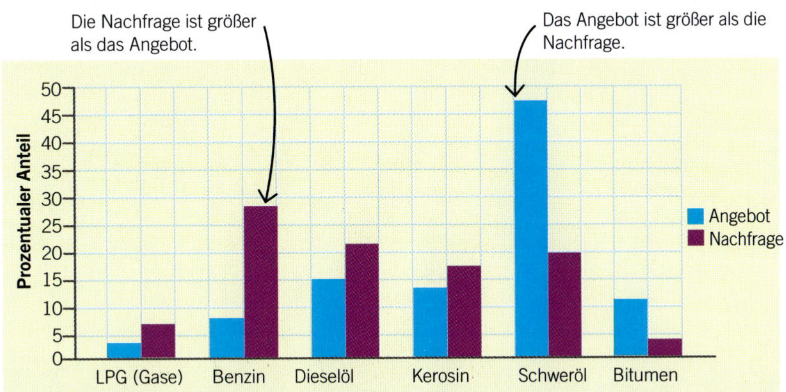

Alkene

Die Alkene bilden mit der funktionellen Gruppe C=C eine homologe Reihe von Kohlenwasserstoffen (siehe Seite 198) mit ähnlichen chemischen Eigenschaften und der allgemeinen Formel C_nH_{2n}. Jedes weitere Alken hat eine Gruppe CH_2 mehr. Durch die C=C-Bindung können Alkene Additionsreaktionen eingehen. Alkene sind deshalb reaktiver als Alkane.

Auf einen Blick

- ✓ Die Alkene sind eine homologe Reihe von Kohlenwasserstoffen.
- ✓ Ihre Moleküle enthalten eine Kohlenstoff–Kohlenstoff-Doppelbindung.
- ✓ Die C=C-Bindung macht die Alkene reaktiver als Alkane.
- ✓ Die allgemeine Formel lautet C_nH_{2n}.

Die ersten vier Alkene
Die ersten vier Alkene sind Ethen, Propen, Buten und Penten. Buten und Penten haben Positionsisomere, bei denen die C=C-Bindung an verschiedenen Stellen in der Kohlenstoffkette sitzt.

		Formel	Halbstrukturformel	Strukturformel
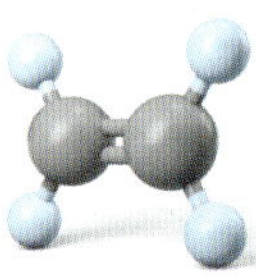	**Ethen**	C_2H_4	$CH_2=CH_2$	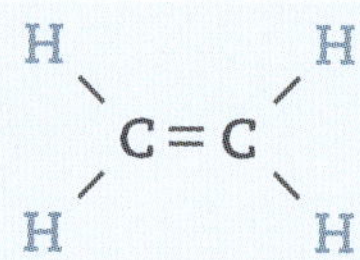
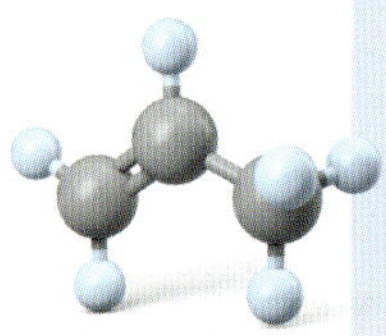	**Propen**	C_3H_6	$CH_3CH=CH_2$	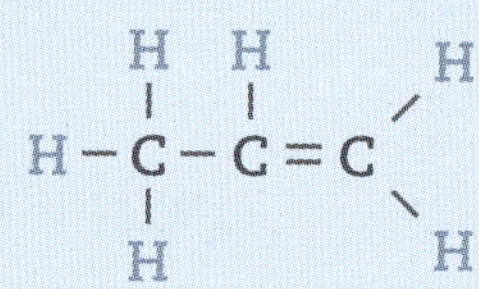
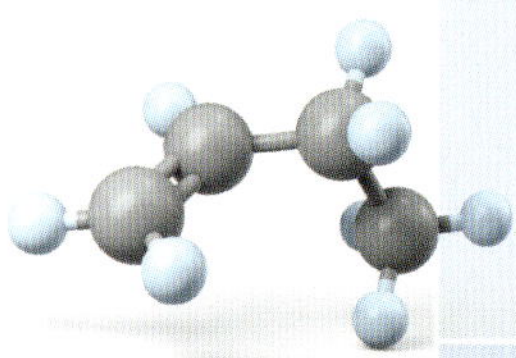	**Buten**	C_4H_8	$CH_3CH_2CH=CH_2$	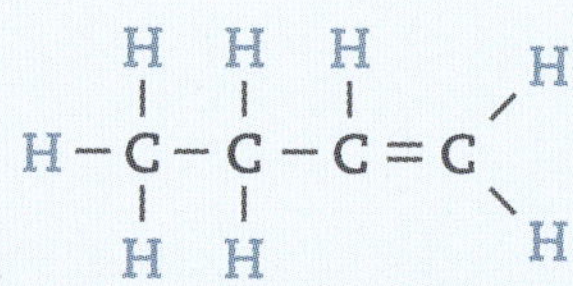
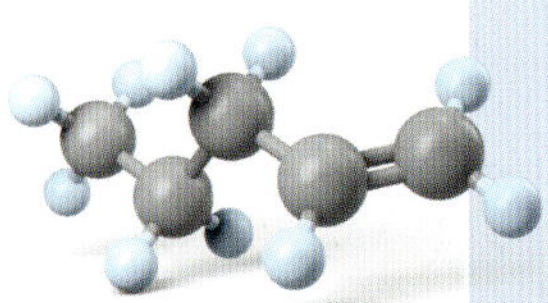	**Penten**	C_5H_{10}	$CH_3CH_2CH_2CH=CH_2$	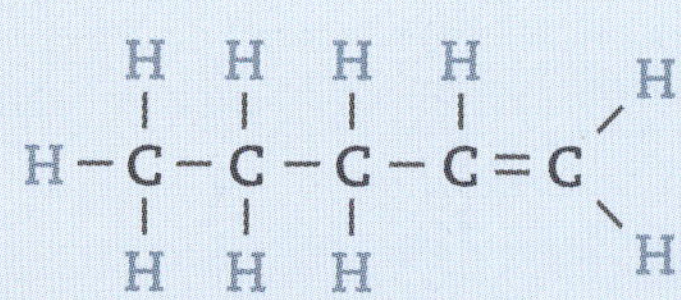

Additionsreaktionen

Bei einer Additionsreaktion bildet sich aus zwei Edukten nur ein Produkt. Alkene können durch ihre C=C-Doppelbindung Additionsreaktionen eingehen. Bei der Reaktion mit Wasserstoff bilden Alkene Alkane, bei der Reaktion mit Brom bromierte Kohlenwasserstoffe. Reagieren Alkene mit sich selbst, entstehen Additionspolymere.

Auf einen Blick

- ✓ **Alkene können durch ihre C=C-Bindung Additionsreaktionen eingehen.**
- ✓ **Bei einer Additionsreaktion bildet sich nur ein Produkt.**
- ✓ **Durch die Addition von Wasserstoff bildet sich ein Alkan.**
- ✓ **Durch die Addition von Halogenen bildet sich ein Halogenalkan.**

C=C-Bindungen
Bei allen Additionsreaktionen mit Alkenen wird die C=C-Bindung in eine C–C-Bindung umgewandelt. Jedes der beiden Kohlenstoffatome bindet dann ein neues Atom oder eine Atomgruppe.

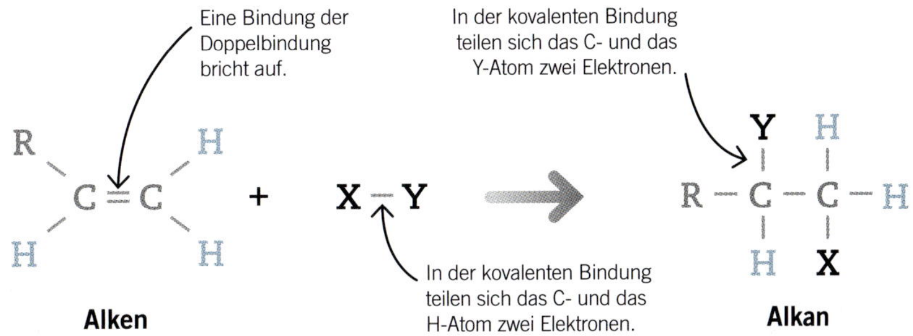

Addition von Wasserstoff
Werden Alkene über einem Nickelkatalysator (siehe Seite 184) mit Wasserstoff erhitzt, bilden sich durch Additionsreaktionen Alkane. Ein Beispiel ist die Reaktion von Ethen mit Wasserstoff zu Ethan.

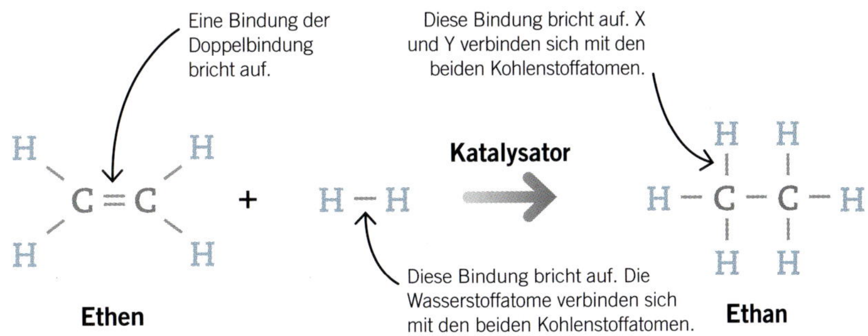

Addition von Halogenen
Mit Halogenen (siehe Seite 70) wie z. B. Chlor, Brom und Iod gehen Alkene Additionsreaktionen ein. Mit Chlor entstehen Dichlorverbindungen wie Dichlorpropan.

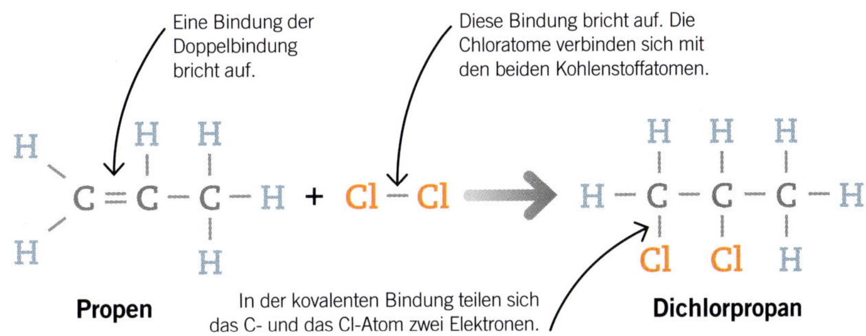

Isomere

Isomere haben gleiche Summenformeln, aber verschiedene Strukturformeln. Dadurch können manche Eigenschaften wie zum Beispiel der Siedepunkt variieren. Die Summenformel gibt an, wie viele Atome von jedem Element das Molekül enthält. Die Strukturformel berücksichtigt auch die Anordnung der Atome.

Auf einen Blick

- ✓ Isomere sind Verbindungen mit der gleichen Summenformel, aber verschiedener Struktur.
- ✓ Isomere können sich durch die Kettenverzweigung, die Lage der funktionellen Gruppe oder die Art der funktionellen Gruppe unterscheiden.
- ✓ Bei Alkenen und Alkoholen sind Positionsisomere möglich.

Strukturisomere der Alkane
Bei Strukturisomeren sind die Kohlenstoffatome der Kette unterschiedlich verbunden. Butan und Methylpropan haben beide die Summenformel C_4H_{10}, aber unterschiedlich angeordnete Kohlenstoffatome.

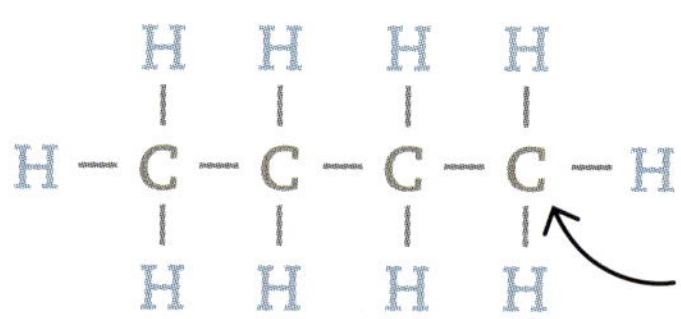

Butan

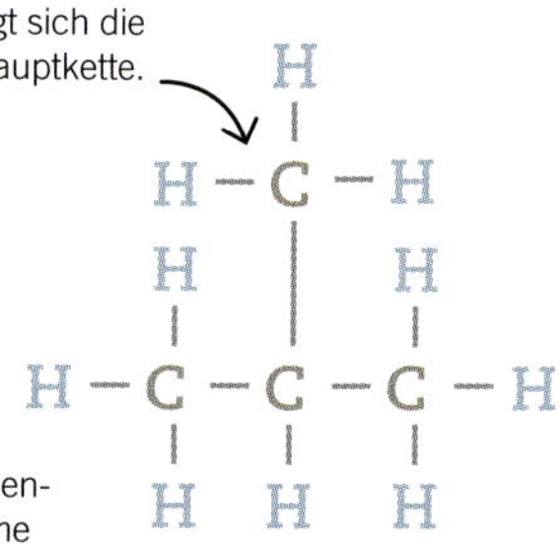

Methylpropan

Positionsisomere der Alkene
Positionsisomere unterscheiden sich durch die Lage der funktionellen Gruppe in der Kohlenstoffkette. Für But-1-en und But-2-en lautet die Summelformel C_4H_8, aber die funktionelle Gruppe liegt an verschiedenen Positionen.

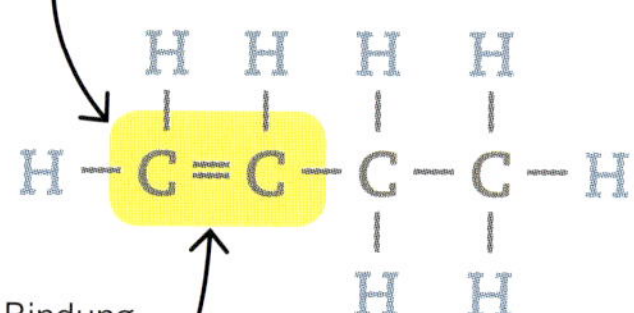

But-1-en

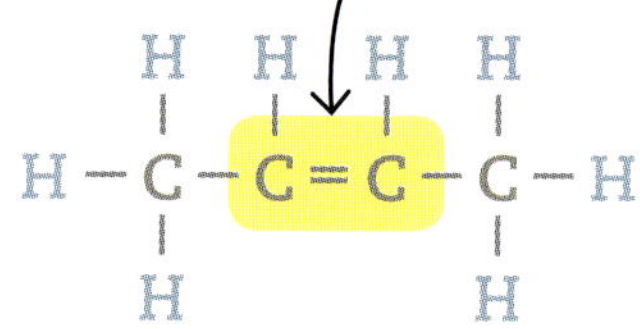

But-2-en

Positionsisomere der Alkohole
Alkohole haben –OH als funktionelle Gruppe. Sie kann in der Kohlenstoffkette an verschiedenen Stellen vorkommen. Die Positionsisomere Propan-1-ol und Propan-2-ol haben die Formel C_3H_8O.

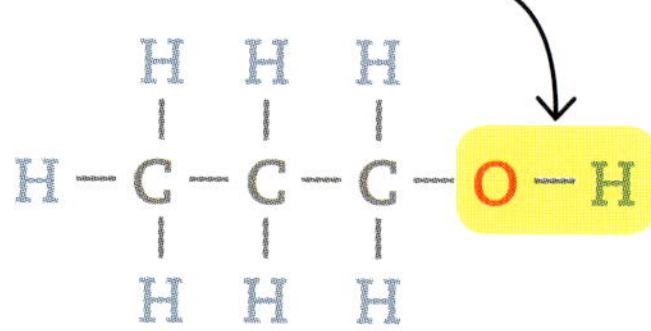

Propan-1-ol

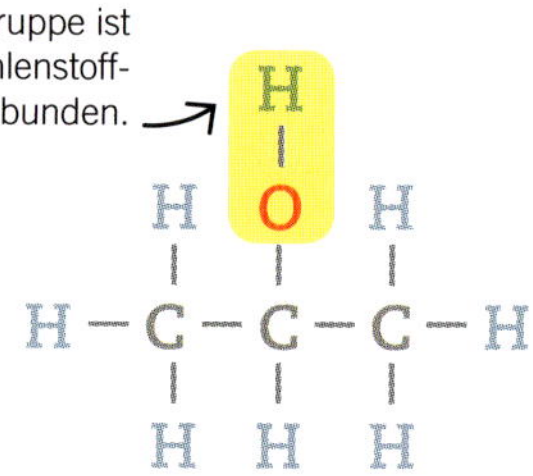

Propan-2-ol

Verbrennung von Alkenen

Die Alkene bilden eine homologe Reihe von Kohlenwasserstoffen (siehe Seite 208). Mit einem Überschuss von Sauerstoff verbrennen sie vollständig zu Kohlenstoffdioxid und Wasser. Wenn nicht genug Sauerstoff zur Verfügung steht, ist die Verbrennung unvollständig. Außer Wasser und Kohlenstoffdioxid werden noch Kohlenstoff und Kohlenstoffmonoxid (ein giftiges Gas) gebildet.

Auf einen Blick

- ✓ **Bei der vollständigen Verbrennung von Alkenen entstehen Kohlenstoffdioxid und Wasser.**
- ✓ **Bei Sauerstoffmangel läuft die Verbrennung unvollständig ab.**
- ✓ **Bei der unvollständigen Verbrennung werden anstelle von Kohlenstoffdioxid Kohlenstoffmonoxid und Kohlenstoff produziert.**

Verbrennung von Cyclohexen
Cyclohexen (C_6H_{10}) ist ein bei Raumtemperatur flüssiges Alken. Hier ist seine unvollständige Verbrennung zu sehen.

Was bei der unvollständigen Verbrennung von Alkenen passiert

Alkene haben bei der gleichen Anzahl von Wasserstoffatomen mehr Kohlenstoffatome als Alkane. Durch ihre sehr feste C=C-Bindung verbrennen sie in Luft weniger leicht vollständig. Die Gleichung für die unvollständige Verbrennung von Alkenen lautet:

Alken + Sauerstoff ⟶ Kohlenstoffmonoxid + Kohlenstoff + Wasser

Wasser wird produziert.

Bei der unvollständigen Verbrennung bildet sich giftiges Kohlenstoffmonoxid.

Entstehender Kohlenstoff bildet schwarze Teilchen (Ruß).

Nachweis von Alkenen

Alle Alkenmoleküle enthalten C=C-Bindungen. Durch diese Bindungen können Alkene Additionsreaktionen eingehen (siehe Seite 209). Alkanmoleküle enthalten keine C=C-Bindungen und können keine Additionsreaktionen eingehen. Nachweisen kann man Alkene mit Bromwasser (ein Halogen, siehe Seite 70).

Auf einen Blick

- ✓ Beim Mischen mit einem Alken entfärbt sich das orangefarbene Bromwasser.
- ✓ Beim Mischen mit einem Alkan bleibt das Bromwasser orange.
- ✓ Die Reaktion mit dem Alken ist eine Additionsreaktion.

Bromwasser
Der Alkennachweis funktioniert mit Brom als Bromwasser. Brom selbst ist ätzend und giftig, das stark verdünnte Bromwasser ist sicherer.

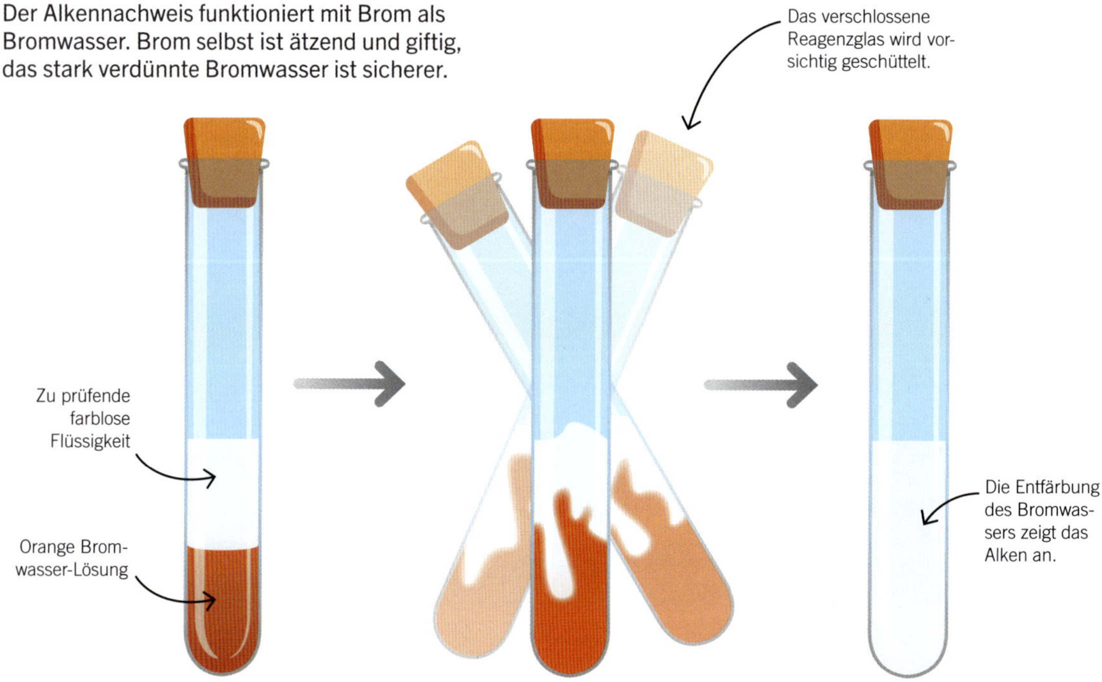

Additionsreaktionen von Alkenen
Die oben gezeigte Reaktion mit Brom ist eine Additionsreaktion. Alkene reagieren durch ihre C=C-Bindung mit Brom. Das Alken Ethen wird in der chemischen Industrie vielfach verwendet.

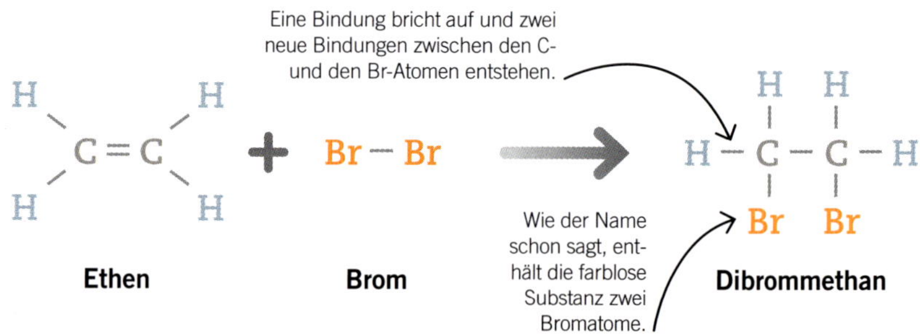

Additionspolymere

Ein Beispiel für ein Additionspolymer ist Polyethen. Es wird durch Additionspolymerisation aus Ethenmolekülen hergestellt. Dabei werden die Moleküle an ihren Enden miteinander verknüpft. Bei Additionsreaktionen (siehe Seite 209) entsteht nur ein Produkt. Additionspolymerisationen führen folglich zum Polymer. Die Darstellung des Polymers ergibt sich aus der Formel für die Wiederholungseinheit (siehe Seite 214).

Auf einen Blick

- ✓ **Polymermoleküle sind aus aneinandergereihten kleinen Molekülen (Monomeren) aufgebaut.**
- ✓ **Monomere für Additionspolymere enthalten C=C-Bindungen.**
- ✓ **Das Polymer ist das einzige Produkt einer Additionspolymerisation.**
- ✓ **Die Wiederholungseinheit eines Polymers ergibt sich aus der Struktur des Monomers.**

Polyethen
Das Kugel-Stab-Modell zeigt einen Teil eines Polyethenmoleküls.

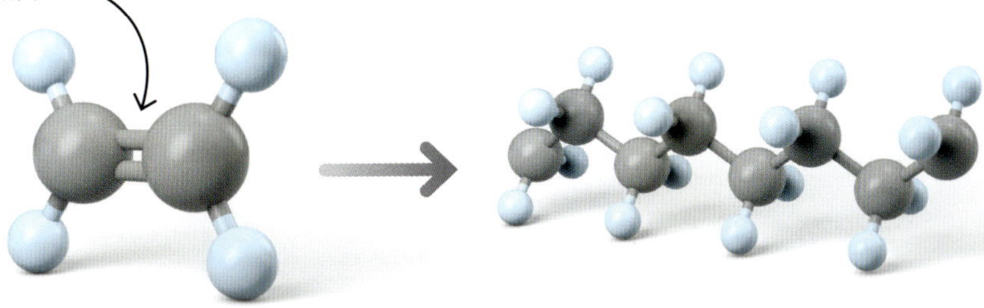

Additionspolymerisation
Die Polymerisationsreaktion kann gut in der Formeldarstellung angegeben werden. Jeder Strich zwischen zwei Atomen repräsentiert eine kovalente Bindung. Hier verknüpfen sich drei Ethenmonomere zu einem Polyethenabschnitt.

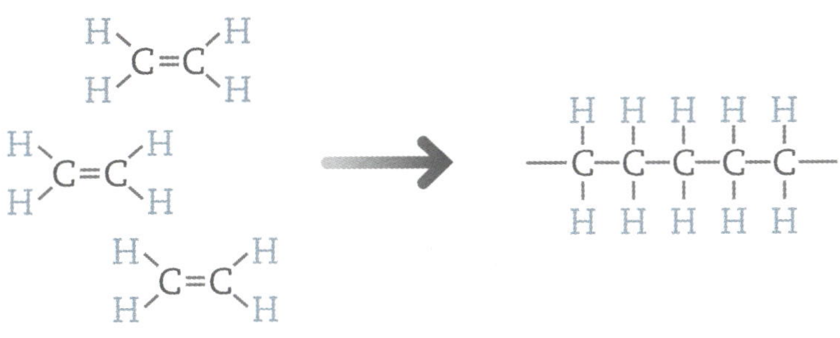

Drei Ethenmoleküle **Polyethen**

Wiederholungseinheiten
Ähnlich wie ein Zug, in dem Waggons aneinandergereiht sind, besteht ein Polymer aus aneinandergereihten Wiederholungseinheiten. Weil es so viele sind, steht anstelle der tatsächlichen Zahl der Buchstabe „*n*".

***n* Ethenmoleküle** ***n* Wiederholungseinheiten von Polyethen**

Darstellung von Additionspolymeren

Ein Polymermolekül kann Tausende Atome enthalten. Diese alle in einem Diagramm darzustellen, wäre zu schwierig. Daher werden Polymere durch ihre Wiederholungseinheit angegeben. Die Wiederholungseinheit eines Polymers lässt sich aus dem Monomer ableiten, umgekehrt lässt sich das Monomer aus der Wiederholungseinheit ableiten.

Auf einen Blick

- ✓ **Das Monomer und die Wiederholungseinheit im Polymer haben die gleiche Anzahl und Anordnung von Atomen.**
- ✓ **Die C=C-Bindung im Monomer wandelt sich in eine Einfachbindung in der Wiederholungseinheit um.**
- ✓ **Der Polymername ist der Monomername mit vorangestelltem Wort „Poly-".**

Vom Monomer zur Wiederholungseinheit
Das Monomer und die Wiederholungseinheit haben die gleiche Anzahl von Atomen pro Element. Die Atome sind gleich angeordnet, aber die Bindungen sind etwas verschieden.

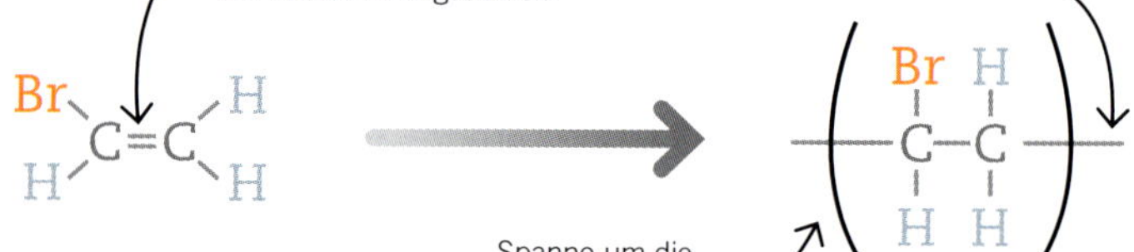

Monomer **Wiederholungseinheit**

Von der Wiederholungseinheit zum Monomer
Die Wiederholungseinheit und das Monomer haben die gleiche Anzahl von Atomen pro Element. Die Atome sind gleich angeordnet, aber die Bindungen sind etwas verschieden.

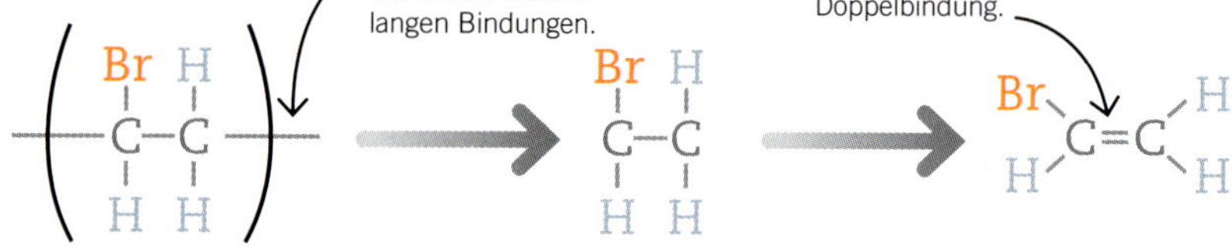

Wiederholungseinheit **Monomer**

Vom Propen zu Polypropen

Mit dem Monomer und der Wiederholungseinheit kann die Gleichung für die Polymerisation formuliert werden.

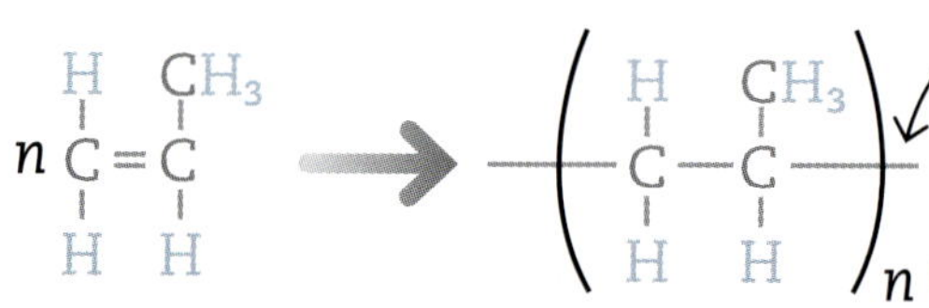

***n* Monomere Propen** ***n* Wiederholungseinheiten des Polypropen-Polymers**

Alkohole

Alkohole bilden eine homologe Reihe von organischen Verbindungen (siehe Seite 198). Ihre charakteristischen Eigenschaften kommen von ihrer funktionellen Gruppe –OH. Der einfachste Alkohol – Methanol – ist giftig. Er ist aber ein guter Kraftstoff, der Benzin zugemischt werden kann. Ethanol ist Bestandteil von alkoholischen Getränken und wird als Biokraftstoff verwendet.

Auf einen Blick

- ✓ Alkohole bilden eine homologe Reihe von organischen Verbindungen.
- ✓ Alkohole enthalten –OH als funktionelle Gruppe, die ihnen ihre charakteristischen Eigenschaften verleiht.
- ✓ Alkohole tragen die Endung „-ol“.
- ✓ Die allgemeine Formel für Alkohole lautet $C_nH_{2n+1}OH$.

Die ersten vier Alkohole
In dieser Tabelle sind die ersten vier Alkohole aufgeführt. Die –OH-Gruppe sitzt immer am Ende der Kohlenstoffkette.

		Formel	Halbstrukturformel	Strukturformel
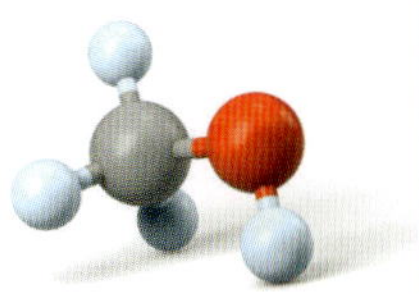	**Methanol**	CH_3OH	CH_3OH	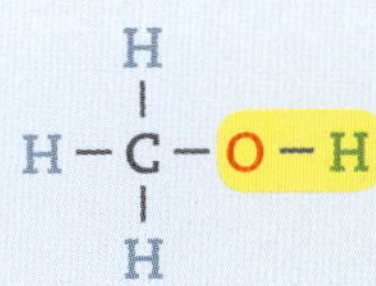
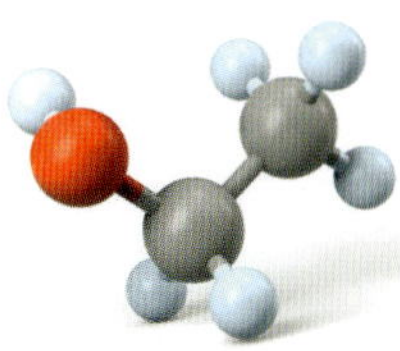	**Ethanol**	C_2H_5OH	CH_3CH_2OH	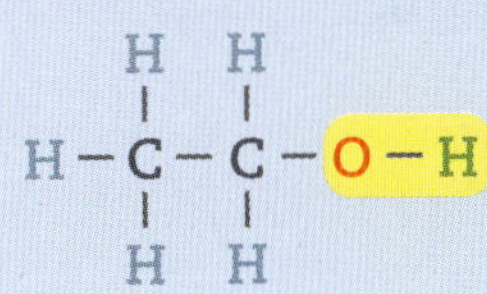
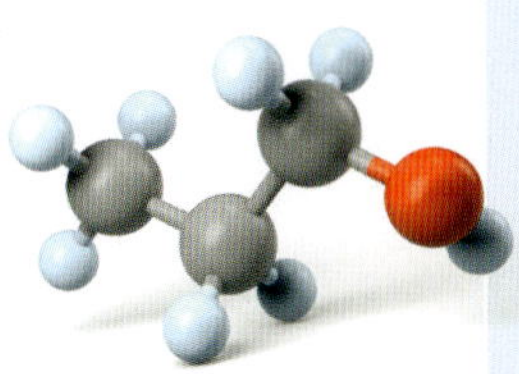	**Propanol**	C_3H_7OH	$CH_3CH_2CH_2OH$	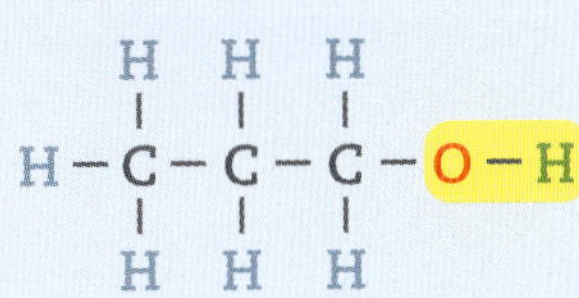
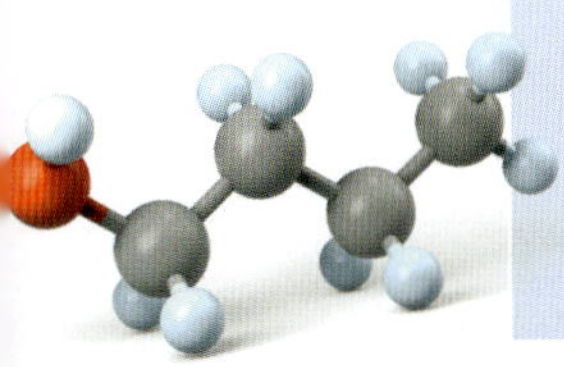	**Butanol**	C_4H_9OH	$CH_3(CH_2)_3OH$	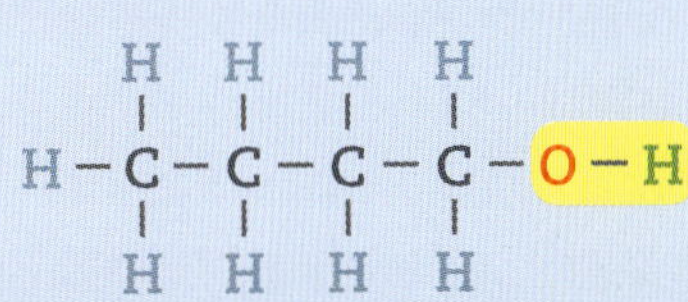

Eigenschaften der Alkohole

Alkohole mit kurzer Kohlenstoffkette vermischen sich vollständig mit Wasser. Die Mischungen sind neutral. Wie die Kohlenwasserstoffe verbrennen Alkohole mit einem Überschuss von Sauerstoff zu Kohlenstoffdioxid und Wasser (siehe Seite 200). Durch Erhitzen mit Oxidationsmitteln werden sie in Carbonsäuren umgewandelt.

Auf einen Blick

- ✓ Alkohole mit kurzer Kohlenstoffkette vermischen sich vollständig mit Wasser.
- ✓ Bei vollständiger Verbrennung bilden sich Kohlenstoffdioxid und Wasser.
- ✓ Alkohole können zu Carbonsäuren oxidiert werden.

Löslichkeit in Wasser
Methanol, Ethanol und Propanol vermischen sich vollständig mit Wasser zu einer klaren und farblosen neutralen Lösung.

Wasser ist eine klare, farblose Flüssigkeit.

Ethanol ist eine klare, farblose Flüssigkeit.

Entzündlichkeit
Alkohole sind entzündlich. Bei reichlicher Sauerstoffzufuhr verbrennen sie vollständig (siehe Seite 163) zu Kohlenstoffdioxid und Wasser. Unter begrenzter Sauerstoffzufuhr oder Luft verbrennen sie unvollständig. Dabei bilden sich Kohlenstoffmonoxid, Kohlenstoff und Wasser.

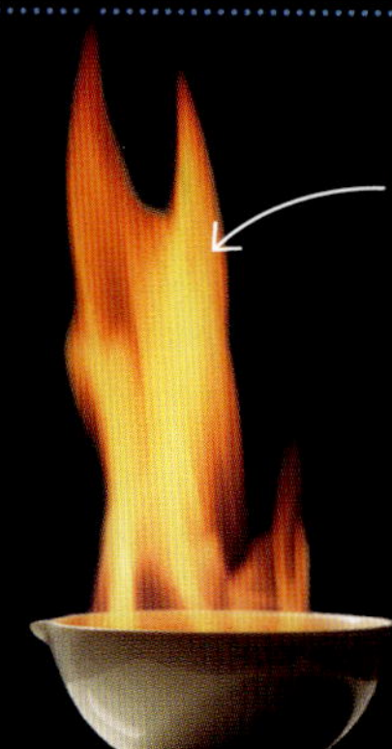

Die rußende gelbe Flamme zeigt die unvollständige Verbrennung an.

Oxidation
Mit Oxidation bezeichnet man eine Sauerstoffaufnahme durch eine Substanz. Alkohole werden durch Verbrennen oxidiert. Sie werden auch durch Kaliumpermanganat oxidiert.

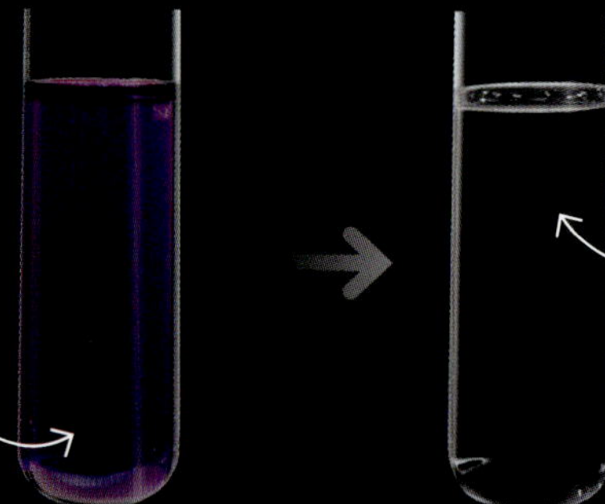

Violettes Kaliumpermanganat wird mit verdünnter Schwefelsäure und Ethanol vermischt.

Beim Erwärmen verblasst die Farbe und es bildet sich farblose Ethansäure.

Ethanol

Alkohole bilden eine homologe Reihe von Verbindungen mit der funktionellen Gruppe (siehe Seite 198) –OH. Der Alkohol in alkoholischen Getränken ist Ethanol. Viele Substanzen lösen sich in Ethanol besser als in Wasser. Ethanol wird auch als Antiseptikum und als Brennstoff verwendet.

Auf einen Blick

- ✓ **Ethanol ist ein gutes Lösungsmittel.**
- ✓ **Ethanol tötet Bakterien ab und ist daher ein gutes Antiseptikum.**
- ✓ **Ethanol verbrennt in Luft und ist daher ein guter Brennstoff.**

Lösungsmittel
In Ethanol lösen sich Öle und Fette besser als in Wasser. Daher wird es für Farben, Reinigungsmittel, Parfüm und Lack verwendet.

Ethanol ist ein Lösemittel für Farben.

Farben

Antiseptikum
Antiseptika sind Substanzen, die Bakterien abtöten. Ethanol hat sehr gute antiseptische Eigenschaften. Es wird in antiseptischen Handgelen und Waschschäumen verwendet.

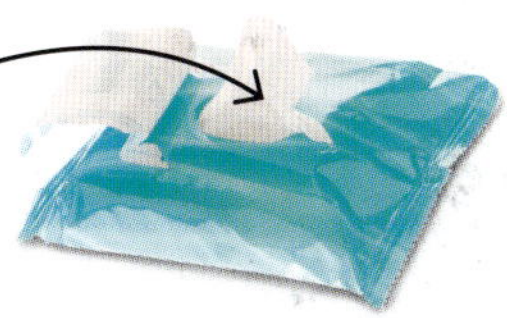

Vor einer Injektion wird die Einstichstelle mit einem ethanolgetränkten Tuch desinfiziert.

Antiseptische Tücher

Brennstoff
Das meiste produzierte Ethanol ist Bioethanol, das durch Fermentation (Gärung) gewonnen wird. Dieses Bioethanol ist selbst oder als Zusatz in Benzin ein guter Brennstoff.

Ethanol ist der Brennstoff in Spiritusbrennern.

Brennstoff

Alkoholische Getränke
Alkoholische Getränke wie Bier und Wein enthalten Ethanol (etwa 5% beziehungsweise 12%). Für Branntweine, Schnaps, Wodka und Whisky wird der Ethanolgehalt durch Destillation erhöht (auf etwa 40%).

Bier enthält Ethanol und wird durch Gärung von gemälztem Getreide wie Gerste hergestellt.

Bier

Herstellung von Ethanol

Die alkoholische Gärung ist eine Art anaerob (unter Luftausschluss) verlaufender Atmungsprozess. Dabei werden in Wasser gelöste Kohlenhydrate (siehe Seite 226) in Ethanol und Kohlenstoffdioxid umgewandelt. Die Enzyme für den Gärungsprozess kommen von der Hefe.

Gärung

Der Biokraftstoff Ethanol wird großtechnisch durch alkoholische Gärung produziert. Auch Bier, Wein und andere alkoholische Getränke werden großtechnisch durch Gärung hergestellt.

Hefen sind einzellige Pilze. Sie enthalten die Enzyme für den Gärprozess.

Wein aus Eigenproduktion

Auf einen Blick

- ✓ Ethanol bildet sich unter Normaldruck bei mäßigen Temperaturen durch Vergärung von Zucker.
- ✓ Bei der Gärung entsteht auch Kohlenstoffdioxid.
- ✓ Ethanol wird auch durch Hydratisierung (Addition von Wasser) von Ethen gewonnen. Die Additionsreaktion benötigt hohe Temperaturen und Drücke.

$$\text{Zucker} \xrightarrow{\text{Hefeenzyme}} \text{Ethanol} + \text{Kohlenstoffdioxid}$$

Hydratisierung

Ethen bildet mit Wasserdampf in einer Additionsreaktion (s. S. 209) Ethanol. Die reversible Reaktion wird durch Phosphorsäure katalysiert und benötigt hohe Temperaturen und Drücke.

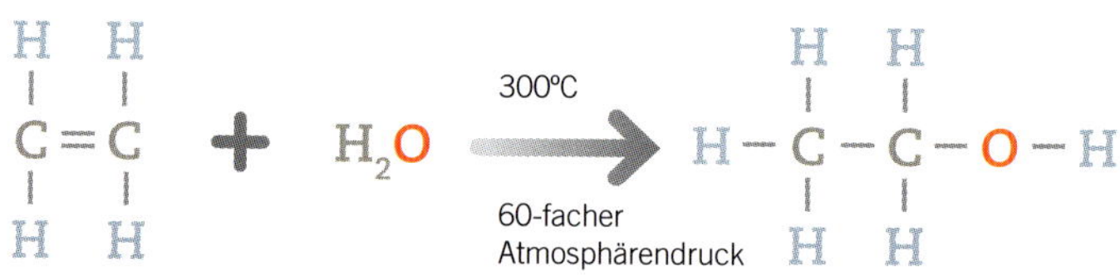

Ethen **Wasser** **Ethanol**

Carbonsäuren

Carbonsäuren bilden eine homologe Reihe von organischen Verbindungen (siehe Seite 198). Ihre funktionelle Gruppe, die ihnen ihre Reaktivität verleiht, ist die –COOH-Gruppe. Die Formeln der Carbonsäuren unterscheiden sich immer durch eine $-CH_2-$-Einheit, und die Namensendung lautet „-ansäure“.

Auf einen Blick

- ✓ Carbonsäuren bilden eine homologe Reihe.
- ✓ Ihre Moleküle enthalten die –COOH-Gruppe als funktionelle Gruppe.
- ✓ Die Namen leiten sich aus dem Stamm mit der Kohlenstoffanzahl und der Endung „-ansäure“ ab.
- ✓ Die allgemeine Formel lautet $C_nH_{2n+1}COOH$ mit *n* als ganzer Zahl beginnend mit 0.

Die ersten vier Carbonsäuren
In dieser Tabelle sind Informationen zu den ersten vier Carbonsäuren aufgeführt. Die –COOH-Gruppe sitzt immer am Ende der Kohlenstoffkette.

		Formel	Halbstrukturformel	Strukturformel
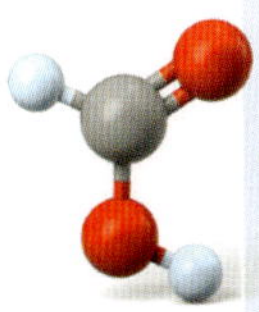	**Methansäure**	HCOOH	HCOOH	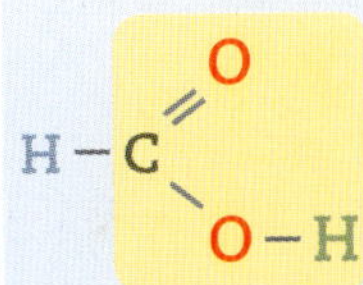
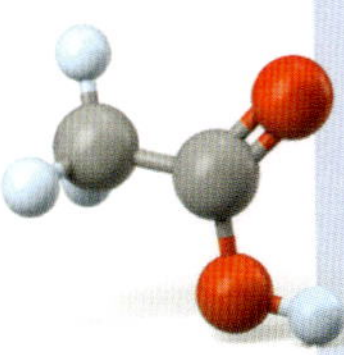	**Ethansäure**	CH_3COOH	CH_3COOH	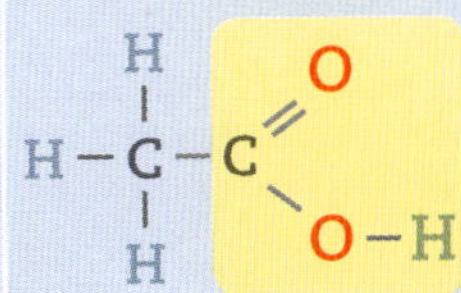
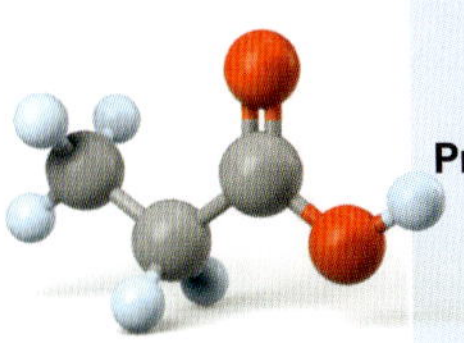	**Propansäure**	C_2H_5COOH	CH_3CH_2COOH	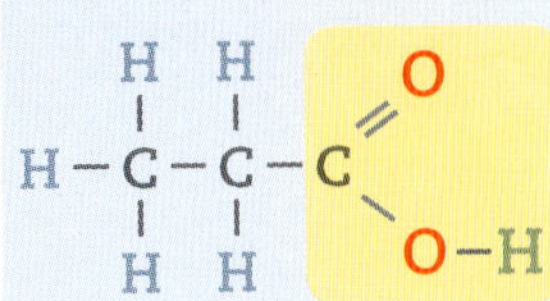
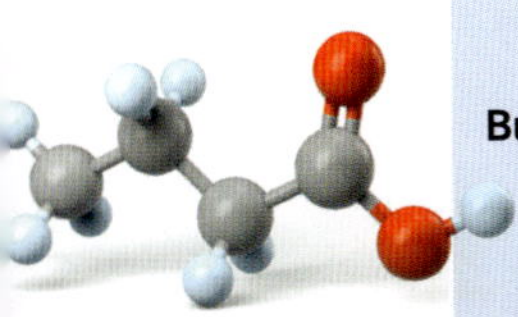	**Butansäure**	C_3H_7COOH	$CH_3CH_2CH_2COOH$	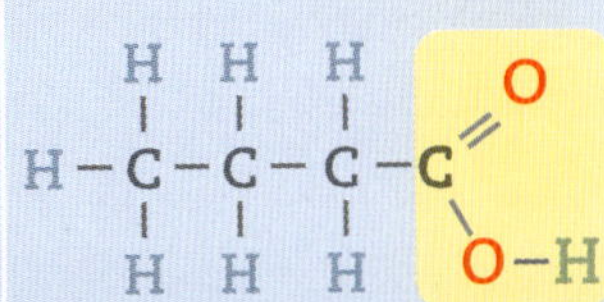

Reaktionen mit Carbonsäuren

Carbonsäuren sind schwache Säuren. Mit reaktiven Metallen und Carbonaten reagieren sie auf charakteristische Weise. Die Reaktionen der Carbonsäuren sind langsamer als die von gleich konzentrierten starken Säuren (siehe Seite 137). Die Namen der Carbonsäuresalze haben die Endung „-anoat“.

Auf einen Blick

- ✓ Carbonsäuren sind schwache Säuren, denn sie zerfallen in Lösung nur teilweise in Ionen.
- ✓ Mit Metallcarbonaten reagieren sie unter Bildung von Salz, Wasser und Kohlenstoffdioxid.
- ✓ Mit Metallen reagieren sie unter Bildung von Salz und Wasserstoff.

Reaktion mit Carbonaten
Carbonsäuren reagieren mit Carbonaten unter Bildung eines Salzes, Wasser und Kohlenstoffdioxid.

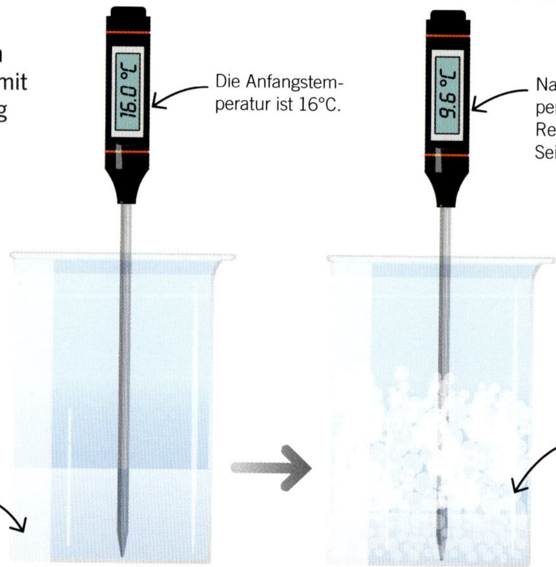

Reaktionen mit Carbonaten

Wie auch andere Säuren reagieren Carbonsäuren mit Carbonaten unter Bildung von Salz, Wasser und Kohlenstoffdioxid (siehe Seite 140).

Carbonsäure + Metallcarbonat ⟶ Metallsalz + Wasser + Kohlenstoffdioxid

Die Gleichung für die oben gezeigte Reaktion lautet:

Ethansäure	+	Natriumcarbonat	⟶	Natriumethanoat	+	Wasser	+	Kohlenstoffdioxid
$2CH_3COOH$	+	Na_2CO_3	⟶	$2CH_3COONa$	+	H_2O	+	CO_2

Ester

Ester sind organische Verbindungen (siehe Seite 198). Sie bilden sich bei der Reaktion von Alkoholen und Carbonsäuren und enthalten –COO– als funktionelle Gruppe. Wegen ihres fruchtigen Geruchs sind Ester in Parfüms und Aromen enthalten. Ethylethanoat, der Ester aus Ethansäure und Ethanol, ist ein gutes Lösungsmittel und wird als Nagellackentferner verwendet.

Auf einen Blick

- ✓ **Ester sind organische Verbindungen mit –COO– als funktioneller Gruppe.**
- ✓ **Sie werden nach dem Alkohol und der Carbonsäure benannt.**
- ✓ **Bei der Herstellung wird Schwefelsäure als Katalysator eingesetzt.**

Herstellung von Estern
Ester bilden sich durch Erwärmen von Alkoholen mit Carbonsäuren und Schwefelsäure als Katalysator (siehe Seite 184).

Alkohol + Carbonsäure $\xrightarrow{\text{Schwefelsäure (Katalysator)}}$ Ester + Wasser

Herstellung von Ethylethanoat
Ethylethanoat wird durch Reaktion von Ethanol mit Ethansäure hergestellt.

Ethanol	+	**Ethansäure**	⟶	**Ethylethanoat**	+	**Wasser**
C_2H_5OH	+	CH_3COOH	⟶	$CH_3COOC_2H_5$	+	H_2O

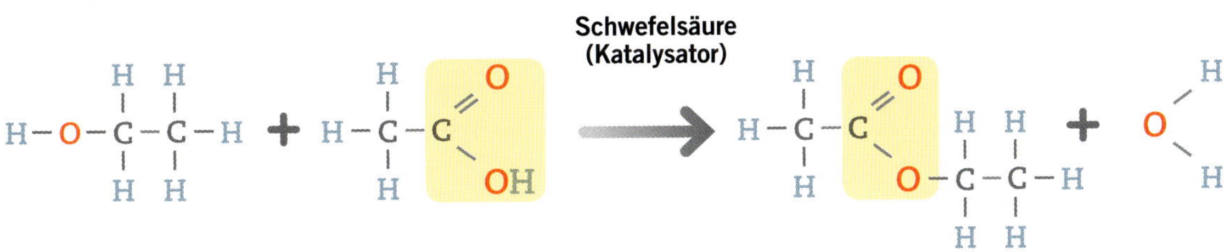

Der Duft von Estern

Wegen ihres fruchtigen Geruchs werden Ester häufig in Parfüms eingesetzt. Ester findet man natürlich in Pflanzen, für Aromen werden sie künstlich hergestellt. Hier sind einige Beispiele.

Alkohol	Carbonsäure	Ester	Geruch
Ethanol	Ethansäure	Ethylethanoat	Fruchtbonbon
Propanol	Hexansäure	Propylhexanoat	Brombeere
Butanol	Ethansäure	Butylethanoat	Apfel
Butanol	Butansäure	Butylbutanoat	Ananas

Kondensations-polymere

Additionspolymere wie etwa Polyethen enthalten nur eine Art von Wiederholungseinheiten (siehe Seite 213). Bei der Herstellung aus C=C-haltigen Monomeren bildet sich nur das Polymer. Kondensationspolymere wie Polyester und Polyamide (siehe Seite 223) haben zwei Wiederholungseinheiten mit jeweils zwei funktionellen Gruppen (siehe Seite 198). Bei der Verknüpfung der Monomere entsteht Wasser als Nebenprodukt.

Auf einen Blick

- ✓ Kondensationspolymere enthalten zwei Monomerarten.
- ✓ Anstelle der C=C-Bindung müssen die Monomere für die Polymerherstellung jeweils zwei funktionelle Gruppen enthalten.
- ✓ Bei der Polyesterherstellung wird bei jeder Esterbindung ein Wassermolekül abgespalten.

Nylon

Das Polymer Nylon enthält zwei Monomereinheiten. Eine ist ein Diamin mit zwei $-NH_2$-Gruppen (siehe Seite 223). Die andere ist eine Dicarbonsäure mit zwei –COOH-Gruppen (siehe Seite 223).

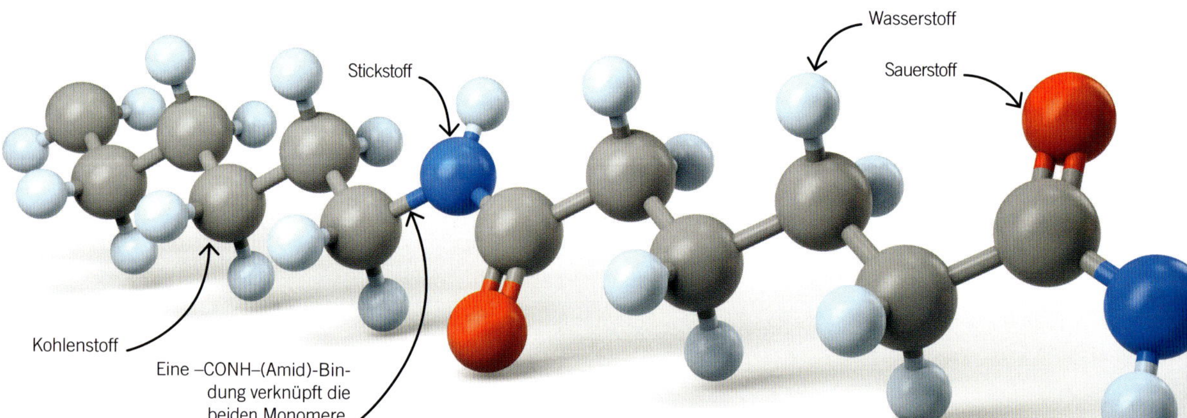

Abschnitt eines Nylonmoleküls

Was bei der Kondensationspolymerisation passiert

Bei einer Kondensationsreaktion verknüpfen sich zwei Monomere zum Polymer. Die Reaktion wird Kondensation genannt, weil bei der Reaktion zweier Wiederholungseinheiten Wasser abgespalten wird. Hier ist die Kondensationsreaktion zwischen einer Carbonsäure und einem Alkohol unter Bildung eines Esters (siehe Seite 221) und Wasser dargestellt.

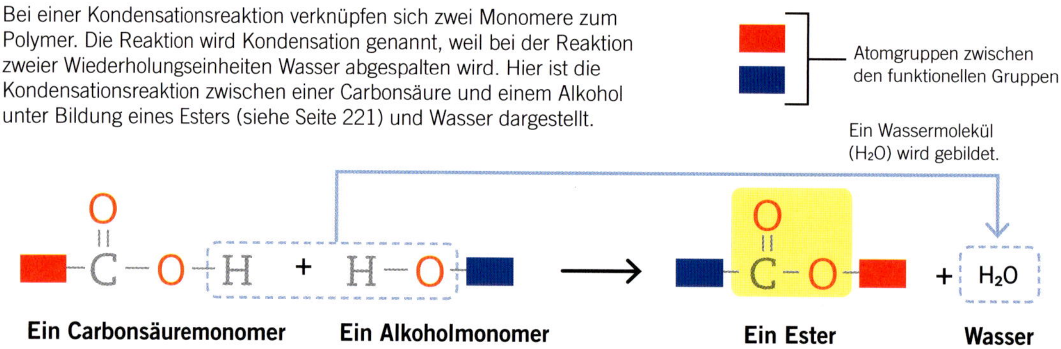

Polyester und Polyamide

Polyester und Polyamide sind beides Beispiele für Kondensationspolymere (siehe Seite 222). Bei der Polymerisation werden pro Wiederholungseinheit zwei Wassermoleküle als Nebenprodukt abgespalten. Polyester werden durch Reaktion von Dicarbonsäuren mit Diolen hergestellt, Polyamide durch Reaktion von Dicarbonsäuren mit Diaminen.

Auf einen Blick

- ✓ Polyester und Polyamide sind Kondensationspolymere.
- ✓ Polyester bilden sich aus Dicarbonsäuren und Diolen.
- ✓ Polyamide bilden sich aus Dicarbonsäuren und Diaminen.
- ✓ Als Nebenprodukt der Kondensationspolymerisation entsteht Wasser.

Polyester
Bei der Reaktion von Dicarbonsäuren (mit COOH - Gruppen an beiden Molekülenden) mit Diolen (mit –OH-Gruppen an beiden Molekülenden) bildet sich unter Abspaltung von Wasser ein durch Esterbindungen (–COO–) verknüpfter Polyester. Die Wiederholungseinheit hat die hier gezeigte Struktur.

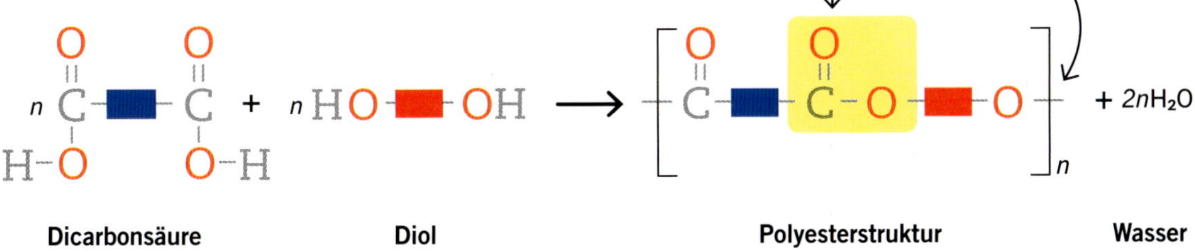

Polyamide
Bei der Reaktion von Dicarbonsäuren mit Diaminen bildet sich unter Abspaltung von Wasser ein Polyamid. Die Wiederholungseinheiten im Polyamid sind durch Amidbindungen (–CONH–) miteinander verknüpft und haben die hier gezeigte Struktur.

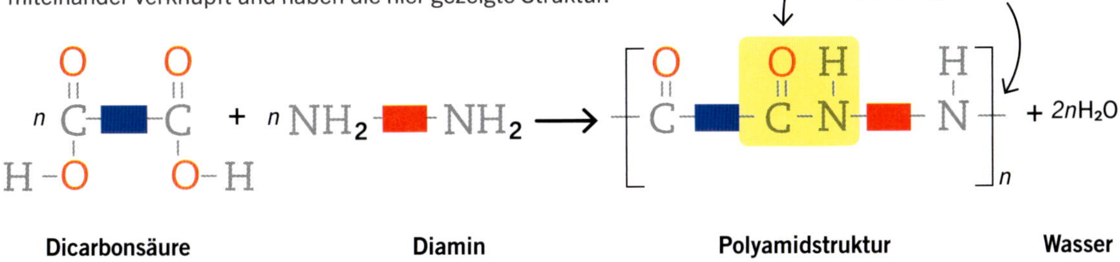

DNA

Der Zellkern enthält die DNA, das Erbmaterial der Zelle. Die DNA ist ein natürliches Kondensationspolymer und wird aus einer Abfolge von vier verschiedenen Nukleotidmonomeren aufgebaut. Ein DNA-Molekül besteht aus zwei Strängen, die sich gegenseitig umwinden. Die Form wird Doppelhelix genannt.

Auf einen Blick

- ✓ **Die DNA besteht aus zwei Strängen, die sich in Form einer Doppelhelix gegenseitig umwinden.**
- ✓ **Jeder Strang besteht aus Nukleotiden.**
- ✓ **Ein Nukleotid enthält einen Zucker, eine Phosphatgruppe und eine Base (G, C, A oder T).**

DNA-Doppelhelix
Die DNA ist ein natürliches Kondensationspolymer von Monomeren, die Nukleotide genannt werden. Jedes Nukleotid enthält eine von vier verschiedenen Basen (G, C, A, oder T).

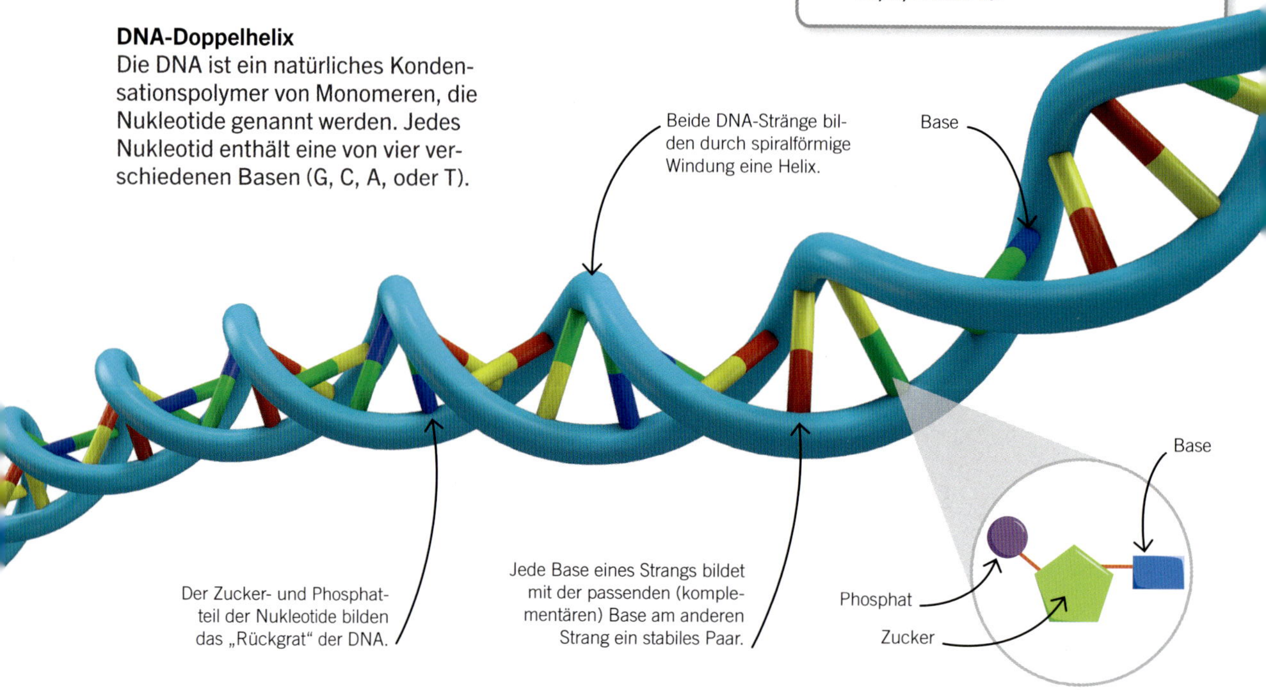

Nukleotid

Struktur der DNA

Ein Nukleotid besteht aus einem Zucker, der Phosphatgruppe und einer Base. Die vier Basen heißen Guanin (G), Cytosin (C), Adenin (A) und Thymin (T). Die komplementären Basen an beiden DNA-Strängen werden durch Wasserstoffbrückenbindungen – eine intermolekulare Kraft (siehe Seite 83) – miteinander verknüpft.

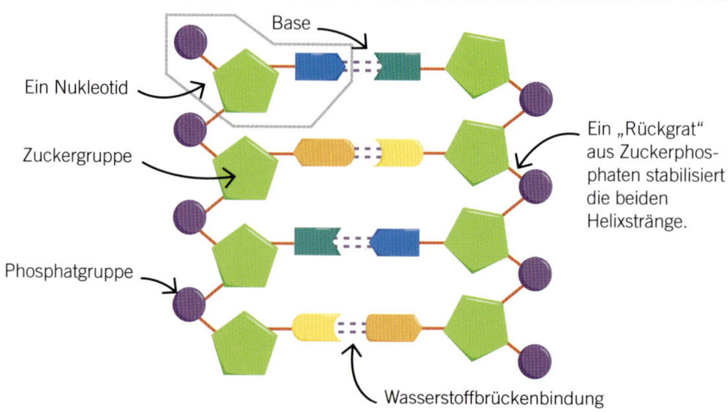

Proteine

Proteine sind Kondensationspolymere (siehe Seite 222), die aus vielen Aminosäuremonomeren bestehen. Aminosäuren tragen an einem Molekülende eine –COOH-Gruppe, am anderen eine –NH_2-Gruppe. Beide Gruppen reagieren unter Bildung einer Peptidbindung. Es gibt 20 Standardaminosäuren. Enzyme, Haare und Transportproteine bestehen aus verschiedenen Proteinarten.

Auf einen Blick

- ✓ **Proteine sind Kondensationspolymere.**
- ✓ **Sie werden aus Aminosäuren hergestellt und enthalten Peptidbindungen.**
- ✓ **Die Proteine enthalten Aminosäuren in jeweils unterschiedlicher Kombination und Anzahl.**
- ✓ **Alle Enzyme sind Proteine.**

Insulin
Insulinmoleküle sind aus zwei miteinander verbundenen Ketten aufgebaut. Die eine Kette enthält 21, die andere 30 Aminosäuren.

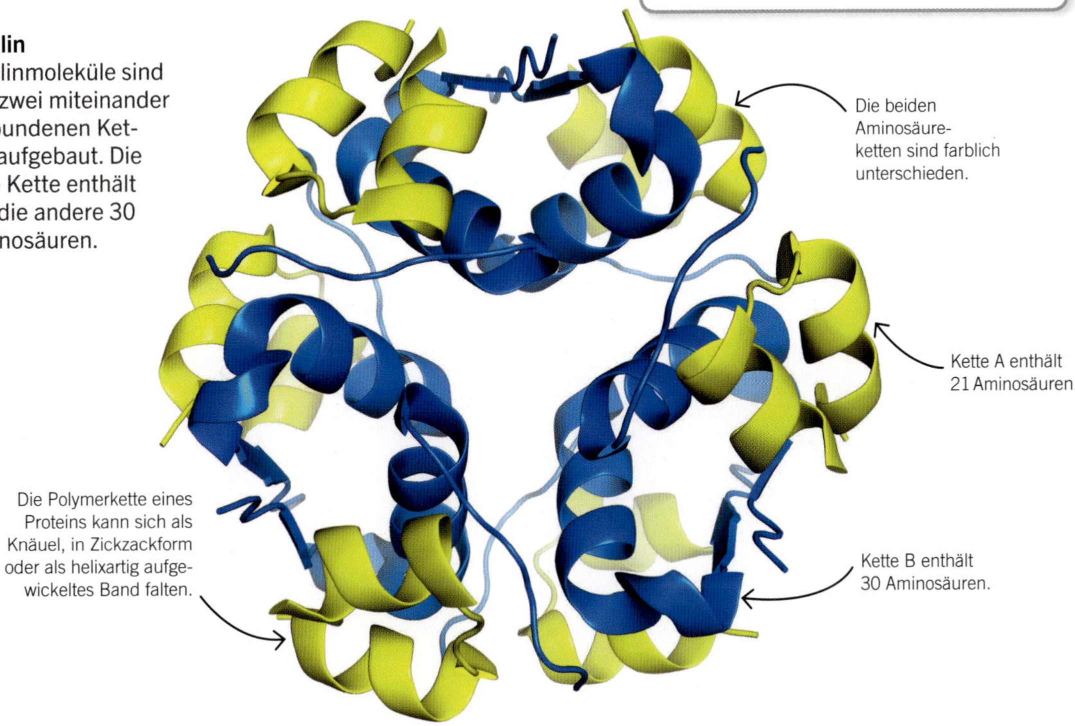

Struktur von Proteinen

Proteine sind Kondensationspolymere, die aus Aminosäuremonomeren aufgebaut sind. Die funktionellen Gruppen an den Enden eines Aminosäuremoleküls reagieren zu einer Amidbindung (–CONH–), die bei Proteinen Peptidbindung genannt wird.

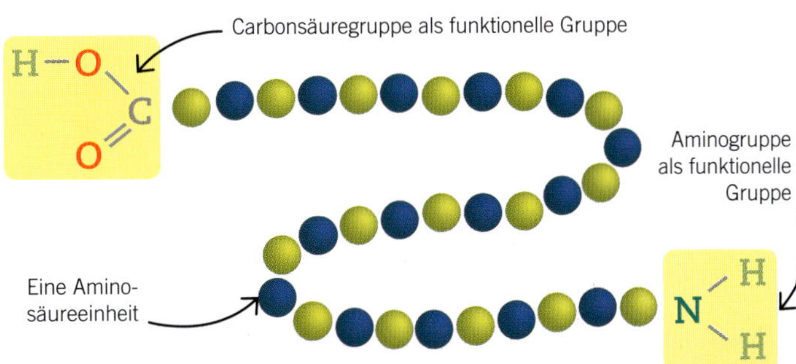

Kohlenhydrate

Kohlenhydrate sind Verbindungen aus den Elementen Kohlenstoff, Wasserstoff und Sauerstoff. Komplexe Kohlenhydrate wie zum Beispiel Stärke und Glykogen sind aus Tausenden miteinander verknüpften Glucosemolekülen aufgebaut. Glucose und Fructose sind einfache Zucker (Monosaccharide), die sich zu Disacchariden wie Saccharose, dem Haushaltszucker, verknüpfen lassen.

Auf einen Blick

- ✓ Kohlenhydrate sind Verbindungen aus Kohlenstoff, Wasserstoff und Sauerstoff.
- ✓ Das komplexe Kohlenhydrat Stärke ist aus vielen miteinander verknüpften Glucosemolekülen aufgebaut.
- ✓ Saccharose ist aus zwei einfachen, miteinander verknüpften Zuckermolekülen aufgebaut.

Cellulosefasern
Cellulose ist ein komplexes Kohlenhydrat aus den Zellwänden von Pflanzen. Cellulose bildet Fasern wie hier in der elektronenmikroskopischen Abbildung dargestellt. In einer Faser sind viele Cellulosemoleküle umeinander gewickelt.

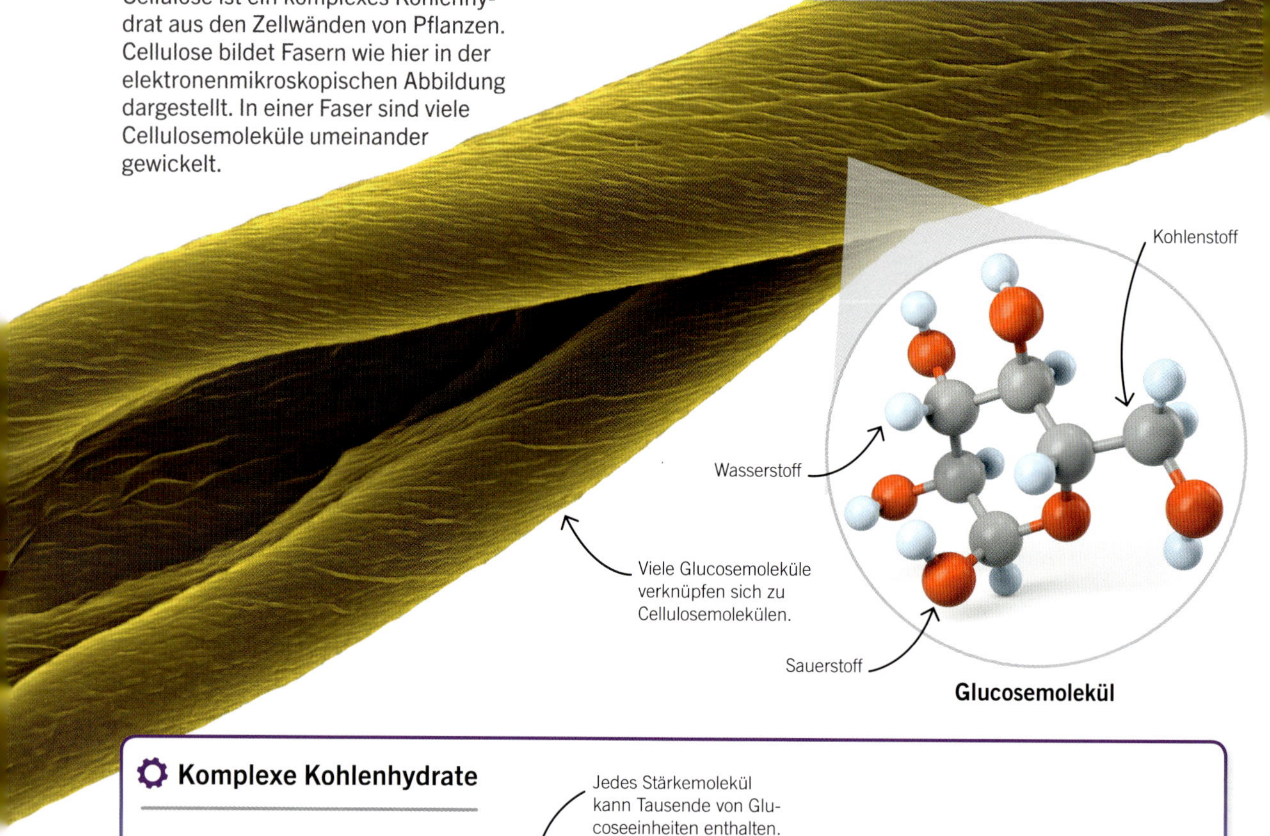

Glucosemolekül

Komplexe Kohlenhydrate

Ein komplexes Kohlenhydrat ist als lange Kette von miteinander verknüpften einfachen Zuckermolekülen aufgebaut. Stärke und Cellulose bestehen beide aus Glucose und sind Kohlenhydrate – eine wichtige Energiequelle.

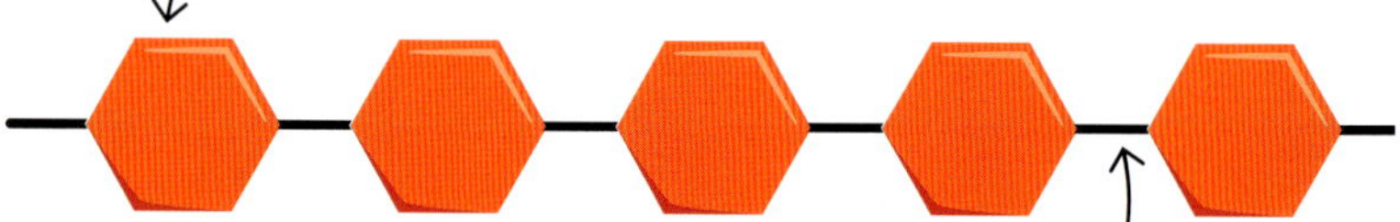

Abschnitt eines Stärkemoleküls

Hydrolyse von Polymeren

Proteine (siehe Seite 225) und komplexe Kohlenhydrate wie z. B. Stärke sind natürliche Kondensationspolymere (siehe Seite 222). Sie bestehen aus vielen, miteinander verknüpften Monomereinheiten. Bei ihrer Polymerisation bildet sich als Nebenprodukt Wasser. Der umgekehrte Prozess, die Zerlegung eines Polymers in seine Monomere, wird Hydrolyse genannt.

Auf einen Blick

- ✓ **Proteine und komplexe Kohlenhydrate können in ihre Monomere zerlegt werden.**
- ✓ **Diese Reaktion heißt Hydrolyse.**
- ✓ **Für die Hydrolyse werden Enzyme oder konzentrierte Säuren benötigt.**
- ✓ **Die Hydrolyseprodukte können durch Chromatographie aufgetrennt und mit einem Färbemittel identifiziert werden.**

Hydrolyse von Proteinen
Proteasen – eine Enzymsorte – können die Bindung zwischen den Molekülen aufbrechen und die Proteine zu Aminosäuren hydrolysieren. Etwas langsamer geschieht das Gleiche mit konzentrierter Salzsäure.

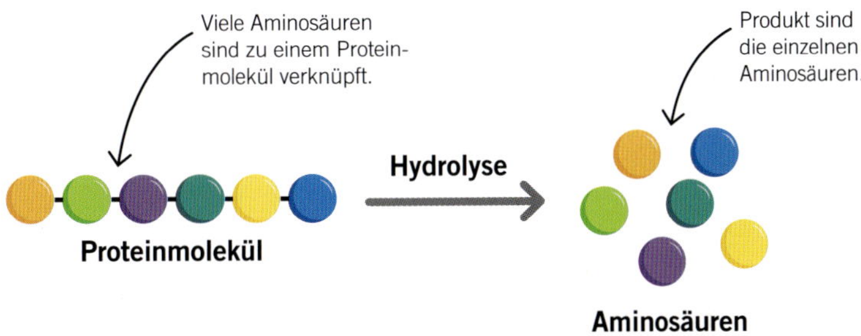

Hydrolyse von komplexen Kohlenhydraten
Carbohydrasen – eine Enzymsorte – können die Bindung zwischen den Molekülen aufbrechen und komplexe Kohlenhydrate in einfache Zucker hydrolysieren. Das geschieht z. B. bei der Hydrolyse von Stärke.

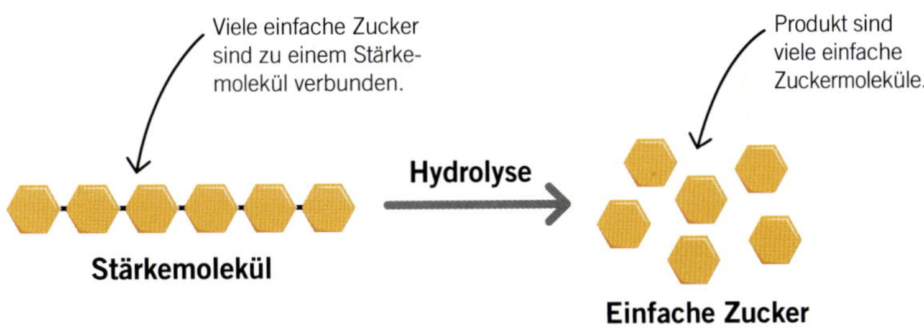

Auftrennung und Identifizierung durch Chromatographie

Durch Chromatographie wird ein Gemisch aus verschiedenen löslichen Substanzen in die Einzelsubstanzen aufgetrennt. Dadurch lassen sich Aminosäuren und einfache Zucker anhand ihrer R_f-Werte identifizieren (siehe Seiten 44–45). Um die Laufweite der Substanzen sehen zu können, werden Färbemittel aufgesprüht.

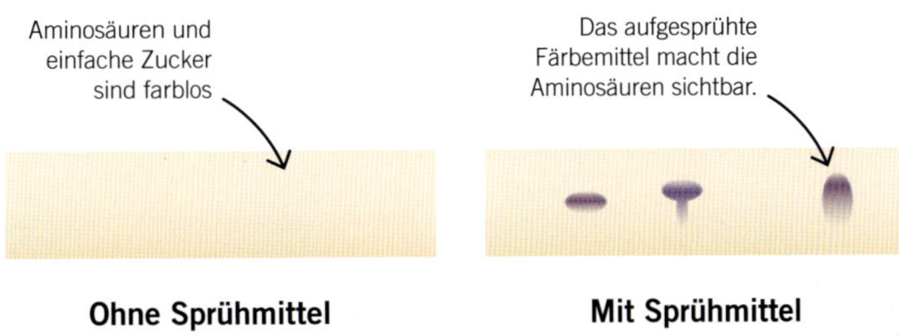

Chemische Analytik

Nachweis von Sauerstoff

Sauerstoff ist ein farbloses, geruchloses Gas und somit schwierig nachzuweisen. Sauerstoff ist für die Verbrennung notwendig und lässt kleine Flammen oder glimmende Holzstücke hell auflodern. Dieses Verhalten wird für die Sauerstoffprobe genutzt.

Auf einen Blick

- ✓ **Sauerstoff ist ein farbloses und geruchloses Gas und somit schwierig nachzuweisen.**
- ✓ **Sauerstoff wird für Brennvorgänge benötigt.**
- ✓ **Ein erneut aufflackernder Glimmspan weist auf Sauerstoff hin.**

Warum Sauerstoff nachweisen?

Sauerstoff nachzuweisen ist wichtig, weil Sauerstoffmangel ein Erstickungsrisiko darstellt. Tunnel, Abwasserkanäle und Keller können als schlecht belüftete Räume geringe Sauerstoffkonzentrationen aufweisen. Damit hier Menschen sicher arbeiten können, muss der Sauerstoffpegel geprüft werden.

Aufbau des Experiments
Gib 3 Gramm Mangan(IV)-oxid in einen konisch zulaufenden Glaskolben (Erlenmeyerkolben). Miss mit einem Messzylinder 20 cm^3 Wasserstoffperoxidlösung ab. Verbinde den Erlenmeyerkolben mit dem Wasserbehälter durch zwei zusammengesteckte Gasrohre.

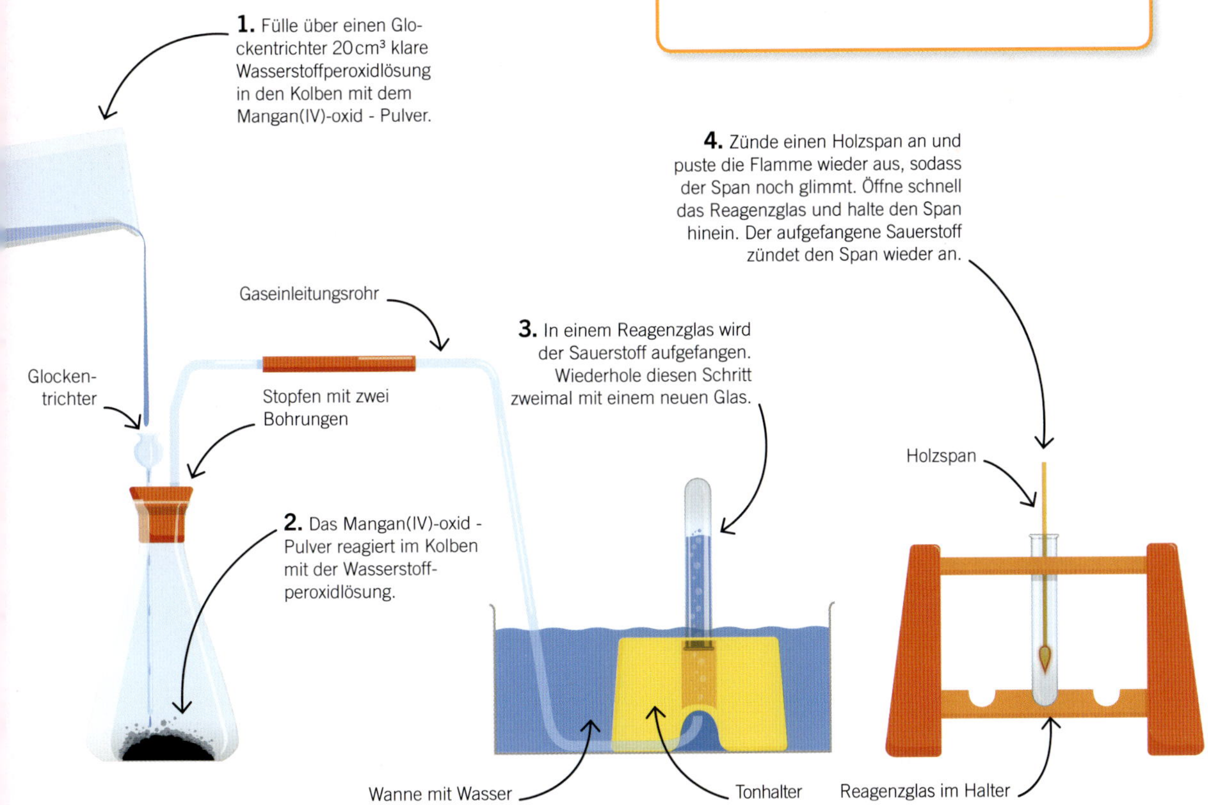

Nachweis von Kohlenstoffdioxid

Kohlenstoffdioxid ist ein ungiftiges, farbloses, geruchloses Gas. Es ist wenig reaktiv, bildet aber wegen einer gewissen Wasserlöslichkeit schwach saure Lösungen. Im Labor kann man es mit einem Glimmspan, Kalkwasser oder Universalindikator nachweisen.

Auf einen Blick

- ✓ **Kohlenstoffdioxid ist ein farbloses, geruchloses und ungiftiges Gas.**
- ✓ **Kohlenstoffdioxid löscht einen Glimmspan aus, trübt Kalkwasser und lässt einen Universalindikator nach Rot umschlagen.**

Aufbau des Experiments
Gib Calciumcarbonat in einen Erlenmeyerkolben. Miss 50 cm^3 Salzsäure ab. Verbinde den Erlenmeyerkolben über die beiden Gaseinleitungsrohre mit einem Wasserbecken.

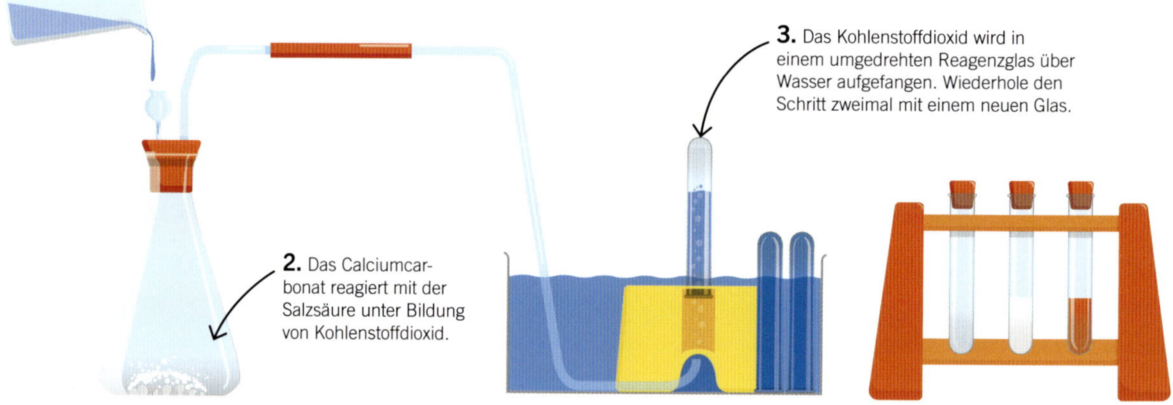

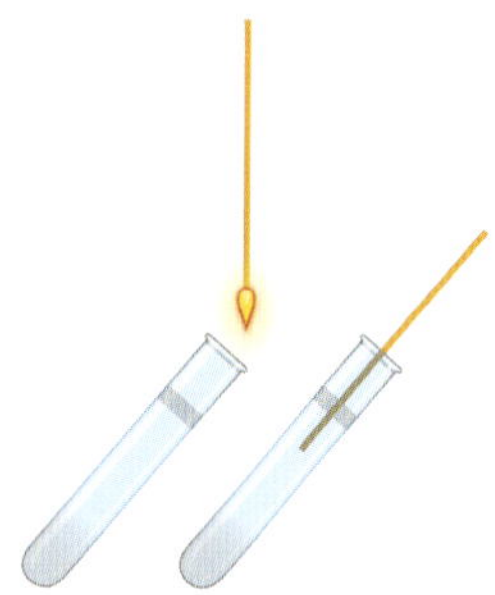

Span
Halte einen angezündeten Holzspan in eines der Reagenzgläser. Das Kohlenstoffdioxid löscht die Flamme.

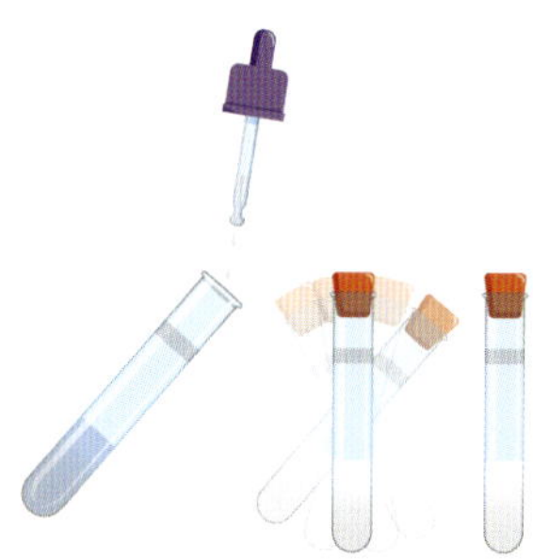

Kalkwasser
Fülle mit einer Pipette etwas Kalkwasser in eines der Reagenzgläser und schüttle gut durch. Das Kohlenstoffdioxid trübt das Wasser.

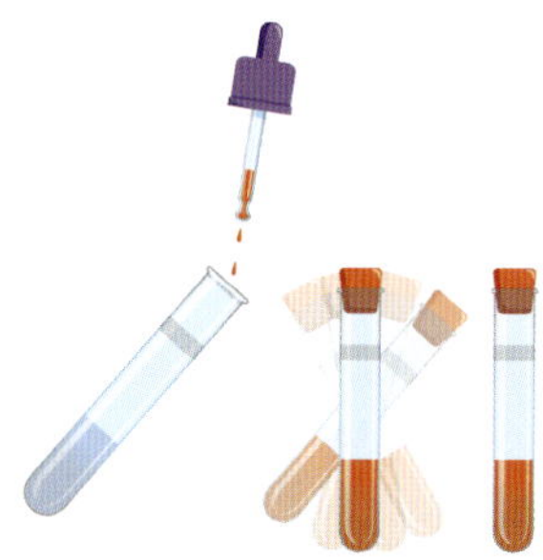

Universalindikator
Gib fünf Tropfen Universalindikator in eines der Reagenzgläser und schüttle gut durch. Die saure Reaktion färbt die Lösung rot.

Nachweis von Wasserstoff

Wasserstoff ist ein ungiftiges, farbloses und geruchloses Gas (siehe Seite 55). Wegen der Explosionsgefahr müssen Wasserstoffnachweise im Labor sehr vorsichtig und streng nach den Sicherheitsvorschriften ausgeführt werden.

Auf einen Blick

- ✓ **Wasserstoff ist ein ungiftiges, farbloses und geruchloses Gas.**
- ✓ **Wasserstoff kann mit anderen Elementen wie Sauerstoff explosionsartig reagieren.**
- ✓ **Wasserstoff kann im Labor durch ein lautes „Plopp"-Geräusch nachgewiesen werden, wenn ein brennender Span an Wasserstoff gehalten wird.**

Ammoniaknachweis

Ammoniak riecht sehr unangenehm und kann die Augen schädigen. Feuchtes rotes Lackmuspapier, das über ein Reagenzglas mit Ammoniaklösung gehalten wird, verfärbt sich blau. Bei diesem Experiment müssen strenge Sicherheitsregeln beachtet werden.

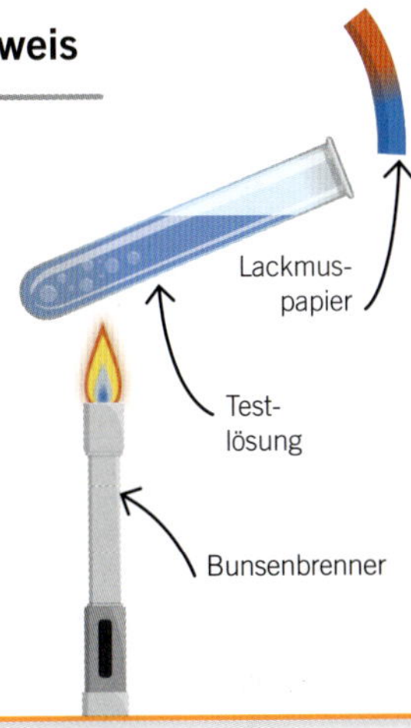

Aufbau des Experiments
Gib Zinkpulver in einen Erlenmeyerkolben. Fülle 50 cm^3 Salzsäure ab. Verbinde dann den Erlenmeyerkolben über die beiden Gaseinleitungsrohre mit einem Wasserbecken.

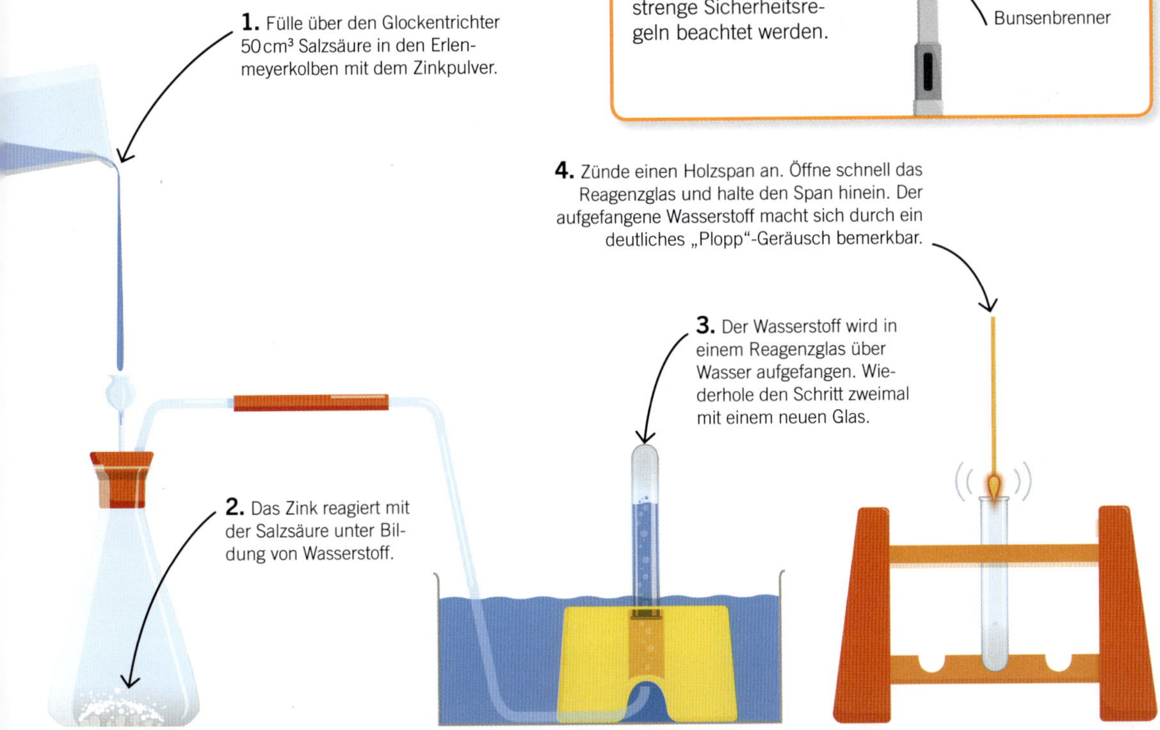

Kationennachweise
Flammenprobe

Kationen sind positive Ionen (siehe Seite 73), die sich bei Abgabe von einem oder mehreren Elektronen aus der äußeren Elektronenschale von Metallatomen bilden. Für die Entstehung des Na^+-Ions gibt das Natriumatom ein Elektron ab, bei der Bildung des Ca_2^+-Ions aus dem Calciumatom sind es zwei Elektronen.

Auf einen Blick

- ✓ Kationen sind positive Ionen, die durch Abgabe von Elektronen entstehen.
- ✓ Die meisten Kationen sind Metallionen.
- ✓ Metallkationen färben eine Flamme auf charakteristische Weise.
- ✓ Die Farben helfen beim Nachweis von Metallen.

Flammenprobe
Die hellen Farben stammen von den jeweiligen Metallkationen in einer festen Substanz.

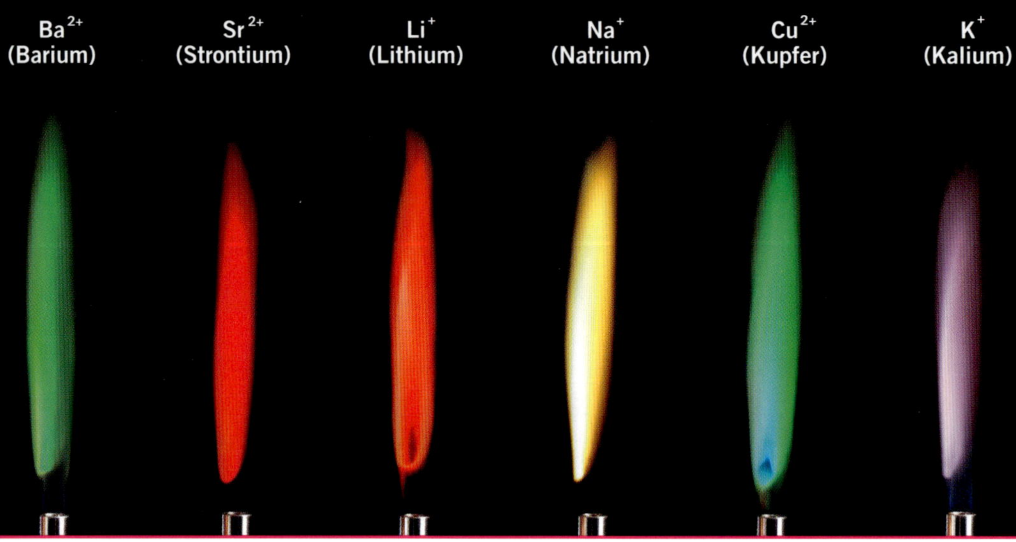

Durchführung der Flammenprobe

Flammenproben können im Labor durchgeführt werden. Erforderlich sind nur ein Bunsenbrenner und ein sauberer, angefeuchteter Metalldraht. Benetze den Draht mit der Substanz und führe ihn langsam in den blauen Bereich der Bunsenbrennerflamme ein. Je nach dem Ion in der nachzuweisenden Substanz verfärbt sich die Flamme. Einige Ionen haben die gleiche Flammenfarbe. Dann hilft ein weiterer Nachweis (siehe Seite 233).

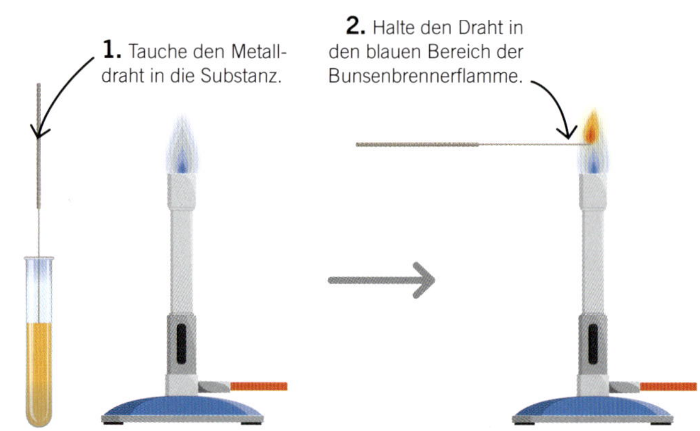

Kationennachweise
Fällungsreaktionen

Ein Niederschlag besteht aus kleinen, unlöslichen Teilchen, die in der Lösung schweben oder absinken. In einer wässrigen Lösung bildet sich bei Zugabe eines Fällungsmittels ein Niederschlag, wenn das Mittel mit der gelösten Substanz reagiert.

Fällung mit Natriumhydroxid
Bei Zugabe von einigen Tropfen Natronlauge (wässriges Natriumhydroxid) zu einer Metallsalzlösung fällt das Metallhydroxid aus.

Auf einen Blick

- Kationen sind positive Ionen, die durch Abgabe von Elektronen gebildet werden.
- Manche Metallionen können durch Fällungsreaktionen identifiziert werden.
- Bei der Reaktion von zwei Lösungen kann ein Feststoff ausfallen.
- Die Farbe des Niederschlags hängt vom jeweiligen Metallion ab.
- Einige Metalle bilden durch Zugabe von Natronlauge (Natriumhydroxid) oder Ammoniaklösung feste Niederschläge.

1. Natronlauge der Konzentration 1 mol/l wird in Ammoniumeisen(II)-sulfatlösung von 0,2 mol/l getropft.

2. Es bildet sich ein weißlich grüner Niederschlag, der die Lösung allmählich eintrübt.

3. Die Reaktion von gelöstem Eisen(II) mit dem Hydroxid lässt immer mehr Feststoff ausfallen.

4. Durch die Oxidation des Eisens mit Luftsauerstoff färbt sich der Niederschlag braun.

Bunte Farben

Fällungsreaktionen können im Labor durchgeführt werden. Benötigt werden lediglich Lösungen von Natriumhydroxid oder Ammoniak und eine Pipette. Die Farbe des Niederschlags verrät das gelöste Metallion.

Al^{3+} Aluminium | Cu^{2+} Kupfer | Co^{2+} Cobalt | Fe^{3+} Eisen (III) | Fe^{2+} Eisen (II) | Zn^{2+} Zink

Anionennachweise
Carbonate und Sulfate

Anionen sind negative Ionen (siehe Seite 73), die sich bei Aufnahme von einem oder mehreren Elektronen in die äußere Elektronenschale bilden. Nichtmetallatome bilden je nach der Anzahl der Elektronen das Anion. So gibt es im Carbonation (CO_3^{2-}) zwei zusätzliche Elektronen.

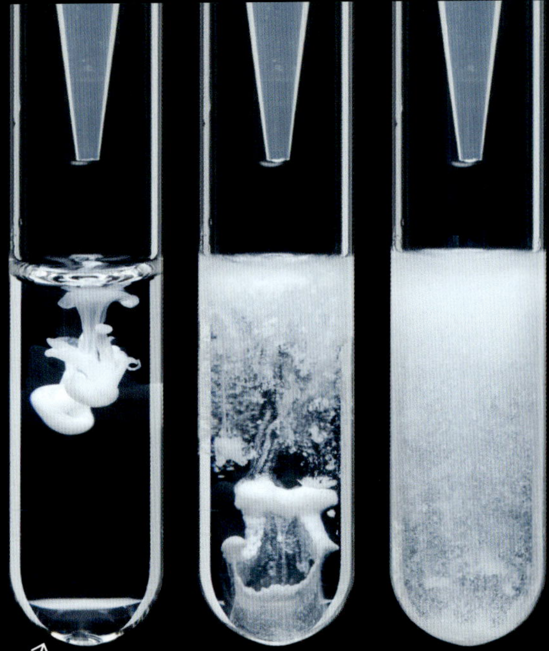

Das Reagenzglas enthält eine Zinksulfatlösung.

Aus der Zinksulfatlösung fällt ein weißer Feststoff aus.

Auf einen Blick

- **Anionen sind negative Ionen, die durch Aufnahme von Elektronen gebildet werden.**
- **Carbonationen findet man in vielen Gesteinssorten wie Kalkstein oder Marmor.**
- **Carbonationen werden durch Zugabe von verdünnter Säure in eine Lösung nachgewiesen.**
- **Bei der Zugabe von verdünnter Salzsäure und Bariumchloridlösung in eine Sulfatlösung bildet sich ein weißer Niederschlag.**

Nachweis von Sulfationen

Füge zu einer Lösung zuerst verdünnte Salzsäure, dann eine Bariumchloridlösung hinzu. Enthält die Lösung Sulfationen, kommt es zu einer Reaktion. Bariumchlorid bildet mit einer Zinksulfatlösung einen milchig weißen Niederschlag.

Nachweis von Carbonationen

Carbonationen findet man in vielen Gesteinssorten wie Kalkstein. Füge für die Probe auf Carbonationen verdünnte Salzsäure zur Lösung. Sind Carbonationen vorhanden, reagieren sie mit der Salzsäure und Blasen aus Kohlenstoffdioxid steigen auf. Leite das Kohlenstoffdioxid in Kalkwasser (Lösung von Calciumhydroxid) ein. Das Kalkwasser wird durch das gebildete Calciumcarbonat milchig.

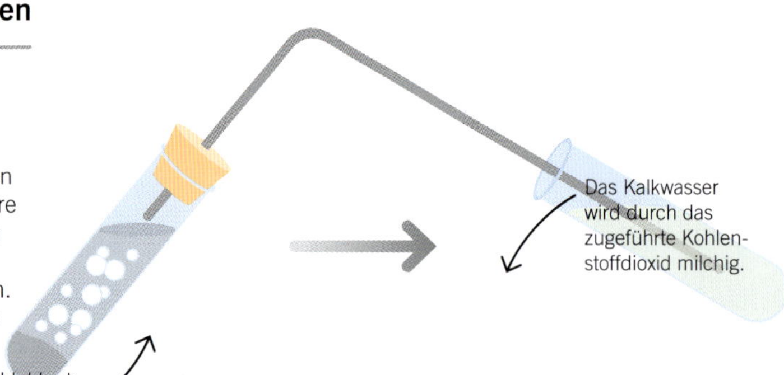

Das Kalkwasser wird durch das zugeführte Kohlenstoffdioxid milchig.

Kohlenstoffdioxid blubbert durch eine Kalkwasserlösung.

Anionennachweise
Halogenide und Nitrate

Anionen sind negativ geladene Ionen (siehe Seite 73), die sich durch Aufnahme von einem oder mehreren Elektronen in die äußere Elektronenschale bilden. Chlor, Brom und Iod aus der VII. Hauptgruppe (siehe Seite 70) bilden Anionen, die Halogenide genannt werden. Stickstoff aus der V. Hauptgruppe bildet Nitrat als Anion.

Nachweis von Halogenidionen
Ein paar Tropfen einer Silbernitratlösung lassen eine Halogenidlösung sofort milchig eintrüben. Die Farbe des Niederschlags zeigt an, welches Ion der VII. Hauptgruppe vorhanden war.

Chloridionen färben den Niederschlag weiß.

Bromidionen färben den Niederschlag cremefarben.

Iodidionen färben den Niederschlag gelb.

Auf einen Blick

- ✓ Anionen sind negative Ionen, die durch Aufnahme von Elektronen gebildet werden.
- ✓ Die Anionen von Chlor, Brom und Iod werden Halogenide genannt.
- ✓ Stickstoff bildet mit Sauerstoff ein Anion, das Nitrat genannt wird.

Nachweis von Nitrat

Das Nitration ist ein negativ geladenes Ion. Seine Formel lautet NO_3^-. Um auf Nitrationen zu prüfen, werden Natronlauge und Aluminiumpulver zur Lösung gegeben und die Mischung erhitzt. Das reduziert die Ionen und Ammoniak wird produziert. Das entweichende Ammoniak lässt sich durch feuchtes Lackmuspapier oder Universalindikator nachweisen.

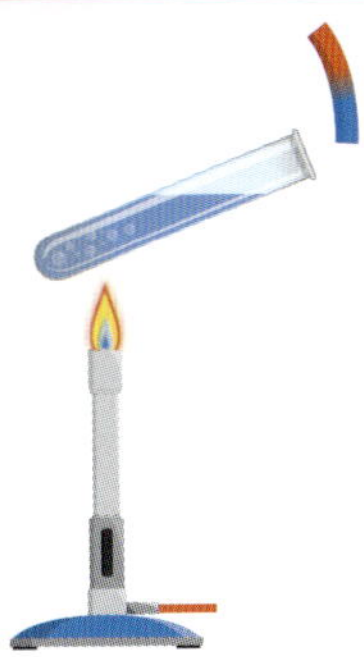

Feuchtes Lackmuspapier wird blau.

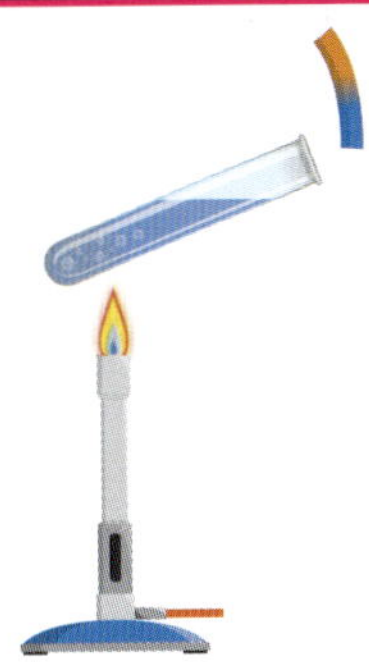

Feuchtes Universalindikatorpapier wird blau.

Chlornachweis

Chlor ist ein gelbgrünes, stechend riechendes Gas. Das Element kommt vor allem in Verbindungen (siehe Seite 33) vor, wie zum Beispiel in Natriumchlorid (Kochsalz). Natriumsalze sind in vielen Lebensmitteln enthalten. Chlor wird Wasser als Desinfektionsmittel zur Keimtötung zugegeben. Es wird auch zum Entfärben von Textilien oder Papier als Bleichmittel eingesetzt.

Auf einen Blick

- **Chlor ist ein gelbgrünes Gas.**
- **Chlor wird als Desinfektionsmittel und als Bleichmittel verwendet.**
- **Mit feuchtem blauen Lackmuspapier kann auf Chlor geprüft werden. Erst schlägt es nach Rot, dann nach Weiß um.**

Lackmusprobe
Nasses blaues Lackmuspapier (siehe Seite 134) kann zum Chlornachweis verwendet werden.

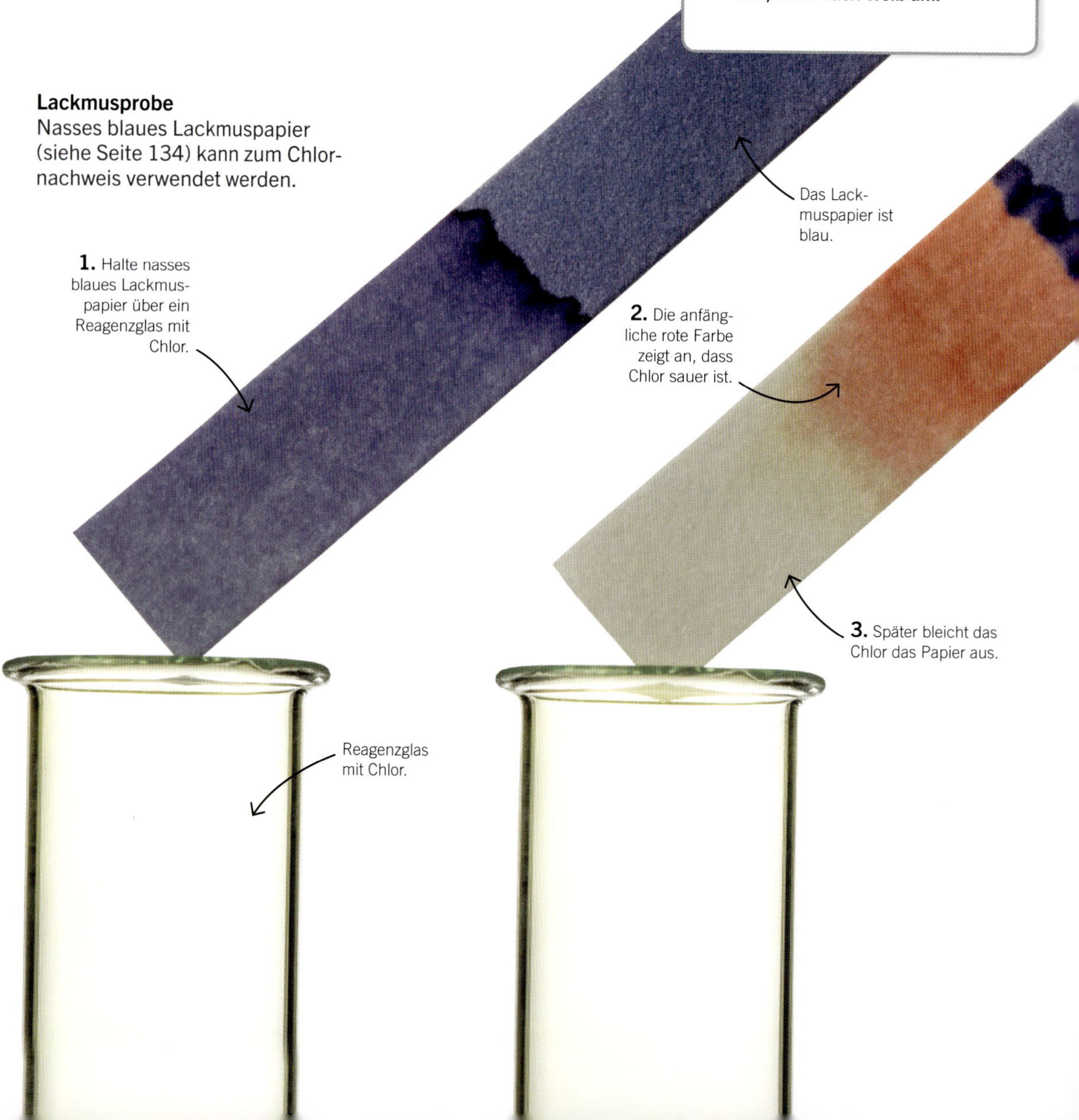

Wassernachweis

Wasser ist eine der wichtigsten Verbindungen auf der Erde. Ohne Wasser gäbe es kein Leben. Für den Nachweis von Wasser kann Cobaltchloridpapier verwendet werden. Es zeigt die Luftfeuchtigkeit und Wasserlecks an.

Auf einen Blick

- ✓ **Wasser ist lebenswichtig.**
- ✓ **In der Nähe von Wasser schlägt blaues Cobaltchloridpapier nach rosa um.**
- ✓ **Cobaltchloridpapier zeigt die Gegenwart – aber nicht unbedingt die Reinheit (siehe Seite 38) – von Wasser an.**

Verwendung von Cobaltchloridpapier
Weiche einen Papierstreifen in Cobaltchloridlösung ein und lass ihn trocknen, bis er blau wird. Halte ihn über eine Substanz, die mutmaßlich Wasser enthält. In der Gegenwart von Wasser wird der Streifen rosa. Die Reaktion ist reversibel (siehe Seite 191) – beim erneuten Trocknen wird er wieder blau.

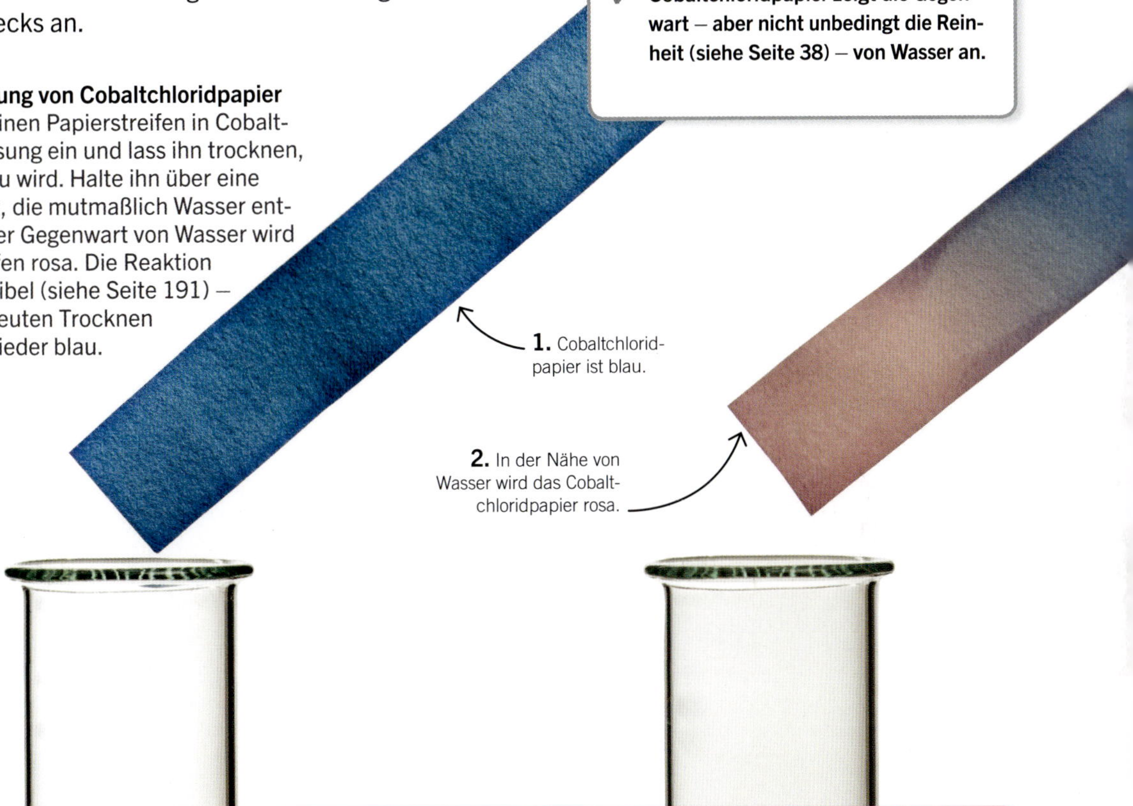

Hinzufügen von Wasser

Wasser kann auch auf andere Weise nachgewiesen werden. Kupfersulfat-Anhydrat (wasserfreies Kupfersulfat) ist ein feines weißes Pulver, das kein Wasser enthält. Bei der Zugabe von Wasser färbt sich das Pulver sofort blau und zeigt somit die Gegenwart von Wasser an. Das Anhydrat wird durch die Wasserzugabe zum blauen Kupfersulfat-Hydrat hydratisiert.

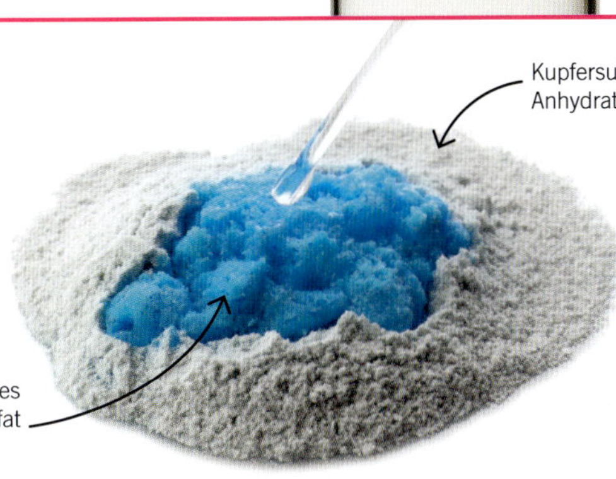

Wasser wird auf Kupfersulfat gegeben.

Flammenemissions-spektroskopie

Weißes Licht besteht aus einem Spektrum (Sammlung) aller Farben: Rot, Orange, Gelb, Grün, Blau, Indigo und Violett. Das farbige Licht, das Metallionen in einer Flammenprobe (siehe Seite 232) aussenden, besteht nicht aus einer einzelnen Farbe, sondern aus einem Spektrum von Farben. Durch Flammenemissionsspektroskopie wird für jedes Element das charakteristische Farbspektrum (siehe gegenüberliegende Seite) aufgespalten.

Auf einen Blick

- **Weißes Licht besteht aus einem Spektrum von Lichtfarben.**
- **Das farbige Licht in der Flammenprobe ist ein Gemisch verschiedener Lichtfarben.**
- **Die Spektroskopie spaltet die Lichtfarben auf.**
- **Jedes Element erzeugt ein Spektrum (eine Sammlung) von Farben.**

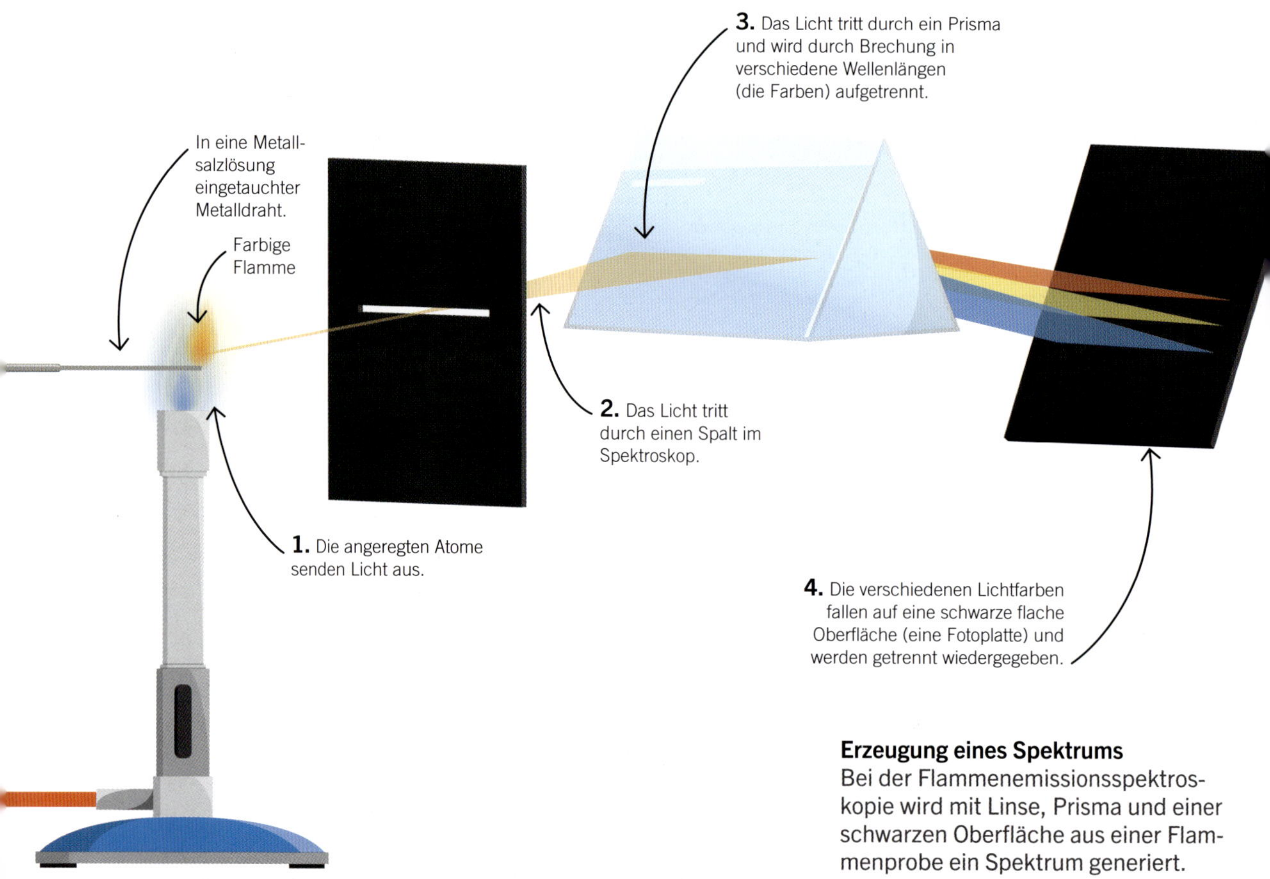

Erzeugung eines Spektrums
Bei der Flammenemissionsspektroskopie wird mit Linse, Prisma und einer schwarzen Oberfläche aus einer Flammenprobe ein Spektrum generiert.

Interpretation von Linienspektren

Beim Erhitzen werden die Elektronen des Atoms so angeregt, dass sie auf eine andere Schale (siehe Seite 28) springen können. Dabei senden sie Lichtwellen von verschiedenen Farben aus. Jedes Element erzeugt einen charakteristischen Satz von Lichtfarben – sein Spektrum.

Auf einen Blick

- ✓ Jedes Element hat ein einzigartiges Spektrum.
- ✓ Jede Linie in einem Linienspektrum entspricht einer Lichtwellenlänge, die ein Element in der Flamme aussendet.
- ✓ Elemente können durch ihr Spektrum identifiziert werden.

Nutzen von instrumenteller Analytik

Die instrumentelle Analytik setzt anstelle manueller Prüfung und Datenauswertung auf technische Verfahren. Das hat viele Vorteile. Es wird Zeit gespart, die Ergebnisse sind genauer und es können viel kleinere Mengen eines Elements in einer Substanz nachgewiesen werden.

Linienspektren von Elementen
Die Elemente Wasserstoff, Helium, Neon, Natrium und Quecksilber erzeugen jeweils ein einzigartiges Linienspektrum.

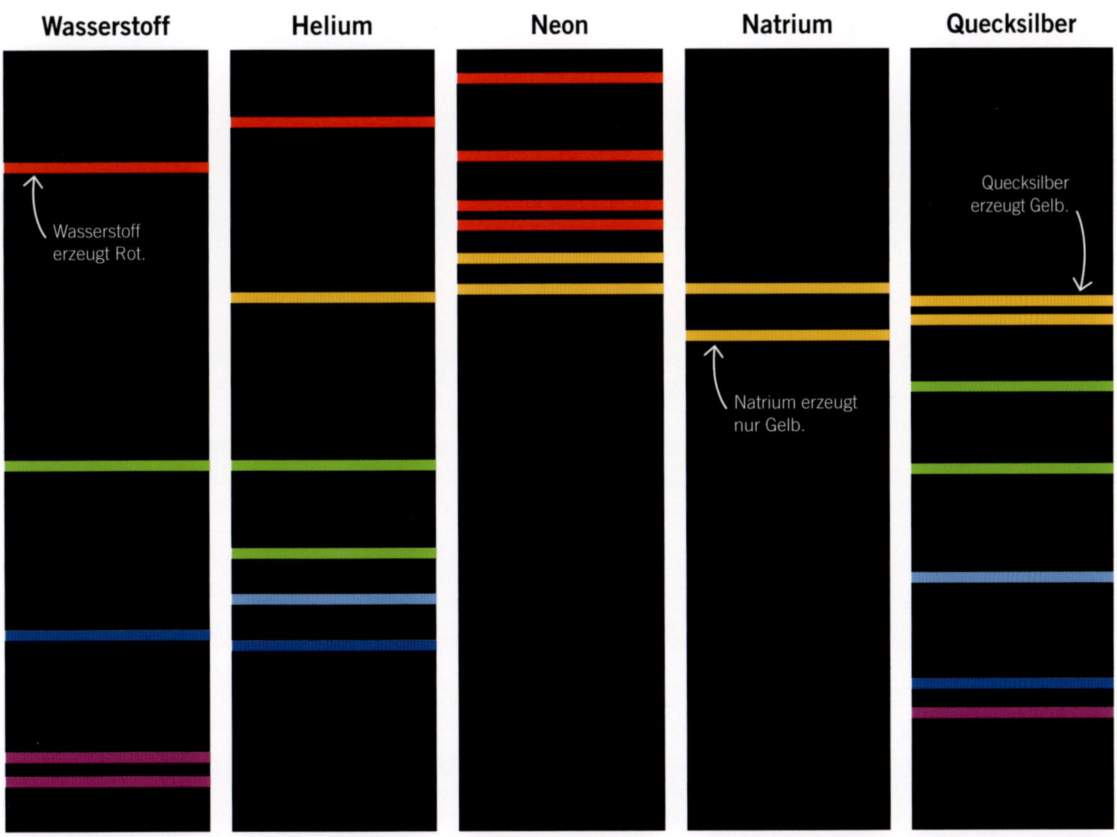

Chemie der Erde

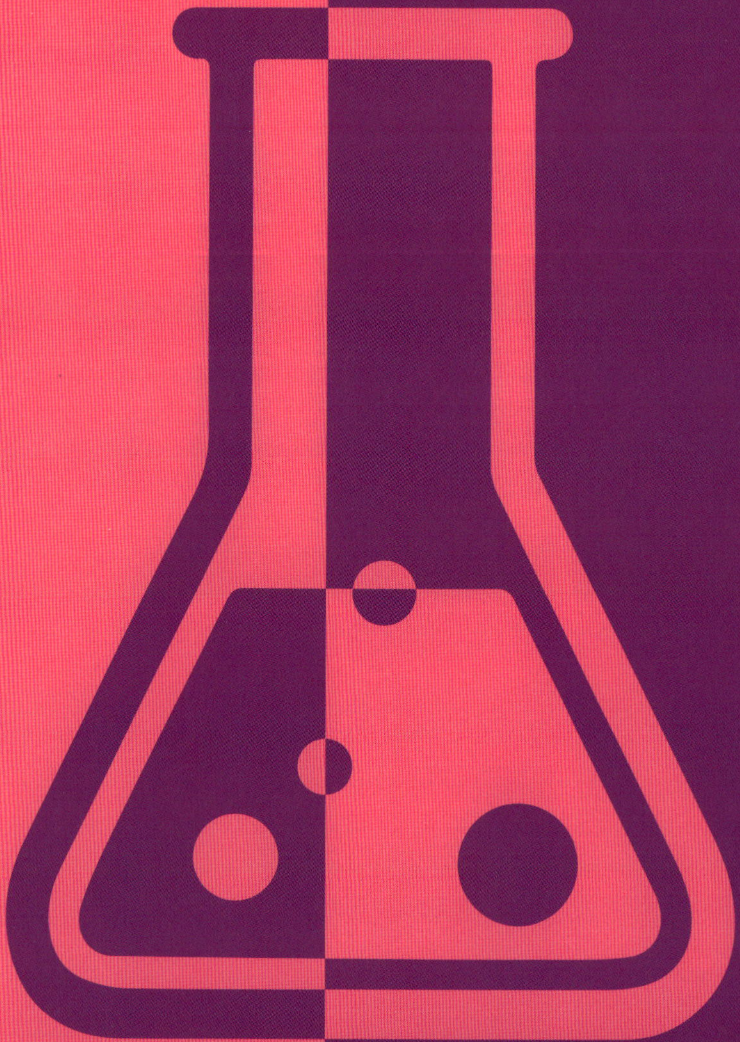

Aufbau der Erde

Die Erde ist schichtenförmig aufgebaut. Unter der Erdkruste aus Gestein und verschiedenen Mineralen und Erzen liegt der Erdmantel, eine dicke Schicht aus geschmolzenem Gestein. Bestimmte Mantelbereiche sind durch Konvektionsströme in ständigem, langsamen Fluss. Der Erdkern besteht aus zwei Schichten. Der äußere Erdkern ist ein Gemisch flüssiger Metalle, der innere besteht aus festem Eisen.

Auf einen Blick

- ✓ **Die Erdkruste ist fest und dünn.**
- ✓ **Die Kruste enthält eine Vielzahl von Mineralen und Erzen.**
- ✓ **Der dicke Erdmantel besteht teilweise aus geschmolzenem Gestein. Diese Bereiche sind in langsamem Fluss.**
- ✓ **Der äußere Erdkern ist flüssig.**
- ✓ **Der innere Erdkern ist fest.**

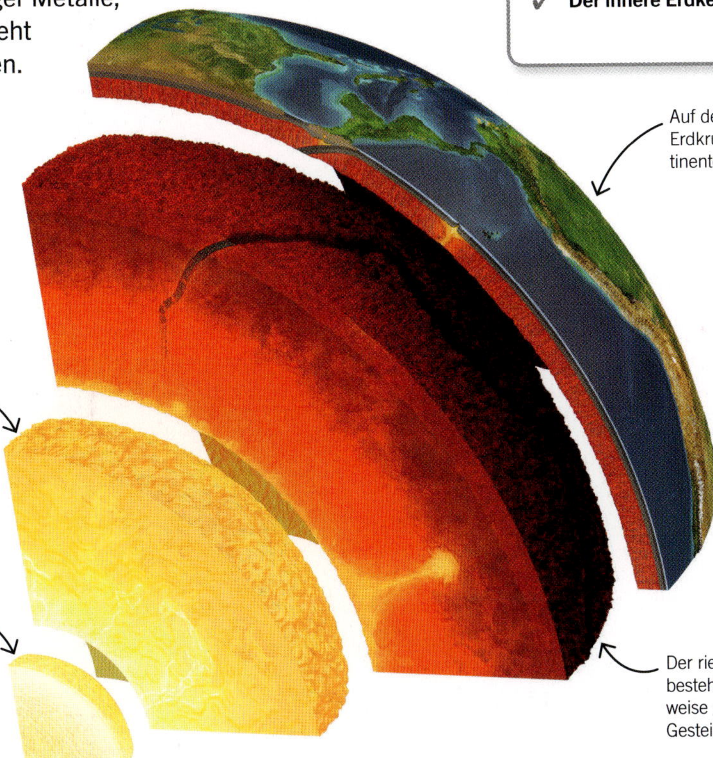

Erde

Konvektionsströme

Die flüssigen Mantelbereiche nahe der Erdkruste befinden sich in stetem, sehr langsamen Fluss. Die Konvektionsströme dauern Millionen Jahre und werden durch radioaktive Prozesse (siehe Seite 60) im Mantel und durch die Hitze des Erdkerns angetrieben.

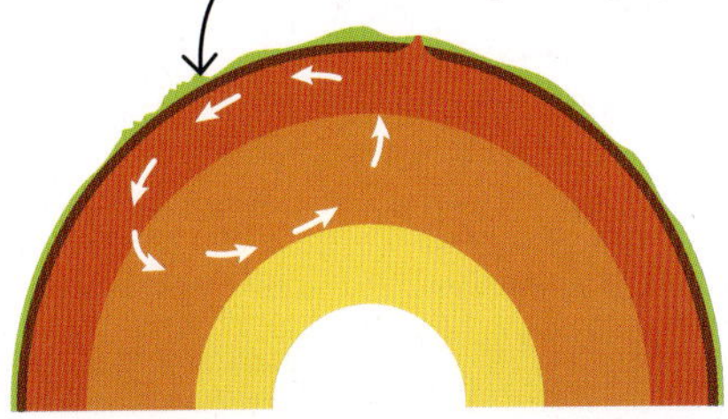

Plattentektonik

Die Erdkruste und die obere Mantelschicht sind in große Bruchstücke aufgeteilt, die tektonische Platten genannt werden. Angetrieben von den Konvektionsströmen in der unteren Mantelschicht, bewegen sich die Platten etwa 1 cm pro Jahr voran – so schnell wie Fingernägel wachsen.

Auf einen Blick

- ✓ Die Erdkruste und die obere Mantelschicht setzen sich aus tektonischen Platten zusammen.
- ✓ Angetrieben von den Mantelströmen unter ihnen, bewegen sich die Platten sehr langsam voran.
- ✓ Durch ruckartige Bewegungen kommt es zu Erdbeben.
- ✓ An den Plattengrenzen herrscht oft Vulkanismus.

Zerbrochene Erdkruste
Die oberen Erdschichten – einschließlich der Erdkruste – sind in tektonische Platten aufgegliedert. Wie Puzzlesteine in einem Puzzle formen die Platten das Bild der Erde.

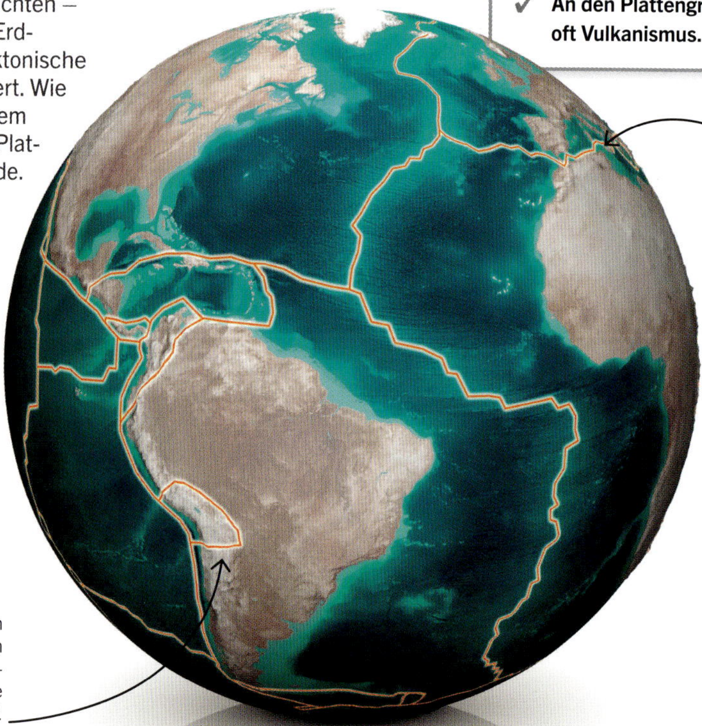

An den Plattengrenzen stoßen die Platten zusammen oder driften voneinander weg. Dort sind häufig Vulkane aktiv.

Stoßen zwei Platten zusammen, falten sich an der Grenzlinie Gebirge wie die Anden auf.

Erdbeben

An den Plattengrenzen kommt es zu Erdbeben, wenn die Platten aneinander vorbeigleiten oder gegenseitig verrutschen. Erdbeben können große Schäden verursachen und sind extrem gefährlich.

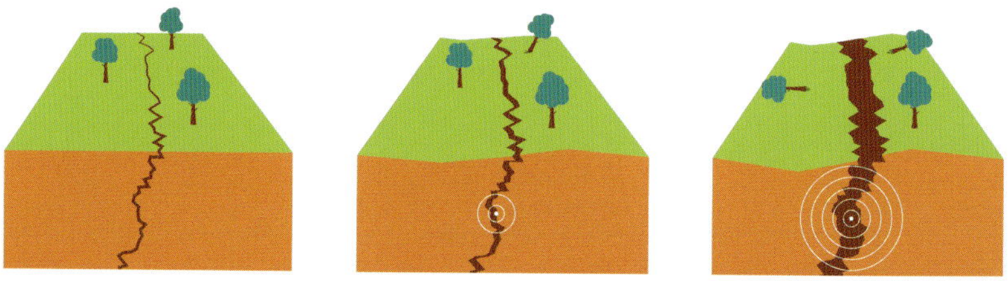

1. Bewegen sich benachbarte Platten in entgegengesetzte Richtung, können sie sich ineinander verkeilen.

2. Die Mantelströme ziehen die Platten weiter mit sich. Es baut sich ein großer Druck auf.

3. Der Druck entlädt sich ruckartig und durch die plötzliche Plattenbewegung bebt die Erde.

Gestein

Entsprechend ihrer Entstehung werden drei große Klassen von Gestein unterschieden: metamorphes, magmatisches und Sedimentgestein. Gesteine bestehen aus vielen Elementen und bestimmten Verbindungen, die natürlich in der Erdkruste gebildet werden und Minerale genannt werden. Minerale bilden Kristalle und kommen in vielen Formen und Farben vor.

Auf einen Blick

- ✓ **Metamorphes, magmatisches und Sedimentgestein bilden drei Gesteinsklassen.**
- ✓ **Gesteine sind Gemische aus Elementen und Verbindungen, die Minerale genannt werden.**
- ✓ **Die Größe von Mineralkristallen hängt davon ab, wie schnell das geschmolzene Magma abgekühlt ist.**

Metamorphes Gestein
Durch Druck und Hitze bilden sich in der Erdkruste metamorphe Gesteine.

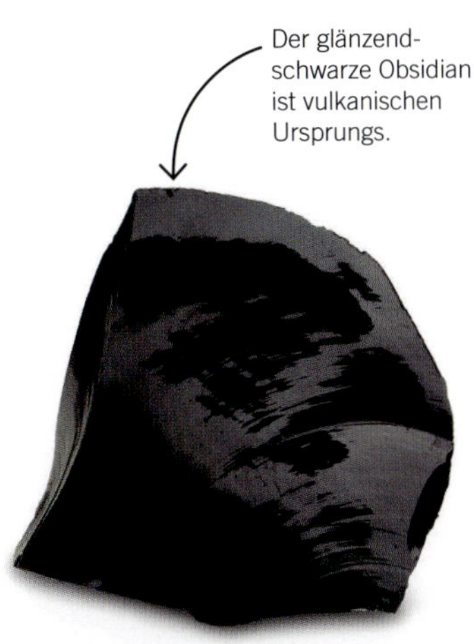

Magmatisches Gestein
Magma ist geschmolzenes Gestein in der Erdkruste. Durch Erkalten und Verfestigen bildet es die magmatischen Gesteine.

Sedimentgestein
Kleine Gesteinskörner gelangen mit den Flüssen ins Meer. Schichten davon werden zu Sedimentgestein zusammengepresst.

Das Innere von Mineralen

Das Mineral Halit bildet Kristalle von Natrium- und Chloridionen. Die Ionen lagern sich in einer immer gleichen Abfolge zu einer dreidimensionalen Struktur zusammen, die Kristall genannt wird.

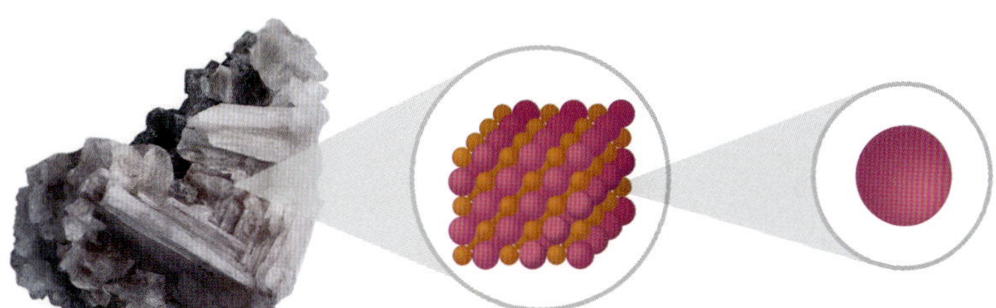

Halitkristall **Ionengitter von Natriumchlorid** **Natriumion**

Kreislauf der Gesteine

Gesteine wechseln in einem Millionen Jahre andauernden Kreislauf ihre Gestalt durch Hitze, Druck, Verwitterung und Erosion .

Auf einen Blick

- ✓ **Metamorphe, magmatische und Sedimentgesteine können sich ineinander umwandeln.**
- ✓ **Der Kreislauf der Gesteine findet auf und unter der Erdoberfläche statt.**
- ✓ **Der Kreislauf dauert Millionen Jahre.**

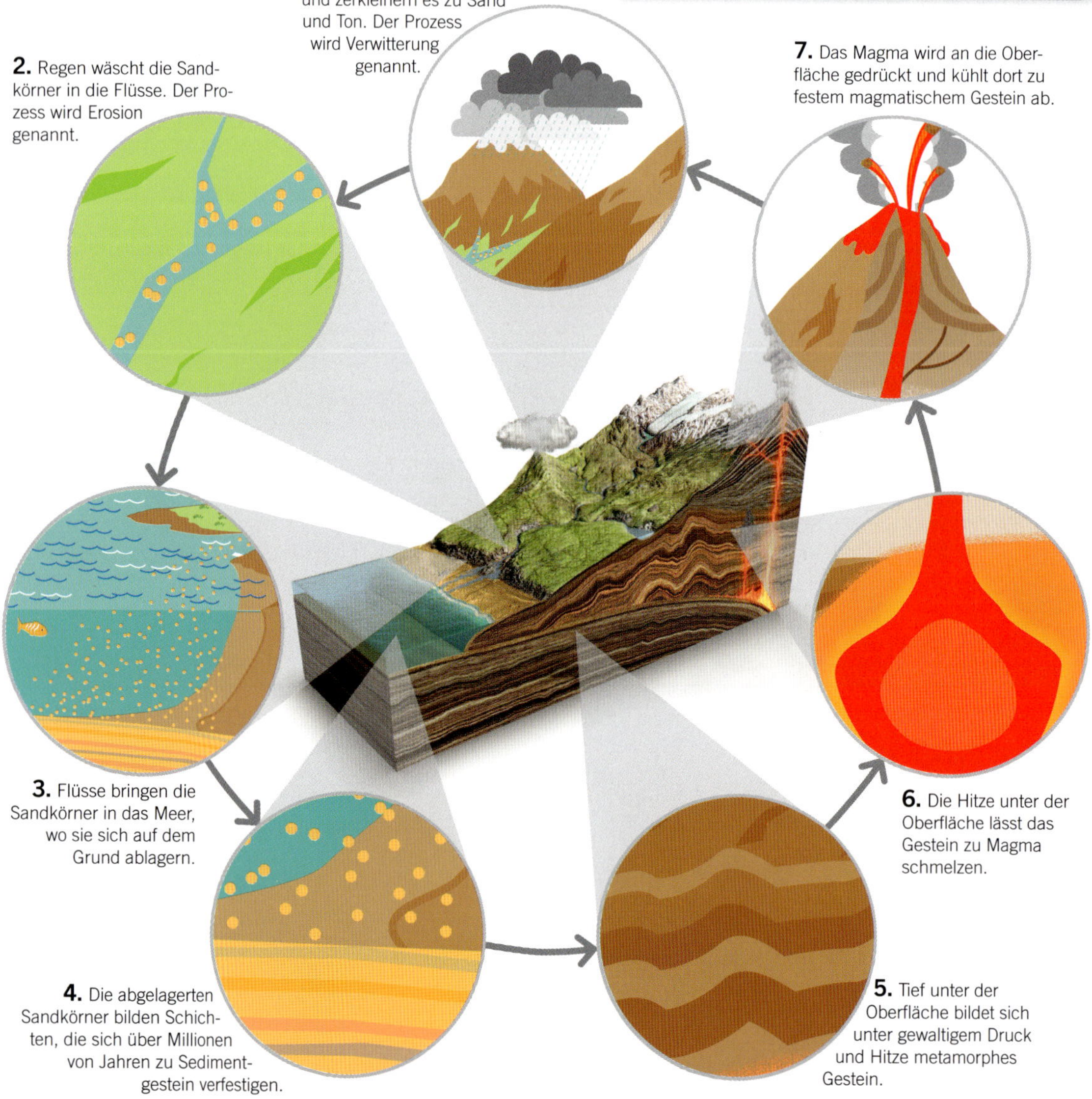

1. Wind, Regen, Hitze und Kälte brechen Gestein auf und zerkleinern es zu Sand und Ton. Der Prozess wird Verwitterung genannt.

2. Regen wäscht die Sandkörner in die Flüsse. Der Prozess wird Erosion genannt.

3. Flüsse bringen die Sandkörner in das Meer, wo sie sich auf dem Grund ablagern.

4. Die abgelagerten Sandkörner bilden Schichten, die sich über Millionen von Jahren zu Sedimentgestein verfestigen.

5. Tief unter der Oberfläche bildet sich unter gewaltigem Druck und Hitze metamorphes Gestein.

6. Die Hitze unter der Oberfläche lässt das Gestein zu Magma schmelzen.

7. Das Magma wird an die Oberfläche gedrückt und kühlt dort zu festem magmatischem Gestein ab.

Atmosphäre

Das Gasgemisch, das die Erde umgibt, wird als Atmosphäre bezeichnet. Die Zusammensetzung der Atmosphäre hat sich über Milliarden Jahre herausgebildet. Sie ermöglicht den Erhalt von Leben.

Auf einen Blick

- ✓ **Die Atmosphäre ist ein Gasgemisch, das die Erde umgibt.**
- ✓ **Die Atmosphäre hat sich über Milliarden von Jahren entwickelt.**
- ✓ **Die Atmosphäre setzt sich zu 78 % aus Stickstoff, zu 21 % aus Sauerstoff, zu weniger als 1 % aus Argon und aus winzigen Mengen Kohlenstoffdioxid und anderen Gasen zusammen.**

Gase
Die häufigsten Gase in der Atmosphäre sind:

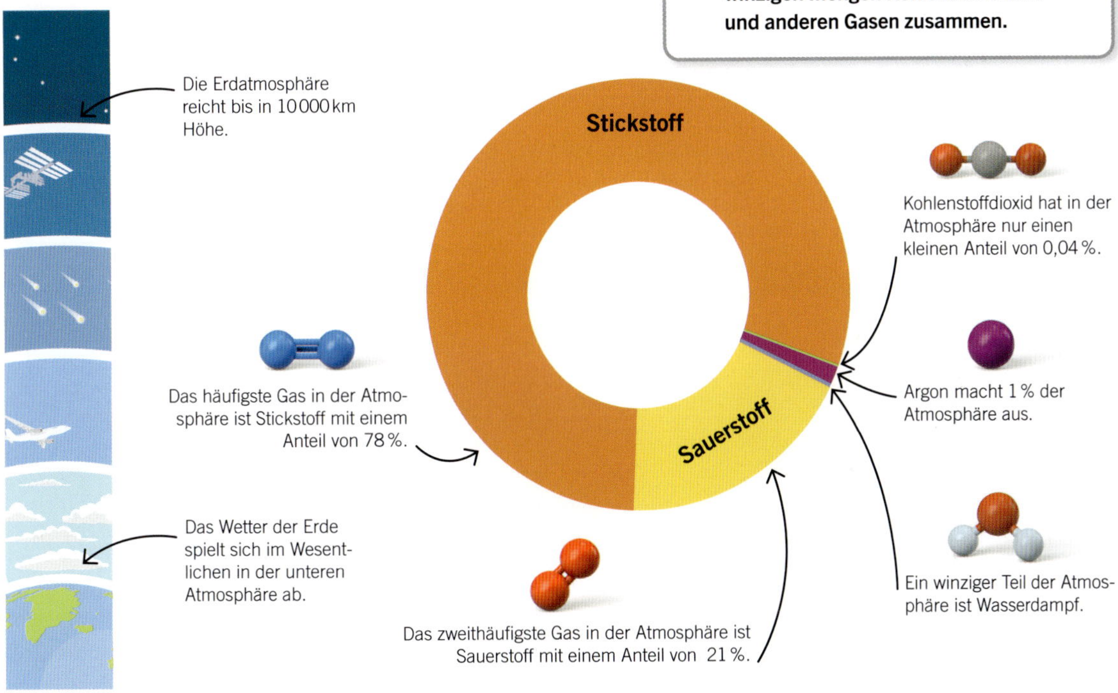

Junge Atmosphäre

Als vor 4,5 Milliarden Jahren die Erde entstand, bedeckten Vulkane die sehr heiße Erdoberfläche. Die bei Vulkanausbrüchen freigesetzten Gase formten die junge Atmosphäre. Damals bestand die Atmosphäre hauptsächlich aus Kohlenstoffdioxid. Über Milliarden von Jahren nahm der Sauerstoffanteil bis auf den heutigen Gehalt zu.

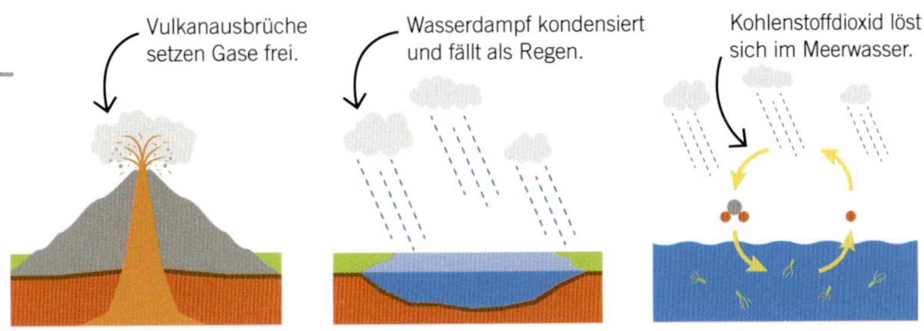

1. Vor Milliarden Jahren setzten Vulkane Kohlenstoffdioxid, Ammoniak, Methan und Wasserdampf frei.

2. Durch das Abkühlen der Erde konnte der Wasserdampf zu Wolken kondensieren. Regen fiel und bildete die ersten Ozeane.

3. Über Millionen von Jahren produzierten in den Ozeanen Mikroorganismen, Algen und Pflanzen aus dem Kohlenstoffdioxid Sauerstoff.

Sauerstoffmessung

Um den Sauerstoffgehalt der Luft zu bestimmen, lässt man ein bekanntes Volumen von Luft über heiße Kupferspäne strömen. Das Kupfer reagiert mit dem Sauerstoff unter Bildung von festem Kupferoxid. Dadurch entfernt es ihn aus der Luft.

Auf einen Blick

- ✓ Der prozentuale Sauerstoffgehalt von Luft kann experimentell bestimmt werden.
- ✓ Heiße Kupferspäne reagieren mit dem Sauerstoff aus der Luft.
- ✓ Der Sauerstoffgehalt der Luft wird mit der unten gezeigten Formel bestimmt.

Bestimmung des Sauerstoffgehalts
Für die experimentelle Bestimmung der Sauerstoffmenge in der Luft werden zwei Spritzen mit Klemmen, ein Bunsenbrenner und Kupferspäne benötigt.

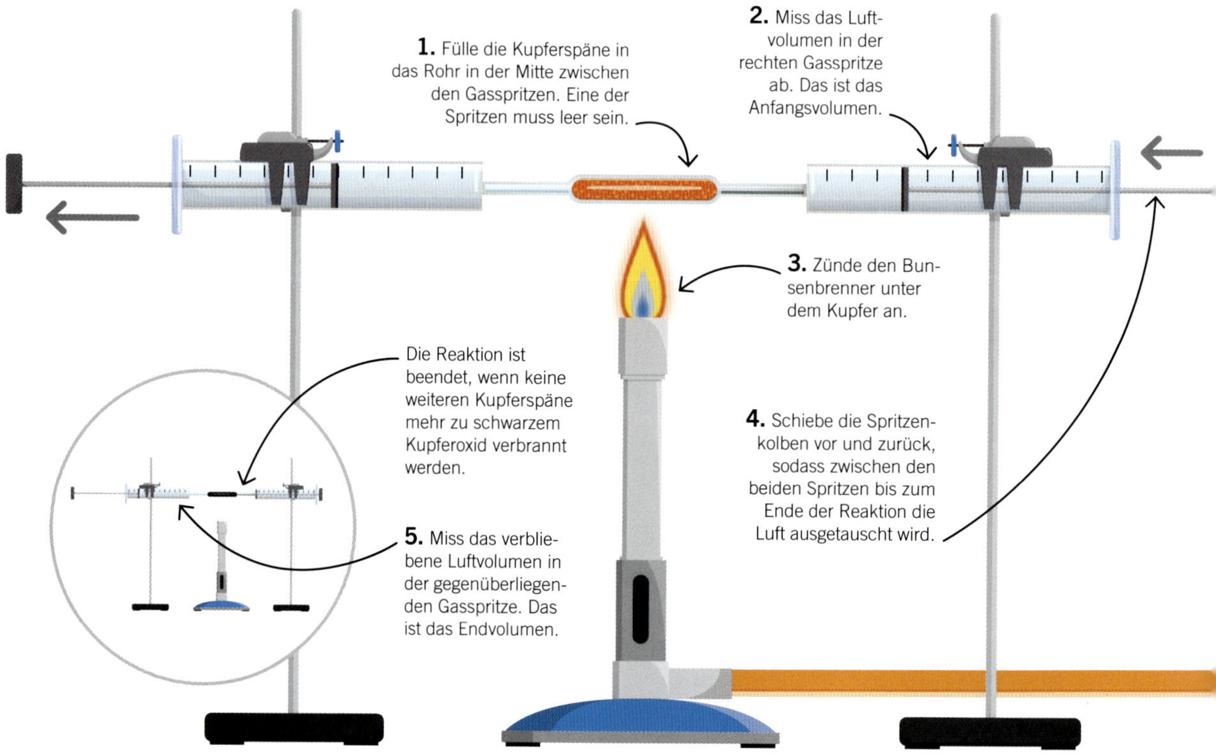

Berechnung des Sauerstoffgehalts

Trage die Messung aus dem 2. und 5. Schritt in diese Formel ein und berechne den Sauerstoffgehalt der Luft.

$$\frac{\text{Anfangsvolumen} - \text{Endvolumen}}{\text{Anfangsvolumen}} \cdot 100\,\%$$

Kohlenstoffzyklus

Das Element Kohlenstoff (siehe Seite 66) wandert in einem Kreislauf durch die Erde und alle Lebewesen. Biologische Prozesse wie die pflanzliche Photosynthese und die Atmung der Lebewesen halten den Kohlenstoffdioxidgehalt in der Erdatmosphäre konstant.

Auf einen Blick

- ✓ **Kohlenstoff zirkuliert durch Lebewesen und organische Materie.**
- ✓ **Die Photosynthese in Pflanzen zieht Kohlenstoffdioxid aus der Atmosphäre.**
- ✓ **Tiere nehmen Kohlenstoff mit der Nahrung auf.**
- ✓ **Pflanzen und Tiere setzen Kohlenstoffdioxid durch ihre Atmung frei.**

Kohlenstoffspeicher
Kohlenstoff wird in Pflanzen, Tieren, den Meeren, der Erdkruste und der Atmosphäre gespeichert – verschiedene Prozesse halten ihn aber in Bewegung.

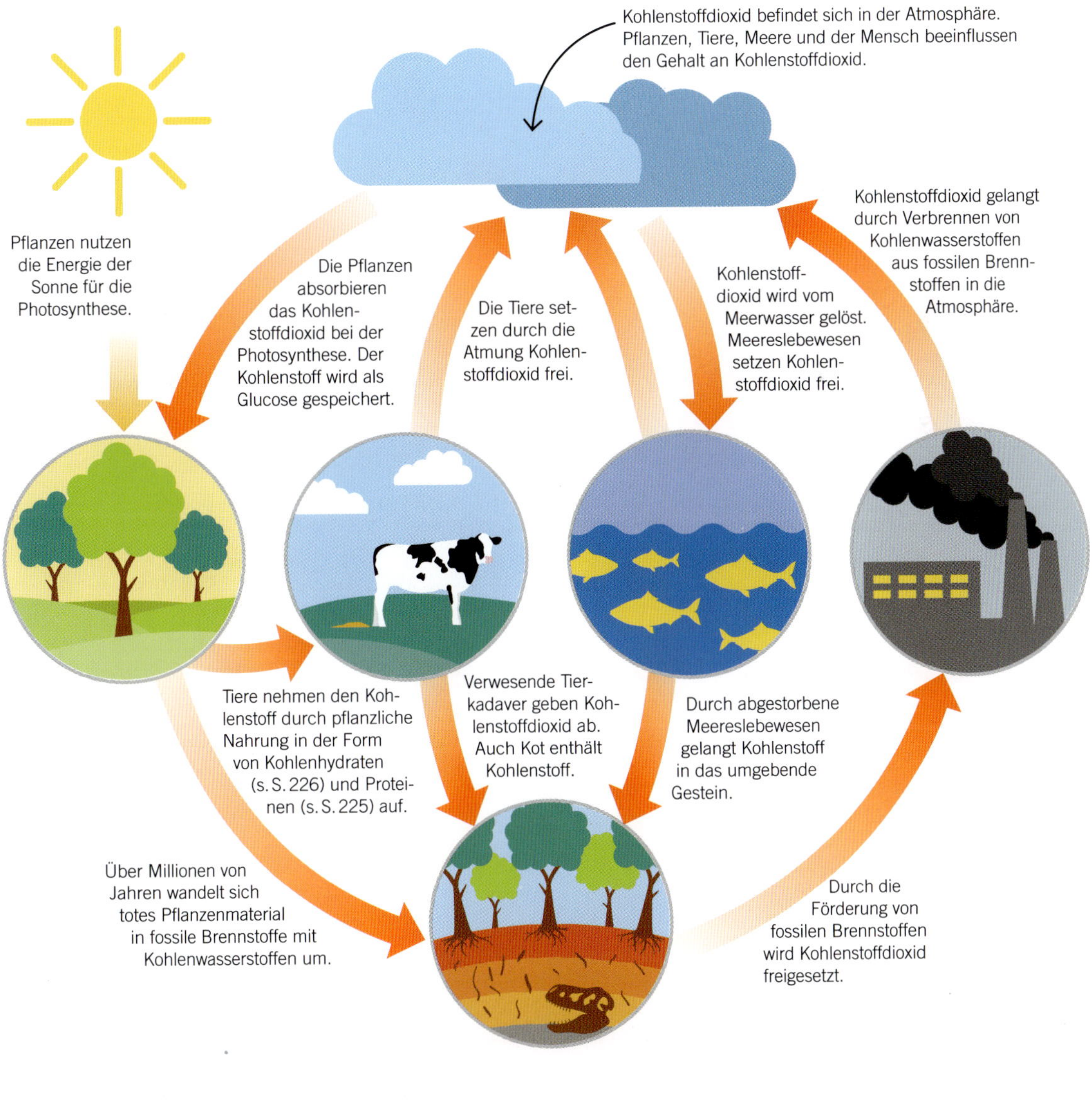

Der Treibhauseffekt

Kleinste Mengen von bestimmten Gasen in der Atmosphäre fangen die Sonnenenergie ein und halten dadurch die Erde warm. Das wird als Treibhauseffekt bezeichnet. Ohne diese Gase und den Effekt hätte die Erde eine Durchschnittstemperatur von –18 °C. Das wäre für die meisten Lebewesen tödlich.

Auf einen Blick

- ✓ **Der Treibhauseffekt hält die Erde warm und ermöglicht Leben auf der Erde.**
- ✓ **Die Treibhausgase fangen die von der Sonne abgestrahlte Wärmeenergie ein.**
- ✓ **Die wichtigsten Treibhausgase sind Kohlenstoffdioxid, Methan und Wasserdampf.**

Warmhalten
Die Erdatmosphäre wirkt als Treibhaus und hält die Oberfläche warm.

Treibhausgase

Treibhausgase sind kleine Moleküle – Atome, die durch kovalente Bindungen (siehe Seite 80) zu einer Gruppe verbunden sind. Eines der stärksten Treibhausgase ist Methan. Methan fängt mehr Wärme ein als alle anderen Gase.

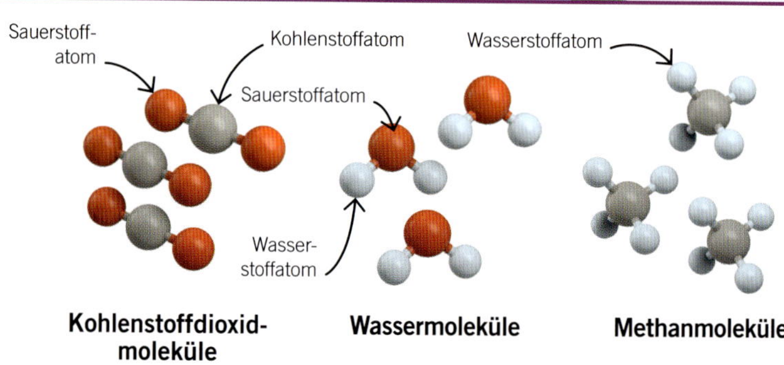

Menschliche Aktivität

Seit 300 Jahren vergrößert der Mensch durch die Verbrennung von Brennstoffen den Anteil der Treibhausgase in der Atmosphäre. Der Mensch greift auch in den natürlichen Kohlenstoffzyklus ein, sodass weniger Kohlenstoffdioxid, eines der Treibhausgase (siehe Seite 248), der Atmosphäre entzogen wird.

Auf einen Blick

- ✓ Durch menschliche Aktivität steigt der Anteil von Treibhausgasen in der Atmosphäre an.
- ✓ Bei der Verbrennung von fossilen Brennstoffen werden Treibhausgase freigesetzt.
- ✓ Infolge von Waldrodungen nehmen immer weniger Pflanzen Kohlenstoffdioxid auf.
- ✓ Ein immer höherer Fleischbedarf bedeutet mehr Nutztiere, die mehr Methan, ein starkes Treibhausgas, freisetzen.

Negative Aktivitäten

Menschliche Aktivitäten mit hohem Treibhausgasausstoß sind zum Beispiel die Verbrennung von fossilen Brennstoffen, Mülldeponien, Rodung von Waldflächen und die Haltung von immer mehr Nutztieren.

Der Kohlenstoffdioxidgehalt in der Atmosphäre

Seit 1960 registrieren die Wissenschaftler einen steilen Anstieg von Kohlenstoffdioxid in der Atmosphäre. Durch die wachsende Weltbevölkerung steigt der Energiebedarf der Menschen. Durch die Verbrennung von immer mehr fossilen Brennstoffen wird Kohlenstoffdioxid freigesetzt.

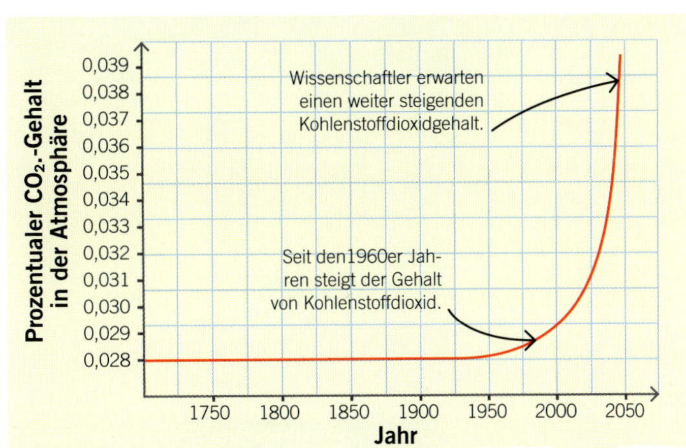

Globale Erwärmung

In den letzten 100 Jahren ist die durchschnittliche Temperatur der Erde um 1 °C angestiegen. Ursache ist der erhöhte Gehalt an Treibhausgasen in der Atmosphäre (siehe Seite 248), der den Treibhauseffekt verstärkt. 1 °C erscheint nur wenig, verursacht aber bereits einen deutlichen Klimawandel.

Auf einen Blick

- ✓ Menschliche Aktivitäten verstärken den Treibhauseffekt.
- ✓ Dadurch steigt die globale Temperatur an.
- ✓ Die globale Erwärmung verursacht den Klimawandel.

Der Treibhauseffekt
Durch menschliche Aktivität steigt der Gehalt an Treibhausgasen in der Atmosphäre. Das verstärkt den Treibhauseffekt deutlich und die globale Temperatur steigt an.

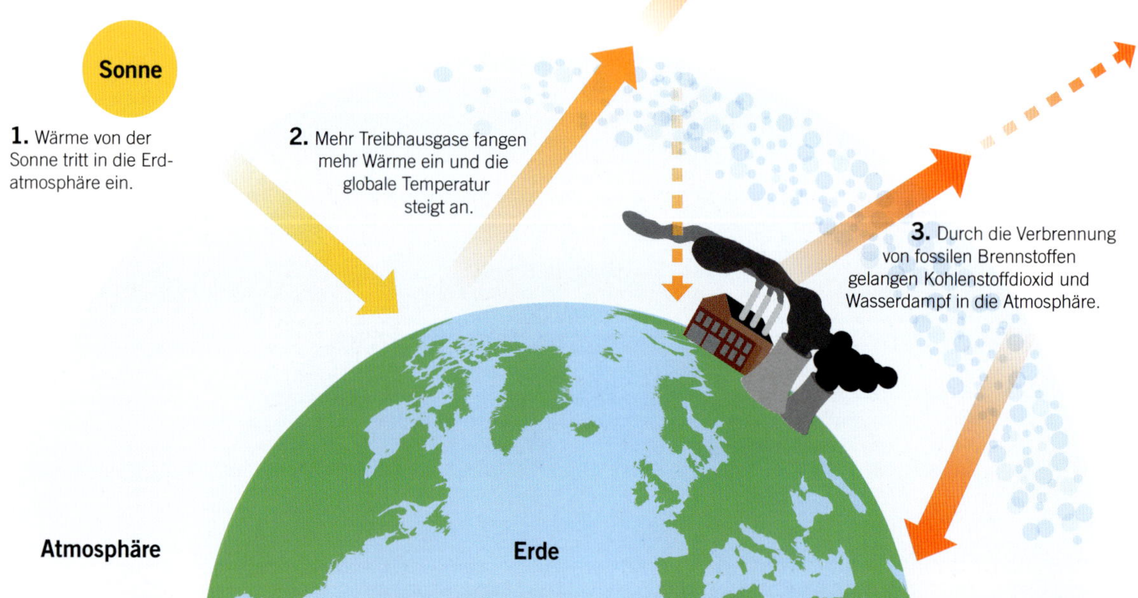

Extremwetter

Das Wetter ist das tägliche Erscheinungsbild von Temperatur, Sonnenlicht und Regen. Das Klima beschreibt den Wetterverlauf über Jahre und Jahrzehnte. Durch die globale Erwärmung verändert sich das Klima. Überschwemmungen, Dürren und schwere Stürme werden häufiger.

Durch das Abschmelzen der Eiskappen an den Polen steigt der Meeresspiegel an und Überschwemmungen nehmen zu.

Durch die höheren globalen Temperaturen werden trockene Regionen noch trockener und heißer und Wüsten breiten sich aus.

Durch die höheren globalen Temperaturen werden Starkregen und ungewöhnliche Wetterereignisse in den Tropen häufiger.

Kohlenstoff-Fußabdruck

Der Kohlenstoff-Fußabdruck gibt an, wie viel Treibhausgase Personen, Produkte oder Unternehmen in die Atmosphäre freisetzen. Hoher Fleischverzehr oder viel Autofahren (siehe Seite 249) vergrößert den Fußabdruck. Durch den zusätzlichen Ausstoß von Treibhausgasen ist der Kohlenstoff-Fußabdruck von Dieselfahrzeugen besonders groß.

Auf einen Blick

- ✓ **Der Kohlenstoff-Fußabdruck gibt an, wie viel Treibhausgase in die Atmosphäre entlassen werden.**
- ✓ **Der Kohlenstoff-Fußabdruck kann für Personen, Produkte oder Unternehmen ermittelt werden.**
- ✓ **Prüfung und Messung sind schwierig.**

Den Kohlenstoff-Fußabdruck verkleinern
Zum Kohlenstoff-Fußabdruck trägt eine Vielzahl von Komponenten bei. Versteht man, wie sich der eigene Fußabdruck zusammensetzt, kann man ihn erfolgreich verkleinern.

CO_2-Sequestrierung

Regierungen haben mehr Möglichkeiten als einzelne Personen, den Kohlenstoff-Fußabdruck (siehe Seite 251) zu reduzieren und dadurch der Erderwärmung gegenzusteuern. Sie können fossile Brennstoffe besteuern, aber das reicht nicht. Wissenschaftler haben Methoden entwickelt, das bei der Verbrennung entstehende Kohlenstoffdioxid abzuscheiden und unterirdisch zu speichern. Das Verfahren wird Kohlenstoffsequestrierung genannt.

Auf einen Blick

- Um der Erderwärmung gegenzusteuern reicht es nicht, dass jeder seinen individuellen Kohlenstoff-Fußabdruck reduziert.
- Durch Gesetze lässt sich Emission von Treibhausgasen eindämmen.
- CO_2-Sequestrierung kann Kohlenstoffdioxid aus Fabrikabgasen entfernen.
- Das Kohlenstoffdioxid wird unterirdisch gespeichert.

CO_2-Sequestrierung
Kraftwerke, Fabriken und Raffinerien geben viel Kohlenstoffdioxid in die Atmosphäre ab. Durch Technologien zur Abscheidung und Speicherung können Staaten ihren Kohlenstoffdioxidausstoß vermindern.

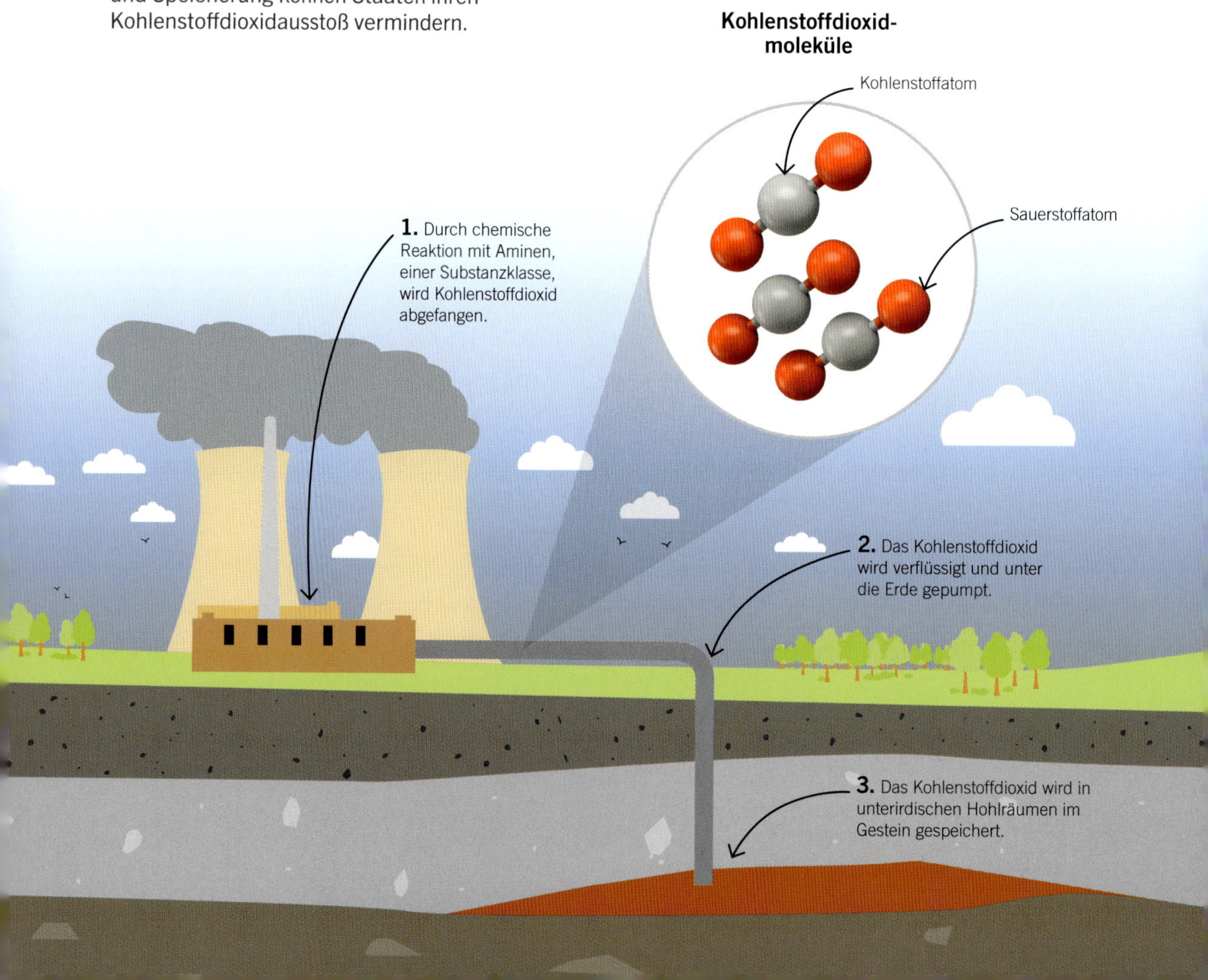

Kernenergie

Einige Staaten fördern die Nutzung von alternativen Energiequellen zu fossilen Brennstoffen. Die Kernenergie ist eine saubere Energieform, da durch die Energiegewinnung keine Treibhausgase ausgestoßen werden. Allerdings produzieren Kernkraftwerke sehr viel gefährlichen radioaktiven Abfall (siehe Seite 60).

Auf einen Blick

- ✓ Regierungen können die Nutzung von alternativen Energiequellen fördern.
- ✓ Alternative Energiequellen führen nicht zu einem Anstieg von Treibhausgasen.
- ✓ Kernenergie produziert keine Treibhausgase.
- ✓ Kernenergie bringt große Gefahren mit sich.

Kernspaltung

Bei der Kernspaltung werden große Atomkerne mit Neutronen bombardiert und dadurch gespalten. Die dabei freigesetzten großen Energiemengen nutzen Kernkraftwerke zur Wärmegewinnung und Stromerzeugung.

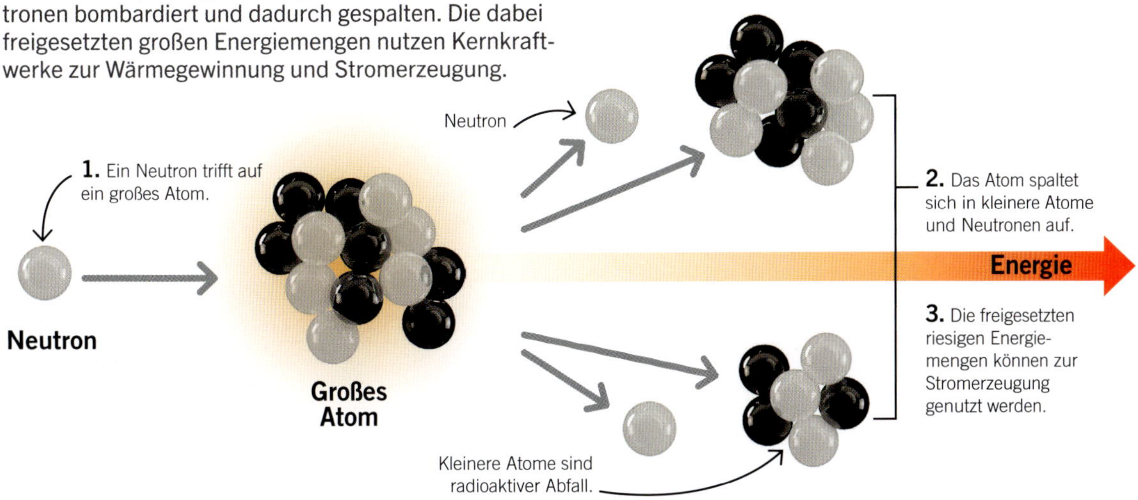

Kernfusion

Bei der Kernfusion werden zwei Wasserstoffisotope (siehe Seite 31 und 55) so stark zusammengedrückt, dass sie zu einem größeren Heliumkern verschmelzen. Dabei wird enorm viel Energie freigesetzt. Die Sonne produziert ihre Energie auf diese Weise. Wissenschaftler haben noch keinen Weg gefunden, Kernfusion auf der Erde kontrolliert zu betreiben und die Energie zu nutzen.

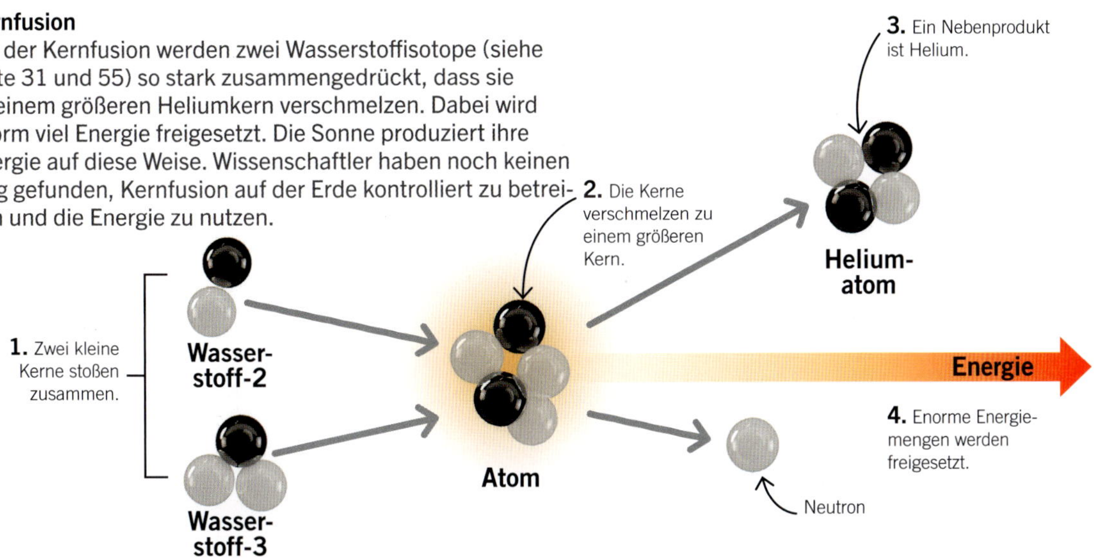

Verschmutzung

Die meisten Fahrzeuge werden weiterhin mit Kohlenwasserstoffen (siehe Seite 202) aus fossilen Brennstoffen betrieben. Deren Verbrennung belastet die Luft mit gefährlichen Partikeln und setzt das Treibhausgas Kohlenstoffdioxid frei.

Auf einen Blick

- Fahrzeuge, die mit fossilen Kraftstoffen betrieben werden, setzen Luftschadstoffe frei.
- Die Kohlenwasserstoffe in fossilen Kraftstoffen produzieren Luftschadstoffe beim Verbrennen.
- Beispiele für Luftschadstoffe sind Kohlenstoffmonoxid, Schwefeldioxid und Stickoxide.

Verschmutzung mit Partikeln
Luftverschmutzende Partikel sind winzige Feststoffteilchen oder Flüssigkeitströpfchen, die in der Luft schweben. Dieses Teilchen enthält Methan und Kohlenstoff.

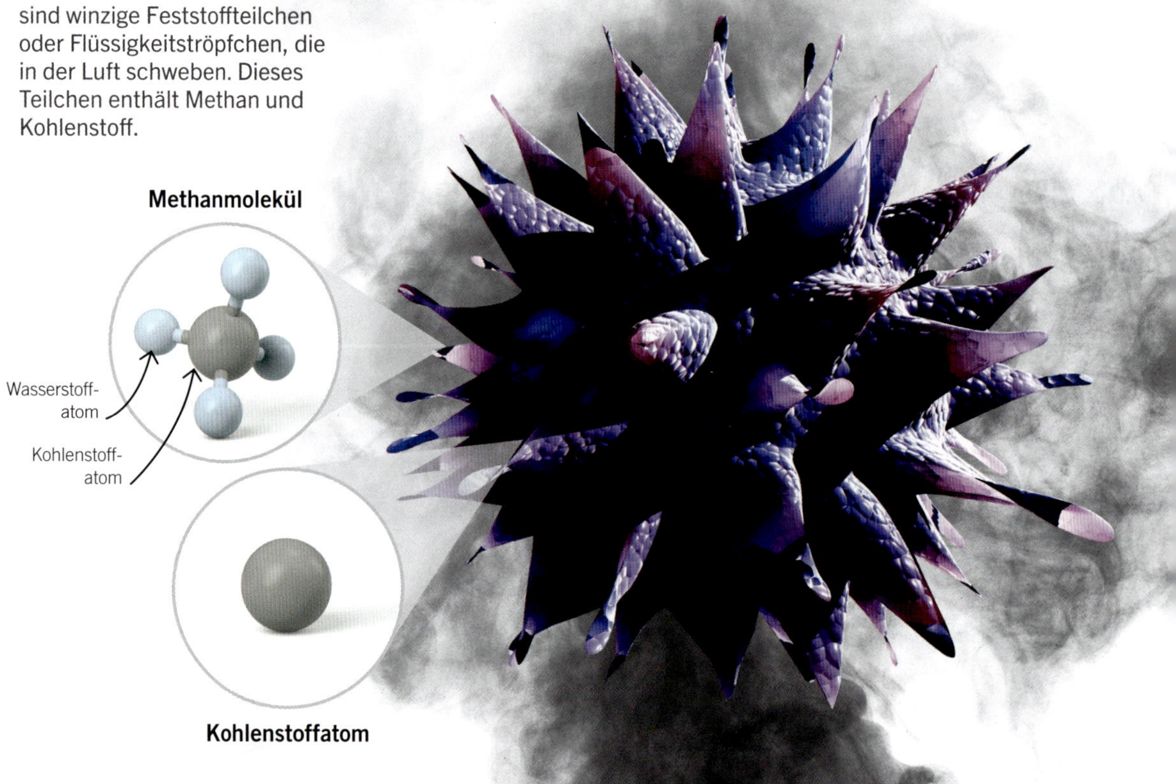

Unvollständige Verbrennung

Die wichtigsten Luftschadstoffe sind Gase: Kohlenstoffmonoxid, Schwefeldioxid und Stickoxide. Bei zu geringer Zufuhr von Luft oder Sauerstoff verbrennen die Kohlenwasserstoffe in Fahrzeugen, die mit fossilen Kraftstoffen betrieben werden, nicht vollständig. Unvollständig verbrannte Kohlenwasserstoffe sind genauso gefährlich wie Gase (siehe Seite 255).

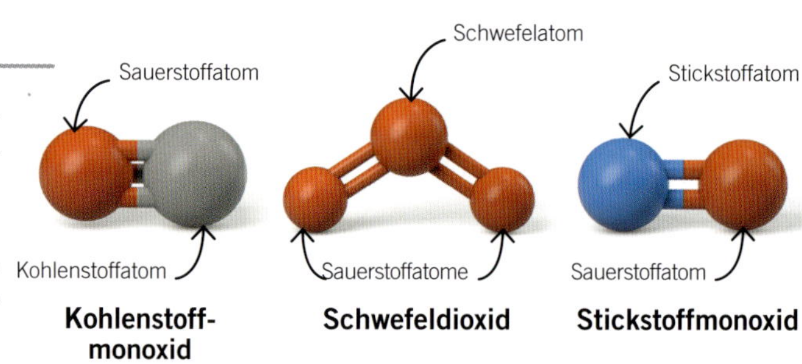

Umweltprobleme

Schadstoffpartikel in der Luft sind giftig und können die Gesundheit langfristig beeinträchtigen. Sie sind farb- und geruchlos und in der Regel nicht sichtbar, was sie so gefährlich macht. Sie führen zu Atemproblemen, vergiften das Blut, verschmutzen Gebäude, blockieren Anlagen und einige sind wegen ihrer Entzündlichkeit ein Brandrisiko.

Auf einen Blick

- ✓ **Schadstoffpartikel sind giftig und verursachen Atemprobleme.**
- ✓ **Manche Schadstoffpartikel sind farblose und geruchlose Gase, die schwer zu erkennen sind.**
- ✓ **Schadstoffpartikel können Gebäude schädigen.**

Atemprobleme
Hämoglobin ist ein Protein (siehe Seite 225) des menschlichen Bluts. Es bindet den Sauerstoff, den wir atmen, und transportiert ihn durch den Körper. Hämoglobin bindet aber auch Kohlenstoffmonoxid. Bei einer Kohlenstoffmonoxidvergiftung erhalten wir zu wenig Sauerstoff, werden müde, bewusstlos oder können sogar sterben.

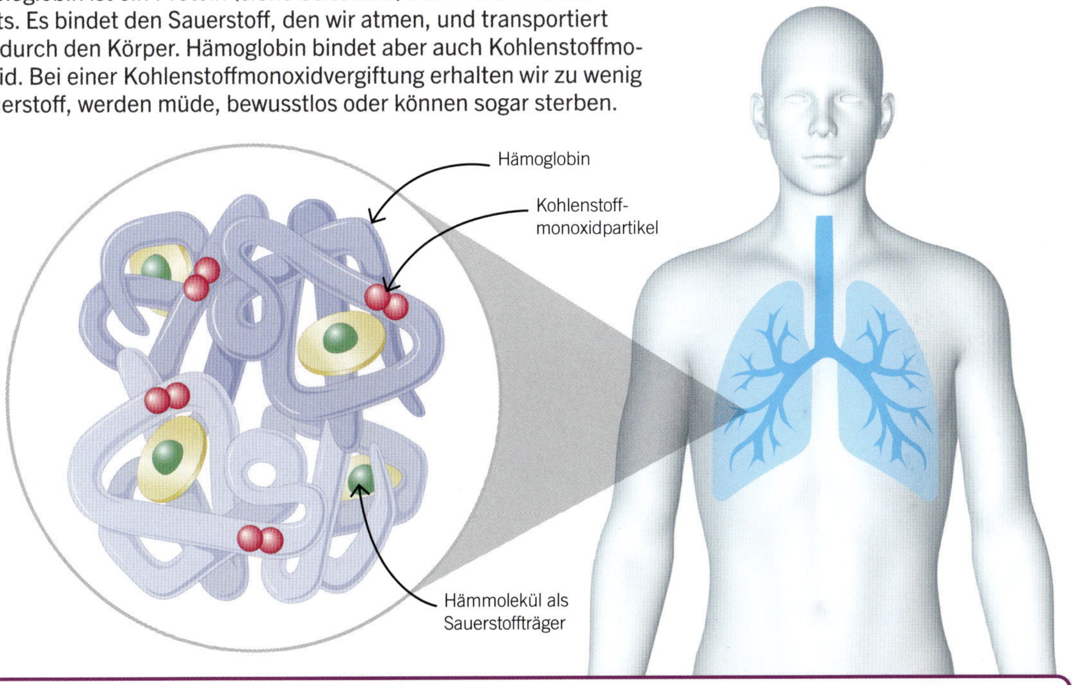

Globale Verdunklung

Winzige Schmutzpartikel, die durch Fabriken in die Erdatmosphäre gelangen, halten das Sonnenlicht ab. Besonders in Städten und stark industrialisierten Regionen verdunkelt sich dadurch der Himmel.

Saurer Regen

Regenwasser enthält immer etwas Kohlenstoffdioxid und ist daher auf natürliche Weise leicht sauer. Teile der Atmosphäre sind aber zusätzlich mit Schwefeldioxid und Stickstoffdioxid aus den Verbrennungsabgasen (siehe Seite 163) belastet. Sie lösen sich in Regenwasser und säuern den Regen zusätzlich an – sie produzieren sauren Regen.

Auf einen Blick

- ✓ **Regenwasser ist durch gelöstes Kohlenstoffdioxid auf natürliche Weise sauer.**
- ✓ **Schwefeldioxid und Stickstoffdioxid säuern den Regen zusätzlich an.**
- ✓ **Sauren Regen gibt es auch in der Natur. Der menschengemachte saure Regen hat aber viele schlimme Auswirkungen.**

Erosion von Statuen
Saurer Regen reagiert mit dem Calciumcarbonat im Kalkstein, aus dem viele Statuen gefertigt sind. Die Statuen erodieren.

Der durch den sauren Regen angegriffene Kalkstein verfärbt sich.

Teile der Statue sind noch nicht von saurem Regen betroffen.

Auswirkungen von saurem Regen

Bei Vulkanausbrüchen oder durch die Zersetzung von Pflanzen wird viel Kohlendioxid freigesetzt, das den Regen auf natürliche Weise sauer machen kann. Der aggressivste saure Regen ist jedoch menschlichen Ursprungs. Industriebetriebe und Kraftwerke verschmutzen die Atmosphäre mit aggressiven Gasen wie etwa Schwefeldioxid.

1. Saurer Regen reagiert mit Metallen, Gesteinen und anderen Materialien. Dadurch schädigt er Gebäude, die durch den sauren Regen erodieren.

2. Saurer Regen schädigt die Blätter von Pflanzen, beeinträchtigt die Photosynthese und schwächt das Wachstum der Wurzeln, die keine Nährstoffe mehr aufnehmen können.

3. Fällt viel saurer Regen, versauern Flüsse und Seen. Die meisten Tiere vertragen keine sauren Bedingungen und gehen ein.

Gebrauch von Ressourcen

Keramik

Keramik sind nichtmetallische Werkstoffe wie z. B. Tonwaren, Ziegel und Glas. Kovalente und/oder ionische Bindungen halten die Atome zusammen (siehe Seite 80 und 74). Hergestellt wird Keramik durch Erhitzen der Rohstoffe auf sehr hohe Temperaturen. Keramiken zeichnen sich durch hohe Schmelzpunkte, Steifheit, Sprödigkeit und Stabilität aus. Sie sind auch gute Isolatoren.

Auf einen Blick

- ✓ Keramiken sind nichtmetallische Werkstoffe, deren Atome durch kovalente und/oder ionische Bindungen zusammengehalten werden.
- ✓ Keramik wird durch Brennen eines Rohstoffgemischs hergestellt.
- ✓ Keramik enthält oft ionisch gebundene Metalle.
- ✓ Keramiken haben hohe Schmelzpunkte und sind inert (unreaktiv).
- ✓ Keramiken sind unelastisch, hitzebeständig, spröde und gute Isolatoren.

Tonwaren
Ton und Lehm werden in eine Form gebracht und dann bei 1000 °C gebrannt. Durch das Erhitzen und Abkühlen verbinden sich die Moleküle durch chemische Reaktionen miteinander.

Ziegel
Tonhaltige Massen werden in eine Form gebracht, getrocknet und dann bei 1200 °C gebrannt. Die typische Ziegelfarbe stammt von Verunreinigungen (siehe Seite 38).

Kalknatronglas
Ein Gemisch aus Siliciumdioxid, Natriumcarbonat und Calciumcarbonat wird auf 1600 °C erhitzt. Das dabei produzierte Kalknatronglas ist eine besonders preiswerte Glassorte.

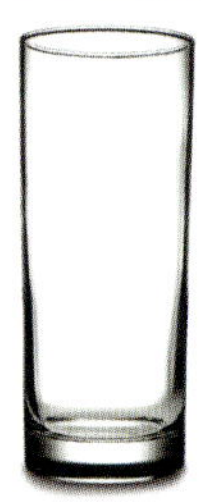

Borosilikatglas
Zur Herstellung von Borosilikatglas wird ein Gemisch aus Siliciumdioxid und Boroxid erhitzt. Diese Glassorte ist besonders resistent gegen rasche Temperaturänderungen und wird deshalb im Labor benutzt.

Molekularstruktur von Porzellan

Porzellan wird durch Brennen von bestimmten Tonsorten bei höheren Temperaturen als für normale Tonwaren hergestellt. Dabei entsteht eine besonders feste Kristallstruktur des Minerals Kaolinit.

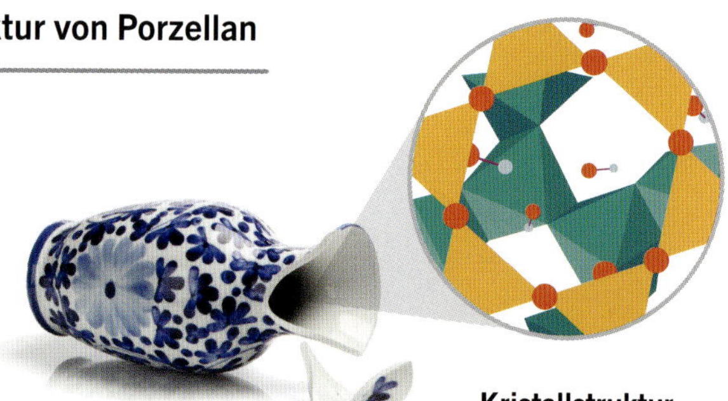

Porzellan — **Kristallstruktur von Kaolinit**

Verbundwerkstoffe

Verbundwerkstoffe bestehen aus Fasern, in die eine zweite Substanz eingebettet ist. Durch die Kombination der Eigenschaften beider Bestandteile lassen sich die Werkstoffe besonders zielgenau für bestimmte Anwendungen maßschneidern.

Auf einen Blick

- ✓ Verbundwerkstoffe bestehen aus Fasern, in die eine andere Substanz fest eingebunden ist.
- ✓ Die Eigenschaften von Verbundmaterialien sind durch die verwendeten Materialien vorgegeben.
- ✓ Künstliche Verbundwerkstoffe werden häufig für ganz bestimmte Zwecke hergestellt.

Glasfaser und Kohlefaser
Durch Einbettung eines Polyesterharzes in Fasern aus Glas oder Kohlenstoff entsteht ein besonders fester Verbundwerkstoff. Glasfasern sind leicht formbar, fest, leicht und etwas elastisch. Kohlefaser ist noch stärker und leichter, aber auch deutlich teurer in der Herstellung.

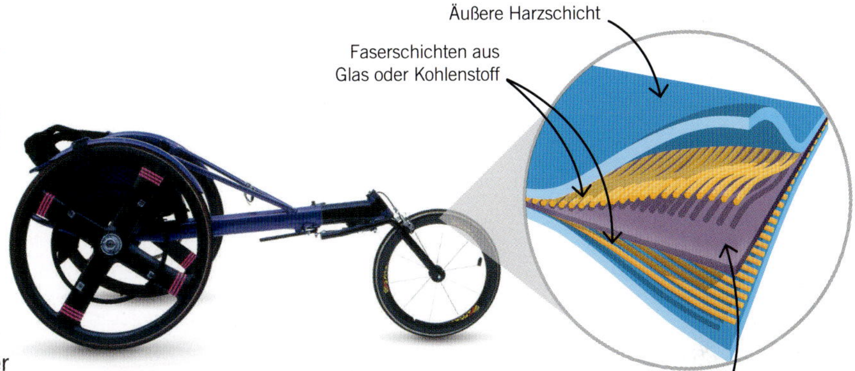

Wettkampfrollstuhl für die Paralympischen Spiele

Beton
Sand, Zement und Aggregate (kleine Gesteinsstückchen) verbinden sich zum äußerst festen Verbundwerkstoff Beton. Stahlbeton wird durch eingearbeitete Stahlstangen noch verstärkt.

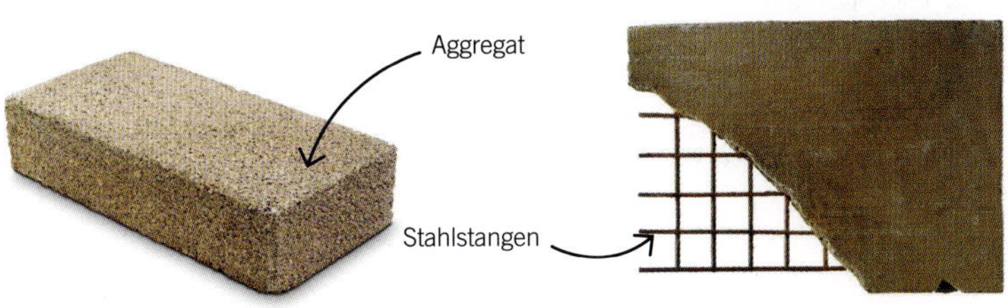

Beton **Stahlbeton**

Natürliche Verbundstoffe
Ein Beispiel für ein natürliches Verbundmaterial ist Holz. Holz besteht aus dem natürlichen Polymer Lignin, in das Cellulosefasern (siehe Seite 226) eingebunden sind. Durch die Kombination beider Eigenschaften ist das Material im Verbund viel fester als die Einzelstoffe.

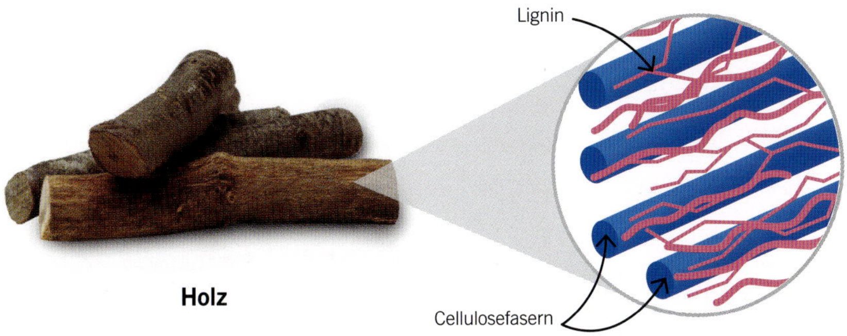

Holz

Synthetische Polymere

Synthetische Polymere werden durch Verknüpfen von vielen Monomeren künstlich hergestellt. Aus den Polymeren wird eine Vielzahl von Gegenständen von Werkzeug über Kleidung bis zu Gebäuden hergestellt. Polymere können je nach Verwendungszweck maßgeschneidert werden.

Auf einen Blick

- ✓ **Synthetische Polymere werden durch Aneinanderknüpfen von sehr vielen kleinen Molekülen (Monomeren) hergestellt.**
- ✓ **Synthetische Polymere sind reiß- und bruchfest, biegsam und gute Strom- und Wärmeisolatoren.**

Hochdruckpolyethylen
Plastiktüten werden aus dem Material Hochdruckpolyethylen (LDPE) hergestellt. Das Polymer ist reißfest, ungiftig und sehr biegsam.

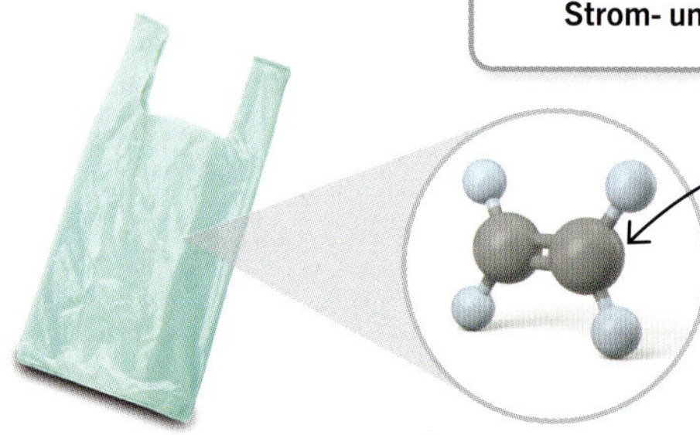

In Polyethylen niederer Dichte sind sehr viele Moleküle des Kohlenwasserstoffs Ethen zu langen Ketten kovalent verknüpft.

Niederdruckpolyethylen
Abflussrohre werden aus dem Material Niederdruckpolyethylen (HDPE) hergestellt. Das Polymer ist bruchfest, hart und wasserdicht.

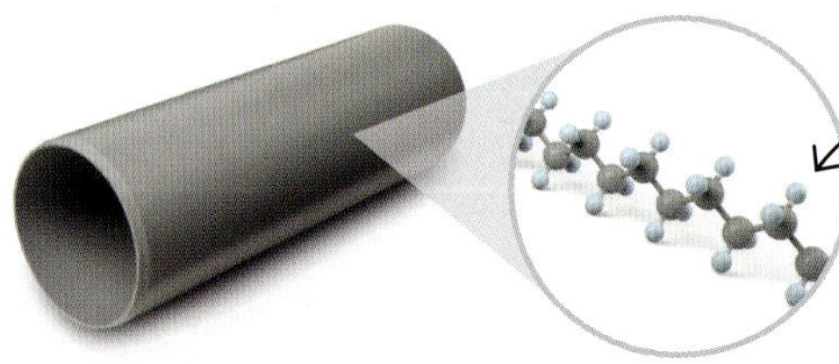

Polyethylen hoher Dichte enthält lange Ketten von Kohlenwasserstoffen, die nur aus Kohlenstoff und Wasserstoff bestehen.

Polyvinylchlorid (PVC)
Elektrodrähte werden mit Polyvinylchlorid ummantelt. Das Polymer ist reißfest, strapazierfähig und ein guter Stromisolator.

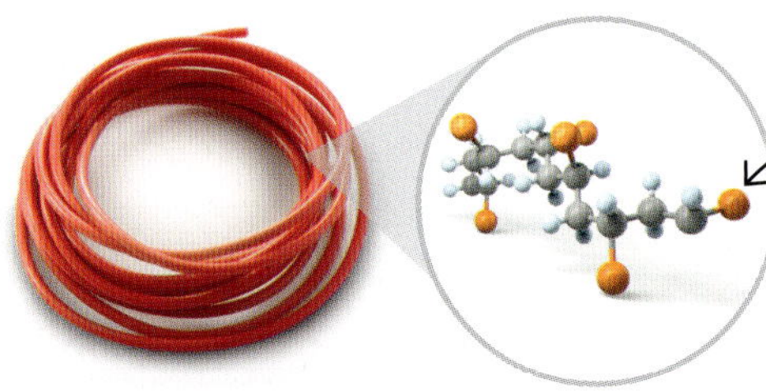

PVC enthält lange Ketten von Kohlenwasserstoffen, die aus Kohlenstoff, Wasserstoff und Chloratomen aufgebaut sind.

Elastan
Sportbekleidung wird meist mit einem Polymerzusatz namens Elastan (Lycra) hergestellt. Das Polymer ist reißfest, strapazierfähig und sehr elastisch.

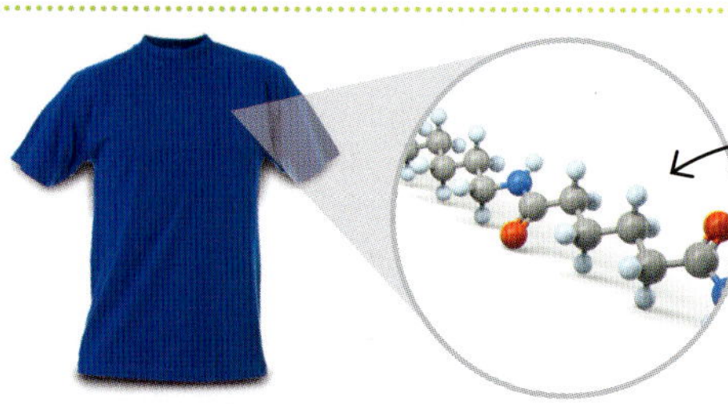

Elastan enthält lange Ketten von Wiederholungseinheiten, die aus Sauerstoff-, Kohlenstoff-, Wasserstoff- und Stickstoffatomen aufgebaut sind.

Nylon
Zahnbürsten werden aus Nylon hergestellt. Das Polymer ist stabil, elastisch und verschleißfest.

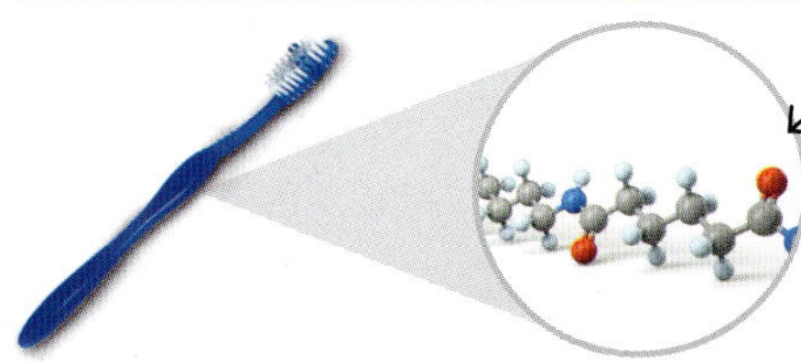

Nylon enthält lange Ketten von Wiederholungseinheiten, die aus Sauerstoff-, Kohlenstoff-, Wasserstoff- und Stickstoffatomen aufgebaut sind.

Herstellung von Polymeren

Kondensationspolymere (siehe Seite 222) wie z. B. Nylon werden durch die Verknüpfung von Monomeren über ihre funktionellen Gruppen (siehe Seite 198) hergestellt. Dabei spalten sich kleine Moleküle wie Wasser ab.

Herstellung von Nylon
Nylon kann als unbegrenzte Kette hergestellt werden. Durch Herausziehen des Nylonfadens aus der Lösung verlängert sich die Kette so lange, bis alle Monomere reagiert haben.

Auf einen Blick

- ✓ Kondensationpolymere bilden sich unter Abspaltung von kleinen Molekülen wie Wasser.
- ✓ Die Monomere von Kondensationspolymeren tragen funktionelle Gruppen.
- ✓ Ein Beispiel für ein Kondensationspolymer ist Nylon.

Typen von Kunststoffen

Kunststoff wird aus Polymeren hergestellt. Je nach dem Vorliegen von kovalenten Bindungen (s. S. 80) zwischen den Polymerketten gibt es zwei Kunststofftypen.

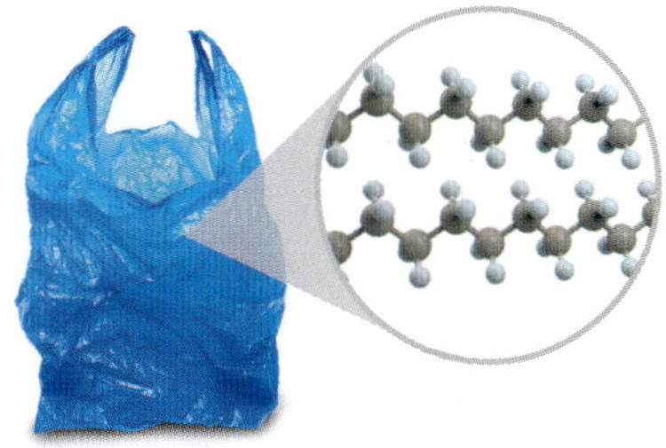

Thermoplaste, aus denen z. B. Plastiktüten gemacht werden, haben zwischen ihren Ketten keine kovalenten Bindungen. Thermoplaste schmelzen leicht und können recycelt werden (siehe Seite 268).

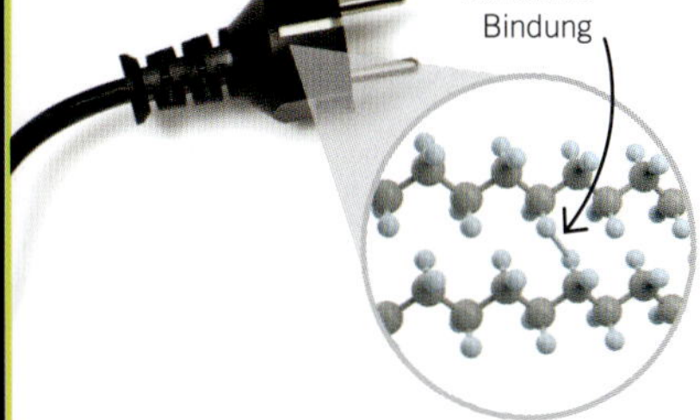

Duroplaste, aus denen zum Beispiel Stecker gemacht werden, haben zwischen den Ketten kovalente Bindungen. Sie schmelzen weniger leicht und eignen sich deshalb für Elektrogeräte.

Legierungen

Eine Legierung ist ein Metall, dem andere Metalle oder Nichtmetalle (siehe Seite 56–57) beigemischt wurden (siehe Seite 32). Legierungen haben oft bessere Eigenschaften als die Reinmetalle. Bronze, eine Legierung aus Kupfer und Zinn, ist viel härter als die Reinmetalle. Der strukturelle Aufbau von Legierungen und Reinmetallen wird auf Seite 89 gezeigt.

Auf einen Blick

- ✓ **Legierungen sind Gemische aus Metallen mit anderen Elementen.**
- ✓ **Legierungen haben oft bessere Eigenschaften als Reinmetalle.**
- ✓ **Legierungen können fester, härter, leichter oder weniger korrosionsanfällig sein.**

Magnesium-Silicium-Legierung
Fahrradrahmen aus einer Legierung von Aluminium mit Magnesium und Silicium sind sehr leicht und bruchfest.

Kupfer-Zink-Legierung
Trompeten aus Kupfer-Zink-Legierungen (Messing) sind strapazierfähig und rosten nicht.

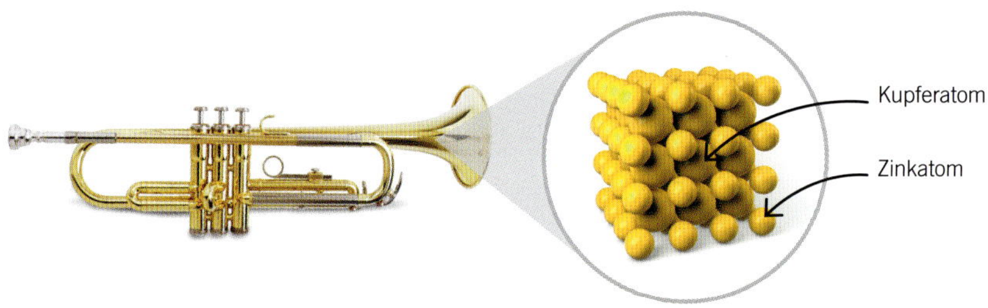

Titan-Gold-Legierung
Uhren und Schmuck enthalten Titan-Gold-Legierungen, die bruchfester und härter sind als reines Gold.

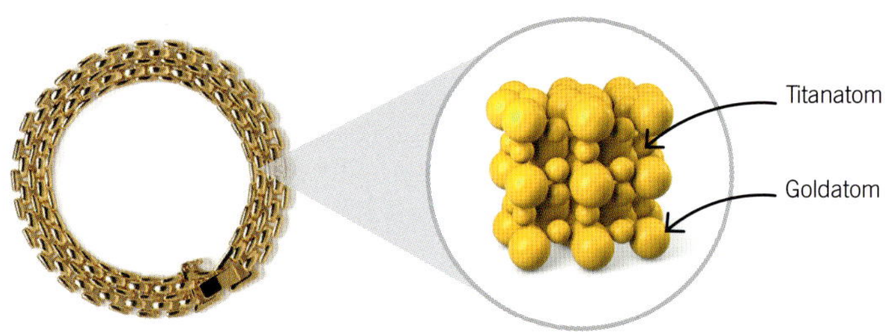

Chromstahl
Besteck wird oft aus einer Eisen-Chrom-Legierung namens Chromstahl gefertigt. Diese Legierung rostet nicht (siehe Seite 264).

Nachhaltigkeit

Für einen nachhaltigen Lebensstil müssen wir schonender mit endlichen Ressourcen (siehe Seite 266) umgehen, damit künftige Generationen diese weiterhin nutzen können. Nachhaltigkeit schließt auch Energiequellen mit ein, die vielleicht nie versiegen (siehe Seite 267). Viele Unternehmen entwickeln alternative Methoden, um endliche Ressourcen nicht zu vergeuden und den Betrieb so nachhaltig wie möglich zu führen.

Auf einen Blick

- ✓ **Ein nachhaltiger Lebensstil beinhaltet die Bewahrung von Ressourcen.**
- ✓ **Nachhaltig zu sein heißt, für die Zukunft zu planen.**
- ✓ **Biolaugung und Phytomining sind nachhaltige Verfahren zur Kupfergewinnung.**

Biolaugung (Bioleaching)
Bakterien können Kupfer aus schwach kupferhaltigen Gesteinen herausziehen. Das ist preiswerter und weniger umweltschädigend als der Kupferbergbau aus Kupfererz. Das Verfahren wird Biolaugung genannt und ist nachhaltiger als der klassische Kupferbergbau, denn das Kupfer wird aus Quellen extrahiert, die nicht abgebaut werden müssen.

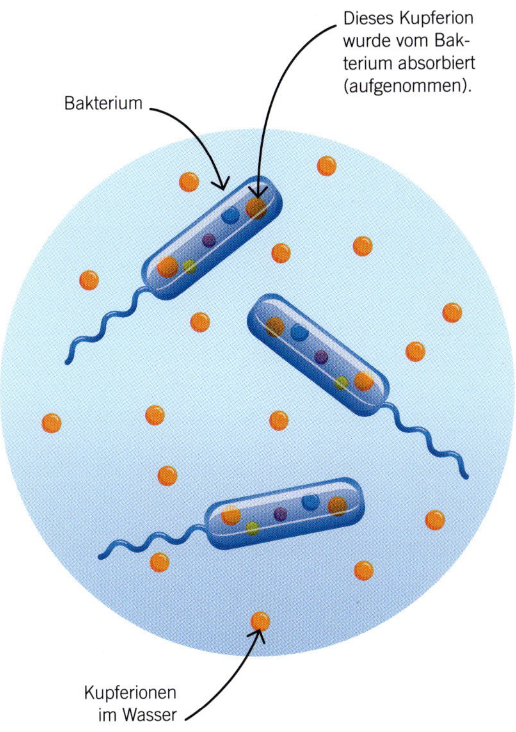

Phytomining
Pflanzen, die auf kupferreichen Böden wachsen, nehmen das Kupfer mit den Wurzeln auf und speichern es in ihren Blättern. Durch Verbrennen der Blätter kann es aus der Asche als lösliche Kupferverbindungen isoliert werden. Das Verfahren wird Phytomining genannt und ist ökonomisch vorteilhaft und nachhaltig, denn es verbraucht kaum Energie und greift nicht in die natürlichen Kupferreserven ein.

Korrosion

Die meisten Metalle bilden an der Luft einen matten Oberflächenbelag. Der Prozess wird als Korrosion bezeichnet. Dabei reagiert die Metalloberfläche mit einem Gas aus der Luft (meistens Sauerstoff). Das reaktive Metall Natrium überzieht sich an der Luft sofort mit einem matten Belag aus Natriumoxid. Kupfer ist weniger reaktiv und korrodiert nur langsam unter Bildung von schwarzem Kupferoxid.

Auf einen Blick

- ✓ **Korrosion bezeichnet die Reaktion einer Metalloberfläche mit Substanzen aus der Umgebung.**
- ✓ **Reaktive Metalle korrodieren schnell.**
- ✓ **Metalle korrodieren an der Luft unter Bildung einer Metalloxidschicht.**

Langsame Korrosion
Unsere Atmosphäre besteht aus einem Gemisch verschiedener Gase (siehe Seite 245). Die Stahlschrauben bilden durch die Reaktion mit Sauerstoff nach einiger Zeit eine Rostschicht aus Eisenoxid.

Auf den Stahlschrauben erscheint eine raue, rotbraune Rostschicht.

Korrosion von Aluminium

Auch Aluminium reagiert mit dem Luftsauerstoff und bildet eine Schicht aus Aluminiumoxid. Diese Art von Korrosion zersetzt das Aluminium aber nicht weiter, denn der Belag blättert nicht ab wie Rost. Das Aluminiumoxid haftet auf dem Aluminium und schützt es vor weiterer Korrosion.

Auf dem Aluminium bildet sich eine Schutzschicht aus Aluminiumoxid.

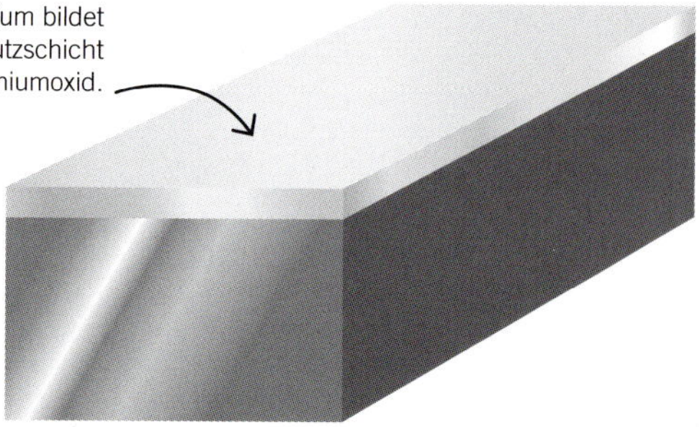

Aluminium

Korrosionsschutz

Korrosion kann Metalle zerstören, die dann teuer ersetzt werden müssen. Der beste Schutz gegen Korrosion ist die Beschichtung des Metalls mit einem Material, das Luft und Feuchtigkeit fernhält. Für verschiedene Gegenstände eignen sich unterschiedliche Beschichtungen. So werden Maschinen und Werkzeuge mit Öl oder Fett geschmiert, Autos erhalten eine Lackschicht.

Auf einen Blick

- ✓ **Korrosion schädigt Metalle und kann teuer werden.**
- ✓ **Beschichtungen halten Luft und Wasser fern und schützen vor Korrosion.**
- ✓ **Schmierstoffe, Lacke und Anstrichfarben, aber auch Verzinnung und Galvanisierung bieten Korrosionsschutz.**

Rostschutz für Eisen
Mit einem Experiment lässt sich feststellen, in welchen Umgebungen Eisen rostet und in welchen nicht. Um Eisen vor dem Rosten zu schützen, muss entweder Wasser oder Sauerstoff ferngehalten werden.

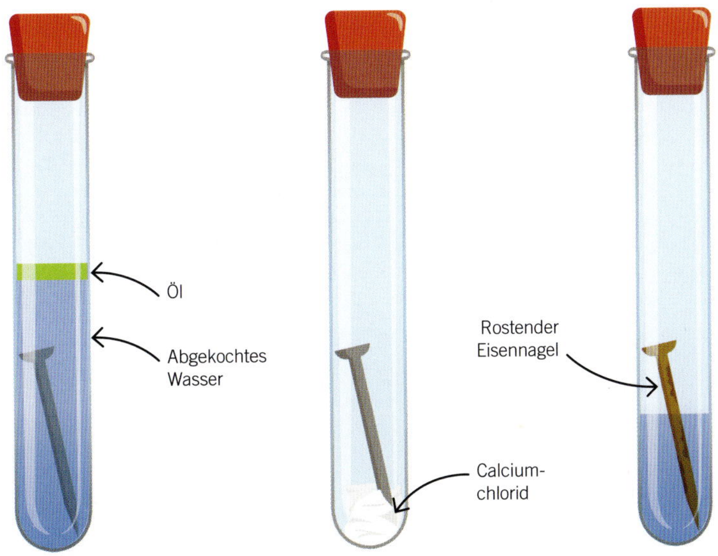

Ein Eisennagel in einem Reagenzglas mit abgekochtem Wasser rostet nicht, wenn die Ölschicht den Sauerstoff fernhält.

Ein Eisennagel in einem Reagenzglas mit Calciumchlorid rostet nicht, weil das Calciumchlorid Wasser aus der Luft abfängt.

Ein Eisennagel in einem Reagenzglas mit Wasser und Luft rostet.

Metallschutz

Metalle wie Stahl werden durch Beschichten mit anderen Materialien vor dem Rosten geschützt. Stahlhersteller sprühen die Werkstücke mit einem Korrosionsschutzpulver aus Pigmenten und Harzen ein.

Endliche Ressourcen

Endliche Ressourcen sind Rohstoffe, die nur in begrenzter Menge zur Verfügung stehen und irgendwann aufgebraucht sind. Die meisten Fertigungsprozesse greifen auf endliche Ressourcen wie fossile Rohstoffe, Erze und andere Minerale zurück. In der chemischen Industrie dienen fossile Brennstoffe wie Erdöl nicht nur als Energiequelle, sondern auch als Rohstoff.

Auf einen Blick

- ✓ **Endliche Ressourcen gibt es nur begrenzt und sie werden aufgebraucht.**
- ✓ **Fossile Brennstoffe, Erze und Mineralien sind endliche Ressourcen.**
- ✓ **Fossile Brennstoffe liefern Energie und Rohstoffe für die chemische Industrie.**
- ✓ **Die Förderung von Rohstoffen hat Vor- und Nachteile.**

Kupferabbau
Die Bingham Canyon Mine in den USA ist eine der größten Kupferminen der Erde.

Rohstoffförderung

Bei unserem derzeitigen Verbrauch werden fossile Brennstoffe wie z. B. Erdgas in etwa 50 Jahren zur Neige gehen. Kohle wird es noch etwa 100 Jahre geben. Die Förderung von fossilen Brennstoffen, Erzen und Mineralen hat Vor- und Nachteile. Finden wir jedoch keine Alternative oder lernen nicht zu verzichten, müssen wir so umweltschonend wie möglich weiter fördern und uns gleichzeitig intensiv nach neuen Quellen umsehen.

Vorteile	Nachteile
Herstellung von Produkten	Verbrauch von Energie
Schafft Arbeitsplätze	Zerstört Lebensräume
Verbessert Infrastruktur	Produziert Abfall
Fördert viel fossile Brennstoffe	Teuer

Erneuerbare Ressourcen

Erneuerbare Ressourcen werden nicht aufgebraucht, sondern können in relativ kurzer Zeit oder auf natürliche Weise neu produziert werden. Alkohol, ein wichtiger Rohstoff für die chemische Industrie, wird zum Beispiel durch Gärung von pflanzlichen Zuckern hergestellt. Um mehr Zucker nachzuliefern, müssen einfach mehr Pflanzen angebaut werden. Alkohol ist daher eine erneuerbare Ressource. Erneuerbare Ressourcen sind eine effektive Alternative zu endlichen Ressourcen.

Auf einen Blick

- ✓ Erneuerbare Ressourcen werden nicht aufgebraucht.
- ✓ Erneuerbare Ressourcen können aus Pflanzen erzeugt werden.
- ✓ Erneuerbare Energien bewahren fossile Rohstoffe.

Erneuerbare Energien
Es gibt verschiedene Arten von erneuerbaren Ressourcen. Die zuverlässigsten Quellen für Energie sind natürliche Prozesse, denn wir müssen sie nicht selbst gestalten.

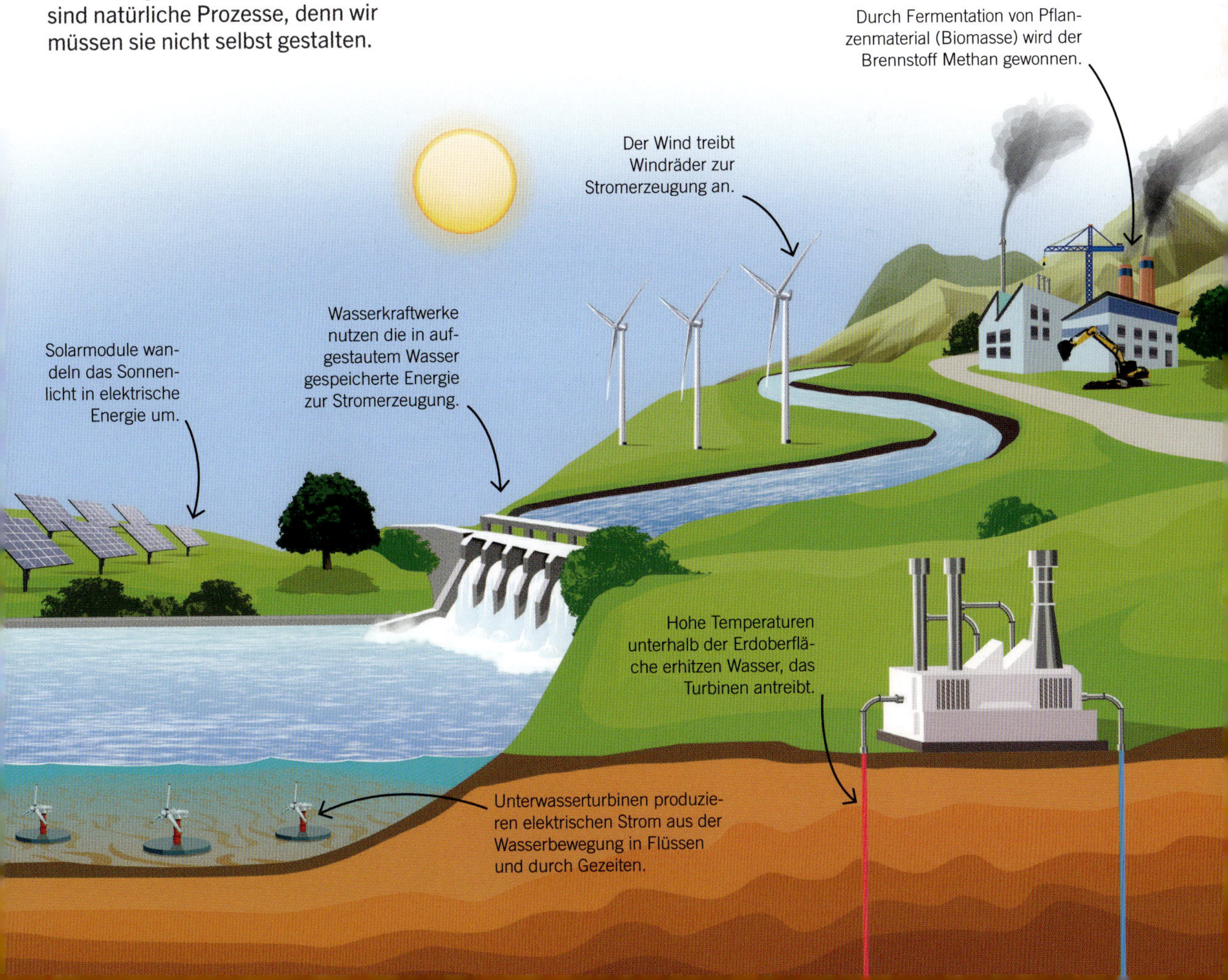

Recycling

Materialien aus endlichen Ressourcen (siehe Seite 266) werden durch Sammeln, Sortieren und Recyceln zu neuen Produkten umgewandelt. Das macht uns etwas unabhängiger von endlichen Ressourcen. Das Recycling ist oft weniger energieintensiv als die Ausbeutung einer endlichen Ressource.

Auf einen Blick

- ✓ Recycling heißt, Materialien mehr als einmal zu verwenden.
- ✓ Recycling heißt, keine endlichen Ressourcen zu verbrauchen.
- ✓ Recycling spart Energie und fossile Rohstoffe ein.

Glasrecycling
Glas kann recht einfach gesammelt und sortiert werden. Glasrecycling spart Zeit und Geld, und das recycelte Produkt unterscheidet sich vom Original kaum.

Metallrecycling

Metalle werden ähnlich wie Glas durch Einschmelzen und Neuformung recycelt. Um Verunreinigungen zu beseitigen, wird das recycelte Metall meist noch chemisch behandelt.

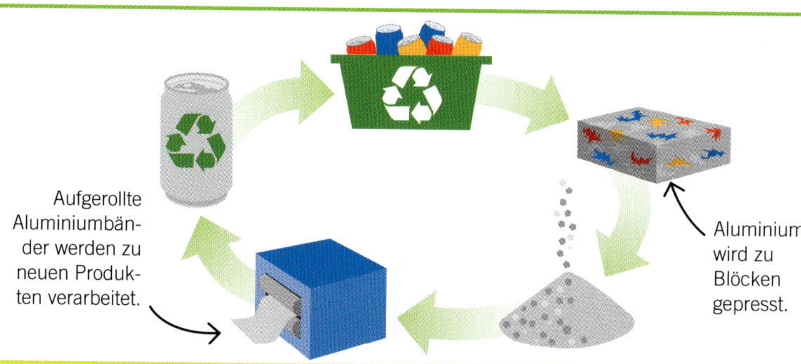

Lebenszyklus-analyse

Eine Lebenszyklusanalyse (Ökobilanz) betrachtet die Auswirkung eines Produkts auf seine Umwelt während seines gesamten Lebenswegs. Eine vollständige Lebenszyklusanalyse ist zeitaufwendig, hilft aber bei der Entscheidung, welches Produkt sinnvoll ist, wie effizient es hergestellt wird und ob eine Alternative vielleicht besser ist.

Auf einen Blick

- ✓ **Eine Lebenszyklusanalyse (Ökobilanz) betrachtet die Auswirkung eines Produkts auf die Umwelt.**
- ✓ **Die Ökobilanz untersucht die Rohstoffe, den Produktionsprozess, die Verwendung und die Entsorgung des Produkts.**
- ✓ **Sie hilft bei der Entwicklung, der Herstellung und beim Recycling des Produkts.**

Elemente der Lebenszyklusanalyse
Eine Lebenszyklusanalyse umfasst die Bewertung über die Rohstoffe, den Produktionsprozess, die Verwendung und die Entsorgung des Produkts.

Ökobilanz der Plastiktüte
Obwohl bei der Herstellung von Plastiktüten Erdöl und Energie verbraucht werden, belasten sie Lebenszyklusanalysen zufolge die Umwelt weniger als manche Alternative.

Ökobilanz der Papiertüte
Papiertüten werden aus der erneuerbaren Ressource (siehe Seite 267) Holz hergestellt und erscheinen deshalb „grüner“ als Plastiktüten. Allerdings verbraucht die Herstellung von Papiertüten sehr viel Energie.

Trinkwasser

Unser Trinkwasser stammt aus Flüssen, Seen und Grundwasser. Natürliches Wasser enthält noch grobe Verunreinigungen wie Steine, Blätter und Schlamm sowie gelöste Stoffe wie Salze, Düngerückstände und Mikroorganismen, die entfernt werden müssen. Nach der Aufbereitung wird das Wasser in Wasserspeichern aufbewahrt und gelangt als sauberes Trinkwasser zum Verbraucher.

Auf einen Blick

- ✓ **Wasser aus Flüssen, Seen und das Grundwasser werden in großen Tanks gespeichert.**
- ✓ **Natürliches Wasser enthält Feststoffe, gelöste Stoffe und Bakterien.**
- ✓ **Trinkwasser ist sicher trinkbares Wasser.**
- ✓ **Rechen, Filtersysteme, Chlorung und Lagertanks gewährleisten die Versorgung mit sauberem Trinkwasser.**

Trinkwasserbehandlung

Eine sichere Versorgung mit sauberem Wasser ist essenziell. Um Wasser trinkbar zu machen, wird es durch mehrere Verfahren behandelt.

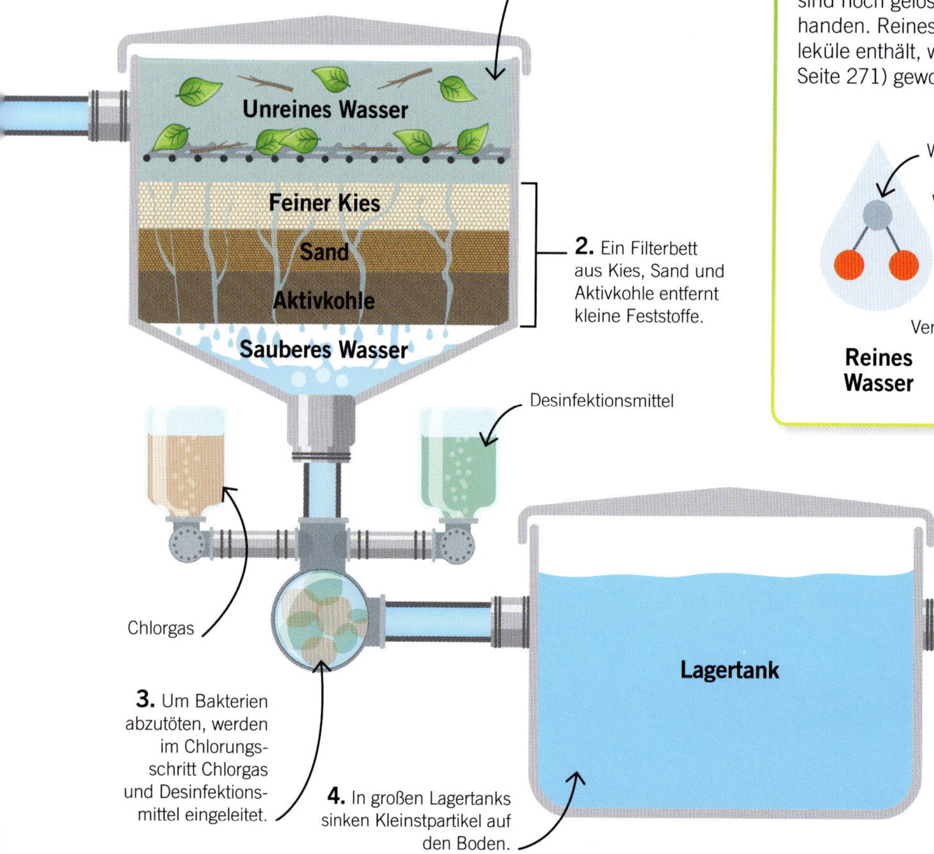

Reines Wasser und Trinkwasser

Trinkwasser ist von festen Teilchen und Mikroorganismen befreit, es ist aber nicht rein – es sind noch gelöste Stoffe wie z. B. Salze vorhanden. Reines Wasser, das nur Wassermoleküle enthält, wird durch Destillation (siehe Seite 271) gewonnen.

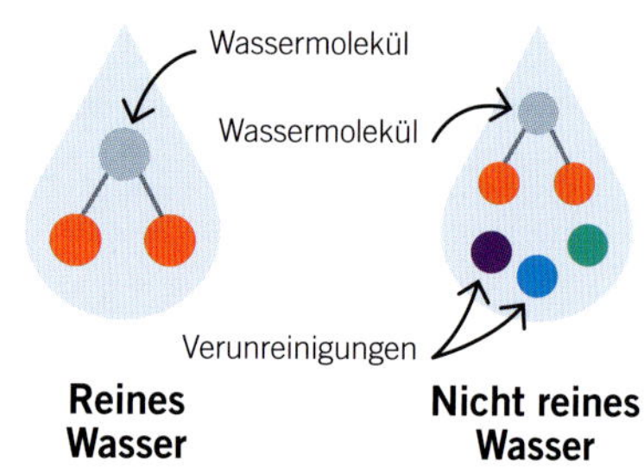

Meerwasser

In den Ozeanen befindet sich ungefähr 97 Prozent des gesamten Wassers der Erde. Meerwasser ist durch den hohen Salzgehalt ungenießbar. Das Verfahren der Meerwasserentsalzung macht Meerwasser trinkbar. Meerwasserentsalzungsanlagen leiten das Wasser über Membranen, oder das Salz wird durch einfache Destillation (siehe Seite 49) entfernt.

Auf einen Blick

- ✓ **Wir können Meerwasser wegen des hohen Salzgehalts nicht trinken.**
- ✓ **Durch Entsalzung wird Meerwasser in Trinkwasser umgewandelt.**
- ✓ **Dabei wird Meerwasser verdampft und der Wasserdampf zu Wasser kondensiert.**

Entsalzung
In heißen Gegenden ohne sicheren Wasserzugang werden Meerwasserentsalzungsanlagen an der Küste gebaut, um das Wasser trinkbar zu machen.

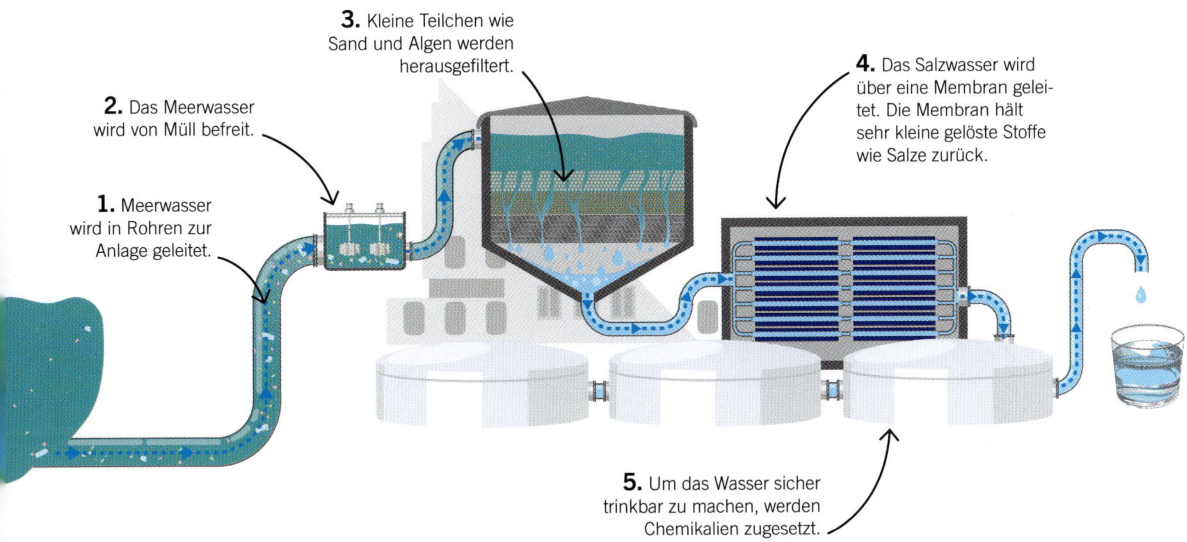

Destillation in Labor

Durch Destillation kann Meerwasser im Labor vom Salz befreit werden.

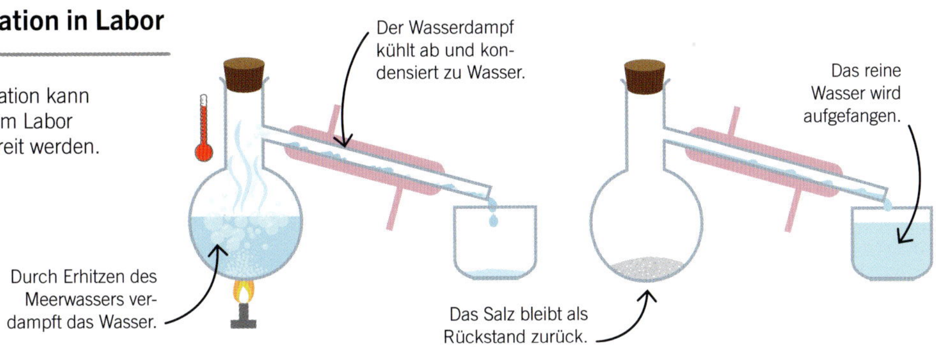

Abwasser

Wir nutzen Wasser jeden Tag, aber viel davon wird verschwendet. Milliarden Liter Trinkwasser fließen in den Abfluss und landen in der Kanalisation. Abwässer aus Industrie, Landwirtschaft und Haushalten enthalten Schadstoffe. So finden sich im Haushaltsabwasser krankmachende Bakterien.

Auf einen Blick

- ✓ **Abwasser enthält Schadstoffe.**
- ✓ **Haushalte, Industrie und Landwirtschaft produzieren Abwässer.**

Menschliche Abwässer
Dusch-, Bade- und Toilettenwasser kann mit schädlichen Stickstoffverbindungen wie Ammoniak belastet sein.

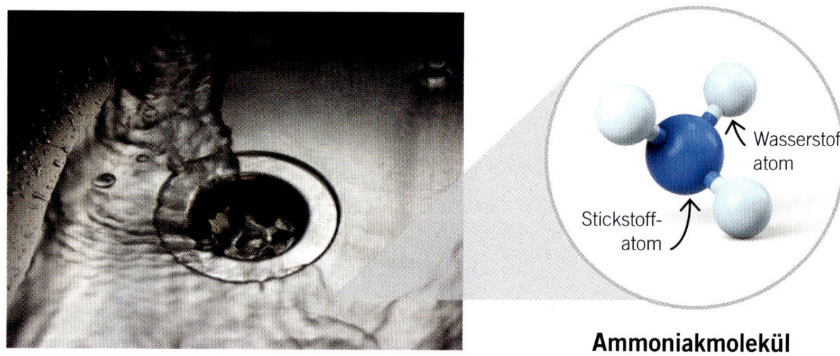

Ammoniakmolekül

Industrieabwässer
Fabrikabwässer enthalten oft Kohlenwasserstoffe wie Butan und andere Schadstoffe. Gelangen diese in Flüsse und Seen, wird die Natur massiv geschädigt.

Butanmolekül

Landwirtschafts-Abwässer
Wasser aus der Landwirtschaft ist oft mit Düngemitteln belastet, die in Seen zu übermäßigem Algenwachstum führen. Die Schattierung lässt darunter liegende Pflanzen absterben und stört das Ökosystem des Sees.

Ammoniumnitratmolekül

Abwasserbehandlung

Abwässer aus Bad und Toilette enthalten Feststoffe, Chemikalien und Mikroorganismen. Haushaltsabwässer gelangen durch Abwasserrohre in die Kanalisation und dann in die Klärwerke. Dort werden sie so behandelt, dass sie nicht mehr umweltschädlich sind.

Auf einen Blick

- ✓ Das Abwasser wird zu Kläranlagen geleitet und dort gereinigt.
- ✓ Dabei werden Feststoffe, Chemikalien und schädliche Bakterien entfernt.
- ✓ Das gereinigte Abwasser gelangt in die Umwelt zurück.
- ✓ Die Klärstufen umfassen mechanische Reinigung, Vorklärung, biologische Reinigung, Belebung und chemische Nachbehandlung.

Abwasserbehandlung
Abwässer werden mechanisch gereinigt, vorgeklärt und dann biologisch behandelt und belüftet, um den Klärschlamm vollständig abzubauen. Nach Passieren einer Nachklärstufe wird das geklärte Wasser in Flüsse und Seen oder ins Meer eingeleitet.

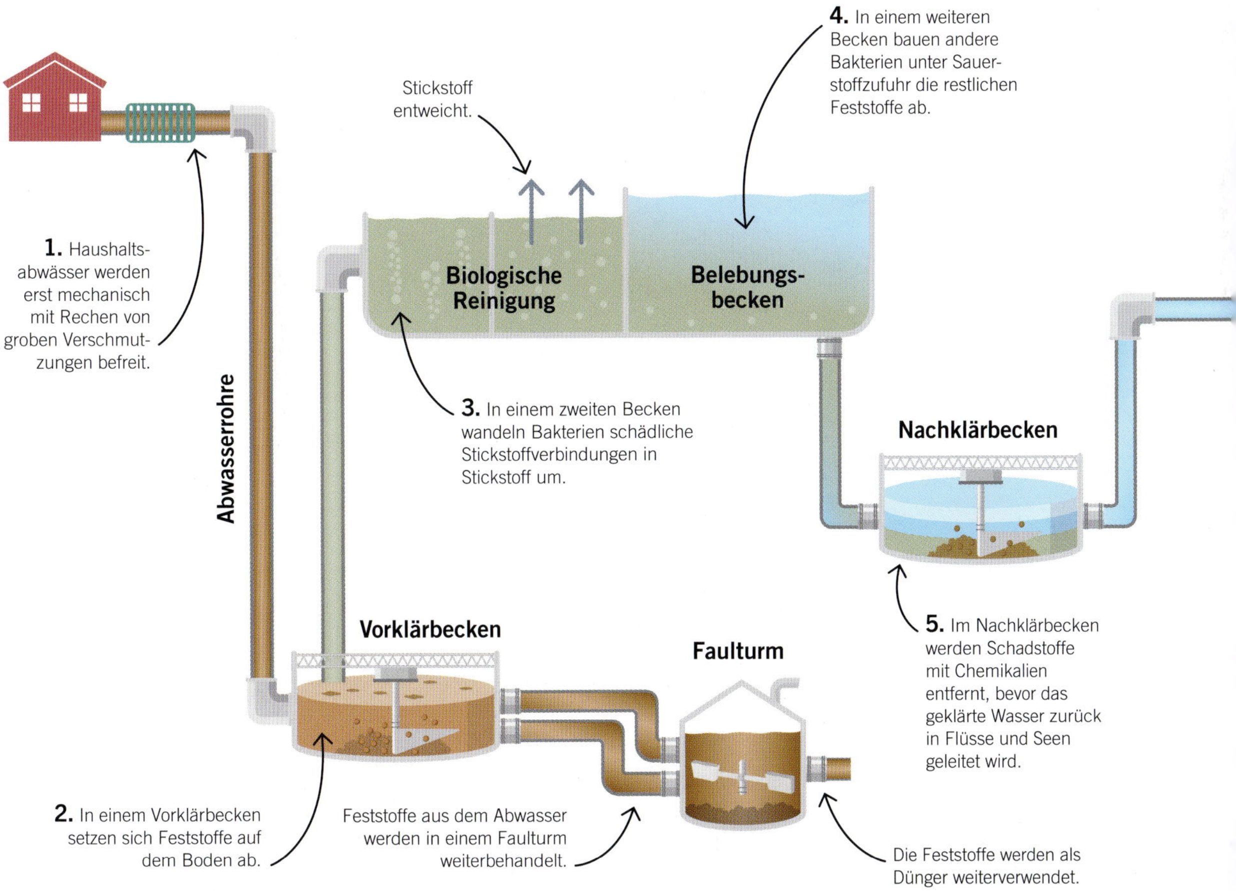

Ammoniaksynthese

Ammoniak (NH_3), eine Verbindung (siehe Seite 33) aus den Elementen Stickstoff und Wasserstoff, ist für die Düngemittel-, Kunststoff- und Farbstoffproduktion sehr wichtig. Für seine Herstellung aus den Elementen muss ein Katalysator (siehe Seite 184) eingesetzt werden, weil der Stickstoff sehr reaktionsträge ist. Beim Haber-Bosch-Verfahren reagieren Stickstoff und Wasserstoff mit Eisen als Katalysator zu Ammoniak.

Auf einen Blick

- ✓ Ammoniak ist eine wichtige Industriechemikalie.
- ✓ Beim Haber-Bosch-Verfahren wird aus Luftstickstoff und Wasserstoff (aus Methan) Ammoniak hergestellt.
- ✓ Die Reaktion wird durch einen Eisenkatalysator beschleunigt.
- ✓ Das Ammoniak wird durch Kühlung abgetrennt, und nicht umgesetzter Stickstoff und Wasserstoff werden rückgeführt.

Ablauf des Haber-Bosch-Verfahrens
Das Haber-Bosch-Verfahren ist ein industrieller Prozess, um aus den Gasen Stickstoff und Wasserstoff flüssiges Ammoniak herzustellen.

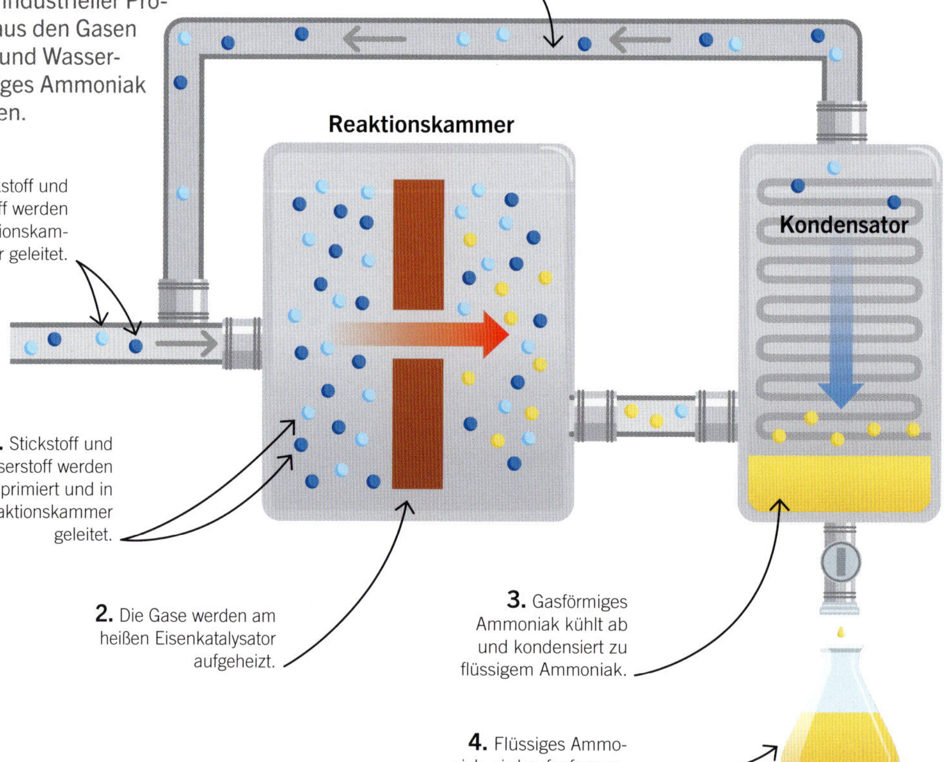

Gleichung
Die Reaktion ist reversibel, das heißt, Stickstoff und Wasserstoff reagieren nicht vollständig.

$$N_2(g) + 3\,H_2(g) \rightleftharpoons 2\,NH_3(g)$$

Reaktionsablauf

Die chemische Industrie ist bestrebt, möglichst viel Produkt in möglichst kurzer Zeit herzustellen, um Geld zu verdienen. Das Haber-Bosch-Verfahren ist atomökonomisch (siehe Seite 125), aber auch reversibel, langsam und hat eine geringe Ausbeute (siehe Seite 128). Durch Veränderung der Bedingungen können Wissenschaftler die Ausbeute steigern.

Wahl der Bedingungen

Wie die graphische Darstellung zeigt, ist die Ammoniakausbeute bei tieferen Temperaturen und hohen Drücken am höchsten. Die Bedingungen beim Haber-Bosch-Verfahren sind ein Kompromiss zwischen Geschwindigkeit, Ausbeute und Kosten.

Auf einen Blick

- ✓ Die chemische Industrie ist bestrebt, in möglichst kurzer Zeit hohe Ausbeuten zu erzielen.
- ✓ Beim Haber-Bosch-Verfahren führen niedrige Temperaturen und hohe Drücke zur höchsten Ausbeute.
- ✓ Optimale Bedingungen für das Haber-Bosch-Verfahren sind 200 bar Druck, Temperaturen von 450 °C und ein Katalysator.

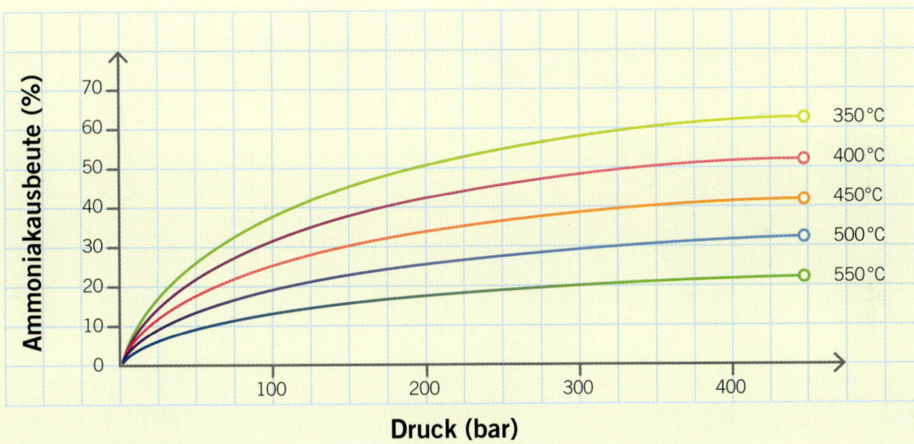

Industriekatalysatoren

In der Industrie werden häufig Katalysatoren eingesetzt, um die Reaktionsgeschwindigkeit durch einen alternativen Reaktionsweg (siehe Seite 184) zu erhöhen. Sie werden in der Reaktion nicht verbraucht und verursachen durch ihre Wiederverwendbarkeit keine höheren Kosten. Beim Haber-Bosch-Verfahren werden gelegentlich Vanadiumoxidkristalle eingesetzt.

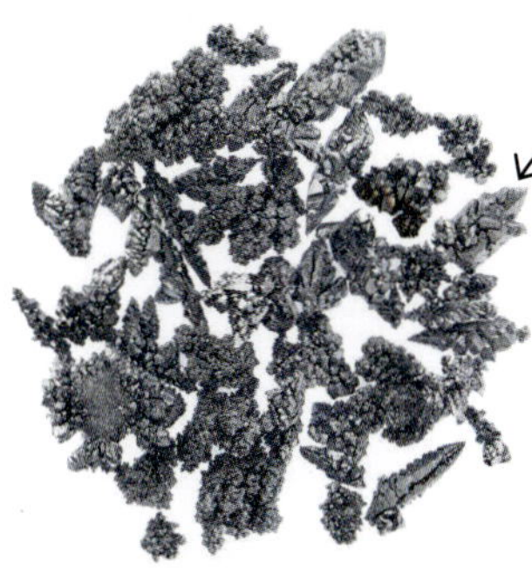

Um eine möglichst große Oberfläche für die Reaktion (siehe Seite 183) zu erhalten, wird der Kristall in kleine Stücke zerstoßen.

Vanadiumoxidkristalle

Düngemittel

Pflanzen nehmen aus dem Boden bestimmte, wachstumsfördernde Elemente auf. Diese Elemente werden mit der Zeit verbraucht und müssen dem Boden dann erneut zugeführt werden. Düngemittel sind chemische Substanzen, die lösliche Verbindungen mit den essenziellen Elementen enthalten.

Düngemittel
Künstliche Dünger enthalten die Elemente Stickstoff, Phosphor und Kalium in verschiedenen Verhältnissen (Mengen). Die Pflanzen nehmen die essenziellen Elemente in Form von löslichen Verbindungen auf. Die Dünger werden nach den Elementsymbolen (siehe Seiten 52–53) NPK-Dünger genannt. Ihre Farbe unterscheidet sich je nach dem Anteil der einzelnen Elemente.

Element	Funktion
Stickstoff	Wachstum
Magnesium	Photosynthese
Kalium	Öffnet und schließt Stomata
Phosphor	Photosynthese und Atmung

Auf einen Blick

- ✓ Pflanzen nutzen für ihr Wachstum Elemente aus dem Boden.
- ✓ Die drei wichtigsten Elemente sind Stickstoff, Kalium und Phosphor.
- ✓ Düngemittel müssen wasserlöslich sein und die essenziellen Elemente bereitstellen.
- ✓ Viele Düngemittel sind ionische Verbindungen.

Funktion von Dünger

In vielen landwirtschaftlichen Betrieben wird der Dünger maschinell in den Boden eingearbeitet. Durch Wässern lösen sich die Verbindungen im Boden. Die Pflanzen nehmen die wachstumsnotwendigen Elemente zusammen mit den Nährstoffen durch die Wurzeln auf.

Produktion von Dünger

Düngemittel werden industriell oder mit einfachen Mitteln im Labor hergestellt. In der Industrie umschließen enorme Stahlbehälter die exotherme Reaktion. Die bei der Reaktion entstehende Hitze kann genutzt werden, um den Dünger durch Eindampfen von Wasser weiter zu konzentrieren (ihn wirksamer zu machen). Im Labor ist der Maßstab viel kleiner.

Auf einen Blick

- ✓ Ein Dünger kann industriell und im Labor hergestellt werden.
- ✓ Die Industrie produziert riesige Mengen von konzentrierten Düngemitteln.
- ✓ Durch Titration und Kristallisation kann Dünger im Labor hergestellt werden.

Düngemittelproduktion im Labor
Um Ammoniumsulfat (eine Düngersorte) herzustellen, werden ein Erlenmeyerkolben, eine Bürette und entweder ein Bunsenbrenner oder ein Wasserbad zum Erwärmen benötigt.

1. Miss mit einem Messzylinder $25\,cm^3$ Ammoniaklösung ab und fülle sie in einen Erlenmeyerkolben.

2. Füge zwei Tropfen des Indikators Methylorange hinzu. Die gelbe Farbe zeigt eine alkalische Lösung an.

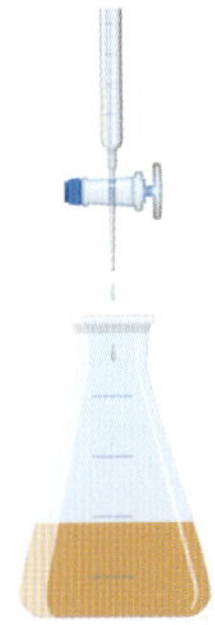

3. Tropfe langsam mit einer Bürette verdünnte Schwefelsäure hinzu, bis die Farbe nach orange umschlägt.

4. Notiere die Menge der zugetropften Schwefelsäure. Entsorge die Lösung in einem Behälter für Chemieabfälle.

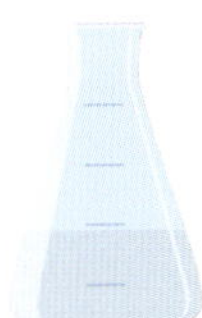

5. Wiederhole den Versuch mit der gleichen Menge Ammoniak und Schwefelsäure. Du benötigst jetzt keinen Indikator, da du die benötigte Schwefelsäuremenge bereits kennst.

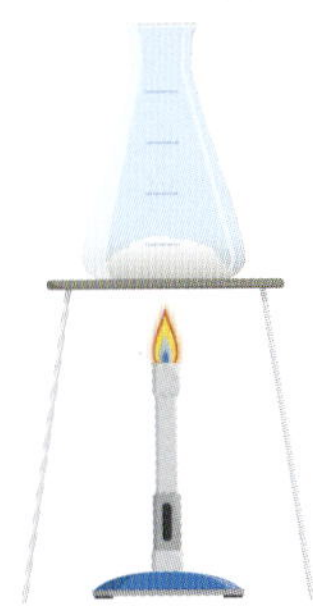

6. Kristallisiere (siehe Seite 47) das Ammoniumsulfat durch Eindampfen. Die Kristalle sind der Dünger.

$$\text{Ammoniak} + \text{Schwefelsäure} \longrightarrow \text{Ammoniumsulfat}$$

$$2\,NH_3(aq) + H_2SO_4(aq) \longrightarrow (NH_4)_2SO_4(aq)$$

Glossar

Achse Eine der beiden senkrecht zueinander stehenden Linien bei einer graphischen Darstellung.

Additionsreaktion Chemische Reaktion, bei der zwei Edukte zu einem einzigen Produkt reagieren.

Aktivierungsenergie Mindestenergie von Teilchen, um eine Reaktion einzugehen.

Algen Einfache, pflanzenähnliche Organismen, die im Wasser leben und Photosynthese betreiben.

Alkali Verbindung, die beim Lösen in Wasser OH^--Ionen abgibt. Die Lösungen haben einen pH-Wert über 7.

Alkalisch Mit den Eigenschaften von Alkalien.

Alkan Kohlenwasserstoffverbindung, die keine Kohlenstoff-Kohlenstoff-Doppelbindung enthält.

Alken Kohlenwasserstoffverbindung, die mindestens eine Kohlenstoff-Kohlenstoff-Doppelbindung enthält.

Alkohol Verbindung mit –OH als funktioneller Gruppe.

Alphateilchen Teilchen aus zwei Protonen und zwei Neutronen mit der Gesamtladung 2+ (ein Heliumkern).

Aminosäure Bestandteil von größeren Proteinmolekülen.

Anhydrat (Zumeist kristalline) Verbindung, die keine Wassermoleküle enthält.

Anion Negativ geladenes Ion, das von der positiven Elektrode (Anode) angezogen wird.

Anode Positiv geladene Elektrode.

Atmosphäre Gasgemisch um die Erde.

Atmung Vorgang in biologischen Zellen zur Gewinnung von Energie aus Nahrung.

Atom Kleinste Einheit von Elementen. Atome sind aus Protonen, Neutronen und Elektronen aufgebaut.

Atomkern Zentraler, aus Protonen und Neutronen aufgebauter Bestandteil eines Atoms.

Bakterien Mikroskopisch kleine, einzellige Organismen, die eines der Reiche der Lebewesen bilden. Viele Bakterien sind nützlich, andere verursachen Krankheiten.

Base Substanz, die eine Säure neutralisiert.

Batterie Kombination mehrerer elektrochemischer Zellen zur Energieproduktion.

Bindung Zusammenhalt zwischen zwei Atomen in einem Element oder einer Verbindung.

Blut Durch den Körper von tierischen Lebewesen zirkulierende Flüssigkeit, die Vitalstoffe zu den Zellen bringt und Abfallstoffe entfernt.

Bromid Verbindung aus dem Element Brom und mindestens einem weiteren Element.

Bürette Apparatur, um genaue Flüssigkeitsvolumina abzumessen.

Carbonat Verbindung aus einem Kohlenstoffatom, drei Sauerstoffatomen und weiteren Elementen. Viele Minerale sind Carbonate

Carbonsäuren Organische Verbindungen mit –COOH als funktioneller Gruppe.

Chemie Wissenschaftliches Studium der Eigenschaften und Reaktionen von Elementen.

Chemikalie Chemische Substanz, im Allgemeinen Bezeichnung für eine Verbindung aus mehreren Elementen.

Chemiker Wissenschaftler, der Elemente, Verbindungen und chemische Reaktionen untersucht.

Chlorid Verbindung aus dem Element Chlor und mindestens einem weiteren Element.

Cracken Zerlegen von größeren Kohlenwasserstoffmolekülen in kleinere, nützlichere (Alkane und Alkene).

Dampf Gasförmige Substanz, die durch Abkühlen oder Zusammenpressen in in den flüssigen Zustand (kondensieren) übergehen kann.

Daten Zahlen, Fakten und Statistiken, die bei einem Experiment gesammelt werden.

Delokalisierte Elektronen Elektronen, die sich zwischen den Atomen frei bewegen.

Destillation Methode zur Abtrennung einer Flüssigkeit aus einer Lösung.

Dichte Menge von Masse in einem bestimmten Volumen.

Dioxid Verbindung mit zwei Sauerstoffatomen im Molekül.

Druck Angabe der Kraft, die senkrecht auf eine Oberfläche einwirkt.

Durchschnitt (Mittelwert) Wert, der durch Zusammenzählen von Messwerten und Dividieren des Ergebnisses durch die Anzahl der Messwerte ermittelt wird.

Edukt Reaktionspartner bei einer Reaktion.

Eigenschaft Merkmal eines Elements oder einer Verbindung, z. B. seine Farbe oder Reaktivität.

Eiweiß *Siehe* Protein.

Elektrode Elektrischer Kontakt in einem elektrischen Stromkreis. Elektroden können positiv oder negativ geladen sein.

Elektrolyse Spaltung einer Verbindung in ihre Elemente durch elektrischen Strom.

Elektrolyt Schmelze oder Salzlösung für eine Elektrolyse.

Elektronen Negativ geladene Teilchen, die den Atomkern auf Bahnen (Elektronenschalen) umkreisen. Elektronen werden für die Entstehung von Bindungen übertragen und gemeinsam von den Bindungspartnern genutzt.

Elektronenkonfiguration Die Anordnung der Elektronen in einem Atom oder Molekül.

Elektrostatische Anziehung Anziehungskraft zwischen den negativen Elektronen und den positiven Atomkernen in einem Atom.

Element Reinsubstanz, die nicht chemisch in einfachere Substanzen zerlegt werden kann.

Endotherme Reaktion Chemische Reaktion, bei der Energie (meist in Form von Wärme) aus der Umgebung aufgenommen wird.

Energie Treibende Kraft. Energie kann gespeichert, genutzt und von einer Form in eine andere umgewandelt, nicht aber vernichtet werden.

Entzündlich Leicht brennbar.

Enzym Protein, das eine chemische Reaktion beschleunigt.

Erdöl *Siehe* Fossiler Brennstoff.

Erz Gestein oder Mineral, aus dem nützliche Elemente wie Metalle gewonnen werden können.

Ester Verbindungen mit –COO– als funktioneller Gruppe.

Ethen Gasförmige Verbindung aus zwei Kohlenstoff- und vier Wasserstoffatomen. Pflanzen produzieren Ethen als Reifungshormon für Früchte.

Exotherme Reaktion Chemische Reaktion, bei der Energie (meist in Form von Wärme) an die Umgebung abgegeben wird.

Experiment Wissenschaftlicher Versuch mit dem Ziel, eine Hypothese zu bestätigen oder zu widerlegen.

Fest Zustand von Materie, bei dem die Teilchen (Atome oder Moleküle) eng aneinander liegen und sich nicht frei bewegen. Ein Festkörper hat eine definierte Form und ein definiertes Volumen.

Filterpapier Papiersorte, die Flüssigkeiten durchlässt und unlösliche Substanzen zurückhält.

Filtrat Aufgefangene Flüssigkeit einer Filtration.

Filtration Methode, um unlösliche Feststoffe aus einer Flüssigkeit abzutrennen. *Siehe* Filtrat.

Fluorid Verbindung aus dem Element Fluor und mindestens einem weiteren Element.

Flüssigkeit Zustand von Materie, bei dem die Teilchen (Atome oder Moleküle) nur lose miteinander in Kontakt stehen und sich frei bewegen. Flüssigkeiten fließen und nehmen jede Form an, haben aber ein definiertes Volumen.

Formel (chemische) Zeigt die Anzahl der Atome von jedem Element in einer chemischen Verbindung an.

Formel (mathematische) Mit mathematischen Symbolen geschriebener Satz, Regel oder Verhältnis.

Fossiler Brennstoff Brennstoff aus den fossilen Überresten von Lebewesen, z. B. Kohle, Erdöl und Erdgas.

Funktionelle Gruppe Atom oder Atomgruppe in einer organischen Verbindung, die deren Eigenschaften maßgeblich bestimmt.

Gas Zustand von Materie, bei dem die Teilchen (Atome oder Moleküle) sich frei bewegen können. Gase strömen, nehmen jede Form an und füllen ihr Behältnis aus.

Gefrierpunkt Temperatur, bei der eine Substanz vom flüssigen in den festen Zustand übergeht.

Gen Im DNA-Molekül codierte und in biologischen Zellen gespeicherte Anweisung. Gene werden von den Eltern an die Kinder weitergegeben und bestimmen die vererbten Eigenschaften.

Genau Ein Messwert ist genau, wenn er sich dicht am wahren, bekannten Wert befindet.

Gesättigt (Lösung) Beschreibung einer Lösung, in der sich kein zusätzlicher Stoff mehr löst.

Gesättigt (organische Verbindung) Beschreibung eines Moleküls, das nur einfache kovalente Bindungen enthält.

Geschmolzen Durch Erhitzen vom festen in den flüssigen Zustand übergegangen.

Giftig Schädlich für Lebewesen.

Gitter Regelmäßige Anordnung von Atomen.

Gleichgewicht Zustand, bei dem die Hinreaktion die gleiche Geschwindigkeit hat wie die Rückreaktion.

Gruppe Elemente einer Spalte im Periodensystem. Elemente einer Gruppe haben die gleiche Anzahl von Elektronen in ihrer Außenschale und daher ähnliche Eigenschaften.

Halogene Elemente der siebten Hauptgruppe des Periodensystems.

Homolog Beschreibung für Verbindungen mit der gleichen funktionellen Gruppe.

Hormon Von einer Drüse produzierte Substanz, die im Blut transportiert wird und durch Beeinflussung des Zielorgans oft eine starke Wirkung im Körper hervorruft.

Hydratisiert Beschreibung für eine Verbindung, die Wassermoleküle aufgenommen hat.

Hydroxid Verbindung, die Wasserstoff, Sauerstoff und in der Regel ein metallisches Element enthält.

Hypothese Wissenschaftliche Idee oder Theorie.

Impfstoff Sichere Möglichkeit, durch Antigene den Körper mit Krankheitserregern in Kontakt zu bringen, sodass er den tatsächlichen Erreger erkennen und abwehren kann.

Indikator Substanz, die in saurer oder alkalischer Umgebung ihre Farbe ändert.

Iodid Verbindung aus dem Element Iod und mindestens einem weiteren Element.

Ion Atome werden durch Aufnahme oder Abgabe von Elektronen zu Ionen.

Ionische Bindung Durch elektrostatische Anziehung ermöglichte Bindung zwischen einem Metall- und einem Nichtmetallion.

Isolator Substanz, die Wärme oder elektrischen Strom kaum oder gar nicht leitet.

Isotope Atomformen, die sich durch die Anzahl ihrer Neutronen unterscheiden.

Katalysator Substanz, die chemische Reaktionen beschleunigt, aber selbst bei der Reaktion nicht verändert wird.

Kathode Negativ geladene Elektrode.

Kation Positiv geladenes Ion, das von der negativen Elektrode (Kathode) angezogen wird.

Kohle *Siehe* Fossiler Brennstoff.

Kohlenstoffdioxid Bestandteil des Gasgemisches der Luft. Die Moleküle sind aus einem Kohlenstoffatom und zwei Sauerstoffatomen aufgebaut.

Kohlenwasserstoff Verbindung, die nur aus kovalent verbundenen Kohlenstoff- und Wasserstoffatomen aufgebaut ist.

Kondensation Vorgang, bei dem eine Substanz vom gasförmigen in den flüssigen Zustand übergeht.

Kondensieren Vom gasförmigen in den flüssigen Zustand übergehen.

Konzentration Menge einer gelösten Substanz im Verhältnis zur gesamten Lösung.

Konzentrationsgradient Konzentrationsunterschied zwischen zwei Bereichen. Ein steiler Konzentrationsgradient verursacht eine rasche Diffusion.

Konzentriert Große Menge einer gelösten Substanz im Verhältnis zur gesamten Lösung.

Korrosion Chemische Reaktion, bei der ein Metall oder ein anderer Feststoff häufig in der Gegenwart von Sauerstoff und Wasser angegriffen wird.

Korrosiv Korrosion verursachend.

Kovalente Bindung Bindung zwischen zwei Atomen durch die gemeinsame Nutzung eines Elektronenpaars.

Kristall Natürlich vorkommende feste Substanz, deren Atome in einem dreidimensionalen Gitter regelmäßig angeordnet sind.

Künstlich Menschengemacht, nicht natürlich vorkommend.

Kunststoff Material aus synthetischen Polymeren mit einem großen Spektrum an nützlichen Eigenschaften.

Ladung Positive oder negative elektrische Energie bestimmter Teilchen.

Legierung Material aus einer Mischung eines Metalls mit anderen Metallen oder Nichtmetallen.

Leiter Substanz, die Wärme oder elektrischen Strom durchlässt.

Limitierendes Edukt Das in einer Reaktion zuerst verbrauchte Edukt.

Lösen Vollständiges Vermischen einer Substanz mit einer anderen. Meistens wird ein Feststoff wie ein Salz in einer Flüssigkeit wie Wasser gelöst.

Löslich Beschreibung einer Substanz, die sich in Lösungsmitteln löst.

Lösung Gleichmäßige Vermischung von Ionen oder Molekülen mit den Molekülen eines Lösungsmittels.

Lösungsmittel Substanz (meistens eine Flüssigkeit), in der sich andere Stoffe lösen.

Magnetisch Beschreibung eines Objekts, das ein magnetisches Feld produziert und dadurch bestimmte Materialien anzieht und Magneten anzieht oder abstößt.

Masse Wägbare Menge von Materie.

Materie Stoffe, aus denen alles um uns aufgebaut ist.

Membran Dünne Begrenzungsschicht, die manche Substanzen durchlässt, andere aber zurückhält.

Metalle Gruppe von Elementen mit vielen gemeinsamen Eigenschaften.

Mikroorganismus Sehr kleiner, nur durch ein Mikroskop sichtbarer Organismus.

Mikroskop Wissenschaftliches Instrument mit Linsen zur vergrößerten Abbildung von kleinen Objekten.

Mineral Natürlich vorkommender anorganischer Stoff, der sich häufig in Wasser löst (z. B. Salze). Viele Minerale sind lebenswichtig.

Mischung Substanzen, die gemeinsam ein Volumen ausfüllen, aber nicht durch chemische Bindungen miteinander verknüpft sind.

Modell Vereinfachte Darstellung eines realen Objekts oder Systems, mit dem Wissenschaftler dessen Funktionsweise erklären wollen.

Mol Die Anzahl Teilchen, die sich in 12 g des Kohlenstoffisotops C-12 befinden.

Molekül Gruppe von mindestens zwei durch chemische Bindungen miteinander verknüpften Atomen.

Monomer Kleines Molekül, das zu großen Molekülen (Polymeren) verknüpft werden kann.

Nährstoffe Substanzen, die Pflanzen und Tiere für ihr Wachstum und Leben aufnehmen müssen.

Nebenprodukt Zusätzlich zu dem gewünschten Produkt entstehende Substanz bei einer Reaktion.

Neutral Beschreibung eines weder positiv noch negativ geladenen Zustands oder einer weder sauren noch alkalischen Lösung vom pH-Wert = 7.

Neutralisation Chemische Reaktion zwischen einer Säure und einer Base.

Neutron Teilchen ohne Ladung im Atomkern.

Niederschlag Feststoff, der bei der Reaktion einer gelösten Substanz und einer hinzugegebenen Substanz aus einer Lösung ausfällt.

Nichtmetall Elemente, die mit anderen Elementen unter Aufnahme von Elektronen in die äußere Elektronenschale reagieren.

Nitrat Salz mit Anionen aus einem Stickstoffatom und drei Sauerstoffatomen.

Oberfläche Gesamte Außenfläche eines Festkörpers.

Ordnungszahl Gibt die Anzahl von Protonen in einem Atom eines Elements an. Jedes Element hat eine einzigartige, unveränderliche Ordnungszahl.

Organisch Verbindung aus Kohlenstoff- und Wasserstoffatomen und häufig den Atomen weiterer Elemente.

Organismus Lebewesen.

Oxid Verbindung aus dem Element Sauerstoff und mindestens einem weiteren Element.

Oxidation Reaktion, bei der einer Substanz Sauerstoff zugefügt wird oder bei der eine Substanz Elektronen abgibt.

Periode Elemente in einer Zeile des Periodensystems.

Periodensystem Tabelle mit allen bekannten Elementen.

Photosynthese Umsetzung von Wasser und Kohlenstoffdioxid zu Nahrungsmittelmolekülen und Sauerstoff durch Sonnenlicht in den Zellen der Pflanzen.

pH-Wert Maß dafür, wie sauer oder alkalisch eine Lösung ist.

Pipette Gerät zum Überführen von Flüssigkeiten.

Polymer Langkettige kohlenstoffhaltige Verbindung, die aus sehr vielen Wiederholungseinheiten aufgebaut ist.

Probe Kleiner Teil einer zu prüfenden Substanz.

Produkt Neue Substanz, die bei der Reaktion zwischen den Edukten gebildet wird.

Protein (Eiweiß) Organische stickstoffhaltige Substanz in Nahrungsmitteln wie Fleisch, Fisch, Käse und Bohnen. Organismen benötigen Proteine für ihr Wachstum und ihren Erhalt.

Protonen Positiv geladene Teilchen im Atomkern. Protonen ziehen die negativen Elektronen an und halten sie auf ihren Kreisbahnen um den Atomkern fest.

Reaktiv Leicht reagierend (nimmt leicht Elektronen auf oder gibt sie leicht ab).

Reduktion Aufnahme von Elektronen bei einer Reaktion.

Rein Beschreibung für eine Substanz, die nur aus einer Elementsorte oder einer Verbindung aufgebaut ist.

Relative Atommasse (A_r) Durchschnittliche Masse der Atome eines Elements einschließlich aller Isotope im Vergleich zu $\frac{1}{12}$ der Masse eines Kohlenstoffatoms C-12.

Raumtemperatur 25 °C.

Relative Molekülmasse (M_r) Gesamtmasse der Atome einer Verbindung im Vergleich zu $\frac{1}{12}$ der Masse eines Kohlenstoff-12-Atoms.

Rosten Korrosion von Eisen.

Reagenz Substanz, die durch Wechselwirkung mit einer anderen Substanz eine Wirkung auslöst.

Salz Verbindung, die sich durch Reaktion einer Säure mit einer Base bildet.

Sauer Mit den Eigenschaften einer Säure.

Sauerstoff Element der sechsten Hauptgruppe, das bei Raumtemperatur gasförmig ist. Luft enthält 21 Prozent Sauerstoff.

Säure Verbindung, die beim Lösen in Wasser Wasserstoffionen abgibt und eine Lösung mit einem pH-Wert unter 7 produziert.

Schale Die Bahn, auf der ein Elektron den Kern umkreist.

Schmelzpunkt Temperatur, bei der eine Substanz vom festen in den flüssigen Zustand übergeht.

Schwache Säure Säure, die beim Mischen mit Wasser wenige Wasserstoffionen abgibt.

Siedepunkt Temperatur, ab der eine Flüssigkeit in den Gaszustand übergeht.

Spröde Leicht brechend.

Starke Säure Säure, die beim Mischen mit Wasser nahezu vollständig ihre Wasserstoffionen abgibt.

Strukturformel Schreibweise für chemische Substanzen durch Elementsymbole und Striche für die Bindungen.

Sublimation Vorgang, bei dem eine Substanz vom festen direkt in den gasförmigen Zustand übergeht.

Substanz Reiner Stoff oder Mischung mehrerer Reinstoffe.

Sulfat Salz mit Anionen aus einem Schwefel- und vier Sauerstoffatomen.

Sulfid Verbindung aus dem Element Schwefel und mindestens einem weiteren Element.

Strahlung Elektromagnetische Welle oder Teilchenstrom, der z. B. von einer radioaktiven Quelle ausgeht.

Symbol (chemisches) Ein oder zwei Buchstaben, die für ein Element stehen.

Synthetisch Für einen bestimmten Zweck künstlich hergestellt.

Teilchen Sehr kleines Materieteil wie ein Atom, Molekül oder Ion.

Temperatur Maß dafür, wie warm oder kalt etwas ist.

Theorie Wissenschaftliche Erklärung für Vorgänge und Phänomene der realen Welt. Kann experimentell überprüft werden.

Universalindikator Farbstoffgemisch, das bei Kontakt mit einer Substanz je nach dem pH-Wert eine bestimmte Farbe annimmt.

Universum Auch Weltall oder Kosmos.

Unlöslich Nicht lösbar in einer Flüssigkeit.

Verbindung Chemische Substanz aus mindestens zwei Elementen, deren Atome Bindungen eingehen. Man unterscheidet anorganische und organische Verbindungen.

Verdampfung Vorgang, bei dem eine Substanz vom flüssigen in den gasförmigen Zustand übergeht.

Verdrängungsreaktion Chemische Reaktion, bei der ein reaktiveres Element ein weniger reaktives aus der Verbindung verdrängt.

Verdünnt Beschreibung für eine Lösung aus einer kleinen Menge Substanz in einer großen Menge Lösungsmittel.

Volumen Raummaß.

Wässrige Lösung Wasser mit einer darin gelösten Substanz.

Wirkstoff Chemische Substanz, die die Funktion des Körpers verändert, um Krankheiten zu heilen oder zu verhindern.

x-Achse Horizontale Achse eines Graphen.

y-Achse Vertikale Achse eines Graphen.

Zelle (biologische) Kleine Einheit von lebender Materie. Zellen bilden die Bausteine alles Lebenden.

Zelle (elektrochemische) Bauteil, das elektrische Energie produziert.

Zersetzen In einfachere Substanzen aufspalten bzw. zerfallen.

Zucker Kohlenhydratverbindung, bestehend aus relativ kleinen Molekülen.

Zweiatomig aus zwei Atomen aufgebaut.

Register

G

H

I

K

T

U

V

W

X

Z

Danksagung

Der DK Verlag dankt folgenden Personen für Unterstützung bei der Herstellung des Buchs: Sam Atkinson, Edward Aves und Alexandra Di Falco für redaktionelle Hilfe. Nicola Erdpresser, Joe Lawrence, Daksheeta Pattni und Sammi Richiardi für Hilfe beim Design. Steve Crozier für die Bildbearbeitung und Helen Peters für das Register.

Der Verlag dankt folgenden Personen und Institutionen für die freundliche Genehmigung zum Abdruck der Fotos: (Abkürzungen: o = oben, u = unten, m = Mitte; g = ganz, l = links, r = rechts)

1 Science Photo Library: Martyn F. Chillmaid. **2 Dorling Kindersley:** Ruth Jenkinson / RGB Research Limited (Hintergrund). **3 Dorling Kindersley:** Ruth Jenkinson / RGB Research Limited (ul, ul/Natrium, um, ur, ur/Cäsium). **5 Dreamstime.com:** Okea (ur). **6 Science Photo Library:** (ul); Martyn F. Chillmaid (ul/Starke Säure, m/Schwache Säure). **7 Science Photo Library:** (ur). **8 Science Photo Library:** Martyn F. Chillmaid (ur). **12 Dreamstime.com:** Katerynakon (mru). **iStockphoto.com:** E+ / bymuratdeniz (ml). **15 Alamy Stock Photo:** sciencephotos (um). **Dreamstime.com:** Robert Davies (mo). **iStockphoto.com:** Ranta Images (mr). **Science Photo Library:** Andrew Lambert Photography (mu). **16 Science Photo Library:** Martyn F. Chillmaid (m). **20 Dreamstime.com:** Dmitrii Kazitsyn (mro). **Fotolia:** Fotoedgaras (mr). **Science Photo Library:** Martyn F. Chillmaid (mlo). **22 Dorling Kindersley:** Clive Streeter / The Science Museum, London (m/zweimal verwendet). **30 Dorling Kindersley:** Ruth Jenkinson / RGB Research Limited (gml, mro); Colin Keates / Natural History Museum, London (m). **31 Dorling Kindersley:** Ruth Jenkinson / RGB Research Limited (mr). **32 Alamy Stock Photo:** studiomode (ml). **iStockphoto.com:** E+ / Turnervisual (m). **Science Photo Library:** Martyn F. Chillmaid (mr). **33 Alamy Stock Photo:** studiomode (ml). **iStockphoto.com:** E+ / Turnervisual (m). **Giphotostock/ Science Photo Library:** Editorial Image (mr). **34 Shutterstock:** ideatank. **35 Science Photo Library:** Martyn F. Chillmaid (ur/zweimal verwendet). **36 Science Photo Library:** (gom). **38 Alamy Stock Photo:** Evgeny Karandaev (mlu). **Science Photo Library:** Vitaliy Belousov / Sputnik (ur); Martyn F. Chillmaid (mru). **39 iStockphoto.com:** E+ / Mitshu (r). **40 Science Photo Library:** Turtle Rock Scientific (r). **41 Science Photo Library:** (m). **42 Science Photo Library:** Giphotostock (m). **43 Science Photo Library:** Giphotostock (mro). **44 Science Photo Library:** Giphotostock (u/zweimal verwendet). **45 Science Photo Library:** Giphotostock (ul). **46 Science Photo Library:** (m). **47 Alamy Stock Photo:** Stocksearch (m). **48 Science Photo Library:** Giphotostock (m). **50 Science Photo Library:** (m/used twice). **54 Getty Images:** Science & Society Picture Library (m). **56 123RF.com:** photopips (mru). **Dorling Kindersley:** Ruth Jenkinson / RGB Research Limited (mu). **SuperStock:** Science Photo Library (ml). **57 Dorling Kindersley:** Ruth Jenkinson / Holts Gems (mlo). **Dreamstime.com:** Laurenthive (gmlo); Dmitry Skutin (mro). **Science Photo Library:** Ian Cuming / Ikon Images (um). **58 Dorling Kindersley:** Ruth Jenkinson / RGB Research Limited (gur, ur, ul/Natrium, gul/Lithium, um). **59 Getty Images:** Moment Open / (m) Philip Evans (ul). **60 Dorling Kindersley:** Ruth Jenkinson / RGB Research Limited (mu, mlu, mr, m, ml). **61 Dorling Kindersley:** Ruth Jenkinson / RGB Research Limited (mru, mu, mr, m, ml). **62-63 Science Photo Library:** Andrew Lambert Photography (u). **64 123RF.com:** cobalt (um); Oleksandr Marynchenko (ul). **Dorling Kindersley:** Ruth Jenkinson / RGB Research Limited (mru, mu, mlu, mr, m, ml, mro, mo, mlo). Fotolia: efired (gur). **65 Dorling Kindersley:** Ruth Jenkinson / RGB Research Limited (ur). **Science Photo Library:** US Department von Energie (ul); Dirk Wiersma (mru). **66 Dreamstime.com:** Pavel Naumov (gur). **67 123RF.com:** scanrail (um). **Dorling Kindersley:** Ruth Jenkinson / RGB Research Limited (mru, mlu, mr, ml). **SuperStock:** Science Photo Library (m). **68 Dorling Kindersley:** Ruth Jenkinson / RGB Research Limited (mu, mlu, m, ml). **69 Dorling Kindersley:** Ruth Jenkinson / RGB Research Limited (ur, ul, mru, ml). **70 Dorling Kindersley:** Ruth Jenkinson / RGB Research Limited (mr, ml, ml/Fluor, mo). **71 Dorling Kindersley:** Ruth Jenkinson / RGB Research Limited (mr, mu, mlu, mr, m, ml). **79 Science Photo Library:** Charles D. Winters (m). **83 Dorling Kindersley:** Ruth Jenkinson / RGB Research Limited (m). **84 Alamy Stock Photo:** Mediscan (m). **85 Alamy Stock Photo:** Phil Degginger (ur). **86 Dreamstime.com:** MinervaStudio (mlu); Eduard Bonnin Turina (um). **Fotolia:** apttone (m). **88 Alamy Stock Photo:** Yuen Man Cheung (ur). **89 Dorling Kindersley:** Ruth Jenkinson / RGB Research Limited (ml). **91 Dreamstime.com:** Grafner (m). **93 Dreamstime.com:** Bblood (m). **96 Dreamstime.com:** Andreykuzmin (m); Romikmk (mru); Nikkytok (mru/Wasserdampf); Valentyn75 (mlu). **98 Science Photo Library:** Turtle Rock Scientific (m). **100 SuperStock:** Science Photo Library (m). **102 Alamy Stock Photo:** James King-Holmes (mlu). **JOHN ROGERS/UNIVERSITY von ILLINOIS AT URBANA-CHAMPAIGN:** (mru). **Science Photo Library:** Steve Gschmeissner (mu); National Cancer Institute (u). **103 Science Photo Library:** David Parker (m). **104 Science Photo Library:** Giphotostock (ml). Shutterstock: xiaorui (m). **105 iStockphoto.com:** Sashul9 (l). **107 Science Photo Library:** (mo). **109 Science Photo Library:** (u). **111 Science Photo Library:** Andrew Lambert Photography (ml, mr). **112 Science Photo Library:** Science Source (mr, m, ml). **115 Science Photo Library:** Turtle Rock Scientific / Science Source (m). **116 Science Photo Library:** Trevor Clifford Photography / Science Photo Library (r). **127 Science Photo Library:** Martyn F. Chillmaid (mr). **130 123RF.com:** maksym yemelyanov / maxxyustas (ml); mrtwister (mr). **Dreamstime.com:** Denira777 (m). **131 123RF.com:** imagepixels (m). **Dreamstime.com:** Puripat Khummungkhoon (ml); Winnipuhin (mr). **Science Photo Library:** (gom). **132 Science Photo Library:** Andrew Lambert Photography (l). **133 Science Photo Library:** (m). **134 Science Photo Library:** (mro); Turtle Rock Scientific (ur, mr). **135 Science Photo Library:** Giphotostock (mr, ml). **136 Science Photo Library:** Charles D. Winters (r). **137 Science Photo Library:** Martyn F. Chillmaid (m, m/Starke Säure). **138 Science Photo Library:** Giphotostock (mr, ml). **140 Science Photo Library:** (m). **145 Science Photo Library:** Martyn F. Chillmaid (m). **146 Dorling Kindersley:** Clive Streeter. **147 Science Photo Library:** Martyn F. Chillmaid (m). **152 Science Photo Library:** Giphotostock (u). **156 Dreamstime.com:** Ekaterina Semenova / Ekaterinasemenova (um). **158 Science Photo Library:** (u). **163 Science Photo Library:** Lewis Houghton (r). **164 Science Photo Library:** (r). **165 Science Photo Library:** Turtle Rock Scientific / Science Source (m). **166 123RF.com:** Romolo Tavani (m). **167 Science Photo Library:** Giphotostock (r). **173 Alamy Stock Photo:** Independent Picture Service (bm/Obstbatterie). **Science Photo Library:** (r). **Shutterstock:** Alexander Konradi (um). **174 Science Photo Library:** (m). **175 Dreamstime.com:** Yudesign (m). **176 Science Photo Library:** Giphotostock (m). **177 Science Photo Library:** Mikkel Juul Jensen (m). **179 123RF.com:** Romolo Tavani (ur). **Dreamstime.com:** Anest (m). **Science Photo Library:** Giphotostock (um); Paul Rapson (bm/Erdöl). **181 Science Photo Library:** Martyn F. Chillmaid (m). **182 Science Photo Library:** Giphotostock (m). **183 Science Photo Library:** Turtle Rock Scientific (m). **184 Science Photo Library:** (m). **187 Science Photo Library:** Trevor Clifford Photography (m). **188 Alamy Stock Photo:** sciencephotos (m). **191 Science Photo Library:** Martyn F. Chillmaid (mr, m). **192 Science Photo Library:** Turtle Rock Scientific / Science Source (m). **193 Science Photo Library:** Giphotostock (mr, ml). **194 Science Photo Library:** Turtle Rock Scientific / Science Source (u). **196 Science Photo Library:** Giphotostock (r). **201 Dreamstime.com:** Gualtiero Boffi (mu). **Science Photo Library:** (m). **202 Science Photo Library:** Spacex (m). **203 Science Photo Library:** Crown Copyright / Health & Safety Laboratory (mru). **205 123RF.com:** Scanrail (gr). **Alamy Stock Photo:** Nathan Allred (mro). **Dreamstime.com:** Ilfede (mru). **PunchStock:** Westend61 / Rainer Dittrich (mr). **Science Photo Library:** Paul Rapson (mr/Kerosin); Victor De Schwanberg (ur). **206 Science Photo Library:** Paul Rapson (m). **211 Science Photo Library:** Martyn F. Chillmaid (r). **216 Science Photo Library:** Andrew Lambert Photography (um); Martyn F. Chillmaid (mu); Turtle Rock Scientific / Science Source (mo). **217 Alamy Stock Photo:** David Lee (mr). **Dreamstime.com:** R. Gino Santa Maria / Shutterfree, Llc (mro). **Science Photo Library:** Andrew Lambert Photography (mru). **218 Getty Images:** Brund X Pictures / Science Photo Library - Steve Gschmeissner (mr). **Science Photo Library:** Martyn F. Chillmaid (m). **225 Dreamstime.com:** Pglazar (m). **226 Science Photo Library:** Dennis Kunkel Microscopy (m). **232 Science Photo Library:** (m). **233 Science Photo Library:** Giphotostock (u); Turtle Rock Scientific / Science Source (m). **234 Science Photo Library:** Giphotostock (gr). **235 Science Photo Library:** (gol/Silbernitrat, ggol/Chloridionen, gom/Iodidionen). **236 Science Photo Library:** Martyn F. Chillmaid (u). **237 Science Photo Library:** (ur); Martyn F. Chillmaid (m). **241 Dorling Kindersley:** Arran Lewis / NASA (m). **242 Alamy Stock Photo:** Naeblys (m). **243 Dorling Kindersley:** Colin Keates / Natural History Museum, London (um). **254 Science Photo Library:** 201010 LTD (m). **255 123RF.com:** Nikolai Grigoriev / grynold (u). **256 Alamy Stock Photo:** Ryan McGinnis (m). **258 Dorling Kindersley:** Cloki (mu). **Dreamstime.com:** Design56 (um); Subodh Sathe (mo). **Science Photo Library:** Turtle Rock Scientific (ur). **259 Dorling Kindersley:** Gary Ombler / Universal Cycle Centre (m). **260 Dreamstime.com:** Georgii Dolgykh / Gdolgikh (um); Gemenacom (mu). **261 123RF.com:** Aleksey Poprugin (mr). **Dreamstime.com:** Ib Photography / Inbj (mru). **Science Photo Library:** Giphotostock (l). **262 Dreamstime.com:** Yifang Zhao (m). **264 123RF.com:** Nik Merkulov (m). **265 Dreamstime.com:** Dingalt (u). **266 123RF.com:** Dmytro Nikitin (mr). **269 123RF.com:** Aleksey Poprugin (ul). **272 Alamy Stock Photo:** Robert Brook / Science Photo Library (mu). **Science Photo Library:** Robert Brook (um). **Shutterstock:** dkingsleyfish (mo). **275 Dorling Kindersley:** Ruth Jenkinson / RGB Research Limited (um). **276 Science Photo Library:** Martyn F. Chillmaid (m).